Restaurer la nature pour atténuer les impacts du développement

Analyse des mesures compensatoires pour la biodiversité

Harold Levrel,

Nathalie Frascaria-Lacoste,

Julien Hay, Gilles J. Martin et Sylvain Pioch,
coordinateurs

Collection Synthèses

Parasites et parasitoses des poissons
P. de Kinkelin, M. Morand, R. Hedrick, C. Michel
2014, epub

La reproduction animale et humaine
M. Saint-Dizier, S. Chastant-Maillard
2014, 752 p.

Une ville verte
Les rôles du végétal en ville
M. Musy, coord.
2014, 200 p.

Ingénierie écologique
Action par et/ou pour le vivant ?
F. Rey, F. Gosselin, A. Doré, coord.
2014, 174 p.

Plancton marin et pesticides : quels liens ?
G. Arzul, F. Quiniou, coord.
2014, 124 p.

Principes de chimie redox en écologie microbienne
A. Pidello
2014, 144 p.

Table des matières

PARTIE I
ÉVOLUTION ET DIVERSITÉ INSTITUTIONNELLE DES CADRES DE GOUVERNANCE DES MESURES COMPENSATOIRES

PARTIE II
VERS UN MÉCANISME DE GOUVERNANCE DÉCENTRALISÉ : LES BANQUES DE COMPENSATION

PARTIE III
FAISABILITÉ ÉCOLOGIQUE DES MESURES COMPENSATOIRES

PARTIE IV
OUTILS D'ÉVALUATION DE L'ATTEINTE DE L'ÉQUIVALENCE ÉCOLOGIQUE

Préface

Si la notion de compensation ou de réparation des préjudices subis par des personnes physiques ou morales ou des atteintes à leurs biens est depuis toujours constitutive de l'exercice de la justice, il n'en est pas de même des atteintes à l'environnement. On pourrait certes présenter la notion de compensation forestière des défrichements, introduite dès 1952[1], comme une première manifestation d'une telle préoccupation, mais cette règle résultait beaucoup plus de la volonté de protéger une ressource économique stratégique que des prémisses d'une sensibilité écologique. Il faut donc attendre les années 1970, avec notamment la loi française de 1976 sur la protection de la nature, pour qu'apparaissent dans différents pays des textes juridiquement contraignants instaurant la notion de compensation écologique et, plus globalement, le désormais fameux triptyque « ERC » (éviter-réduire-compenser).

Pourquoi un tel décalage ? Une première raison, assez fondamentale, est peut-être que la reconnaissance de la légitimité d'une action publique dans ce domaine, c'est-à-dire du fait que l'environnement était un bien commun, n'allait pas de soi. Beaucoup de composantes de l'environnement, même si on les qualifie de milieux « naturels », forêts, prairies, zones humides, sont, pour l'essentiel, des biens privés, régis de ce fait par le principe romain « d'user et d'abuser ». La puissance publique ne s'est donc autorisée, dans un premier temps, à intervenir que pour protéger des éléments « remarquables » — espèces menacées, habitat ou paysage exceptionnels —, ceci sans remettre d'ailleurs en cause le statut privé de ces entités. On retrouve donc, près d'un siècle plus tard[2], la logique d'action publique sur les monuments « historiques », qui peuvent rester propriété privée tout en étant assujettis à des contraintes liées à leur statut de patrimoine national. Pour intervenir plus largement, il fallait mobiliser d'autres arguments et, notamment, relier ces atteintes à l'environnement à des enjeux économiques ou sociaux. On trouvera ainsi dans cet ouvrage l'explication de la limitation aux eaux navigables du Clean Water Act promulgué aux États-Unis en 1972 et des difficultés juridiques à en étendre la portée à la protection de toutes les zones humides.

Cette question de la légitimité d'une action publique, qui reste d'ailleurs d'actualité, n'est qu'un exemple des multiples questions qu'aborde cet ouvrage. En effet, une fois instauré par la loi, voire, dans notre pays, par la Constitution, le droit, et même l'obligation à agir de la puissance publique, il fallait en définir les modalités concrètes d'application et on verra, à travers les diverses analyses à la fois historiques et géographiques proposées, que cette construction progressive de règles et de pratiques n'a rien d'un édifice harmonieux, intégré et stabilisé.

Tout d'abord, pour revenir une dernière fois sur la légitimité d'une action publique, la question de définir les bénéficiaires d'une compensation environnementale, dès lors que cette compensation ne peut se faire sur les lieux mêmes du dommage, est loin d'être évidente. En effet, les différents textes nationaux dans ce domaine (loi de 1976 sur la protection de la nature, loi forestière de 1985, loi sur l'eau de 1992) affirment que ces ressources naturelles constituent un « patrimoine commun

---

1. Le Code forestier de 1827 soumettait le défrichement à autorisation administrative, mais la refonte de ce code par le décret du 29 octobre 1952 stipule en outre dans son article 163 que le « ministre de l'Agriculture pourra subordonner sa non-opposition au défrichement [...] à l'exécution de travaux de reboisement sur d'autres terrains ».
2. La loi de 1887 sur les monuments historiques instaure une action sur les « immeubles dont la conservation peut avoir, du point de vue de l'histoire ou de l'art, un intérêt national ».

de la Nation » et que leur protection est « d'intérêt général ». Ce rôle des États-nations a été également clairement affirmé par la Convention de Rio de 1992 sur la diversité biologique (« les États ont des droits souverains sur leurs ressources biologiques »), cette affirmation marquant d'ailleurs une rupture — certains diront une régression — par rapport à une vision plus universaliste qui prévalait jusqu'alors[3]. On notera également que la Charte de l'environnement, désormais intégrée dans notre Constitution, a adopté une formulation ouverte en affirmant que « l'environnement est le patrimoine commun des êtres humains ».

En revanche, une fois défini l'espace national comme le lieu de la compensation et l'État comme responsable de sa mise en œuvre, aucun de ces textes n'instaure une priorité d'accès à cette compensation liée à la proximité du dommage. On pourrait certes évoquer la notion « d'intérêt public local », qui permet effectivement à des collectivités territoriales de fonder leur intérêt à agir, mais encore faudrait-il que cet exercice de la compensation soit délégué à ces collectivités, ce qui n'est aujourd'hui pas le cas. C'est donc plutôt sur des considérations écologiques, et notamment sur la difficulté à juger de l'équivalence écologique entre des écosystèmes trop éloignés, que s'est fondé le principe, aujourd'hui reconnu, d'une compensation de proximité. On verra d'ailleurs, dans l'exemple de la plaine de Crau, que l'affirmation initiale que le site de compensation de Cossure ne devrait compenser que des impacts à cette plaine s'est finalement élargie à des opérations concernant la région Languedoc-Roussillon.

Cette prise en compte du territoire impacté et de ses habitants amène cet ouvrage à proposer la notion de « compensation socio-environnementale », c'est-à-dire une approche légitimant la notion « d'intérêt territorial » et dépassant le clivage entre « intérêt général » et « intérêts particuliers ». Selon cette conception, il conviendrait de ne pas examiner la notion de compensation uniquement sous l'angle de l'équivalence écologique, et souvent de manière quelque peu technocratique, et de s'interroger davantage sur la répartition des effets positifs et négatifs au sein des populations concernées. On verra en effet que, du fait notamment du prix du foncier, il existe une tendance à localiser les compensations dans des zones certes proches, mais périphériques et plus « vertes » et moins peuplées : de ce fait, au lieu de concourir à une juste répartition du bien-être environnemental entre les citoyens, la compensation peut contribuer à renforcer les inégalités environnementales.

Pour préciser concrètement les modalités possibles de cette approche, une intéressante expérience d'évaluation participative est relatée à la fin de cet ouvrage : elle a consisté à demander à des habitants de la baie de Saint-Brieuc, potentiellement concernés par un projet d'éoliennes en mer, d'identifier et de hiérarchiser les impacts positifs et négatifs de ce projet et de se prononcer sur la nature des compensations — écologiques ou non, individuelles ou collectives — qu'il leur semblait légitime de recevoir. Alors que l'on s'interroge aujourd'hui sur la manière de renforcer le caractère démocratique des grands choix techniques, une telle approche alternative mérite certainement d'être explorée plus avant. Et sans doute faudra-t-il imaginer des formules « mixtes » pour concilier le souci légitime des sciences sociales d'associer les citoyens et la crainte compréhensible des naturalistes de voir les enjeux écologiques sous-estimés du fait d'une sensibilisation ou d'une information insuffisantes.

Une autre question examinée en détail par cet ouvrage est celle du statut des opérateurs impliqués dans la compensation et de la nature de cette compensation : faut-il demander à l'auteur des dommages de réaliser lui-même les compensations requises ou faut-il préférer l'option d'opérateurs spécialisés dans cette fonction ? Ces opérateurs peuvent-ils être privés — et, dans ce cas, quel doit être le rôle de la puissance publique — ou doit-on privilégier des opérateurs publics ou « mixtes » ? La compensation doit-elle se faire en nature, c'est-à-dire en restaurant un écosystème

---

3. Ainsi, dans le domaine des ressources phytogénétiques, la 22ᵉ Conférence de la FAO (l'Organisation des Nations unies pour l'alimentation et l'agriculture) avait adopté un engagement international fondé sur « le principe universellement accepté » que « les ressources phytogénétiques sont le patrimoine commun de l'humanité et doivent être préservées et librement accessibles pour être utilisées dans l'intérêt des générations présentes et futures ».

similaire, quel que soit le coût de cette opération, ou en espèces, en versant une contribution à un fonds de compensation pouvant réaliser des opérations dans des écosystèmes variés ?

Si la doctrine américaine, développée depuis plus de quarante ans dans le cadre de la mise en œuvre du Clean Water Act, s'est peu à peu accordée pour privilégier fortement la compensation en nature par des opérateurs privés spécialisés et précisément encadrés (les fameuses « banques de compensation »), on verra que cette option n'est pas sans inconvénients et que d'autres options restent envisageables.

Autre question majeure, la prise en compte du temps long propre aux processus écologiques fait l'objet de développements dans différents chapitres qui s'organisent autour de plusieurs aspects.

Le premier est celui des « pertes intermédiaires », c'est-à-dire du fait qu'il est souvent impossible de restaurer un écosystème pour qu'il retrouve immédiatement l'ensemble des propriétés fonctionnelles de l'écosystème détruit. Très concrètement, il faut des décennies, voire des siècles, pour qu'apparaissent au sein d'une plantation forestière des arbres vieillissants pouvant abriter une faune originale d'oiseaux et d'insectes. On verra que l'option de coefficients multiplicateurs (on demande de restaurer une surface plus importante que celle qui a été détruite), outre qu'elle peut autoriser un certain arbitraire, n'est guère satisfaisante sur un plan écologique : même immense, un reboisement forestier ne contiendra pas de vieux arbres ! De même, le recours à la technique économique classique de l'actualisation pour prendre en compte des pertes temporaires peut se justifier pour de courtes périodes, mais dévalorise considérablement les pertes à long terme, du moins si l'on applique les taux d'actualisation utilisés dans d'autres secteurs. On verra également que l'avantage souvent attribué aux banques de compensation — à savoir de permettre de mettre en place des compensations avant la réalisation même du dommage à compenser — apparaît quelque peu à relativiser : dans la pratique, ces banques sont en effet autorisées à commercialiser des unités de compensation avant que les aménagements qu'elles réalisent ne soient pleinement fonctionnels.

En outre, même après une longue période, la compensation peut se révéler incomplète, que ce soit en termes de biodiversité ou de propriétés fonctionnelles : un taux de restauration de 75 % apparaît empiriquement comme une limite des savoir-faire actuels. Comment, dans ce cas, prendre en compte ce défaut prévisible de compensation ? Faut-il envisager une « compensation de la compensation », assurée par un fonds de garanti ? Faut-il développer un système assurantiel ?

Le deuxième aspect de la prise en compte du temps est celui de la pérennisation des compensations réalisées. Il semble en effet difficile d'imposer à des opérateurs privés des engagements contractuels supérieurs à quelques décennies. La solution adoptée aux États-Unis, celle des « servitudes environnementales » attachées à un espace donné et donc transmissibles à ses propriétaires successifs, apparaît attractive mais soulève des problèmes de transposition dans notre droit, certains juristes y voyant un risque de « démembrement » du droit de propriété[4]. Le transfert des zones ainsi restaurées sous propriété publique, sur le modèle d'action du Conservatoire du littoral, supposerait un effort budgétaire difficilement envisageable[5]. Ces zones restaurées, si elles conservent un statut privé, doivent-elles pour autant retomber à terme dans le droit commun ?

Enfin, dernier aspect de cette réflexion sur le temps, la perspective des changements climatiques, mais aussi d'autres changements prévisibles (démographie et migrations, modification d'usage des ressources naturelles…) oblige à s'interroger sur le bien-fondé d'une compensation « à l'identique » : ne faut-il pas profiter de ces opérations de compensation pour mettre en place des écosystèmes différents, plus à même d'affronter ces changements et de fournir les services écologiques qui seront attendus ? En allant plus loin, si l'on accepte de s'affranchir quelque peu de ce dogme de compensation à l'identique, quelles limites doit-on se fixer pour la mise en place de ces nouveaux

---

4. À noter toutefois que le projet de loi cadre sur la biodiversité propose d'introduire dans notre droit une « obligation réelle environnementale » (article 33 du projet de loi), qui n'est rien d'autre qu'une servitude environnementale qui ne dit pas son nom.

5. Le Conservatoire du littoral, avec un budget annuel de l'ordre de 50 millions d'euros, acquiert chaque année environ 3 000 hectares, alors que l'artificialisation (qui n'est cependant que très partiellement soumise à obligation de compensation) concerne, pour l'ensemble du territoire national, environ 70 000 hectares par an.

écosystèmes, en particulier lorsque les milieux « naturels » impactés sont en fait une résultante historiquement datée d'interventions humaines, comme dans beaucoup de zones humides françaises, des Dombes à la Camargue et de la Brenne au Marais poitevin ?

Autre éclairage original, cet ouvrage nous propose un panorama des nombreuses démarches — il en existe des dizaines, développées surtout aux États-Unis — qui ont été élaborées pour fournir une évaluation analytique et explicite de l'équivalence écologique, réalisable en outre dans un temps raisonnable et sans nécessiter le recours à des experts de haut niveau. Elles ont en commun de vouloir quantifier les différentes pertes écologiques par une même unité de compte (des points, des indices), ces unités étant supposées additives — à l'image d'une monnaie — pour évaluer tant le préjudice global à compenser que la performance de la compensation proposée. Dans un contexte où les coûts de mise en place de mesures compensatoires deviennent notables[6], ces démarches ont l'avantage certain d'apporter un minimum de transparence et de rigueur procédurale. Mais quantification ne signifie pas forcément objectivité, et l'on peut se demander si l'attribution de valeurs numériques aux nombreux paramètres utilisés par ces méthodes n'est pas susceptible d'introduire *in fine* une subjectivité au moins aussi élevée que celle qui interviendrait dans un jugement global d'équivalence. Un travail important reste donc à faire pour juger de la fiabilité, de la robustesse et de la valeur relative de ces méthodes et aboutir à des pratiques homogènes, acceptées par l'ensemble des acteurs impliqués dans une opération de compensation.

Pour conclure, je soulignerai que cette question de la compensation écologique fait souvent l'objet d'affirmations catégoriques, certains y voyant une privatisation du vivant, l'instauration d'un droit à détruire et un risque de simplification de la biodiversité, d'autres un outil permettant, dans un contexte économique difficile, d'alimenter des politiques ambitieuses de recapitalisation écologique. L'immense mérite de cet ouvrage est d'apporter non pas des réponses à toutes ces questions, mais des éclairages documentés et nuancés, fondés sur les pratiques réelles et permettant au lecteur de se forger sa propre opinion.

Et, soucieux de biodiversité, je ne peux que souhaiter que ces opinions demeurent diverses.

Bernard Chevassus-au-Louis
Inspecteur général honoraire de l'Agriculture
Président de l'association Humanité et Biodiversité

---

6. Dans le cas de l'autoroute A65 Langon-Pau, le coût des mesures de réduction et de compensation des impacts écologiques est estimé par la société concessionnaire à 15 % du coût total du projet.

Remerciements

Nous souhaitons remercier l'Onema (Office national de l'eau et des milieux aquatiques) et l'Ifremer (Institut français de recherche pour l'exploitation de la mer) pour leur soutien financier ainsi que l'UMR Amure pour l'appui à la publication de cet ouvrage.

Chapitre 2

Ce chapitre a grandement bénéficié des nombreuses et fructueuses discussions qui ont eu lieu dans le cadre du groupe de travail sur les lignes directrices réunies par le ministère de l'Écologie, du groupe de travail sur l'initiative *no-net-loss* réuni par la Commission européenne et de diverses autres occasions d'échanges avec les acteurs de la compensation en France. Les auteurs remercient en particulier Frédérique Amy, Véronique de Billy, Sophie Bougard, Rénald Boulnois, Pierre Caesstecker, Michel Echaubard, Séverine Hubert, Marc Lansiart, Elen Lemaître-Curri, Marc Maury, Delphine Morandeau, Serge Muller, Francis Olivereau, Anne Pariente, Michel Perret, Philippe Puydarrieux, Morgane Sanchez, Denis Sivigny, Mathieu Souquet, Luis de Sousa, Hélène Videau et Annelaure Wittmann (et prient ceux qui auraient été omis d'accepter leurs excuses). Toutes les opinions exprimées dans cet article sont strictement celles des auteurs et ne représentent en aucune manière l'avis des groupes de travail ou des personnes mentionnées ici. En outre, les auteurs ont bénéficié de financements de la mission Biodiversité de la Caisse des dépôts et consignations, du cluster Recherche Rhône-Alpes, du PIR IngECOTech « Ingénierie et équivalence », du CEA/Agence ITER France (arrêté préfectoral n° 200863-5 du 3 mars 2008), du 7ᵉ Programme cadre de l'Union européenne (FP7/2007-2013) dans le cadre du contrat n° 308393 « OPERAs », et de l'Onema.

Chapitre 5

Ce travail a bénéficié des réflexions menées dans le cadre du groupe de travail réuni par la Commission européenne sur l'initiative *no-net-loss* et de diverses études conduites dans ce contexte pour le compte de la Commission européenne. Ce chapitre contribue également aux travaux sur la compensation écologique financés par le 7ᵉ Programme cadre de l'Union européenne (FP7/2007-2013) sous le contrat n° 308393 « OPERAs ». Les auteurs tiennent à remercier Adeline Bas pour ses remarques constructives et Britta Deiwick, du Freie Planungsgruppe Berlin, qui a fourni les cartes correspondant au cas d'étude berlinois.

Chapitre 7

Les résultats présentés ici ont bénéficié de l'appui du 7ᵉ Programme cadre de l'Union européenne (FP7/2007-2013), sous le contrat n° 308393 « OPERAs », et du projet CoForSet, financé par la Fondation pour la recherche sur la biodiversité dans le cadre de l'appel à projets 2013 « Modélisation et scénarios de la biodiversité en Afrique subsaharienne ». Les auteurs remercient également l'Union internationale pour la conservation de la nature (UICN), le Fonds français pour l'environnement mondial (FFEM) et l'Agence française de développement (AFD), qui ont permis de tester certaines hypothèses dans le cas spécifique de la République du Congo, du Gabon et du Cameroun. L'analyse présentée ici a bénéficié de nombreux échanges avec la Société financière internationale, au sein du Business and Biodiversity Offsets Programme (BBOP), de la Cross-Sectorial Biodiversity Initiative (CSBI) et avec le programme Business and Biodiversity de l'UICN. En outre, les auteurs tiennent à remercier spécifiquement Naïg Cozannet, Anna Deffner, Laurène Feintrenie, Claude Garcia, Kirsten Hund, Alain Karsenty, Symphorien Ongolo, Rénald Boulnois, Mathieu Souquet, avec qui les échanges sur ce sujet ont été nombreux.

Chapitre 12

Nous remercions les deux relecteurs externes de ce chapitre pour leurs commentaires et leurs remarques avisés. Nous tenons également à remercier Philippe Thiévent, directeur de CDC Biodiversité, et Michel Oberlinkels, responsable de l'antenne Sud-Est de CDC Biodiversité, pour leurs relectures attentives.

Chapitre 15

L'auteur remercie Christian Kerbiriou, Fanny Guillet et Jean-Michel Bottereau pour leurs relectures avisées. Les réflexions de cet article ont notamment bénéficié d'un financement du CEA/ Agence ITER France (arrêté préfectoral n° 200863-5 du 3 mars 2008).

Chapitre 22

Les auteurs tiennent à remercier Mme Hélène Gaubert du Commissariat général au développement durable (CGDD), Mme Connie Bersok de l'Environmental Protection Agency (EPA) en Floride et M. Julien Gauthey de l'Onema pour leur aide et leur soutien.

Avant-propos

Les compensations environnementales sont mentionnées dans un nombre croissant de dispositifs juridiques et institutionnels à vocation environnementale, en France — études d'impact environnementales, études d'incidence au titre de Natura 2000, dispositions du Code de l'environnement sur l'eau (Sdage), sur la responsabilité environnementale ou du Code forestier —, mais aussi à l'échelle européenne (par exemple la *no-net-loss initiative* débattue par la Commission européenne dans le cadre de la stratégie européenne pour la biodiversité) et internationale (comme les mécanismes de financement « innovants » mentionnés par la Convention sur la diversité biologique). C'est au regard de ces cadres légaux que le recours à la notion de compensation environnementale peut apparaître comme un nouvel avatar du développement durable à l'échelle de territoires ou d'écosystèmes précis, puisqu'elle vise à réconcilier objectifs de développement économique et enjeux de conservation de la biodiversité.

Cependant, comme tout concept associé aux questions de développement durable, cette notion appelle différentes interprétations. Elle peut être perçue comme une aubaine pour des acteurs économiques, car elle permet d'autoriser des projets de développement à partir du moment où la séquence « éviter-réduire-compenser » (ERC) est affichée, ce qui fait dire à une part importante d'acteurs de la conservation que les mesures compensatoires représentent une nouvelle forme de droit à détruire et non pas un outil opérationnel de politique de conservation de la biodiversité. Mais elle peut aussi être perçue comme un moyen d'imposer des limites biophysiques aux projets de développement et en conséquence comme une source de contraintes pour le développement économique.

En tout état de cause, c'est un concept qui ne laisse pas indifférent. Il génère intérêt et scepticisme, engouement et rejet, ce qui a pour inconvénient de rendre délicate la mise en place de débats scientifiques sereins.

Pourtant, le rôle croissant des mesures compensatoires en tant qu'outil de régulation des interactions entre politiques de développement et politiques de conservation génère de nombreuses questions, tant pour l'écologue que pour le géographe, l'économiste ou le juriste, auxquelles il doit être possible de répondre en allant au-delà des positions de principe.

Dans cet ouvrage nous nous focalisons sur les mesures compensatoires écologiques associées à des obligations réglementaires, même si nous faisons parfois référence aux mesures compensatoires volontaires visant à faciliter l'acceptation des projets d'aménagement, au-delà des strictes obligations légales (mesures d'accompagnement). Les mesures compensatoires réglementaires sont associées soit à des impacts accidentels, soit à des impacts autorisés. Dans le cadre des impacts écologiques générés par des pollutions accidentelles, l'objectif des actions de compensation est la réparation de l'ensemble des dommages environnementaux observés. Dans le cadre des impacts autorisés, l'objectif est de faire respecter une séquence de type ERC, qui doit théoriquement permettre d'obtenir un impact environnemental neutre.

Nous souhaitons, à travers cet ouvrage, lancer une évaluation interdisciplinaire sur des questions que soulève cet outil à travers quatre parties.

La première partie permet de faire un état des lieux sur la diversité des contextes institutionnels dans lesquels la notion de mesure compensatoire est mobilisée, qu'elle le soit en application d'une réglementation ou à travers des démarches volontaires, en mettant particulièrement l'accent sur l'encadrement juridique de cette mise en œuvre.

La deuxième partie s'intéresse à une innovation organisationnelle récente : le développement des banques de compensation dans les pays anglo-saxons mais aussi en France.

La troisième partie traite la question de la faisabilité écologique des mesures compensatoires.

La quatrième partie a pour objectif de faire le point sur les modalités d'évaluation des résultats obtenus, au regard notamment de l'objectif d'équivalence écologique. Nous présenterons dans cette partie différents outils permettant de mesurer l'équivalence écologique entre les impacts et les compensations et de justifier ou non, *in fine*, l'efficacité des actions réalisées vis-à-vis de l'objectif de *no-net-loss*.

Une synthèse des points discutés sera finalement proposée dans la conclusion pour dégager certaines perspectives et émettre des recommandations.

Partie I

Évolution et diversité institutionnelle des cadres de gouvernance des mesures compensatoires

Chapitre 1

Fonctions du droit et mesures compensatoires françaises

Gilles J. Martin

Il est toujours délicat de parler de « fonctions » du droit et encore plus difficile d'assigner au droit des « fonctions » dans le cadre d'un dispositif particulier comme celui des mesures compensatoires.

On nous pardonnera, dans ces conditions, de simplifier un peu (sans doute trop) les choses et de partir du postulat que le droit a pour fonction de *qualifier* des faits ou des rapports, de *réglementer ou de régir* des pratiques, des usages ou des comportements, enfin de *réguler* les relations qui naissent de ces usages ou de ces comportements. Les trois termes utilisés appellent chacun des précisions.

Qualifier, c'est mettre une étiquette « juridique » sur des faits ou des rapports sociaux. C'est dire par exemple que l'animal est un être sensible, que tel groupement est une association ou une société, que l'atteinte causée à un bien ou à une personne est un préjudice réparable, que tel ou tel opérateur est un exploitant, ou encore que telle relation est un contrat ou tel fait un délit.

La qualification entraîne, en principe, la mise en œuvre d'une réglementation, ou plus précisément d'un régime juridique, c'est-à-dire l'application de règles édictées par le législateur ou le juge et dont l'objectif est tout à la fois de tirer les conséquences du fait ou du rapport social ainsi qualifié (protéger l'être sensible, organiser le fonctionnement et la gouvernance du groupement, réparer le dommage, rendre l'exploitant responsable de son activité, faire que le contrat s'exécute, sanctionner le délit) et de normaliser les comportements et les pratiques pour y parvenir. Nous l'avons dit, cette réglementation — ce régime juridique — est en général le fait de la loi et du juge, mais peut être aussi le fait de pouvoirs privés économiques qui, tout comme les pouvoirs publics, produisent de la norme (les codes de bonne conduite, les usages du commerce, des lignes directrices, etc.). Il peut arriver que la réglementation — le régime juridique — soit première dans le temps et que les juristes en déduisent la qualification, même si cette inversion n'est pas la tradition des droits romano-germaniques.

Réguler est une « fonction » moins connue et plus contemporaine : elle consiste à « piloter » un système complexe de relations nées dans un secteur ou à propos d'une situation donnée, pour tenter de faire en sorte que ce système se maintienne dans un certain équilibre, ou qu'il atteigne des objectifs ou protège des valeurs que la réglementation aura posées, mais qu'elle ne peut directement garantir. Cette fonction est essentielle dans les secteurs qui s'ouvrent au marché ou plus largement aux mécanismes marchands, soit qu'ils aient été préalablement en situation de monopole public et se soient ouverts à la concurrence, soit qu'ils aient été constitués de toutes pièces à partir d'une situation qui échappait jusque-là au marché. Ainsi la régulation est-elle nécessaire lorsque l'ouverture de la télévision à la concurrence appelle une surveillance de ce nouveau secteur et la protection de valeurs exogènes au marché comme la liberté d'expression ou le pluralisme politique. Dans un sens encore plus ouvert, la régulation s'entendra comme le pilotage d'un système complexe pour faire en sorte qu'il atteigne des objectifs plus fins et surtout plus instables, que la rigidité, même relative, de la réglementation ne permet pas de garantir. Cette fonction de régulation peut être assurée par l'administration, par le juge, par les opérateurs du secteur concerné eux-mêmes (l'autorégulation), mais elle ne présente les traits d'une véritable régulation que lorsqu'elle est suffisamment réactive pour répondre aux besoins de rééquilibrage permanent du secteur ou de l'activité régulée, et suffisamment indépendante pour ne pas être « capturée » par l'un ou l'autre des intérêts en concurrence.

Dans cette triple « fonction », le droit ne crée pas à partir de rien. Conformément à ce que nous apprend la théorie des systèmes autopoïétiques[7] (Teubner, 1987 ; 1994 ; Luhmann, 1985), le système juridique écoute ce que lui disent les autres systèmes qui constituent le tout social (systèmes économique, politique, moral, technoscientifique, religieux, etc.) ; il entend leurs discours et leurs analyses — c'est l'ouverture cognitive — et les traduit dans sa langue et ses catégories — c'est la fermeture normative.

En supposant que ce qui précède donne une image à peu près acceptable des « fonctions » du droit, il convient maintenant de rappeler à grands traits quelles sont les hypothèses de mise en œuvre de mesures compensatoires en droit français. Ici encore, on nous permettra de schématiser.

Les mesures compensatoires mises en œuvre, ou susceptibles de l'être, sur le territoire national, par application de règles françaises, européennes ou internationales, peuvent être rangées en deux grandes catégories.

La première regroupe les mesures compensatoires qui apparaissent comme la condition *ex ante* d'une décision administrative ayant pour objet l'autorisation ou la programmation de projets ou d'activités et dont la mise en œuvre aura pour résultat, malgré tous les efforts accomplis pour éviter, puis pour réduire les impacts de ces activités ou projets, une perte de biodiversité ou plus généralement une atteinte aux milieux naturels. On reconnaîtra là les hypothèses visées, notamment, par les Directives 85/337 et 2001/42 et leur transcription en droit français dans les articles L.112-3, R.122-20 du Code de l'environnement et R.122-2, R.123-2-1 et R.141-1 du Code de l'urbanisme encadrant les décisions et les études d'impact ou d'incidences relatives à certains projets publics et privés ou devant accompagner certains plans et programmes. Relèvent de cette même catégorie les décisions de déclassement des zones humides de la Convention de Ramsar du 2 février 1971, soumises d'une part à la preuve que des raisons pressantes d'intérêt national justifient le projet, d'autre part à l'adoption « autant que possible » de mesures compensatoires (art. 4.2 de la Convention). Il en est de même encore des autorisations de projets ou travaux portant atteinte à un site Natura 2000, en application de l'article L.414-4 du Code de l'environnement, ou de l'autorisation de défrichement qui, en vertu de l'article L.311-4-2 du Code forestier, peut être subordonnée à compensation (pour un inventaire exhaustif, voir Lucas, 2012, p. 24 *sq.*).

La seconde catégorie concerne les mesures compensatoires *ex post* susceptibles d'être mises en œuvre après qu'un dommage à l'environnement a été causé par suite d'un accident ou d'un événement ayant échappé au contrôle d'un opérateur public ou privé. On le sait en effet, la Directive 2004/35/CE relative à la responsabilité environnementale et la loi du 1er août 2008 qui la transcrit en droit interne prévoient la possibilité de recourir à des mesures de compensation, soit pour compléter des mesures de réparation « primaire » — consistant en une remise en état — insuffisantes, soit pour compenser les pertes intermédiaires constatées pendant le laps de temps

---

7. Très schématiquement, cette théorie énonce que le système social global est composé de sous-systèmes (juridique, économique, scientifique, politique, religieux, etc.) qui échangent entre eux des informations (« ouverture cognitive »), mais qui ne peuvent traiter les informations reçues qu'avec leur propre langage, leurs propres catégories et concepts (« fermeture normative »).

nécessaire au milieu pour retrouver son équilibre initial. On ajoutera que le projet d'introduction d'un régime spécial de réparation du dommage écologique dans le Code civil (Jegouzo, 2013 ; Martin, 2013) reprend le même schéma.

Ainsi peut-on dresser une liste des hypothèses dans lesquelles le droit français contraint à adopter des mesures compensatoires ou envisage de recourir à de telles mesures.

Mais dresser la liste des hypothèses dans lesquelles notre droit prévoit la mise en œuvre de mesures compensatoires ne peut suffire. L'analyse des dispositifs mis en place contraint à remarquer que, ce faisant, notre droit a fait naître un nouveau « quelque chose » (la compensation), sans prendre le soin ni de définir ce qu'il est exactement au sein des catégories juridiques (en bref de le qualifier)[8], ni d'en réglementer l'usage (autrement qu'en définissant les cas dans lesquels il doit y être recouru), ni de réguler le fonctionnement des relations qui pourront naître à son propos.

Réfléchir sur les fonctions du droit dans le cadre des mesures compensatoires françaises, c'est donc réfléchir sur une triple absence ! Le lecteur se consolera en acceptant de considérer que l'analyse en creux peut être le moyen de dessiner ce que pourraient (pourront ?) être les formes et modalités des dispositifs juridiques qui tenteraient (tenteront ?) de remplir les fonctions qui sont traditionnellement assignées au droit.

▸▸ Qualifier

Le travail de qualification peut conduire d'abord et conduit souvent à une démarche négative, consistant à dire ce que n'est pas le fait ou le rapport à qualifier pour les distinguer de catégories ou de concepts avec lesquels ils paraissent présenter des liens de parenté. Cette démarche par opposition permet, ensuite, de proposer positivement une qualification. Dans le cas de la compensation, force est de constater d'abord que la « compensation » n'est pas une compensation, telle que notre droit la connaît !

La « compensation » n'est pas une compensation

Si la compensation apparaît comme une très ancienne technique juridique qui se définit, dès le droit romain, comme un mode d'extinction d'obligations synallagmatiques[9] liquides et exigibles, qui n'est possible que parce que leur objet est fongible (Martin et Andreu, 2010), il faut alors accepter de reconnaître que la compensation écologique (Lucas, 2012) n'est pas une compensation.

En premier lieu, les obligations de l'aménageur de compenser *ex ante* les impacts de son aménagement, comme celles de l'opérateur de compenser *ex post* les dommages qu'il a causés à certains éléments de l'environnement, ne participent pas d'une relation synallagmatique. La « dette » contractée par celui qui est tenu de compenser n'est pas la contrepartie d'une « créance » dont

---

8. Certes, on pourrait objecter que c'est chose faite avec l'article R122-14, II du Code de l'environnement qui dispose que « les mesures compensatoires ont pour objet d'apporter une contrepartie aux effets négatifs notables, directs ou indirects, du projet qui n'ont pu être évités ou suffisamment réduits [...] Elles doivent permettre de conserver globalement et, si possible, d'améliorer la qualité environnementale des milieux ». Mais force est de constater que cette description de l'objet et des finalités des mesures compensatoires ne peut être regardée comme une définition et encore moins comme une qualification de la « compensation ».

9. Les obligations synallagmatiques sont des obligations réciproques et interdépendantes, en ce que chacune est la cause de l'autre. Ainsi, dans le contrat de vente, l'obligation de payer le prix et l'obligation de transférer la propriété sont des obligations synallagmatiques. S'agissant de la compensation, elle suppose que deux obligations synallagmatiques coexistent en un instant t, que leur objet soit fongible (c'est-à-dire substituable), qu'elles soient liquides (c'est-à-dire évaluées en argent) et exigibles (c'est-à-dire non affectées d'un terme suspensif). Primus doit 1 000 euros à Secundus en exécution d'un contrat de vente ; Secundus doit lui-même 500 euros à Primus en remboursement d'un prêt. Leurs obligations réciproques s'éteignent dans la limite de la plus faible d'entre elles : Primus doit 500 euros à Secundus qui, pour sa part, est libéré de sa dette.

il disposerait. Admettre le contraire reviendrait, d'une part, à consacrer une grave approximation et conduirait, d'autre part, à conforter l'idée d'un droit à dégrader l'environnement. Ce n'est, en effet, pas parce que l'aménageur est capable de proposer des mesures compensatoires *ex ante* que son projet doit être autorisé ; il ne peut l'être que si ce projet est conforme à l'intérêt général ou apparaît d'utilité publique. La compensation *ex ante* n'est qu'une modalité de mise en œuvre de l'autorisation qui lui est délivrée au regard de ces exigences. Le constat s'impose davantage encore s'agissant des mesures compensatoires *ex post* : le fait qu'un dommage puisse être compensé et qu'une dette de compensation naisse dans son patrimoine ne peut — et ne doit surtout — pas être regardé comme la contrepartie d'un droit à le causer.

En deuxième lieu, l'obligation de compenser ne pourrait être qualifiée de « liquide » que si se généralisaient les techniques de titrisation et si les titres en question étaient totalement déconnectés de l'opération concrète. Tel n'est pas le cas, pour l'instant, dans les expériences françaises ni même américaines de banques de compensation (*mitigation banking* ; voir chapitre 4). Pareillement, il est impossible de considérer que les deux pôles de la prétendue compensation sont exigibles, dès lors que l'exigibilité de la compensation n'est jamais contemporaine de l'événement qui lui donne naissance.

Enfin, l'obligation de compenser a un objet qui, dans le cadre de la compensation écologique, n'est jamais purement fongible avec l'objet qui la justifie. Même si l'on veille à ce que les écosystèmes et les services concernés présentent des similitudes, ils ne peuvent jamais être regardés comme purement et simplement substituables.

Si, en droit, la compensation écologique ne peut être qualifiée de compensation, il faut d'abord en déduire que rien dans le régime juridique de la véritable compensation n'est transposable à notre domaine. Il convient alors de quitter le terrain du régime général des obligations pour rechercher ailleurs une qualification susceptible de rendre compte de cette réalité.

La « compensation » est un mode de réparation *sui generis*

C'est vers le droit de la réparation que semblent alors devoir se tourner les regards. Mais, très vite, le juriste devra constater que si des rapprochements sont possibles, l'originalité des caractères de la compensation écologique lui interdit d'entrer dans une catégorie connue (Lucas, 2012).

Que la compensation soit un mode de réparation d'un dommage peut être accepté, mais déjà s'impose le fait que dans la compensation *ex ante*, la mesure compensatoire est imposée pour un dommage qui est anticipé, mais qui n'est pas encore survenu. Ce constat constitue-t-il un obstacle dirimant à la qualification de réparation ? C'est assurément une originalité, mais le droit des assurances en connaît une autre illustration. Dans le cadre des assurances dites « foires » ou « prospection », un opérateur qui se lance dans une opération de prospection d'un marché nouveau peut s'assurer contre le risque de ne pas parvenir à réaliser un retour satisfaisant sur son investissement. L'assureur (la Coface, par exemple, qui est le principal assureur français de ce risque) anticipe alors la réalisation du « sinistre » et verse à l'entrepreneur, dès le début des opérations de prospection, des indemnités ; celles-ci ne seront remboursées à la compagnie d'assurance que si la prospection permet à l'entreprise de réaliser un chiffre d'affaires préalablement défini au contrat ; dans le cas inverse, l'opérateur conserve l'indemnité qui viendra ainsi compenser les investissements réalisés en pure perte. Nous sommes, certes, bien loin de la compensation écologique, mais le parallèle a le mérite de montrer que la réparation d'un dommage non encore survenu n'est pas inconnue de notre droit. Pour autant, si le rapprochement se justifie lorsque sont envisagées les mesures compensatoires d'un projet ponctuel, il devient plus hasardeux si l'on raisonne sur la compensation des effets négatifs des plans et programmes, voire des lois et des décrets (Lebreton, 2002 ; Jegouzo, 2005). Dans cette hypothèse, en effet, le dommage n'est pas seulement anticipé, il est le résultat d'une projection nécessairement approximative, et l'équivalence recherchée entre la mesure compensatoire et le dommage risque d'être d'ordre divinatoire ! Cela est si vrai que l'on a pu se demander si cette extension du champ de la compensation n'était pas en l'état totalement inadaptée (Lucas, 2012).

Tel pourrait être un premier résultat du travail de qualification entrepris. Si la compensation est une mesure de réparation, elle implique comme une nécessité absolue l'existence d'un dommage avéré ou l'anticipation d'un dommage futur mais certain et suffisamment déterminé dans son périmètre et ses éléments pour donner lieu à l'évaluation raisonnable d'une équivalence. S'agissant des plans et programmes, pour ne rien dire des lois et décrets, c'est à un autre mécanisme d'anticipation qu'il conviendrait d'avoir recours pour déterminer les contreparties devant accompagner de telles décisions.

Si la compensation est un mode de réparation, c'est un mode de réparation par équivalent. Or notre droit de la réparation ne connaissait jusque-là que la réparation par équivalent monétaire, tandis que la compensation apparaît comme un mode de réparation par équivalent en nature. C'est là une deuxième originalité. Si notre droit de la réparation n'ignore pas la réparation en nature, il n'organisait jusque-là qu'une réparation directe en nature, en obligeant le débiteur de l'obligation de réparer à remettre la situation dans l'état où elle se trouvait avant la réalisation du dommage. Admettre la réparation par équivalent en nature, c'est donc croiser et articuler deux formes de réparations qui étaient jusqu'ici des alternatives. C'est donc supposer que l'administration ou le juge disposent des outils nécessaires à l'établissement d'une équivalence en nature. En d'autres termes, la nouveauté de ce mode de réparation s'accorde mal avec l'indétermination des critères et conditions de sa mise en œuvre.

Enfin — mais les choses pourraient sur ce point évoluer en partie, si le législateur suivait les préconisations du rapport Jegouzo (Jegouzo, 2013) —, cette réparation par équivalent en nature est imposée non par un juge ou par le seul accord des parties, mais par l'autorité administrative, qu'il s'agisse de la compensation *ex ante* ou, pour l'instant, de la réparation *ex post*. Ici encore, si l'on qualifie la compensation de mode de réparation, il est difficile d'accepter que la détermination de son quantum et de ses formes ne soit pas encadrée par un dispositif relativement précis. La question fait d'ailleurs naître une autre interrogation : quels sont les principes qui doivent encadrer ce mode de réparation ? Le principe de réparation intégrale[10], régulièrement remis en cause (Heuzé, 2005), peut-il servir de guide, alors que d'une part il paraît écarté par la Charte de l'environnement[11] (Lucas, 2012, p. 381 *sq.*) comme par la loi du 1er août 2008 transposant la Directive 2004/35/CE, et que d'autre part le caractère non fongible des éléments de la biodiversité rend son appréciation impossible[12] ? Si l'on écarte ce principe, quel autre standard pourrait-on invoquer ? Celui d'une réparation raisonnable ? Ne conviendrait-il pas plutôt, compte tenu de la matière considérée, de définir les méthodes d'évaluation des impacts et d'en déduire les méthodes d'évaluation des compensations proposées ? En bref, qualifier la compensation de mode de réparation appelle nécessairement des développements sur la mise en œuvre de cet outil.

La compensation écologique n'a fait l'objet, jusqu'à une période récente, d'aucun travail de définition véritable, et encore moins[13] de qualification juridique. La raison tient sans doute au fait que cette compensation est pour l'essentiel un produit importé du droit européen, produit dont les juristes français se sont longtemps désintéressés. C'est la doctrine récente (voir chapitre 2 ; Lucas, 2012 ; Haumont, 2012, pour la doctrine belge) qui s'est attachée à combler ce déficit. Ce besoin de qualification est d'autant plus pressant que le droit français n'a pas davantage rempli sa deuxième fonction, qui eût consisté à réglementer.

---

10. Ce principe est toujours énoncé par référence à un arrêt de la Cour de cassation aux termes duquel « le propre de la responsabilité civile est de rétablir aussi exactement que possible l'équilibre détruit par le dommage et de remplacer la victime dans la situation où elle se serait trouvée si l'acte dommageable ne s'était pas produit » (Cass. civ. 2, 28 oct. 1954, JCP 1955, II, 8765).

11. Son article 4 énonce, en effet, que « toute personne doit *contribuer à la réparation* des dommages qu'elle cause à l'environnement, dans les conditions définies par la loi ». Cette obligation de simplement « contribuer à la réparation » a été lue comme consacrant l'idée qu'une réparation intégrale dans ce domaine était inatteignable.

12. D'ailleurs, cette référence à la réparation intégrale est expressément écartée dans l'article R122-14, II du Code de l'environnement qui dispose que les mesures compensatoires doivent seulement « permettre de conserver globalement et, si possible, d'améliorer la qualité environnementale des milieux ».

13. Et ce malgré l'article R122-14, II du Code de l'environnement (voir note 2).

▸▸ Réglementer

Dans la tradition classique, la bonne méthode consiste à qualifier d'abord, pour en déduire l'application d'un régime juridique ensuite. Ainsi, par exemple, est-on censé se demander si une « chose » est un « bien » juridique et, dans l'affirmative, si ce bien est un « meuble » ou un « immeuble ». Dès lors que la qualification est fixée, le régime en découle.

La complexité des situations à prendre en compte et des rapports sociaux qui en découlent, l'inflation législative et réglementaire, l'influence de la pensée et des méthodes juridiques anglo-saxonnes ont, avec d'autres phénomènes sans doute, contribué à remettre en cause cette façon de procéder. Il est de plus en plus fréquent que l'étape consistant à qualifier une situation de fait ou un rapport social ne soit pas première. Souvent, le législateur adopte une réglementation, soumet la situation en cause à un régime juridique, et c'est à partir de ce régime que la jurisprudence et la doctrine, dans un ordre qui varie, déduiront *a posteriori* les qualifications juridiques qui s'imposent. Bien qu'intervenu *a posteriori*, ce travail de qualification reste utile car il permet d'apporter des réponses aux questions non résolues par la réglementation ou d'adapter la mise en œuvre du régime aux cas particuliers qui sont soumis aux juges, par exemple.

Pour l'essentiel, la réglementation relative à la compensation a pour objet de définir les hypothèses dans lesquelles des mesures compensatoires doivent être prévues (voir *supra*). Il peut également être affirmé aujourd'hui que, tel qu'il a été prévu par les textes, le régime juridique qui lui est applicable définit la place de la compensation comme subsidiaire et postérieure aux étapes d'évitement et de réduction des impacts[14]. Encore faut-il remarquer que cette réalité n'est perçue que depuis peu. « Dans les premiers contentieux, le juge administratif ne singularisait pas ou peu les différentes étapes de ces mesures. Examinant la suffisance de l'étude d'impact, les juges du Palais-Royal évoquent dans les années 1980 régulièrement les mesures de réduction, faisant abstraction des mesures compensatoires. » (Lucas, 2012, p. 213) C'est dire que l'absence de régime juridique suffisamment développé a eu pour effet, pendant un temps, de rendre juridiquement « invisible » la compensation !

Si cette étape est aujourd'hui dépassée, il ne faut pas en chercher la raison dans l'adoption d'une réglementation plus dense[15], mais bien plutôt dans la redécouverte de ce troisième élément du triptyque ou, plus exactement, dans son exhumation par des praticiens de terrain — et notamment les praticiens de certaines administrations déconcentrées, spécialement les Diren (Directions régionales de l'environnement, aujourd'hui Dreal (Directions régionales de l'environnement, de l'aménagement et du logement —, très tardivement relayés par la doctrine, puis par l'administration centrale. Réfléchissant en 2008 sur les limites de la réparation du préjudice écologique, un groupe de travail réuni à la Cour de cassation avait reçu, sous la condition qu'elles ne soient pas divulguées, les « confidences » d'un fonctionnaire d'une Diren qui s'inquiétait de mettre en œuvre des mesures compensatoires « en dehors de tout cadre réglementaire » (Martin, 2009) !

Force est de constater que la situation n'a guère évolué et que notre droit ne dit toujours rien ou presque, ni sur les méthodes à mettre en œuvre pour parvenir à la détermination des impacts résiduels à compenser, ni sur les méthodes ou les procédures présidant au choix des mesures finalement retenues, ni sur l'articulation entre les différentes mesures de compensation qui peuvent être arrêtées aux termes de procédures connexes mais qui conservent néanmoins une certaine autonomie, aux motifs qu'elles trouvent leur fondement dans des textes qui ne poursuivent pas les mêmes objectifs (loi sur la nature, sur l'eau, sur les installations classées pour la protection de l'environnement, etc.), ni sur le suivi des mesures de compensation et pas davantage sur l'éventuelle révision des mesures mises en œuvre (pour une analyse plus générale et critique de l'évaluation environnementale, voir Billet, 2011).

---

14. Cela résulte expressément de la rédaction de l'article R122-14, II du Code de l'environnement et est affirmé avec plus de force encore dans le projet de loi Biodiversité.

15. Il est révélateur que le mot « compensation » n'apparaisse pas dans la table des matières du Code de l'environnement édité par Dalloz.

Comment et par quoi ce vide a-t-il été rempli ? Pour l'essentiel par des documents rédigés par des personnes privées — bureaux d'études, « spécialistes » — ou publiques — administrations centrales ou déconcentrées, Commission européenne, Autorité environnementale —, voire élaborés dans le cadre de partenariats entre des organismes à vocation scientifique et des administrations opérationnelles et dénommés « guides », « guides méthodologiques », « guides de conseils méthodologiques » (Lucas, 2012, notamment p. 205 *sq.*), « directives » ou « lignes directrices »[16] (voir chapitre 2). Bien évidemment, le juriste traditionnel relèvera que ces instruments ne sont jamais contraignants, qu'ils n'ont pas été élaborés, la plupart du temps, dans le respect de la procédure constitutionnelle de production des normes, qu'ils sont disparates et ne répondent donc à aucun des caractères de la règle de droit. Sans doute, mais le juriste plus ouvert aux faits contemporains et aux leçons des autres sciences sociales reconnaîtra que ces documents façonnent des comportements, participent à la consécration de pratiques qui pourront devenir des usages et donnent éventuellement aux juges des références pour apprécier le comportement du « bon professionnel » ou trancher sur le caractère ou non suffisant d'une étude d'impact. C'est dire en d'autres termes qu'ils intéressent au premier chef le juriste parce qu'ils sont susceptibles de générer des « normes », au sens premier de ce mot, c'est-à-dire des « mesures » à l'aune desquelles pourront juridiquement s'apprécier des comportements ou des situations. Quant au juriste environnementaliste, il observera que ces formes juridiques floues, donnant naissance à des normes molles qui peuvent ou non se durcir avec le temps et la répétition, envahissent le champ de ses observations. Que l'on songe au développement de l'information environnementale par exemple (Epstein, 2014), et plus généralement à tout ce que l'on range aujourd'hui sous la bannière de la responsabilité sociale des entreprises.

Comment expliquer cette « fabrication » désordonnée de la règle et faut-il en dénoncer les imperfections ? La raison première, pour ce qui concerne en tout cas la compensation, tient sans doute à l'incertitude — absolue dans un premier temps, relative aujourd'hui — qui caractérise ce moyen d'intervention et qui a interdit — et interdit sans doute toujours — de définir un régime juridique précis, complet et généralisable. Dans une telle situation d'incertitude, le système juridique, en laissant se développer les pratiques informelles, formalisées ensuite dans des guides, qui font l'objet d'échanges, de critiques, d'avis de la part des acteurs publics et privés concernés, permet ainsi à la règle d'émerger lentement du corps social[17]. Si le processus parvient à maturité, des cahiers des charges pourront être normalisés, comme le réclament déjà certains acteurs (Lucas, 2012, p. 206, note 988), et seront ensuite annexés aux décisions administratives, avant peut-être de permettre l'éclosion de règles générales exprimées dans une réglementation. Si l'on adhère à cette vision d'un droit qui se construit par la base et non par le haut, et par une base qui apprend de la construction même qu'elle réalise, il faut accepter les imperfections actuelles de l'édifice, tout en mesurant les risques dont elle est porteuse.

Une telle approche suppose, en effet, que l'élaboration de la règle comme la mise en œuvre des mesures finalement retenues ne soit pas abandonnées au jeu des seuls rapports de force ou d'influence, ou au hasard des circonstances. Cette fonction de pilotage des relations et rapports qui président à l'élaboration de la norme comme à sa mise en œuvre n'est pourtant pas davantage présente que les précédentes dans le paysage juridique que nous observons. Pas plus qu'il n'a qualifié ou réglementé la compensation, le système juridique n'a véritablement régulé sa pratique.

▸▸ Réguler

Dans une situation où la règle s'élabore de manière très informelle, le risque est évidemment qu'elle le soit par ceux qui, dans le rapport social considéré, disposent du maximum de puissance

---

16. On pense évidemment aux « lignes directrices nationales sur la séquence éviter-réduire-compenser (ERC) les impacts sur les milieux naturels », édictées par le ministère de l'Écologie en octobre 2013.
17. À cet égard, les « lignes directrices » précitées, parfois qualifiées de « doctrine nationale », peuvent être regardées comme une étape supplémentaire de cette densification normative.

et d'influence. Les bureaux d'études, source importante de guides méthodologiques, sont par définition dans une situation de dépendance vis-à-vis des maîtres d'ouvrage qui les font vivre. Il n'est pas question ici de mettre en cause leur bonne foi ou leur professionnalisme, mais cette situation est nécessairement créatrice d'ambiguïté et appellerait, au minimum, une régulation. Dans les hypothèses où l'Autorité environnementale est conduite à intervenir, une amorce de régulation existe du fait de la publication des avis de cette Autorité qui contribue ainsi à conforter ou à miner la réputation des bureaux d'études qui sont intervenus, mais cet effet régulatoire est, à tous égards, limité. Pareillement, un code de déontologie a été édicté par l'Association française des ingénieurs écologues, dont la liste des signataires est publiée par le ministère (Lavoux et Fémenias, 2011). Qui ne voit cependant combien ces timides tentatives de régulation sont insuffisantes ? Une autre proposition a encore été avancée, consistant en la mise en place d'un organisme de certification ayant pour mission de délivrer une habilitation « à réaliser des opérations de restauration ou de recréation d'écosystèmes » (Lucas, 2012, p. 233, note 1124), sans être, pour l'instant, suivie d'effets. Aussi peut-on écrire sans crainte d'être démenti qu'en l'état, aucune régulation véritable n'existe quant à la définition et au contrôle des méthodologies servant de fondement aux mesures de compensation.

Mais une telle absence de régulation doit également être relevée dans la conception même du schéma décisionnel qui conduit à l'adoption puis à la mise en œuvre des mesures compensatoires.

Tout le monde s'accorde à relever que les mesures compensatoires sont l'objet de négociations entre le maître d'ouvrage (ou l'exploitant responsable du dommage) et l'administration, négociations auxquelles participent plus ou moins, selon les cas, des tiers et notamment des associations. C'est dire que la négociation des mesures compensatoires est conduite par la même autorité qui dispose du pouvoir régalien d'interdire, d'autoriser et d'imposer des prescriptions. Comment peut-on penser un seul instant que la négociation sur les mesures compensatoires ne pèsera pas sur la décision de délivrer l'autorisation ? Comment éviter dans ces conditions qu'un projet, par exemple, soit autorisé non parce que l'intérêt général en commande la réalisation, mais parce que des mesures compensatoires ont été négociées ? Comment éviter, en d'autres termes, que les mesures compensatoires ne deviennent une des composantes de l'appréciation de l'intérêt général ? Si l'on considère, comme nous l'avons fait, que les mesures compensatoires sont un mode de réparation par équivalent en nature — donc imparfait — d'un dommage programmé ou avéré, il conviendrait de ne prendre en compte, au moment du bilan qui doit présider à la décision d'autorisation ou de refus du projet, que les avantages de ce dernier et les inconvénients qui persistent après que des mesures d'évitement et de réduction des impacts ont été prises. Si, à l'issue de ce bilan, les avantages l'emportent, le projet doit être autorisé (avec les prescriptions d'évitement et de réduction nécessaires) et des mesures compensatoires doivent alors, mais alors seulement, être imposées ou négociées. Ce découplage entre la décision de principe et les mesures compensatoires n'est possible, dans l'idéal, qu'à deux conditions : que les mesures compensatoires ne soient envisagées et négociées que postérieurement à la décision de principe et qu'elles ne le soient pas par la même autorité. Nous sommes conscient qu'en avançant une telle proposition, nous ne proposons rien moins que de substituer au triptyque ERC un diptyque ER, puis C, et que tel n'est pas l'état de notre législation. Un auteur soutient même un point de vue plus radical encore, en considérant que le principe d'action préventive ne doit pas être placé « comme simple première étape d'une "séquence" [...]. L'obligation de prévenir les atteintes à l'environnement doit être véritablement un principe fondateur du droit de l'environnement ; la réduction des atteintes et plus encore leur compensation n'en sont que des dérogations » (Doussan, 2014).

Si une telle évolution n'est pas d'actualité, au moins faudrait-il, pour que la régulation du processus décisionnel s'effectue plus sérieusement, que l'autorité chargée d'autoriser, d'interdire ou de prescrire des mesures d'évitement et de réduction ne soit pas la même que celle qui décide ou qui négocie les mesures compensatoires. Pour des raisons presque similaires, nous estimons malsain que ce soit l'autorité qui a autorisé l'activité qui s'est révélée dommageable qui négocie les mesures compensatoires du dommage causé par le fait de cette activité. En résumé, dans tous les cas, il nous paraîtrait plus satisfaisant que l'autorité chargée de « gérer » le dommage programmé ou avéré et l'action de compensation associée soit différente de celle qui a en charge l'autorisation et la surveillance du projet ou de l'activité qui en est la cause. C'est, nous semble-t-il, ce qui est proposé dans le rapport Jegouzo lorsque celui-ci envisage la création d'une Haute Autorité environne-mentale dont la mission « devrait dépasser le seul cadre de la responsabilité environnementale » (Jegouzo, 2013). Cette solution paraîtrait, selon le même rapport, « au vu de certaines expériences étrangères, une solution efficace, voire nécessaire, à la fois pour traiter de manière uniforme les préjudices écologiques concernant des écosystèmes très divers, des territoires qui peuvent être très étendus et pour mobiliser la capacité d'expertise indispensable » (*ibid.*, p. 24).

Enfin, il convient de dire un mot des processus qui ont pour finalité d'introduire dans notre système des dynamiques de « mutualisation par le marché » (Lucas, 2012), à travers la mise en place de banques de compensation. Ici, la régulation s'impose de manière plus évidente encore, pour deux raisons au moins. D'une part, parce que tout processus de marché commande une régulation ayant pour objet d'en garantir le fonctionnement loyal et efficace et donc d'en bannir les dysfonctionne-ments (ententes, abus de positions dominantes, notamment). D'autre part, parce que ces nouveaux marchés ont, parmi leurs finalités, celle de promouvoir une valeur exogène au marché, la protection de l'environnement. Il nous paraîtrait de bonne politique que la Haute Autorité environnementale soit chargée de la surveillance et du pilotage de ces marchés (Martin, 2014b).

▶▶ Conclusion

Au terme de ce survol de l'encadrement des mesures compensatoires en droit français, un constat s'impose : le droit français a accueilli la « compensation », mais n'a pris le temps ni de la définir ou de la qualifier, ni de construire un régime juridique digne de ce nom, ni même d'en réguler effica-cement l'usage et la mise en œuvre. La nature ayant horreur du vide, ces failles sont comblées par les acteurs eux-mêmes dans leurs pratiques et leurs initiatives quotidiennes, acteurs suivis, plutôt que guidés, par les pouvoirs publics[18]. Le « droit de la compensation » qui émerge n'en sera pas nécessairement plus mauvais, mais il est temps de canaliser et d'organiser ce droit « en train de se faire », si l'on veut éviter les dérives. Les juristes doivent y jouer leur rôle s'ils ne veulent pas être les simples greffiers de règles construites en dehors d'eux.

---

18. Les « lignes directrices » sont une bonne illustration du phénomène.

Chapitre 2

Les contours flous de la doctrine éviter-réduire-compenser de 2012

Fabien Quétier, Baptiste Regnery, Céline Jacob,
Harold Levrel

Bien que la séquence « éviter-réduire-compenser » (ERC) ait été incorporée dans le droit de l'environnement français en 1976, les mesures compensatoires sont longtemps restées ignorées ou mal appliquées. Suite à la réforme des dérogations à la stricte protection de certaines espèces protégées, en 2007, puis à la réforme de l'étude d'impact issue du Grenelle de l'environnement, en 2012, les exigences en matière de surveillance et de mise en œuvre effective des mesures destinées à éviter, réduire et compenser les impacts ont été renforcées. Dans ce contexte, le gouvernement français a publié des orientations sur la séquence ERC sous la forme d'une doctrine (MEDDE, 2012a) et de lignes directrices (MEDDE, 2013).

Selon la doctrine de 2012, l'objectif de la séquence ERC est de parvenir à ce qu'un projet n'engendre aucune perte nette de biodiversité, et de préférence un gain net pour la biodiversité affectée par le projet si celle-ci est déjà menacée. Cet objectif rejoint celui énoncé par l'Union européenne, dans sa stratégie pour la biodiversité de 2011, de stopper, d'ici 2020, la perte de biodiversité et la dégradation des services écosystémiques, et de les restaurer dans la mesure du possible. Dans ce contexte, la Commission européenne (CE) a annoncé une initiative correspondant à l'objectif 2 de sa stratégie : « Éviter toute perte nette pour les écosystèmes et leurs services (par exemple grâce aux régimes de compensation). » (COM/2011/0244 de la CE)

Que ce soit en Europe ou en France, déterminer ce que signifie « éviter toute perte nette » et comment la compensation peut y contribuer est essentiel afin de concevoir des solutions techniques, juridiques et financières adaptées. L'expérience montre que c'est généralement au niveau de la mise en œuvre et de l'application effective des compensations qu'il est important d'agir, au moins autant qu'au niveau de la conception technique et du dimensionnement des mesures (Hough et Robertson, 2009 ; Bull *et al.*, 2013 ; IUCN, 2014).

Dans ce chapitre, nous décrivons les étapes de l'émergence récente de la compensation dans le dispositif d'autorisation des projets d'aménagement en France. Après une brève présentation de la doctrine ERC française, nous en discutons les avantages et les limites. Nous concluons par des propositions pour assurer une meilleure efficacité de la politique française visant à éviter les pertes nettes de biodiversité dues à l'aménagement.

▶▶ La transposition progressive des directives européennes dans le droit français : 1992-2010

La directive européenne 92/43/CE du 21 mai 1992, dite Directive Habitats, a été une étape importante pour la conservation de la nature en Europe. Elle identifie les espèces et les habitats d'intérêt européen, et exige le maintien ou l'atteinte d'un état de conservation favorable pour ceux-ci, y compris en imposant des compensations pour tout impact autorisé.

L'article 12 énonce un régime de protection stricte des espèces listées en annexe IV de la Directive, et interdit notamment « la détérioration ou la destruction des sites de reproduction ou des aires de repos ». L'article 16 permet, lui, de déroger à cette stricte protection, « à condition qu'il n'existe pas une autre solution satisfaisante », que le projet soit justifié « dans l'intérêt de la santé et de la sécurité publiques, ou pour d'autres raisons impératives d'intérêt public majeur, y compris de nature sociale ou économique, et pour des motifs qui comporteraient des conséquences bénéfiques primordiales pour l'environnement », et que la dérogation ne nuise pas « au maintien, dans un état de conservation favorable, des populations des espèces concernées dans leur aire de répartition naturelle ». C'est un objectif d'absence de perte nette. Cet aspect clé de la Directive n'a été transposé que tardivement en France. Ainsi, bien que la loi de 1976 offre un régime de protection stricte aux espèces protégées, celui-ci ne concernait que les spécimens individuels et pas leurs habitats. Par ailleurs, il n'existait pas de possibilité de déroger à cette protection pour des projets d'aménagements. Les impacts éventuels sur les espèces et leurs habitats étaient traités, de façon très hétérogène, soit dans le cadre des études d'impact (pour certains milieux), soit par le déplacement des individus d'espèces protégées afin d'éviter leur mortalité lors du chantier. La dérogation prévue au titre des articles 12 et 16 de la Directive Habitats de 1992 n'a été introduite en France qu'en 2007, par l'article 86 de la loi 2006-11 du 5 janvier 2006 et le décret d'application du 19 février 2007. Ce dernier a fixé une procédure visant à accorder des dérogations à la protection stricte des espèces de sorte que s'il subsiste des impacts qui n'auraient pas pu être évités ou réduits, des compensations soient exigées pour s'assurer qu'il n'y a pas de diminution de leur état de conservation du fait de la dérogation. Notons que de nombreuses espèces qui sont protégées par le droit français ne sont pas énumérées à l'annexe IV de la Directive Habitats. Pour celles-ci, seuls les spécimens sont protégés et pas leur habitat. Le Conseil national de la protection de la nature donne un avis sur les demandes de dérogations et, dans la pratique, agit comme un régulateur indépendant de l'aménageur et de l'autorité environnementale. C'est ce processus, mis en place en 2007, qui a poussé la compensation écologique sur le devant de la scène (Quétier *et al.*, 2014).

En plus de certaines espèces de faune et de flore, la Directive Habitats de 1992 vise à protéger certains habitats naturels considérés d'intérêt communautaire (listés en annexe I de la Directive). Les sites Natura 2000 sont désignés pour contribuer à maintenir ou à rétablir un état de conservation favorable de ces habitats naturels, et des habitats nécessaires aux espèces listées en annexe IV. L'article 6 de la Directive Habitats indique la procédure d'évaluation appropriée des incidences d'un plan ou d'un projet sur un site Natura 2000. Un projet avec des effets négatifs sur l'intégrité du site ne peut être autorisé que pour des raisons impératives d'intérêt public majeur, et s'il n'y a pas d'alternative à ce projet. Si c'est le cas, alors des mesures compensatoires peuvent être envisagées pour permettre de maintenir la cohérence du réseau Natura 2000 (EC, 2007b). On notera que « lorsque le site concerné est un site abritant un type d'habitat naturel et/ou une espèce prioritaires, seules peuvent être évoquées des considérations liées à la santé de l'homme et à la sécurité publique ou à des conséquences bénéfiques primordiales pour l'environnement ». Seul un avis formel de la Commission peut identifier d'autres raisons impératives d'intérêt public majeur. Suite à une action en justice de la Commission européenne (affaire C-241/08), la France s'est mise en conformité avec les exigences des articles 6 (3) et 6 (4) de la Directive Habitats, par la loi 2008-757 du 1er août 2008.

La Directive Habitats n'est pas la seule concernée. Les Schémas directeurs d'aménagement et de gestion des eaux (Sdage) ont été examinés et mis à jour en 2009. Plusieurs Sdage exigent maintenant la compensation des impacts résiduels sur les milieux aquatiques et les zones humides (définies par l'arrêté ministériel DEVO0813942A de 2008). Le Sdage Loire-Bretagne exige par exemple la recréation ou la restauration, dans le même bassin versant, d'une zone humide avec une biodiversité et des fonctionnalités équivalentes à celles détruites. Si la compensation est à plus de 25 kilomètres de la zone humide touchée, ou si le bassin versant fait plus de 500 kilomètres carrés ou si l'équivalence des fonctions écologiques perdues ne peut être trouvée, alors une compensation par restauration puis protection d'une zone humide sur une surface correspondant à deux fois celle impactée sera appliquée (action 8B-2 du Sdage Loire-Bretagne, Secrétariat technique, 2010). Ces ratios surfaciques ont été mis en place dans la plupart des Sdage. Des ratios surfaciques sont aussi utilisés dans le cadre des autorisations de défrichement, comme indiqué par le ministère de l'Agriculture, de l'Agroalimentaire et de la Forêt (MAAF, 2013).

Plus récemment, la Directive cadre Stratégie pour le milieu marin (DCSMM, 2008/56/EC) exige que les États membres établissent un programme de mesures pour atteindre ou maintenir un bon état écologique en prenant en compte les types de mesures spécifiées dans l'annexe VI tels que les « instruments d'atténuation et de remise en état : instruments de gestion qui orientent les activités humaines vers une restauration des constituants endommagés des écosystèmes marins ».

▶▶ Le Grenelle de l'environnement : 2007-2013

En mai 2007, un processus de consultation national, le Grenelle de l'environnement, a été lancé pour mettre à jour les politiques et la législation environnementale. La loi 2010-788 du 12 juillet 2010, dite loi Grenelle II, a notamment conduit à la mise en place d'une politique d'identification et de restauration des trames vertes et bleues, la réforme de l'étude d'impact et celle de l'évaluation environnementale des documents d'urbanisme.

Ces réformes ont renforcé la portée de ces politiques publiques, afin que tous les projets susceptibles d'avoir un effet négatif significatif sur l'environnement ou la santé humaine soient couverts par ces cadres réglementaires, en clarifiant en particulier les caractéristiques des projets pour lesquels une étude d'impact est toujours requise, ainsi que la liste des exemptions. Notons que les projets déjà prévus dans des documents d'urbanisme ont été exemptés. La réforme a également renforcé l'obligation d'évaluer l'impact cumulé des projets avec ceux de tous les autres projets connus. Les autorités environnementales doivent désormais fournir une liste de tous les projets « connus », y compris ceux qui ne sont pas prévus dans les documents d'urbanisme.

Une des principales avancées concerne le caractère désormais juridiquement contraignant du respect de la séquence ERC. Les arrêtés d'autorisation accordés sur la base d'une étude d'impact doivent désormais inclure les mesures associées à la séquence ERC dans l'étude d'impact (avec leur coût associé). En outre, le suivi de l'effectivité et de l'efficacité de ces mesures est désormais obligatoire, et les résultats doivent être communiqués à l'Autorité environnementale. En cas de défaut, un système de sanctions administratives est prévu. L'ordonnance 2012-34 du 11 janvier 2012 a en outre créé la fonction d'inspecteur de l'environnement dont l'objet est de contrôler et de sanctionner la mise en œuvre des mesures de compensation.

La réforme de l'étude d'impact est entrée en vigueur le 1er juin 2012, et des évolutions similaires ont été introduites concernant les « plans et programmes » (notamment les documents d'urbanisme) par les décrets 2012-616 et 2012-995 qui sont applicables depuis 2013. Afin de clarifier la manière dont ces réformes doivent être interprétées et appliquées, le ministère en charge de l'Écologie a publié une doctrine en 2012, puis des lignes directrices en 2013. Ces documents ont été produits à l'issue d'une large consultation. Nous les analysons plus en détail ci-dessous en nous intéressant plus particulièrement à la compensation et à l'objectif d'absence de perte nette de biodiversité.

▶▶ La compensation écologique dans la doctrine de 2012

La doctrine nationale ERC indique que « les mesures compensatoires ont pour objet d'apporter une contrepartie aux impacts résiduels négatifs du projet (y compris les impacts résultant d'un cumul avec d'autres projets) qui n'ont pu être évités ou suffisamment réduits ». La doctrine précise en outre que les mesures compensatoires « sont conçues de manière à produire des impacts qui présentent un caractère pérenne et sont mises en œuvre en priorité à proximité fonctionnelle du site impacté [et] doivent permettre de maintenir voire le cas échéant d'améliorer la qualité environnementale des milieux naturels concernés à l'échelle territoriale pertinente ».

L'objectif déclaré est donc bien d'éviter toute perte nette de qualité environnementale, celle-ci étant définie en référence à des politiques sectorielles spécifiques : état de conservation favorable des habitats naturels et des espèces protégées, bon état écologique et chimique des masses d'eau, bon état écologique des eaux marines, etc. Le rôle de la compensation dans l'atteinte de cet objectif est clarifié par un examen plus attentif de différents points, listés dans la doctrine et repris ci-dessous. Les mesures compensatoires doivent être :

• au moins équivalentes, c'est-à-dire générant une amélioration (« gains ») au moins égale aux impacts (« pertes ») et évaluée sur la base de métriques adaptées ;
• faisables techniquement, mais aussi d'un point de vue économique, juridique et administratif ;
• efficaces, avec des objectifs écologiques mesurables associés à des protocoles de suivi de leur effectivité (mise en œuvre) et de leur efficacité (résultat) ;
• localisées à proximité « fonctionnelle » (d'un point de vue écologique) du dommage de manière à maintenir ou à améliorer la biodiversité endommagée à l'échelle spatiale appropriée ;
• anticipées, c'est-à-dire efficaces avant que des impacts irréversibles n'aient eu lieu (des exceptions peuvent être faites quand il est démontré qu'elles ne compromettent pas l'efficacité des mesures de compensation) ;
• additionnelles aux actions publiques existantes ou prévues en matière de protection de l'environnement (plan de protection d'espèces, instauration d'un espace protégé, programme de mesure de la Directive cadre sur l'Eau, trame verte et bleue, mesures agro-environnementales, etc.), qu'elles peuvent conforter mais auxquelles elles ne peuvent pas se substituer ;
• pérennes, c'est-à-dire efficaces sur une durée suffisante et proportionnelle à la durée des impacts.

La doctrine précise également que si ces exigences ne peuvent pas être satisfaites, c'est-à-dire « dans le cas où il apparaîtrait que les impacts résiduels sont significatifs et non compensables, le projet, en l'état, ne peut en principe être autorisé ».

Ces exigences ont été formulées sur la base d'une riche expérience internationale, examinée entre autres par McKenney et Kiesecker (2010), Wissel et Wätzold (2010), Quétier et Lavorel (2011), Bull *et al.* (2013), et par le ministère lui-même (Morandeau et Vilaysack, 2012). La suite de ce chapitre analyse plus en détail différents points clés identifiés par ces auteurs et qui peuvent poser des problèmes pour l'application de la doctrine ERC.

Quand la compensation est-elle déclenchée ?

En France, les obligations réglementaires couvrent un large éventail de thématiques liées à la biodiversité et au fonctionnement des écosystèmes, sans que cela signifie que les compensations soient nécessaires partout et pour tout type de projet. Décider quand une compensation est nécessaire et faisable, après avoir établi qu'il existait un impact « significatif » ou « notable », est une étape clé de la séquence ERC (Pilgrim *et al.*, 2013).

Bien que l'évaluation des impacts utilise comme état de référence celui constaté à la date de demande de l'autorisation (« l'état initial »), l'importance de la perte résiduelle de biodiversité doit être analysée au regard de ses évolutions et tendances, y compris sa variabilité spatiale et temporelle (Maron *et al.*, 2013). Cette évaluation se fait actuellement au cas par cas, avec un recours généralisé à l'avis d'experts (des professionnels formés et expérimentés, issus de sociétés d'ingénierie ou du milieu associatif, embauchés par les développeurs). Le fait qu'aucun processus formel n'ait été mis en place pour établir, en amont des projets, les seuils écologiques permettant d'évaluer la significativité des impacts pose problème (comme expliqué par Briggs et Hudson, 2013). De telles approches apporteraient un réel progrès dans le traitement des impacts cumulés et dans l'application de la séquence ERC aux documents de planification de l'aménagement (urbanisme, grandes infrastructures, etc.), en plus de faciliter l'appréciation objective des impacts des projets.

Les effets cumulatifs : premiers arrivés, premiers servis ?

Les effets cumulatifs résultent des effets additifs de plusieurs projets dans une région et englobent des effets à la fois directs (destruction d'habitats, mortalité d'individus, perte ou dégradation de fonctions) et indirects (dérangements, déplacements, réduction du succès de reproduction) (Kiesecker *et al.*, 2010). Bien que le Code de l'environnement précise désormais comment doivent être pris en compte les plans et les autres projets connus, la question ne demeure pas moins que les effets cumulatifs sont traités selon l'ordre d'arrivée des projets à évaluer. Ceci ne peut qu'inciter à abaisser progressivement les seuils au-delà desquels les impacts supplémentaires ne peuvent plus être considérés comme négligeables : c'est-à-dire que des impacts qui n'auraient pas été considérés comme acceptables pour les premiers projets le seraient pour les projets ultérieurs, conduisant à terme à une perte progressive de biodiversité par glissement du niveau de référence (*shifting baseline*). En outre, aucune recommandation n'a été faite pour assurer la compatibilité entre les données et les méthodes utilisées pour évaluer l'incidence de différents projets impactant la biodiversité d'un territoire donné, ou pour accompagner les aménageurs dans l'accès aux données des projets tiers.

Métriques : comment sont mesurés et comparés les pertes et les gains ?

Démontrer que les compensations permettront d'atteindre l'objectif d'absence de perte nette nécessite d'établir l'équivalence entre les pertes engendrées par le projet d'une part et les gains créés par les mesures compensatoires d'autre part, et ceci au moyen d'indicateurs ou de métriques appropriés. Cette question a été discutée abondamment dans la littérature et dans la partie II de cet ouvrage. L'utilisation de différentes métriques pour un même projet, établies par exemple pour chaque espèce impactée par ce dernier, signifie qu'un même impact résiduel devra être évalué par l'utilisation conjointe de plusieurs métriques. Cela génère une complexité (et des coûts) à laquelle les aménageurs et les services instructeurs sont mal préparés, même si l'analyse est plus rigoureuse du point de vue de l'objectif de biodiversité. Des méthodes plus standardisées pourraient contribuer à réduire les coûts de conception et de dimensionnement des mesures, comme c'est le cas en Allemagne (voir chapitre 5), mais n'ont pas encore émergé en France.

Bien que des indications existent — par exemple, sur les espèces protégées, le rapport du MEDDE (2012b) —, la doctrine de 2012 et les lignes directrices ne recommandent pas une méthodologie particulière pour évaluer l'équivalence. La seule exception concerne le grand hamster (*Cricetus cricetus*), pour lequel une méthode d'évaluation unique est acceptée en vertu de l'arrêté ministériel DEVL1231144A d'août 2012. Cette spécificité résulte d'une action en justice (Affaire C-383/09) de la Commission européenne contre la France, accusée de ne pas satisfaire ses obligations concernant cette espèce, qui est inscrite à l'annexe IV de la Directive Habitats. Ne pas imposer de méthodes d'évaluation peut être considéré comme un point positif, notamment lorsque les connaissances sur lesquelles pourrait se baser une méthode standardisée restent minces. Bien entendu, des métriques d'équivalence moins spécifiques offrent une plus grande flexibilité aux aménageurs (Robertson, 2004).

La doctrine ERC de 2012 suggère une équivalence stricte (écologique, mais aussi géographique), et indique que si celle-ci ne peut pas être respectée, alors le projet ne devrait pas en principe être autorisé. Si des situations où l'autorisation serait malgré tout accordée devaient survenir (ce que permet le Code de l'environnement en dépit de la doctrine qui n'a pas force de loi), la doctrine suggère alors une équivalence moins stricte. Dans ces situations, la perte d'une espèce moins prioritaire pourrait, par exemple, être compensée par une action en faveur d'une espèce plus prioritaire (en matière de conservation). L'encadrement de ce type de « montée en gamme » suppose qu'on puisse hiérarchiser les espèces et les autres composantes de la biodiversité affectée par les projets.

La doctrine n'aborde pas ces questions et ne donne aucune indication sur la possibilité de « monter en gamme » dans la définition des mesures compensatoires (ce qui permettrait de financer la conservation ou la restauration de la biodiversité désignée comme prioritaire). Les services instructeurs et les aménageurs doivent établir (et négocier) ces priorités relatives au cas par cas.

Temporalité : quand doit-on mettre en œuvre les compensations ?

Des mesures compensatoires qui ne seraient efficaces qu'après la réalisation des impacts conduiraient inévitablement à des pertes temporaires de biodiversité. Dans certains cas, cette situation risque d'entraîner un « effet de ciseaux » ou un « goulet d'étranglement », par exemple si les effectifs d'une espèce devaient passer sous un seuil de viabilité entre la réalisation des impacts et l'efficacité des mesures compensatoires (Gibbons et Lindenmayer, 2007 ; BenDor, 2009). Les pertes temporaires devraient donc être prises en compte dans la conception et le dimensionnement des compensations. C'est d'ailleurs ce qu'exige la Directive européenne 2004/35/CE sur la responsabilité environnementale dans le cas de dommages accidentels graves (voir chapitre 6), les méthodes préconisées dans ce contexte étant rigoureuses dans leur prise en compte des dynamiques temporelles, bien qu'elles puissent paraître compliquées. Une solution plus simple est d'imposer un surdimensionnement des mesures quand elles sont mal anticipées, *via* des coefficients multiplicateurs appliqués aux surfaces de compensation. Ces coefficients sont délicats à définir et finalement peu pertinents si l'on considère que ce n'est pas en agrandissant la surface de compensation qu'on va en améliorer l'efficacité. *In fine*, la seule solution simple et efficace est d'exiger que les compensations soient réalisées avant que les impacts ne se produisent (Van Teeffelen *et al.*, 2014). La doctrine le mentionne, mais ne décrit pas comment mettre en pratique cette exigence. L'anticipation et la mutualisation (entre projets d'aménagement) de gains écologiques obtenus à travers la mise en place d'actions de restauration de grande envergure dans des « banques de compensation » pourraient être une solution, comme cela a été le cas aux États-Unis pour compenser les impacts sur les zones humides (voir partie II). La France s'est engagée timidement dans l'expérimentation d'une telle compensation « par l'offre » sur quelques sites.

Faisabilité : comment obtient-on des gains de biodiversité ?

La compensation écologique vise à générer des gains qui sont au moins équivalents, en qualité et en quantité, aux pertes causées par les impacts des projets d'aménagement. Ces gains dépendent de notre capacité à orienter la dynamique d'un écosystème dans une direction considérée comme souhaitable du point de vue écologique, afin de compenser les pertes imputables aux impacts d'un aménagement. La fiabilité, les délais et les coûts associés sont des éléments essentiels pour démontrer la faisabilité d'un programme de compensation particulier.

Les bases scientifiques pour la conception et la mise en œuvre d'actions de conservation ou de restauration de la biodiversité sont encore récentes (Pullin et Knight, 2009 ; Suding, 2011). Malheureusement, aucun mécanisme dédié n'a été créé en France pour construire ou alimenter la base de connaissances, par exemple à travers le stockage des données de suivi et d'évaluation des mesures compensatoires (pour une discussion sur cette question, voir Tischew *et al.*, 2010). Dans ce contexte, certains aménageurs et quelques services instructeurs ont développé des mécanismes pour le suivi de leurs compensations (c'est le cas, par exemple, en région Languedoc-Roussillon).

Malgré nos connaissances limitées, certaines généralités peuvent être tirées d'analyses récentes. Les chapitres de cet ouvrage traitant de la faisabilité technique de la compensation détaillent les principaux points à retenir, qui sont esquissés ci-dessous :
• la restauration des écosystèmes dégradés a généralement plus de chances de réussir, et plus rapidement, que la création d'écosystèmes, même si en théorie la plus-value serait plus forte ;
• les nombreuses incertitudes quant au succès des mesures doivent être prises en compte dans la conception et le dimensionnement des mesures ;

• le temps qu'il faut pour que les compensations atteignent réellement les résultats écologiques escomptés doit également être pris en compte ;
• le contexte écologique, environnant les mesures, doit être favorable à celles-ci. Il peut être important, par exemple, que des milieux en bon état soient présents à proximité pour servir de « source » à la recolonisation d'un milieu restauré au titre d'une compensation.

Le dernier point ci-dessus signifie que les compensations doivent être situées de façon réfléchie, au sein d'un réseau écologique fonctionnel (Dalang et Hersperger, 2012). L'intégration de la compensation dans les plans et programmes de conservation et d'aires protégées est un gage de succès. En France, les trames vertes et bleues offrent un cadre utile pour mener ces réflexions. La doctrine de 2012 mentionne ces questions mais ne fournit pas de recommandations claires sur la prise en compte des pertes temporaires ou sur la localisation des mesures.

Où doivent être situées les compensations ?

La maîtrise foncière est souvent essentielle pour générer les gains de biodiversité attendus, et s'avère fréquemment un obstacle important à leur mise en œuvre. Dans ce contexte, les critères de choix des terrains doivent être clairement définis afin d'éviter que la localisation des mesures compensatoires ne soit déterminée que par les opportunités foncières. Notons qu'exiger que les compensations soient situées à proximité des impacts n'améliore pas automatiquement leur efficacité. La notion de « proximité fonctionnelle » mentionnée dans les lignes directrices traduit cette exigence mais reste à définir. Elle pourrait être basée sur une analyse à l'échelle du territoire aménagé et optimisée par des modèles de distribution d'espèces ou de fonctionnement en métapopulation (Gordon *et al.*, 2009 ; Bekessy *et al.*, 2012 ; Van Teeffelen *et al.*, 2012). Si les mesures compensatoires étaient anticipées, elles pourraient être localisées au regard de ces critères et intégrées dans des outils de planification et d'urbanisme (Martin et Brumbaugh, 2013). Bien que la compensation des impacts résiduels associés aux projets d'urbanisme soit prévue dans la réglementation française, elle reste peu appliquée et finalement non mobilisée dans les plans locaux d'urbanisme ou les schémas de cohérence territoriale. Certaines collectivités développent néanmoins des stratégies intégrées (par exemple Chambéry métropole, 2012).

L'additionnalité

Intégrer la compensation dans une démarche plus large de conservation ou de restauration de la biodiversité offre de meilleures garanties de pertinence des mesures qui auront été pensées en amont, et de pérennité des résultats du fait d'une prise en charge par des institutions susceptibles de donner un statut aux mesures : gestionnaires publics d'espaces naturels ou statuts réglementaires. Malgré ces avantages, cette intégration soulève le problème de l'additionnalité des mesures par rapport aux actions déjà existantes, ou prévues, en faveur de la biodiversité. Il existe un risque de substitution des financements publics par des moyens issus directement de la destruction de la biodiversité (Pilgrim et Bennun, 2014). Démontrer l'additionnalité suppose que les aménageurs aient connaissance des politiques publiques de conservation et donc que celles-ci soient programmées sur le long terme, avec des engagements de moyens ou des objectifs de résultats chiffrés (Maron *et al.*, 2013). La doctrine de 2012 n'indique pas comment les engagements et objectifs publics en matière de biodiversité peuvent être identifiés et inclus dans la conception de mesures compensatoires additionnelles.

La pérennité

Afin de s'assurer que les plus-values écologiques générées par les compensations ne seront pas éphémères, et seront effectives au moins aussi longtemps que les impacts, des garanties doivent être données concernant leur financement sur le long terme et la protection des terrains sur lesquels elles ont été réalisées. C'est ce que stipule la doctrine de 2012. De nombreux impacts sont irréversibles (du fait, par exemple, de l'artificialisation des terrains), ce qui implique que les mesures compensatoires devraient être financées et protégées à perpétuité. Ce n'est jamais le cas en France dans la pratique, et les durées d'engagements des maîtres d'ouvrage sont négociées au cas par cas. Mettre en œuvre les mesures compensatoires sur des terrains publics ou appartenant au Conservatoire du littoral ne résout qu'en partie ce problème, et pose par ailleurs des questions d'additionnalité en faisant porter à la collectivité le coût de la protection qui devrait incomber à l'aménageur. Certaines mesures compensatoires sont mises en œuvre *via* des contrats de court terme (cinq à neuf ans par exemple) avec les propriétaires ou les gestionnaires de terrains (agriculteurs ou associations), y compris pour des obligations de long terme de la part des aménageurs (trente ans et plus). Ces arrangements sont fragiles et offrent peu de garanties de pérennité, notamment en l'absence de statut de protection accordé aux terrains. Les lignes directrices de 2013 identifient ces limites et font le tour des options juridiques possibles pour mettre en œuvre et pérenniser les compensations. Aucune n'est totalement satisfaisante. En l'absence d'exigences clairement formulées, les régimes de mise en œuvre de la compensation sont généralement fragiles, offrent de faibles niveaux de protection et des engagements financiers ou juridiques minimaux.

Inspiré des dispositifs en place aux États-Unis pour résoudre ces difficultés, le projet de loi Biodiversité de 2014 propose la création de servitudes environnementales (« droits réels ») qui pourraient permettre de protéger les terrains porteurs de mesures compensatoires quels qu'en soient les propriétaires successifs.

Le suivi des mesures

La réforme des études d'impact, en 2012, a rendu obligatoire le suivi des mesures d'évitement, de réduction et de compensation. Bien que les suivis soient de plus en plus spécifiés dans les arrêtés, les retours d'expérience sur les mesures mises en place sont ineffectifs pour deux raisons. D'une part, les données sont rarement compilées et analysées et, d'autre part, les suivis sont la plupart du temps mal dimensionnés. En effet, la doctrine de 2012 ne donne pas d'indications sur les indicateurs, la fréquence et la durée des suivis. Ceux-ci ne sont pas toujours cohérents avec les raisonnements ayant conduit à concevoir et à dimensionner les mesures. En outre, les aménageurs ont tendance à sous-traiter les suivis à des tiers, souvent les organismes en charge de l'exécution des compensations. Aucun mécanisme n'a été mis en place en France afin d'exiger un audit indépendant de la performance des mesures compensatoires.

▶▶ Discussion

En France, le débat actuel sur la compensation écologique se concentre sur les impacts causés par les aménagements « en dur » : projets industriels, infrastructures, et dans une moindre mesure planification de l'étalement urbain, dans le cadre de procédures d'autorisation des projets. Le débat ne porte pas (ou peu) sur les activités humaines qui entraînent des pertes de biodiversité mais qui ne sont généralement pas soumises à étude d'impact, comme certaines formes de pêche, d'agriculture ou d'exploitation forestière. La politique française en matière d'objectifs d'absence de perte nette de biodiversité concerne donc principalement l'artificialisation des territoires par le bâti.

Cette politique a été établie très progressivement depuis 1976, en s'appuyant sur un ensemble disparate de politiques sectorielles (ciblant entre autres les espèces de faune et de flore protégées, les habitats naturels, les zones humides, les boisements etc. ; Quétier *et al.*, 2014). Elle se concrétise aujourd'hui par une doctrine ambitieuse exigeant une compensation « en nature » des impacts résiduels des projets d'aménagements qui n'auraient pas pu être évités ou réduits, avec des mesures compensatoires apportant des plus-values équivalentes en qualité et en quantité à la biodiversité perdue du fait des impacts résiduels. Si elle est respectée, cette exigence pourrait effectivement contribuer à améliorer la conception des projets d'aménagement du point de vue de la biodiversité. Malgré cette ambition, notre analyse montre que cette politique n'est, pour l'instant, pas encore opérationnelle. L'ensemble des acteurs concernés par la compensation (aménageurs, services instructeurs, bureaux d'études, etc.) avancent à tâtons. Le traitement projet par projet de l'objectif d'absence de perte nette ne permet pas d'anticiper l'obtention des plus-values écologiques. L'urgence, au contraire, conduit souvent à privilégier des arrangements fragiles basés sur des contrats privés avec des propriétaires privés (particuliers ou associations) ou des exploitants agricoles, peu pérennes, les durées d'engagement étant souvent limitées et inférieures à trente ans, et parfois inefficaces d'un point de vue écologique car les mesures sont situées aux abords immédiats des aménagements.

Les questions techniques sont centrées autour de l'équivalence écologique dans ses multiples dimensions (voir partie IV), et autour de l'appréciation de la faisabilité des « gains » de biodiversité. Les progrès envisageables en matière d'évaluation de l'équivalence sont considérables (Quétier et Lavorel, 2011). Une standardisation accrue des métriques de biodiversité serait utile pour traiter les impacts les plus fréquents, et ceux pour lesquels un traitement au niveau des documents d'urbanisme ou des stratégies de conservation serait le plus adapté. Les pouvoirs publics ont un rôle clé à jouer pour encourager le développement de telles métriques, y compris les contours de leur application. Démontrer la faisabilité des compensations nécessite un retour d'expérience sur les actions menées. La recherche scientifique peut jouer un rôle, mais le suivi obligatoire des mesures compensatoires offre une opportunité unique de générer rapidement de la connaissance issue de projets d'aménagement réels, et d'organiser un retour d'expérience utile à tous. Aucun dispositif de centralisation du retour d'expérience n'a encore été mis en place en ce sens.

Au-delà des questions techniques, restent à trouver les arrangements institutionnels qui pourraient permettre la mise en œuvre efficace de la compensation, comme la compensation anticipée et mutualisée, intégrée dans une stratégie de conservation de la biodiversité à l'échelle des territoires aménagés. La mise en cohérence de la compensation avec les autres politiques environnementales existantes doit être recherchée ainsi qu'une meilleure articulation avec les politiques sectorielles. Les normes et les critères de performance en vertu desquels les mesures seront conçues et suivies restent également à préciser (et les dispositifs d'audit correspondants). Les modalités de traitement d'une éventuelle défaillance technique ou financière d'une mesure compensatoire restent imprécises. En l'absence d'exigences clairement formulées, chacun développe des solutions *ad hoc*. Il en résulte une grande hétérogénéité, et la répétition d'un apprentissage par essais et erreurs par lequel d'autres sont déjà passés (États-Unis, Australie, Allemagne, etc.). La France a sans doute de nombreuses leçons à tirer de ces expériences étrangères.

Ces difficultés ne sont pas spécifiques à la France (Bull *et al.*, 2013 ; ten Kate et Crowe, 2014), et le projet de loi Biodiversité de 2014 esquisse déjà certaines solutions comme l'introduction de droits réels environnementaux, la création d'opérateurs de compensation et d'un mécanisme d'anticipation des mesures compensatoires (Pirard *et al.*, 2014). Un comité de suivi de la mise en œuvre de la séquence ERC a été mis en place dans le cadre de la « modernisation » du droit de l'environnement. Espérons qu'il saura faire le tri dans l'accumulation actuelle d'essais, d'erreurs et de réussites.

Chapitre 3

Mesures compensatoires socio-environnementales et acceptation sociale

Julie Gobert

L'évocation du terme « compensation » comme outil de construction de l'acceptabilité sociale d'un projet d'infrastructure suscite souvent une désapprobation tacite. Au mieux elle est considérée comme un pis-aller, au pire comme un moyen de corruption (Frey et Oberholzer-Gee, 1996). La compensation est en effet souvent assimilée à un moyen de contourner les véritables questions comme les choix sociétaux et économiques. Pourtant, la compensation socio-environnementale pourrait se définir comme l'attribution à une ou des populations subissant les effets négatifs d'une infrastructure ou d'un projet, d'un ensemble de mesures compensatoires visant à rétablir un « équilibre » entre impacts négatifs et retombées positives. Mettre en œuvre de telles mesures exige, en amont du projet d'implantation ou d'aménagement, des négociations entre les différents acteurs pour établir un diagnostic de la situation. Ces mesures de compensation socio-environnementale peuvent prendre des formes diverses : bourse du travail permettant l'embauche privilégiée des riverains, mise en place de formations à destination de ces mêmes personnes, offre d'aménités environnementales, etc. Elles sont censées améliorer l'acceptabilité sociale des infrastructures ; toutefois, selon leur degré de territorialisation et d'intégration de l'ensemble des parties prenantes, elles s'avèrent plus ou moins efficaces. Pour les infrastructures déjà existantes ou à construire, il semble que l'institution d'une forme de gestion *ad hoc* donne réellement sens aux mesures compensatoires dans la mesure où elle permet d'envisager de nouvelles actions territoriales en dehors des limites administratives et d'ancrer l'équipement dans l'espace.

Avant d'approfondir ces résultats, sera explicité le concept d'acceptabilité sociale au regard des questions de justice sociale et territoriale qui, à notre sens, sont au cœur des perceptions et des représentations entourant un projet. Dans un second temps, le principe de compensation socio-environnementale sera défini par rapport à la littérature existante et aux données recueillies sur plusieurs terrains d'étude. Finalement pourront être éclaircis les types de compensations socio-environnementales en fonction de leur capacité à intégrer les différents enjeux d'un territoire.

Ce chapitre reprend pour l'essentiel les résultats d'une thèse de doctorat soutenue en 2010, qui s'est appuyée sur des études de cas dans plusieurs pays (Gobert, 2010). Ces dernières concernaient des projets aéroportuaires ou de production d'énergie en France, aux États-Unis, en Allemagne et au Canada. Elles se sont basées sur une recherche qualitative d'exploration de la littérature scientifique, d'étude des documents traitant des projets sélectionnés et d'entretiens semi-directifs. Elles ne seront pas ici présentées exhaustivement, mais plutôt sollicitées ponctuellement pour illustrer notre propos (encadré 3.1).

Encadré 3.1. Cas d'étude

Aux États-Unis :
• l'extension/modernisation de l'aéroport de Los Angeles[1], qui a justifié la mise en place d'un Community Benefits Agreement (CBA) négocié par une coalition plurielle d'acteurs (association environnementale, syndicats, groupes scolaires), dénommée LAX Coalition ;
• la construction d'une centrale électrique à Long Island (350 MW) sur la commune de Brookhaven ;
• la construction d'un terminal de fret intermodal à Detroit, ainsi que le projet de traversée de la rivière de Detroit par un nouveau pont.

En Allemagne :
• la poldérisation du Mühlenberger Loch et la construction des usines de montage de l'A380 pour l'entreprise EADS ;
• l'agrandissement de l'aéroport de Schönefeld afin qu'il devienne aéroport international unique de Berlin.

Au Québec :
• l'aménagement hydroélectrique de la Péribonka (centrale de 385 MW) ;
• l'aménagement hydroélectrique de la Toulnustouc (centrale de 526 MW) précédé de la dérivation de quatre rivières.

En France : l'aéroport de Roissy et les modifications intervenues ces quinze dernières années.

[1] Cette étude a été réalisée dans le cadre d'un contrat CNRS-ADP, « Aéroport, environnement et territoires », où les dispositifs de concertation et d'intégration des problématiques environnementales ont été comparés sur neuf aéroports de rang international par une équipe de chercheurs issus de plusieurs laboratoires.

▸▸ L'acceptabilité sociale : une question épineuse

Si, dans l'esprit des commanditaires et des pouvoirs publics, un projet présente un intérêt public et une utilité sociale incontestables (sécuriser l'alimentation électrique sur le moyen terme pour la construction d'une ligne à haute tension, augmenter les capacités de transport pour un aéroport, etc.), d'autres intérêts publics locaux paraissent aux yeux des riverains ou des personnes concernées (Amour, 1991) aussi, voire plus importants. Les impacts ne sont pas considérés de la même manière selon le positionnement des acteurs et leur nature (effets environnementaux, développement économique, etc.).

L'acceptabilité des infrastructures semble aujourd'hui plus difficile à obtenir pour plusieurs raisons. D'une part, l'intérêt général ou le bien commun justifiant souvent la construction d'infrastructures majeures ne coule plus de source et est profondément remis en cause par les différentes parties de la société civile (Marcant et Lamare, 2007). D'autre part, la conscience écologique de la population, particulièrement dans les pays occidentaux, s'est accrue ainsi que la capacité à s'abstraire de certaines questions matérielles[19]. Les connaissances en matière d'exposition au risque (conséquences sanitaires, dommages aux biens et aux personnes) se sont en effet améliorées. Il est donc nécessaire, aux uns et aux autres, de trouver des lieux de discussion en amont du projet pour qu'aucune des parties prenantes ne se retranche derrière des positions qui seront ensuite difficilement conciliables et rendront impossible l'établissement d'un compromis.

Aussi les registres de « justification territoriale des infrastructures » (Scherrer, 1997) se sont-ils déplacés. Certes, la recherche de « l'optimum technico-économique » reste prédominant dans l'argumentation des maîtres d'ouvrage et promoteurs pour le choix du lieu « propice » d'implantation :

---

19. En raison notamment du niveau de vie, même s'il faut éviter toute vision déterministe, car la variable revenus est moins déterminante dans la capacité à s'élever contre un projet que l'ancrage affectif à un lieu (Devine-Wright, 2009).

il s'agit d'équiper un territoire, de répondre à un besoin territorial, régional, voire national, qui est censé permettre aux collectivités d'accueil de combler un retard de développement, d'améliorer leurs capacités économiques, etc. Mais désormais cette justification territoriale doit prendre en compte l'acceptation territoriale du projet, la démonstration de son innocuité environnementale et le respect des normes environnementales.

L'acceptabilité sociale : un processus conditionné

Le concept d'acceptabilité fait couler beaucoup d'encre (Wolsink, 2010) et est sujet à de multiples critiques, dans la mesure où le terme induirait la possibilité de trouver une recette pour rendre acceptable tout projet. Toutefois, nous l'entendons comme un processus d'interactions entre acteurs (riverains, promoteurs, collectivités d'accueil, etc.) dont le résultat est leur potentielle approbation à la réalisation d'un projet et donc leur consentement à être exposés à un risque réel ou perçu à des pollutions. Elle n'a rien d'automatique et peut être comprise comme une tolérance qui vaut pour un moment donné et qui peut être remise en cause au moment d'un événement particulier (projet d'extension de l'infrastructure, incident *in situ* ou sur une infrastructure similaire sur un autre lieu). Aussi est-elle souvent le fruit à la fois de représentations sociales « générales »[20] mais aussi localisées[21]. Ce qui est ou devient acceptable ici ne le sera pas nécessairement ailleurs.

L'acceptabilité peut se décliner en plusieurs dimensions (acceptation sociopolitique, du marché et communautaire selon Wüstenhagen *et al.*, 2007), mais nous nous intéresserons ici principalement aux aspects sociopolitiques et à la capacité des acteurs à les traiter par la compensation socio-environnementale. Les enjeux sous-jacents ont souvent été minimisés par les porteurs de projets (pouvoirs publics, entreprises, etc.) et les critiques émises à l'encontre de futures infrastructures étaient assimilées à une manifestation du syndrome NIMBY[22]. Selon des intérêts strictement personnels, les riverains manifesteraient contre les projets. Cette manière d'analyser la mobilisation permet de ne pas entamer la légitimité du projet. Cependant, cette simplification du point de vue de l'autre renvoie à deux fondements discutables et contradictoires : la figure d'un « opposant rationnel-utilitariste » capable de faire un calcul détaillé des pertes et gains et la figure d'un « opposant irrationnel-pathologique » (Jobert, 1998, p. 68) qui surestimerait les risques et serait guidé par des représentations fausses.

Il est nécessaire de considérer que l'acceptabilité sociale d'un projet, particulièrement d'une infrastructure, est conditionnée par plusieurs facteurs qui ne peuvent être pensés indépendamment tels que :
• la perception et les représentations socio-environnementales des risques et pollutions assignés à une infrastructure : tous les types d'infrastructure ne bénéficient pas de la même perception. Est-elle considérée comme dangereuse ? Nuit-elle à la santé ?
• la confiance dans les institutions, porteuses du projet ou le soutenant, leur légitimité et leur crédibilité auprès des populations : cette confiance varie en fonction de l'implication des personnes dans des réseaux sociaux, politiques, associatifs ;
• la procédure utilisée pour prendre la décision ; le principe de justice procédurale (la participation des personnes concernées, touchées par un projet) est primordial pour les habitants. Ils se sentent souvent mal informés, peu consultés. Les formes de concertation traditionnelles (réunions publiques par exemple) ne leur semblent pas des formes efficientes et intéressantes permettant d'exprimer leur point de vue ;

---

20. Le degré d'acceptation des installations de production d'énergie (du nucléaire à l'éolien) diffère par exemple fortement entre la France et l'Allemagne pour des raisons historiques, institutionnelles (Jobert *et al.*, 2007) et par une perception divergente du risque et de l'environnement.
21. Les énergies renouvelables, qui peuvent être vues d'un bon œil à titre conceptuel dans la mesure où elles sont associées à une moindre empreinte carbone, peuvent susciter localement des tensions et des oppositions, car elles ont des impacts visuels sur le territoire et obèrent potentiellement le bien-être des individus.
22. *Not in my backyard* : « Pas dans ma cour ». Terminologie péjorative pour désigner les opposants à un projet qui poursuivraient des objectifs individuels, en ne souhaitant pas être riverains de certaines infrastructures.

- le service rendu par l'infrastructure et la « redistribution » des externalités[23] positives ;
- l'ancrage territorial de l'infrastructure : est-elle pensée comme un équipement *ad hoc*, qui n'entretient que peu de relations avec le territoire, ou bien s'appuie-t-elle sur les ressources locales, matérielles (infrastructures viaires, etc.) et immatérielles (compétences, savoir-faire local, etc.) ?

Or, les arènes institutionnelles de dialogue et de concertation répondent rarement à toutes ces questions et problématiques que pose ou révèle le projet aux riverains (Galbraith, 2005). Malgré les études d'impact, les enquêtes publiques, voire, selon certains projets, le débat public, des angles morts existent et un ressentiment peut naître chez des personnes concernées qui considèrent n'avoir pas été sollicitées en amont du projet ou n'avoir été que consultées sur des aspects périphériques. Aussi est-il nécessaire de mettre en œuvre d'autres types de procédures ou d'outils à même de faciliter le processus d'acceptabilité et d'implantation.

Répondre à la disjonction scalaire des impacts par des solutions territorialisées

Il est nécessaire de s'intéresser au sentiment de justice (Kellerhals et Perrenoud, 1998), parce qu'il permet de comprendre ce qui est acceptable pour un individu ou un groupe d'individus et donc ce qui est concrètement faisable. Ce sentiment est à la fois personnel, intimement lié à son réseau d'appartenance, au groupe (professionnel, ethnique, etc.) auquel on s'identifie, groupe qui peut éprouver un manque de reconnaissance, tant dans son essence (minorités) que dans les conditions de son existence (impacts sur son lieu de vie). Mais il est également forgé socialement.

Les infrastructures (aéroports, centrales électriques, etc.) impactent le territoire où elles sont implantées à la fois positivement et négativement. Or, les impacts positifs touchent des échelles beaucoup plus larges que les impacts négatifs (pollution, risques, nuisances telles que la congestion routière, le bruit, la possible dévalorisation des biens immobiliers, etc.), qui se concentrent sur l'espace d'accueil de l'infrastructure. La redistribution des effets positifs ne vient donc pas compenser les effets négatifs, contrairement à ce qui est souvent avancé par les promoteurs et exploitants pour justifier leur projet. La création potentielle d'emplois qu'induisent la construction et le fonctionnement d'un équipement ne se traduit pas nécessairement par l'embauche des riverains, dès lors qu'il existe un décalage entre l'offre et la demande de compétences. Les retombées en matière de développement économique, de fourniture d'un service ou d'un produit (électricité, amélioration de l'accessibilité, etc.) ne sont pas non plus nécessairement localisées. De même, la fiscalité (taxes et impôts) n'est pas une contrepartie efficace et équitable, car le niveau administratif qui la perçoit ne correspond que rarement à l'empreinte scalaire des nuisances (ville, intercommunalité, etc.). En effet, il n'existe pas toujours de fléchage spécifique de ces rentrées fiscales vers les collectivités subissant la pollution ou les risques[24]. Les mécanismes de péréquation qui peuvent exister en France notamment reposent sur des critères non environnementaux.

Trouver des solutions plus équitables constitue donc un défi de taille pour ceux qui contestent les infrastructures, moins dans leur opportunité qu'en raison du système territorial dans lequel elles s'insèrent et qui peut entraîner une allocation inégale des impacts. Il en est de même pour les aménageurs qui doivent minimiser la marge d'incertitude. En fait, améliorer l'acceptabilité des infrastructures, c'est permettre la gestation de l'espace projet par l'espace substrat (Lolive, 1999)

---

23. Par externalité, est ici entendu un effet non pris en charge par celui qui l'a produit. Elle peut être positive dans la mesure où elle améliore le bien-être, apporte une valeur ajoutée par rapport à une situation antérieure, ou négative quand elle grève la jouissance d'un bien, la santé, etc.

24. Toutefois, les taxes sont aujourd'hui de plus en plus conçues dans ce sens. Par exemple, les ressources du Fonds national de compensation de l'énergie éolienne en mer sont réparties entre les communes littorales à partir desquelles ces installations sont visibles (50 %), le Comité national des pêches maritimes et des élevages marins (35 %) et le « financement de projets concourant au développement durable des autres activités maritimes » (15 %) (décret du 28 janvier 2012).

et donc insérer plus globalement le projet dans une logique de territoire, voire dans un projet d'aménagement plus large, dès lors qu'il n'oblige pas à consentir à des sacrifices trop importants (risques sur la santé par exemple).

Au regard de la diversité des configurations, il n'existe pas de modèle pour conquérir l'acceptabilité d'un projet, mais des compromis sociaux temporaires et souvent territorialisés (Miller et Walser, 1995). Cette justice dépend d'un ensemble de variables. La nature du bien à partager influe sur la règle de justice. De même, tout dépend du type de justice : se veut-elle neutre ou au contraire vise-t-elle à restaurer une certaine égalité des ressources ou des chances ? Il est en outre nécessaire de prendre en compte les principes appliqués : équité, proportionnalité, droit, valeur marchande, etc.

À cet égard, Michael Walser a mis en avant les concepts d'« égalité complexe » et de « sphères de justice » pour rompre avec une vision universaliste de la justice[25] qui ne distingue pas les biens entre eux : « The principles of justice are themselves pluralistic in form that different social goods ought to be distributed for different reasons, in accordance with different procedures, by different agents; and that all these differences derive from different understandings of the social goods themselves — the inevitable product of historical and cultural particularism. »[26] (Walser, 1983, p. 277)

Même la construction de l'acceptabilité n'est pas exempte de critiques, la logique de réallocation des externalités semble l'une des plus fructueuses, au moyen notamment de la compensation socio-environnementale.

▶▶ La compensation socio-environnementale : un moyen de régulation à l'intersection de la justice distributive et procédurale

Différentes modalités de régulation des intérêts privés et publics ont vu le jour pour répondre aux conflits d'aménagement. Certes, tout projet d'infrastructure ne suscite pas nécessairement d'opposition majeure ou visible, mais la question de son opportunité et de son insertion dans le territoire est tout de même régulièrement soulevée. Les réponses doivent souvent aller au-delà des obligations légales (évitement, diminution, minimisation et compensation des impacts) pour avoir de réels effets apaisants et structurants : elles se situent à la fois sur le terrain procédural (plus grande ouverture du processus de décision) et redistributif (meilleure répartition des retombées économiques, etc.).

La littérature et les pratiques tendent à s'étoffer aujourd'hui en prenant en compte l'éventail possible des alternatives compensatoires, de leurs modalités d'élaboration et de leur efficacité dans le processus de faisabilité d'un projet (Cowell *et al.*, 2011 ; Bristow *et al.*, 2012). Il s'agit ici de la compensation *ex ante* (remédiation environnementale, mesures d'accompagnement socio-environnementales), proposée dans le cadre ou en complément d'une évaluation environnementale pour un projet d'infrastructure. Ce choix écarte de notre champ d'intérêt la compensation

---

25. Les modèles universalistes de définition de la justice considèrent que les principes substantiels qui la fondent sont identiques partout et pour chacun. Ils s'appuient sur une vision abstraite de la société (Rawls, 1987), mais sont confrontés à la diversité du réel. D'autres approches ont vu le jour pour mieux prendre en compte l'espace et la diversité des individus — et remettre en cause une conception de l'individu libre, donc capable de réviser ses finalités, valeurs et projets. Ces visions relatives de la juste distribution et de l'équité spatiale en fonction des territoires, des cultures, de la structuration communautaire et institutionnelle, gênent certains chercheurs qui y voient « une totale déconstruction de la notion de justice au point où elle ne signifie plus rien si ce n'est que les gens à un moment particulier peuvent décider ce que cela signifie » (Harvey, 1992, p. 595).

26. « Les principes de la justice sont pluriels dans la mesure où les différents biens communs sont distribués pour différentes raisons, au travers de procédures différentes, par des agents différents, et toutes ces différences sont le résultat des compréhensions différentes des biens communs eux-mêmes — le produit inévitable des particularités historiques et culturelles. »

ex post, consécutive à un dommage environnemental. Il s'agit dans cette partie d'en interroger la pratique comme moyen sociopolitique d'améliorer l'acceptabilité des infrastructures polluantes.

La compensation écologique

Pourquoi parler de compensation socio-environnementale alors que la réglementation cible plutôt les compensations écologiques ?

La compensation écologique ne fait pas l'objet d'une définition unique ; les écologues, les juristes, les aménageurs en retiennent des conceptions différentes (Lucas, 2011). Quand elle a émergé dans l'arsenal législatif en France, en Allemagne, aux États-Unis dans les années 1970 (loi relative à la protection de la nature, législations sur la remédiation des milieux fragiles, comme les banques de compensation des milieux humides), il s'agissait de ne pas faire abstraction des atteintes à l'environnement et d'obliger les porteurs de projet à éviter, réduire ou compenser ces impacts. Le principe du *no-net-loss* d'actifs naturels laisse une grande marge de manœuvre qui induit des modalités d'application diverses, fonction des liens spatiaux, temporels et fonctionnels existant entre l'impact et la compensation.

Aujourd'hui les orientations se font plus précises pour encadrer la séquence éviter-réduire-compenser (ERC) (CGDD, 2013). Nonobstant, la compensation écologique compte plusieurs limites, dont l'une est intrinsèque à son principe même : elle tend à ignorer l'aspect humain, social et culturel. La conception de l'environnement est confinée à son acception écologique. Or un écosystème fournit à la fois des services écosystémiques, c'est-à-dire environnementaux (structuration d'un biotope…), et également des bénéfices sociaux et économiques. À cela s'ajoute la rupture entre les territoires introduite par une compensation hors site (BenDor et Brozovic, 2007). Des études tendent ainsi à démontrer que les populations qui bénéficient de la revalorisation de certains milieux — quand la compensation ne peut se faire sur le site du projet ou à proximité (ce qui est assez souvent le cas) — ne sont pas les mêmes que celles qui perdent certains avantages (services écosystémiques récréatifs par exemple), même si aucune baisse du bien-être social global ne peut être démontrée (Ruhl et Salzmann, 2006). Il arrive de surcroît que le milieu recréé touche un nombre moins important d'individus, car le milieu détruit, qui était souvent en milieu urbain ou urbanisable, est fréquemment reconstitué dans un milieu rural, moins dense. Cela explique que certains acteurs du territoire concernés par le projet souhaitent une reconfiguration et une extension des mesures compensatoires.

Par ailleurs, la compensation écologique s'appuie sur la croyance que la technique est capable de résoudre toutes les atteintes causées par l'être humain à la nature (certain *hybris* humain), présumant donc que rien n'est irréversible. Si la compensation socio-environnementale ne résout pas ce dernier dilemme, elle tend cependant à réintroduire le territoire au cœur des réflexions.

Redistribuer les externalités et traiter des impacts sociaux et environnementaux

Les compensations ne sont pas une nouveauté de la boîte à outils de l'aménageur. Elles ont longtemps été limitées à la promesse que l'infrastructure participerait au dynamisme et au développement local et à la création d'emplois. Ces compensations « traditionnelles » sont aujourd'hui accueillies de manière moins favorable. Reposant sur la seule bonne volonté des promoteurs et aménageurs, elles ne faisaient pas l'objet d'une véritable concertation. Aujourd'hui la décision ne peut plus être fondée sur ces seuls éléments, d'une part, parce que les individus et groupes associatifs connaissent les limites de cette rhétorique, d'autre part, parce que l'environnement, le risque et la santé tendent à occuper une place grandissante dans les argumentaires (Chateauraynaud, 2011).

La forme et l'étendue des mesures de compensation ont évolué, reflétant une modification du « consensus social » sur l'environnement (Dobson, 1998). Les compensations socio-environnementales qui ont une vocation collective (application à un territoire ou une communauté spécifique plutôt qu'à des individus, d'où le terme de *community benefits*[27]) sont en général le résultat de négociations entre différents acteurs : représentants des collectivités locales, exploitants ou aménageurs, société civile organisée, syndicats, etc. Elles peuvent être formalisées au travers de « contrats sociaux locaux »[28] (Gobert, 2010) intégrant des mesures de discrimination positive à l'embauche des riverains, une offre de formations spécifiques pour les emplois développés par l'infrastructure, l'aménagement d'espaces verts, l'amélioration du cadre de vie, etc. Elles tendent ainsi à améliorer à la fois le bien-être des populations riveraines et l'insertion sociale de l'infrastructure, même si l'acceptabilité de l'infrastructure peut continuer à être mise en doute par des groupes n'appartenant pas au territoire défini dans le contrat ou non intégrés dans la négociation.

Cette modalité de régulation des conflits est basée sur une appréhension large du terme « environnement ». Elle est intimement liée à une quête de reconnaissance à la fois des maux environnementaux mal appréhendés (impacts sur la santé de certaines expositions ou nuisances) mais aussi des populations, qui souvent cumulent les vulnérabilités (Fraser, 2005 ; Young, 1990). C'est pourquoi dans certains contextes les accords socio-locaux compensatoires participent d'une tentative de remédiation aux inégalités environnementales. Par ailleurs, les efforts ne sont pas seulement dirigés sur les impacts connus et identifiés, mais aussi sur les perceptions — mise en place d'observatoires spécifiques (des valeurs immobilières par exemple), cofinancement d'études épidémiologiques, etc. — afin de mieux les matérialiser et éventuellement les traiter. Ce fut le cas de la négociation du CBA (Community Benefits Agreement) sur l'aéroport de Los Angeles, avec un financement d'études sur les impacts du bruit.

Ces compensations s'appliquent sur un territoire dont les limites dépassent fréquemment les frontières de la commune d'accueil et font souvent fi des frontières administratives. Cela permet de les rendre plus opérationnelles et de faire correspondre « territoire de vie » et « espace impacté » aux mesures prises sur l'emploi, la lutte contre les nuisances, la requalification des environnements urbains, etc. Toutefois, la prise en compte des autres niveaux territoriaux, et notamment des échelles biogéographiques, reste lacunaire (Sze et London, 2008).

La mesure compensatoire se caractérise par une distance spatiale ou temporelle entre l'impact observé et la compensation mise en œuvre. Elle peut aussi instaurer une distance entre la nature du mal et la nature du remède (André *et al.*, 2003, p. 310) (une composante de l'environnement dégradée est remplacée par une autre). Néanmoins, dans une logique d'efficacité et de durabilité, moins cette distance est grande et plus l'équivalence entre impact et compensation est forte, plus la mesure compensatoire remplit donc les besoins de la population du territoire et plus le projet s'inscrira dans la dynamique du territoire. Les bases transactionnelles sont donc complexes, et l'équivalence qui en découle est le fruit d'une acceptation sociale non reproductible d'un lieu à l'autre. Ce qui est recherché n'est pas l'équivalence formelle ou l'analogie, mais l'établissement d'un équilibre entre l'état antérieur (ou *statu quo ante)* et l'état postérieur. Cette équivalence est le plus souvent le fruit d'échanges, mais peut parfois être imposée plus ou moins directement. Dans ce dernier cas, elle ne peut garantir l'insertion territoriale de l'infrastructure ou du projet. Il s'avère donc utile de dresser une typologie des compensations.

---

27. "Community benefit is usually interpreted as some type of immediate tangible asset donated to the local community by a developer." (Evans *et al.*, 2011, p. 229) « Les compensations collectives sont traditionnellement interprétées comme une sorte d'avantage réel immédiat donné à la collectivité locale par un maître d'ouvrage. » Elles peuvent aussi être intégrées dans la législation de certains pays, comme en Grande-Bretagne ou dans certains cas en France, afin de faciliter l'implantation d'une infrastructure : "Since 2005, government at various levels has sought to legitimise and encourage the provision of community benefits from wind farms, as part of a wider strategy to accelerate renewable energy investment (for example, Welsh Assembly Government 2008, HM Government 2009)." (Cowell *et al.*, 2011, p. 540) « Depuis 2005, le gouvernement s'est efforcé à différents niveaux de légitimer et d'encourager la création de compensations collectives pour les éoliennes, dans une stratégie plus large visant à accélérer l'investissement sur les énergies renouvelables. »
28. En référence au contrat social qui permet aux humains de rompre avec l'état de nature et de trouver les modalités du vivre-ensemble selon les théories contractualistes (Rousseau, Hobbes…). Il s'agit ici de montrer comment un consensus peut être trouvé au niveau local pour atténuer les impacts de certaines nuisances.

▸▸ L'inscription territoriale des compensations

Les facteurs de différenciation des mesures compensatoires

La compensation peut être du ressort de la régulation classique (*via* la législation et la régulation), découler de l'application d'instruments économiques ou appartenir à la troisième génération, celle des « arrangements institutionnalisés », des contrats environnementaux. Mais les différentes formes qu'elle prend doivent d'abord être passées au crible de facteurs particuliers, identifiés au travers de nos cas d'étude.

Le premier facteur tient au degré d'intégration environnementale : celui-ci peut être illustré par une échelle qui va de la seule prise en compte de la problématique « écologique » à une vision large de l'environnement. Dans cette dernière configuration, les dimensions socio-économiques et politiques ne peuvent être étudiées séparément des conséquences environnementales. Cela conduit à abandonner une approche purement rationnelle de la gestion de l'environnement impliquant une vision *top-down* et une mise à l'écart de la société civile.

Le deuxième facteur à étudier concerne le degré de participation publique. Il permet de voir dans quelles mesures les coalitions agissantes qui représentent plus ou moins l'ensemble du pôle de la riveraineté (collectivités locales, riverains, associations de défense de l'environnement) peuvent peser sur la décision finale lorsqu'elles se regroupent autour d'objectifs et de croyances communs (Lemieux, 1998). Sans cette pression, le maître d'ouvrage ou l'exploitant prend rarement l'initiative de mettre au point d'autres mesures de compensation que celles qui lui sont imposées par la législation.

Le niveau de territorialisation des mesures de compensation est une troisième variable. Il permet de mesurer la créativité des acteurs du territoire impacté. Les mesures sont-elles le résultat d'un processus local impliquant les acteurs ou d'une législation dont les paramètres sont imposés aux territoires ? Quelle est l'influence des forces endogènes et exogènes ? Cette dimension est fortement liée à la précédente, puisque plus le tour de table des négociations est ouvert aux acteurs locaux, plus les solutions qui émergent s'inscrivent en continuité avec les besoins du territoire.

Enfin, chaque accord ayant pour objet la compensation a un degré d'institutionnalisation plus ou moins fort. L'accord peut être formalisé — édiction de réglementation ou adoption de législation — ou se solder par la signature d'un contrat ou d'un *gentleman's agreement*. L'institutionnalisation caractérise généralement l'évolution des organisations sociales. « L'institutionnalisation crée une expérience collective partagée renforçant la stabilité de l'interaction et sa perpétuation. » (Thatcher et Le Galès, 1995) Mais cette « sédimentation institutionnelle » peut aussi avoir des effets pervers, dont l'inertie et le manque d'adaptabilité à un contexte territorial particulier. L'institutionnalisation d'un outil d'action publique ou privée, en l'occurrence celui de la compensation territoriale, peut rigidifier le dynamisme procédural originel, assis sur une négociation intégrative. Ainsi l'attrait provoqué par les succès californiens du CBA — dans la mesure où les mesures négociées ont permis un accord entre les riverains et les promoteurs — tend à uniformiser une démarche qui se voulait à l'origine territoriale et qui est vouée à l'échec quand elle n'est que la pâle copie d'un modèle.

Cependant, il est clair qu'une expérience réussie de négociation et d'application d'un contrat social local institutionnalise des relations et permet l'émergence d'un réseau public/privé qui permet à ses membres de travailler par la suite de manière plus confiante.

Les différents types de compensations

À partir des différents cas d'études cités plus haut des facteurs qui ont été ci-dessus identifiés, il est possible de dresser une typologie qui donne un aperçu des différentes formes de compromis compensatoires.

Tableau 3.1. Mesures compensatoires et mode de gouvernance.

	Degré de participation des acteurs du territoire	Degré d'endogénéité de la démarche[1]	Mode de gouvernance
Mesures unilatérales et disparates prises par l'aménageur	Faible	Moyen	Règles formelles et informelles Coopération restreinte
Compensations écologiques dérivant des législations en vigueur	Faible	Faible à fort	Application de réglementations et de législations Coopération restreinte
Protocoles d'accord entre l'État, les gouvernements locaux ou nationaux	Faible	Faible	Coercition étatique Partenariat restreint
Dispositifs législatifs ou réglementaires incitant aux compromis compensatoires	Faible	Faible	Coercition étatique Coopération obligatoire mais pas toujours aisée à structurer
Accords locaux entre les collectivités d'accueil et les exploitants	Moyen (mise à l'écart de la société civile)	Fort	Partenariat entre un groupe resserré d'acteurs Règles endogènes
Accords locaux multipartites/multi-enjeux	Fort	Fort	Partenariat et coopération Règles endogènes

[1] Prise en compte du contexte, capacité des acteurs du territoire à définir le compromis.

Nous avons dénombré six types de compromis compensatoires :
• les compensations « écologiques », évoquées ci-dessus ;
• les mesures unilatérales concédées par les exploitants. C'est par exemple la logique d'Aéroports de Paris concernant l'aérodrome de Roissy. L'exploitant ou le maître d'ouvrage de l'infrastructure propose de manière ciblée à telle ou telle partie prenante une mesure favorable (contrat de partenariat, travail sur les déplacements des salariés, etc.), sans que cette dernière soit le résultat d'une concertation préalable ;
• les législations sur les compensations socio-environnementales. Ce sont des dispositifs peu appliqués et très sectorisés (par type d'infrastructure), telle la législation sur les communautés aéroportuaires en France (loi portant création des communautés aéroportuaires du 23 février 2004) ou dans les États américains[29]. Leur imposition *top-down* les rend moins légitimes et moins appropriables par les acteurs ;
• les protocoles d'accord entre les entreprises et les gouvernements nationaux ou locaux — du type activités publiques conventionnelles analysées par Lascoumes et Valluy (1996) ainsi que par Simard (2006) — sont des conceptions a-territoriales qui peuvent évoluer ;
• les accords locaux entre les collectivités d'accueil et les aménageurs ou exploitants d'infrastructure. À Berlin par exemple, une intercommunalité de projet a émergé afin d'élaborer collectivement les orientations d'aménagement de la zone concernée par l'extension de l'aéroport de

---

29. L'État du Wisconsin a par exemple adopté en 1981 un Wisconsin Landfill Arbitration Statute pour rendre l'implantation des décharges plus efficace et pour répondre aux préoccupations des riverains et des collectivités : les développeurs devaient ouvrir des négociations avec les municipalités affectées. Tous les sujets pouvaient être abordés, excepté des clauses qui auraient abaissé le niveau d'exigence environnementale requis par le Département des ressources naturelles (Boerner et Lambert, 1995).

Schönefeld. Sur l'île de Long Island, Brookhaven, ville devant accueillir une centrale électrique, s'est mobilisée pour que les impacts soient diminués et qu'une redistribution des biens et des maux environnementaux pour les populations particulièrement exposées soit mise en place ;
• les accords locaux multipartites et multi-enjeux. Il s'agit là d'un consensus entre plusieurs types d'acteurs (associations de riverains, de protection de l'environnement, religieuses, syndicats, etc.) impliquant plusieurs dimensions (environnement, aménagement, santé, etc.) : ils sont observables au travers des *community benefits agreements* (accords de compensations collectives, cas qui a été étudié à Los Angeles) (Gross, 2008 ; Liegeois et Carson, 2003).

Cette typologie permet, au-delà des contingences locales, de comprendre ce qui se joue le plus fortement en fonction du territoire et des rapports de force entre les acteurs du territoire. À chaque type sont associés un réseau local d'acteurs et des modalités de négociation différents, qui se soldent par un mode de gouvernance[30] et des compromis particuliers (tableau 3.1). Moins un acteur pourra imposer son point de vue, plus le compromis sera large et s'appuiera sur une représentation forte des différents agents du territoire : les pouvoirs publics ou les entreprises porteuses du projet, les représentants de la population (associations, animateurs communautaires, etc.).

Chaque type de compensation illustre en fait des représentations différentes du monde et du bien commun, qui évolue cependant en fonction des valeurs et des logiques de domination qui se font jour. Elles permettent en fait de comprendre quel registre de compromis est possible. Si on reprend l'approche par les logiques de justification développées par Boltanski et Thévenot (1991), on peut distinguer les types de compromis qui ressortent de la cité industrielle[31], de la cité marchande[32] ou de la cité civique[33]. Mais aucun de ces modèles ne semble adapté aux contours d'une cité verte ou environnementale[34], c'est-à-dire d'une organisation dans laquelle la légitimité des questions environnementales permettrait de réinterroger les principes fondateurs des autres cités en intégrant les générations futures et les non-humains.

▶▶ Conclusion

Les compensations socio-environnementales illustrent le principe d'une « justice située » dans laquelle l'acceptabilité sociale d'un projet d'infrastructure ne découle pas d'une recette miracle mais de la mise en place d'un *community fairness framework* (Gross, 2007), conduisant à des compromis différents en fonction du degré d'implication des acteurs, de l'équilibre des pouvoirs et des caractéristiques du territoire.

---

30. "We understand 'governance modes' as encompassing multiple inherent key features grouped along different dimensions of governance (political processes, institutional structures and policy content…)." (Lange et Driessen, 2013, p. 407) « Nous entendons par "modes de gouvernance" l'ensemble des facteurs clés qui recoupent les différentes dimensions de gouvernance (processus politiques, structures institutionnelles, contenu des mesures…). »

31. Elle met au premier plan la rationalité instrumentale, la technique et l'efficacité, comme c'est le cas pour les protocoles d'accord. « [Son] énergie et [sa] puissance se trouvent maîtrisées, [où elle] est rendue prévisible, utile et fonctionnelle, [où elle] répond à des besoins, [où elle constitue] une "nature" objective, appréhendée par des scientifiques et des ingénieurs en vue de son usage. » (Boltanski et Thévenot, 1991, p. 224)

32. La logique de l'intérêt prévaut et la valeur est donc évaluée selon une logique de rareté. Mais tout ne peut être soumis à la monétarisation : « Les êtres de la nature résistent aux efforts pour les assimiler à des biens marchands, même si le montant des amendes peut contribuer à les introduire dans un espace de prix. » (Lafaye et Thévenot, 1993, p. 508). Aussi certains aspects de la compensation écologique (*mitigation banking*) souffrent-ils de quelques résistances.

33. Le citoyen peut y jouer un rôle d'interpellation et positionner dans l'agenda public des problèmes qui n'y étaient pas ; c'est le principe des *community benefits agreements* souvent négociés par des associations.

34. Cette dernière n'est pas dans le modèle originel mais a fait couler beaucoup d'encre, même si elle semble difficile à atteindre (Latour, 1995) puisque, même dans le cas des accords socio-environnementaux locaux très intégrés, la part laissée à la protection de l'environnement reste moindre.

Les accords compensatoires, qu'ils se soldent ou non par un contrat, comportent cependant plusieurs angles morts. Le premier concerne les tiers qui peuvent être affectés par le contrat, mais qui n'ont pas de droit issu de ce contrat. À cet égard, l'absence de législation ou de réglementation encadrant ces pratiques rend la position des tiers particulièrement inconfortable. Les tiers sont ceux qui n'ont pas été intégrés à la négociation, souvent les associations environnementales à envergure nationale, parfois les collectivités... Leurs arguments ne sont donc pas pris en compte, certaines échelles sont négligées et certaines questions écartées. Certes ces tiers peuvent tenter d'obtenir les mêmes concessions ou bien continuer à contrer la logique de développement. Dans le cas de Los Angeles, le CBA n'a pas donné satisfaction à une coalition historique de collectivités qui s'opposait depuis longtemps au projet, contrairement à la LAX Coalition. Cette coalition historique a donc continué son action en passant par l'arène judiciaire afin d'obtenir une reconfiguration du projet (l'extension prévue a été amoindrie) et des mesures similaires, notamment d'insonorisation, à celles comprises dans le CBA.

Ces tiers peuvent aussi invalider la procédure, en démontrant que la partie qui s'est prétendue, ou qui a été proclamée par le développeur, « représentante » du pôle de la riveraineté n'avait pas cette légitimité. C'est le cas pour certains CBA adoptés ou en voie de négociation aux États-Unis (par exemple New York, voir Been, 2010).

Plus encore, l'absence de l'État comme régulateur non seulement pour promouvoir l'égalité dans le processus de négociation en amont, mais aussi pour assurer une équité pluriscalaire, pose un problème de légitimité. Le processus d'adoption des règles est détourné et privatisé par quelques acteurs ; ainsi, la contractualisation, qui au départ avait fourni une nouvelle légitimité aux décisions prises (Djoulem, 1997, p. 130), peut-elle devenir le lieu stratégique de capture de la décision par certains acteurs ayant des ressources et un pouvoir plus grands que les autres. Il semblerait donc utile d'instituer un cadre ou des lignes directrices permettant, sans altérer le principe de construction locale de l'acceptabilité, de donner à tous les moyens de négocier correctement.

Chapitre 4

Le cadre de gouvernance américain des mesures compensatoires pour les zones humides

Fabien Hassan, Harold Levrel, Pierre Scemama,
Anne-Charlotte Vaissière

La protection des zones humides est un enjeu fondamental pour la préservation de la biodiversité. Aux États-Unis, les règles qui assurent cette protection relèvent au départ d'une politique de santé publique plus que d'une logique environnementaliste. Dans un pays jeune, qui n'a pas de tradition urbaine comparable à l'Europe, l'approvisionnement en eau des villes repose encore en 1900 sur des techniques rudimentaires. Ces techniques répondent aux besoins d'agglomérations de taille modeste : Philadelphie, première ville du pays, ne compte alors que quatre-vingt mille habitants, contre un million pour Londres. En l'absence d'infrastructures publiques de qualité, l'explosion démographique urbaine et la révolution industrielle provoquent tout au long du XIXe siècle une série de catastrophes sanitaires, d'épidémies de fièvre jaune et de maladies hydriques comme le choléra et le typhus. Au début du XIXe siècle, la généralisation des égouts et des techniques de filtration et de chloration de l'eau permet de réduire significativement le risque épidémique. Paradoxalement, ce recul de l'urgence sanitaire provoque une intensification des rejets, les villes ne voyant plus l'intérêt d'investir dans des infrastructures de traitement des eaux usées.

En dehors des milieux urbains, la qualité de l'eau continue donc de se dégrader rapidement, en particulier lorsque la Première Guerre mondiale exige une nette augmentation de la production industrielle. À la fin de la guerre, la classe moyenne naissante, demandeuse de loisirs et de sports nautiques, découvre que malgré l'immensité du pays, la baignade est devenue difficile. La plupart des rivières et lacs proches des zones peuplées sont pestilentiels ou impraticables pour les loisirs. De crise en crise, d'exemple en exemple, les médias puis l'ensemble du pays prennent conscience de la nécessité d'agir à partir des années 1930. Mais les premiers projets ambitieux, qui font partie de l'ensemble des mesures de relance de l'économie prévues par le New Deal, échouent. La Seconde Guerre mondiale remettra à plus tard ces questions, et il faudra attendre les années 1960 pour que les choses changent réellement[35].

---

35. Pour une histoire détaillée de la protection de l'eau aux États-Unis, voir Andreen (2003a ; 2003b).

En 1969 est voté le National Environment Policy Act, qui fixe des objectifs de protection de l'environnement en rapport avec des objectifs de bien-être humain. C'est cette loi qui détermine la procédure fédérale à mener pour réaliser une étude d'impact environnemental, dont l'objectif est de proposer des mesures d'atténuation (*mitigation*) des dommages. Ceci concerne tout particulièrement les écosystèmes aquatiques, protégés par le Clean Water Act, et les espèces menacées, protégées par l'Endangered Species Act. Dans ce chapitre nous nous focalisons sur les écosystèmes aquatiques.

La protection des zones humides fait l'objet d'une réglementation spécifique. Celle-ci a donné naissance à trois grandes méthodes de compensation. Parmi ces méthodes, le droit favorise de plus en plus les banques de compensation, présentées comme plus efficaces. Ce système compensatoire semble bien installé dans le paysage américain, mais reste en constante évolution.

▶▶ La réglementation sur la protection des zones humides

La protection des zones humides n'est pas régie par une loi environnementale transversale mais par la célèbre loi sur l'Eau de 1972. Cette dimension est importante pour comprendre le schéma institutionnel mis en place par le législateur. Si la loi de 1972 n'a été que peu modifiée, son application a énormément évolué au cours des dernières décennies. Cette dynamique est nourrie par le jeu de balancier du fédéralisme, dans lequel États fédérés et gouvernement fédéral se succèdent pour faire progresser le droit.

Le Clean Water Act de 1972 et son interprétation de plus en plus stricte

À l'origine des mesures compensatoires environnementales aux États-Unis, il y a le Rivers and Harbors Act de 1899, l'une des plus vieilles lois environnementales du monde, au départ conçue pour assurer la viabilité du commerce fluvial interétatique. Il intègre une disposition qui permet à l'US Army Corps of Engineers (USACE) de rejeter une demande de permis pour un projet d'aménagement sur des eaux navigables qui irait contre l'intérêt public.

Ce principe d'intérêt public va prendre une place importante pour la suite. Ainsi, en 1967, l'US Fish and Wildlife Service rappelle à l'USACE que le Fish and Wildlife Coordination Act de 1939 implique que les dommages sur les habitats des poissons et des espèces sauvages aquatiques soient considérés comme allant contre l'intérêt public. En parallèle, à la même époque, les administrations locales, étatiques et fédérales prennent conscience de la nécessité de préserver les zones humides du fait de leur rôle fondamental dans la régulation de la qualité de l'eau. C'est sur ces bases que le principe des études d'impact et des procédures éviter-réduire-compenser (ERC) va être intégré dans la loi sur l'Eau, *via* le Federal Water Pollution Control de 1972, devenu en 1977 le Clean Water Act.

Le Clean Water Act marque une rupture majeure avec les textes antérieurs, qui se contentaient d'introduire des normes sur la qualité de l'eau (*water quality standards*). Ces textes étaient totalement inapplicables. En effet, en présence d'un dépassement de seuil de pollution, il était très difficile de désigner un acteur unique comme responsable. De plus, les industriels étaient incités à aller polluer les zones peu polluées. De ce fait, un seuil minimal de qualité de l'eau devient un seuil maximal, puisque dès que la qualité de l'eau s'améliore, plus rien ne s'oppose au rejet de polluants. Implicitement, cela revient à présenter la dilution comme solution au problème des eaux usées. Au contraire, le Clean Water Act crée des obligations directement applicables à chaque industriel. La réglementation passe ainsi à une logique centrée sur le contrôle des rejets (*effluent limitation*), nettement plus efficace et facile à mettre en œuvre ; c'est « une approche radicalement nouvelle, qui se concentre directement et de façon assumée sur les rejets de polluants plutôt que sur le lien entre pollution et qualité de l'eau » (Andreen, 2003b). Aujourd'hui, les critiques se focalisent sur les pollutions diffuses, provoquées par le cumul de petits rejets, qui sont peu prises en compte par la loi de 1972[36]. Mais à l'époque, la mise en place pour chaque émetteur d'obligations de contrôle de la pollution constitue un net progrès.

Concrètement, le texte du Clean Water Act interdit « la décharge de matériaux de dragage ou de remblayage dans les eaux navigables » (*the discharge of dredged or fill material into the navigable waters*), sauf obtention d'un permis spécial. C'est la fameuse section 404 du Clean Water Act qui définit la séquence ERC ainsi que les actions de compensation et les objectifs de *no-net-loss* (pas de perte nette) des zones humides.

Pourquoi recourir à la notion d'« eaux navigables » pour une loi relative à la qualité de l'eau et à la conservation des zones humides ? Le choix du terme relève d'une rationalité politique et historique qui impose de revenir sur le contexte politique de la loi de 1972. À partir de 1965, la pression politique augmente fortement sur les questions environnementales. Ce mouvement est porté par Ed Muskin, sénateur d'origine polonaise qui sera candidat à la vice-présidence des États-Unis en 1968. Il est le premier homme politique américain majeur à avoir été connu en premier chef pour son engagement écologiste. Le Clean Water Act n'est que le dernier élément d'un triptyque fondamental ; il est précédé par le National Environmental Policy Act en 1969 et par le Clean Air Act l'année suivante. Malgré les résistances, l'urgence de la lutte contre la pollution représente alors un objectif relativement consensuel. Aujourd'hui, le parti républicain aime à rappeler le rôle du président Nixon dans la création de l'agence chargée de l'environnement, l'Environmental Protection Agency (EPA), en 1970.

Comme souvent aux États-Unis, face à un contexte politique défavorable, les adversaires de la nouvelle législation ont préféré masquer leur opposition derrière des réticences constitutionnelles ou budgétaires. Le président Nixon a par exemple opposé son veto au Clean Water Act en 1970 parce qu'il estimait excessives et inefficaces les aides aux municipalités pour mettre en place des installations de traitement de l'eau : « Même si le Congrès manque à ses obligations envers les contribuables, je ne manquerai pas aux miennes. » (Nixon, 1972) Ce veto a été renversé par le Congrès par un vote quasi unanime qui a permis l'adoption de la loi.

Malgré ce vote bipartisan, il était clair que les opposants au Clean Water Act ne rendraient pas les armes. C'est pourquoi toutes ses dispositions avaient vocation à faire l'objet de recours fondés sur la Constitution. La crainte d'une invalidation du texte par la Cour suprême a donc poussé le Congrès à choisir un terme qui légitime son initiative : si la qualité des eaux navigables est affectée, alors le commerce entre États peut être impacté. Or la Constitution comporte une clause dite du « commerce interétatique »[37] qui permet au Congrès d'intervenir dans ce domaine.

Astuce juridique permettant de s'inscrire dans une jurisprudence établie, l'emploi du terme « navigable » a pourtant des conséquences énormes. En effet, cette loi a été utilisée par l'USACE pour imposer une séquence ERC à tout projet ayant un impact sur les zones humides, quelles que soient leurs caractéristiques de navigabilité. La réponse judiciaire ne s'est pas fait attendre. En 2001, dans la décision SWANCC[38], la Cour suprême a estimé que le Clean Water Act ne pouvait être interprété comme s'appliquant aux zones humides isolées (*isolated wetlands*), c'est-à-dire non reliées de façon significative (*significant nexus*) à un cours d'eau navigable. Selon la Cour, toute autre interprétation serait contraire à la lettre du texte. Les commentateurs, même lorsqu'ils s'opposent à la

---

36. La section 319 du Clean Water Act prévoit uniquement des mesures de coordination et de soutien financier aux États fédérés pour lutter contre les pollutions diffuses (*non-point source pollutions*).
37. Article I, section 8, clause 3 de la Constitution des États-Unis d'Amérique.
38. Solid Waste Agency of Northern Cook County (SWANCC) v. USACE, 531 US 159 (2001).

décision SWANCC pour des raisons politiques, doivent admettre que le raisonnement de la Cour suprême était implacable[39].

La décision SWANCC ayant brutalement placé 40 à 60 % des zones humides hors du champ du Clean Water Act (Kusler, 2004), elle a généré des réponses institutionnelles à l'échelle des États ou des comtés. À leur échelle, certains ont adopté des lois permettant de protéger les zones humides isolées (voir chapitre 11). Aujourd'hui, des autorisations d'impact et de compensation peuvent ainsi être demandées au titre de différentes réglementations fédérales, étatiques et locales.

Le schéma institutionnel de la section 404 du Clean Water Act

L'USACE est une agence fédérale sous tutelle du ministère de la Défense, spécialisée dans le design et la gestion d'ouvrages de génie civil. Aux États-Unis, son rôle est généralement associé aux barrages, canaux et ouvrages de protection contre les inondations. Dans le cadre du Clean Water Act, l'USACE joue un rôle surprenant : elle est responsable de la gestion administrative de l'attribution des permis d'aménagement. Le rôle de l'USACE, un organe militaire, dans l'attribution des permis prévus par la section 404 du Clean Water Act a de quoi surprendre. Cela s'explique par son expertise centenaire en matière de gestion des cours d'eau. En effet, le Rivers and Harbor Act, ou Refuse Act[40], de 1899, premier texte de droit environnemental aux États-Unis, confie déjà à l'USACE le rôle d'administrateur de l'aménagement des voies navigables. Pour comprendre le rôle de l'armée, il faut même remonter trois ans en arrière, en 1896. L'USACE est alors chargée d'empêcher la décharge de matériaux susceptibles de perturber le fonctionnement du port de New York (Hines, 2012). Vu l'importance stratégique du port, on comprend aisément que cette tâche revienne à des militaires. Le Refuse Act colorera le vocabulaire législatif de la protection de l'eau aux États-Unis jusqu'à nos jours.

Une autre raison est qu'avec l'émergence du Clean Water Act, le risque existait qu'une autre agence, notamment l'EPA, puisse avoir un droit de regard sur l'attribution de permis pour les projets de Génie civil (comme la construction de barrages ou l'extension des ports) (Blumm et Zaleha, 1989).

Un dernier élément qui a joué dans la volonté de maintenir l'USACE aux commandes est que les conservateurs se méfiaient de l'EPA, réputée trop militante et hostile aux entreprises. Le Congrès a donc confié à l'USACE le pouvoir de délivrer les permis requis par la section 404. Cette étrangeté du système américain subsiste aujourd'hui, et plus personne ne remet en cause la légitimité de l'USACE, qui dispose d'un savoir-faire reconnu dans le domaine environnemental. Toutefois, ses prérogatives sont partagées dans certains cas : par exemple, un État peut avoir un contrôle sur la section 404 pour certains cours d'eau, mais pas sur la section 10 du Rivers and Harbors Act. Par ailleurs, l'EPA a un droit de regard sur les mesures de compensation. Sous le Clean Water Act, l'EPA a pour responsabilité de développer les critères environnementaux conditionnant l'attribution des permis, et dispose à ce titre d'un droit de veto si ces critères ne sont pas respectés.

L'évolution de l'application de la séquence ERC

Tant que son action s'inscrit dans le cadre du Clean Water Act, l'USACE dispose d'une très grande marge de manœuvre pour appliquer la séquence ERC et le principe de compensation. Ainsi, au cours des années 1970-1980, les procédures ERC, malgré leur caractère obligatoire, ne sont pas

---

39. Il serait possible de supprimer la référence aux eaux « navigables ». En effet, comme l'explique Gardner (2011), la Cour suprême a reconnu que le Congrès pouvait intervenir en faveur de la qualité de l'eau et de la protection de l'environnement sur un autre fondement : les zones humides attirent des touristes et des amateurs d'oiseaux, venus d'États voisins, ce qui est une forme de commerce interétatique. Cette révision du Clean Water Act n'est pas envisagée à l'heure actuelle : la stabilité des lois américaines offre une sécurité juridique appréciable, mais elle entraîne aussi un certain immobilisme.
40. *Refuse* est un faux ami qui signifie « déchets » en anglais.

clairement prises en compte lors de l'attribution des permis, du fait de la réticence de l'USACE à refuser des demandes de permis et de celle de l'EPA à faire usage de son droit de veto sur des permis qui ne respectent pas les critères environnementaux (Hough et Robertson, 2009).

Dans les années 1980, ce sont finalement l'US Fish and Wildlife Service et le National Marine Fisheries Service qui ont été les plus actifs pour imposer des critères environnementaux précis dans l'application de la procédure ERC lors de l'attribution des permis. En effet, ces derniers avaient le pouvoir de requérir qu'une procédure ERC soit attachée à la demande de permis au titre des législations Fish and Wildlife Coordination Act et Endangered Species Act (LaRoe, 1986).

Il faut ainsi attendre 1986 pour voir l'EPA user de son droit de veto avec le projet Attleboro Mall, qui prévoyait la construction d'un centre commercial sur une zone humide dans le Massachusetts. L'EPA avait dénoncé le non-respect de la séquence ERC. Cette affaire sera rapidement suivie par le cas du Plantation Landing dans le district de La Nouvelle-Orléans, qui verra l'USACE refuser l'attribution d'un permis pour non-respect des recommandations fournies par l'EPA en matière de protection des zones humides et des espaces aquatiques en général (Kelly, 1989). Ces deux affaires affirment d'une part une application renforcée de la séquence ERC et d'autre part le besoin d'informations pour pouvoir justifier des alternatives à étudier pour appliquer cette séquence. En 1989, un événement politique met sur l'avant-scène la séquence ERC, la compensation et l'objectif de *no-net-loss*. Il s'agit du discours de George W. Bush père sur sa politique environnementale en matière de protection des zones humides aux États-Unis, et tout particulièrement de la phrase suivante : "Generations to follow will say of us 40 years from now… that sometimes around 1989 things began to change […] that in that year the seeds of a new policy about our valuable wetlands were sown, a policy summed up in three simple words : 'No net loss'."[41] (George Bush, cité par Hough et Robertson, 2009, p. 26) Il ne faudra pas attendre longtemps pour que les deux agences en charge de la gestion de la séquence ERC répondent aux attentes politiques exprimées à travers ce discours. En 1990, elles s'accordent sur des principes communs qui doivent guider l'application de la séquence ERC avec l'adoption d'un Memorandum of Agreement (Hough et Robertson, 2009), qui mentionne notamment la possibilité d'avoir recours à des compensations « hors-site »[42] soit réalisées par le développeur lui-même, soit réalisées par un tiers.

Ce document a permis de stabiliser les règles en ce qui concernait les procédures ERC : standards à partir desquels les compensations pouvaient être évaluées ; préférences pour les compensations à proximité des zones d'impacts mais aussi pour les actions de restauration plutôt que pour les actions d'amélioration, de création et de préservation ; ratios d'équivalence permettant de pondérer des efforts de compensations en fonction de la distance de ces dernières par rapport à la zone d'impact ou du type de mesure choisi. Tous ces éléments étaient traités de manière non homogène auparavant et étaient à l'origine d'une grande incertitude dans les procédures à suivre et les objectifs à atteindre.

La relation entre l'État fédéral et les États fédéraux

Avant 1972, la pollution de l'eau était considérée comme un pouvoir exclusivement étatique. « Au milieu du XX$^\text{e}$ siècle, chaque État avait un département ou une agence chargée officiellement de contrôler la pollution de l'eau au sein des eaux étatiques, et de travailler pour l'éliminer. » (Hines, 2012) En 1948, une nouvelle loi sur la qualité de l'eau repose sur une philosophie coopérative : le fédéral ne doit pas primer sur l'étatique. Jusqu'en 1965, les interventions du Congrès pour tenter de renforcer les pouvoirs des autorités fédérales ont échoué. En 1960, le président Eisenhower oppose son veto à une loi sur l'eau et justifie ce veto par son attachement à la décentralisation de ces

---

41. « Dans quarante ans, les générations qui suivent diront de nous… qu'à un moment, autour de 1989, les choses ont commencé à changer […], que cette année-là les graines d'une nouvelle politique pour nos précieuses zones humides ont été semées, une politique résumée en quatre mots simples : "Pas de perte nette". »

42. En opposition au principe de compensation « sur site » qui vise à ce qu'une compensation soit réalisée à proximité directe de l'endroit où a lieu l'impact.

politiques : « La pollution de l'eau est un fléau purement local. [...] Cette administration a depuis le départ fortement soutenu un programme fédéral juste pour le contrôle de la pollution de l'eau. Toutefois, elle a toujours tenu à ce que la responsabilité principale en matière de protection de la qualité de l'eau soit exercée là où elle repose naturellement — au niveau local. » (Eisenhower, 1960)

Le Clean Water Act n'a pu être adopté que face à l'évidence de la réticence des États à mettre en place des mesures adaptées. Politiquement, l'intervention fédérale était justifiée par l'inaction au niveau local. Toutefois, aujourd'hui encore, les États jouent un rôle important. Ils sont notamment impliqués dans le processus d'autorisation des impacts. La section 401 du Clean Water Act leur permet en effet de s'opposer à un impact en cas de risque pour la qualité de l'eau. Ce mécanisme est actuellement l'outil de coordination le plus efficace entre États et USACE. Le degré de sévérité du droit environnemental dépend donc aussi de paramètres étatiques, comme les orientations politiques des gouverneurs ou le savoir-faire des administrations. Les États sont en général jugés plus proches des préoccupations des acteurs locaux, mieux informés sur les problématiques spécifiques à chaque projet. Mais ils sont aussi plus sensibles aux pressions politiques que les agences fédérales américaines.

Après la décision SWANCC que nous avons évoquée plus haut (voir chapitre 11), certains États comme le Wisconsin ont rapidement réagi en adoptant une législation spécifique, destinée à combler le vide juridique créé par les juges. D'autres États n'ont pas souhaité intervenir. Ces écarts contribuent à la diversité géographique du droit de l'environnement aux États-Unis (Kusler, 2004).

Cette dynamique fédérale peut être interprétée comme la solution du système politique face aux blocages politiques et juridiques qui freinent le développement du droit de l'environnement : « Parce que beaucoup d'États ont été incapables de protéger les zones humides dans le passé, le Congrès a adopté le Clean Water Act et a donné à l'EPA et à l'USACE le pouvoir sur la protection des zones humides de notre pays. Actuellement, le balancier semble de nouveau s'inverser, en rendant de plus en plus d'autorité et de responsabilité aux États. Cette dynamique de coopération fédérale et étatique va vraisemblablement continuer à évoluer, de façon à confier aux États l'autorité primaire sur la réglementation des zones humides, tandis que le gouvernement fédéral fournit le cadre qui permet aux États de faire leur travail, et finalement de protéger les zones humides. » (Von Oppenfeld, 2005)

▸▸ Les trois méthodes de compensation

L'application plus stricte de la séquence ERC impose la mise en place de techniques compensatoires bien déterminées, reproductibles et évaluables. La compensation n'est pas « réinventée » à chaque projet, mais fait l'objet de directives systématiques. À partir de 1990, avec le Memorandum of Agreement signé entre l'EPA et l'USACE, trois systèmes de mise en œuvre des mesures compensatoires vont dorénavant coexister : permis individuel, ou *permittee responsible mitigation*, banque de compensation, ou *mitigation banking*, et rémunération de remplacement, ou *in-lieu fee mitigation*. Ces derniers seront clairement définis dans les guides fédéraux (*federal guidance*) publiés en 1995 par l'USACE.

Le tableau 4.1 récapitule les principales caractéristiques des trois méthodes de compensation.

La compensation par le permis individuel

S'il y a compensation, c'est qu'il y a un dommage à compenser. Ce dommage doit faire l'objet d'une autorisation administrative qui prend la forme d'un permis, conformément à la section 404 du Clean Water Act (voir chapitre 8). La compensation par le permis individuel est un système dans lequel l'entité qui cherche à obtenir un tel permis s'engage à fournir elle-même la prestation de compensation. Cela se traduit par l'acquisition d'une parcelle à proximité de la zone d'impact et par la mise en place d'une action de restauration de zones humides sur ce site. La technique du permis individuel conduit à réaliser une multitude de petits projets compensatoires à proximité des zones d'impacts.

Tableau 4.1. Principales caractéristiques des trois méthodes de compensation.

Méthode de compensation	Responsabilité de la compensation	Moment de la compensation	Efficacité écologique de la compensation
Permis individuel (*permittee responsible mitigation*)	Le détenteur de permis conserve la responsabilité.	Les travaux de compensation sont en principe effectués en même temps que les travaux à l'origine du dommage.	Très faible efficacité : projets à trop petite échelle, manque de savoir-faire des opérateurs, quasi-absence de contrôle de la part des autorités.
Banque de compensation (*mitigation banking*)	La responsabilité de la compensation est transférée au gestionnaire de la banque de compensation, qui peut être public ou privé.	L'attribution des crédits à la banque de compensation n'a lieu qu'au fur et à mesure de l'avancement des travaux, sous condition de réussite écologique.	En général perçue comme meilleure que les autres systèmes.
Rémunération de remplacement (*in-lieu fee mitigation*)	La responsabilité de la compensation est transférée au fonds qui reçoit l'indemnité. Ce fonds doit être un organisme public ou non lucratif (organisation non gouvernementale environnementale).	Le fonds bénéficiaire réalise les travaux une fois recueillie une somme suffisante, ce qui peut prendre des années. Depuis 2008, il ne peut cependant pas collecter la totalité de la somme avant le début des travaux.	Cette méthode offre en théorie des avantages significatifs (ampleur des projets, cohérence écologique, etc.), mais les fonds ont en pratique tendance à placer les sommes recueillies en bourse et à retarder indéfiniment les travaux de compensation.

Les banques de compensation

Les banques de compensation de zones humides (*wetland mitigation banks*) sont des espaces naturels qui ont été restaurés et sont destinés à compenser la destruction d'espaces naturels équivalents situés dans une même aire de service (voir glossaire « banque de compensation » et chapitre 10). Pour organiser le calcul des équivalences entre ce qui a été détruit d'un côté et ce qui a été restauré de l'autre, l'USACE attribue des crédits de compensation aux sponsors[43] en fonction de la qualité écologique du projet d'une part et exige des crédits de compensation auprès des développeurs en fonction de l'impact généré sur les zones humides d'autre part. Une fois la banque achevée, celle-ci peut vendre ses crédits à toute personne soumise à des obligations de compensation dans le cadre de l'obtention d'un permis.

Ce système de régulation n'a bénéficié d'un cadre institutionnel fédéral stabilisé qu'en 2008. En effet, dans les années 1990 et 2000, l'USACE et l'EPA régulaient ce système par itération, sans chercher à créer des règles communes à l'échelle fédérale ou des États. Certes, cette approche avait pour avantage d'adapter les règles au cas par cas, en essayant d'être le plus pertinent possible à l'échelle locale, mais elle a créé une forte incertitude institutionnelle pour les nouveaux investisseurs potentiels. Pour stabiliser les règles du jeu, un texte de niveau réglementaire portant le nom

---

43. Un sponsor désigne l'entité publique ou privée responsable de la mise en place et, dans la plupart des cas, de la gestion d'une banque de compensation (voir figure 10.1).

curieux de « Règle finale sur la compensation pour les pertes de zones humides »[44] (*Final Rule*), adopté en 2008, encadre désormais l'ensemble du processus de compensation (voir chapitre 8).

La rémunération de remplacement

La rémunération de remplacement (*in-lieu fee mitigation*) a en commun avec les banques de compensation de faire intervenir un tiers. Mais, contrairement aux banques, qui mettent en place des actions de restauration écologique avant de toucher des crédits de compensation qui pourront ensuite être vendus, il s'agit simplement d'un fonds qui devra servir ultérieurement à mener des actions de restauration écologique. Une autre différence avec la banque de compensation est que le propriétaire du fonds ne doit pas réaliser de bénéfices avec ce dernier. Ceci explique pourquoi il est nécessairement géré par une organisation non gouvernementale (ONG) ou une entité publique. Il appartient au gestionnaire du fonds de procéder aux opérations de compensation lorsqu'une somme suffisante est réunie.

Ce système avait été supprimé dans le premier projet de la Règle finale de 2008 car il était considéré comme trop flou pour garantir le respect du principe de *no-net-loss*[45]. Le texte final est néanmoins revenu sur cette suppression, car les autorités ont estimé que le paiement d'une indemnité compensatoire pouvait être utile « dans les circonstances où la compensation par le détenteur du permis et les banques de compensation ne sont pas envisageables » (Règle finale, 2008). Cette formulation tend à en faire une solution de repli. Par ailleurs, la réforme de 2008 introduit certains éléments de convergence avec les banques de compensation. Les fonds ne peuvent dorénavant recueillir qu'une partie des sommes attendues avant le début des travaux, tandis que les banques peuvent maintenant commencer à vendre des crédits avant la fin des mesures de restauration. La différence entre compensation *a priori* et *a posteriori* s'efface donc graduellement.

Un processus législatif très encadré au niveau fédéral

L'USACE et l'EPA sont soumises à l'Administrative Procedure Act de 1946, qui pose les principes du *rule-making*, c'est-à-dire l'élaboration de normes administratives. Sans entrer dans le détail, ce texte vise à garantir que le processus d'adoption de normes se déroule de façon transparente. Il impose donc aux agences de mener une procédure de consultation avant l'adoption de tout texte, puis de justifier dans la version finale en quoi les commentaires reçus ont été pris en compte.

Que l'on considère positivement ou non le système des agences américaines, il faut reconnaître que la qualité technique des textes élaborés par l'EPA et l'USACE est remarquable. En ce qui concerne la compensation, la Règle finale de 2008 s'ouvre sur 77 pages d'explications extrêmement denses, qui résument les commentaires reçus et détaillent le raisonnement mené par les agences pour modifier ou ne pas modifier leur projet de texte. C'est une source d'informations précieuse pour ceux qui s'intéressent à l'évolution du droit de l'environnement.

Revers de la médaille, ce processus de consultation implique une telle mobilisation de ressources que les agences sont bien souvent contraintes d'y renoncer et de recourir à un pis-aller : la publication de textes juridiquement non contraignants comme les Guidance Letters. Dans ce cas, les agences sont dispensées du processus de consultation. Ces textes renforcent l'insécurité juridique, car, bien que non contraignants, ils contribuent à interpréter des textes contraignants, et peuvent à ce titre être invoqués devant un juge, qui déterminera si cette interprétation lui semble juste. Violer ces textes, c'est aussi s'exposer à la colère des agences, qui disposent de larges pouvoirs discrétionnaires.

---

44. Comme son nom l'indique, la Règle finale, un texte de 113 pages, adopté en 2008, constitue désormais la référence permettant de comprendre tout le processus qui mène à la création à perpétuité d'une banque de compensation de zones humides.

45. Pour plus d'informations sur ce débat, voir la — longue — introduction de la Règle finale qui rappelle l'évolution du texte au fur et à mesure du processus de consultation.

▸▸ L'évolution du droit en faveur des banques de compensation

La montée en puissance des banques de compensation s'explique avant tout par les limites des permis individuels et des rémunérations de remplacement, et par la capacité des banques de compensation à répondre à ces limites. Pour comprendre le succès relatif de chaque technique, il faut tenir compte du contexte politique autant que des règles de droit.

Des éléments techniques en défaveur des permis individuels

L'efficacité du système des permis individuels a été très critiquée en 2001 par le National Research Council, puis en 2005 par le Government Accounting Organisation, équivalent américain de la Cour des comptes (NRC, 2001 ; GAO, 2005).

Les petits projets de restauration générés par les permis individuels sont apparus comme trop nombreux pour être correctement contrôlés par les autorités et comme trop isolés pour générer de véritables bénéfices écologiques. Le problème du contrôle a été d'autant plus souligné qu'il concerne un système de régulation dans lequel les détenteurs de permis n'ont aucun savoir-faire dans la restauration d'écosystèmes.

Les conclusions des rapports publiés par ces organismes pointent du doigt la responsabilité de l'USACE et l'inefficience du système de gestion mis en place pour faire respecter les objectifs de *no-net-loss*. Une des conclusions de ces rapports est de s'appuyer dorénavant sur le système de banque de compensation, qui apparaît aux yeux de ces organismes comme plus à même de faire respecter l'objectif du *no-net-loss*.

Une perte de confiance dans le système de la rémunération de remplacement

La rémunération de remplacement a fait l'objet de fortes critiques du fait du flou entourant les mesures de compensation, de la manière de faire respecter l'objectif de *no-net-loss* et de la compétence des organisations en charge de réaliser les actions de compensation qui, bien qu'ayant une finalité environnementale, n'ont pas toujours les capacités organisationnelles ou techniques pour réaliser des mesures de restauration efficaces.

Ainsi, les rémunérations de remplacement, qui sont portées par des acteurs de type ONG avec de bonnes intentions environnementales, n'ont pas vraiment prouvé leur efficacité jusqu'à présent.

L'une des affaires qui a provoqué la disgrâce de cette option est celle de l'extension de l'aéroport O'Hare, à Chicago. La National Mitigation Banking Association (NMBA), association professionnelle des banques de compensation, a saisi les tribunaux pour demander l'annulation du permis, attribué en 2006, qui autorisait l'impact entraîné par les travaux d'extension. En effet, le programme de compensation était énoncé dans des termes très vagues et les mesures devaient être réalisées *via* un fonds de 26 millions de dollars correspondant à une rémunération de remplacement. En 2007, la justice a maintenu le permis en raison de la marge discrétionnaire dont dispose l'USACE selon les textes[46]. Depuis, le fonds a manqué à la majorité de ses obligations (Strand, 2009). En 2009, presque rien n'avait été fait, malgré les 26 millions de dollars versés par la ville de Chicago au titre de son obligation de compensation.

L'origine du problème est peut-être une tolérance excessive des régulateurs envers les autorités publiques : « De nombreux districts du Corps ont échoué à exercer une surveillance efficace des programmes de rémunération de remplacement, en laissant peut-être passer des choses parce que les intentions de ces programmes étaient bonnes. » (Gardner, 2011)

---

46. NMBA v. USACE, United States District Court for the Northern District of Illinois, Eastern Division, February 14, 2007.

Ceci explique pourquoi les rémunérations de remplacement n'ont pas connu un fort développement aux États-Unis — une quarantaine de permis acceptés et une quinzaine en cours d'instruction actuellement, à mettre en comparaison avec les 1 600 banques de compensation ayant reçu un permis aujourd'hui (RIBITS, 2013). En Floride, sur trois projets de rémunération de remplacement existants en 2013, l'un est toujours en phase d'instruction, l'autre est devenu une zone de conservation mais il n'est plus qualifié de rémunération de remplacement, et le dernier a été péniblement approuvé en juin 2013.

Les avantages prêtés aux banques de compensation

Les avantages prêtés aux banques de compensation sont de deux types. D'une part, elles permettent de réaliser des actions de compensation sur de grandes échelles spatiales et de mobiliser plus de compétences techniques, ce qui accroît leur efficacité écologique. D'autre part, la responsabilité de la compensation est concentrée dans un nombre limité de mains et il est donc plus facile pour l'administration de contrôler la réalité de la mise en œuvre des mesures compensatoires et de sanctionner le cas échéant les sponsors qui gagnent de l'argent avec ce travail de restauration écologique.

Des éléments politiques en défaveur des permis individuels

Plusieurs éléments allant bien au-delà des règles de droit ou de l'absence d'efficacité des permis individuels permettent aussi de comprendre pourquoi ce mécanisme a été fortement critiqué.

Dans les textes, les agences fédérales disposent de tous les pouvoirs nécessaires pour sanctionner les opérateurs qui ne respecteraient pas leurs obligations. Mais politiquement, il en va tout autrement. Dans l'affaire Pozsgai, citée par Gardner (2011, pp. 159-175), qui date du début des années 1990, l'EPA a fini par poursuivre en justice un contrevenant qui a délibérément négligé toutes les injonctions reçues, y compris de la part de la justice, et dont les travaux ont par ailleurs causé des dommages sur des terrains voisins. Vingt ans plus tard, en 2011, *The Washington Examiner*, un journal conservateur détenu par le milliardaire Philip Anschutz, écrit à propos de l'affaire : « Pour résumer, pour avoir offensé la définition d'une zone humide d'un bureaucrate, ce réfugié du communisme a été sujet à plus de vingt ans de persécution de la part du gouvernement, y compris la privation de la liberté pour laquelle il était venu aux États-Unis. »[47]

Cette présentation des faits est emblématique du déficit de légitimité du droit de l'environnement, en particulier lorsqu'il prévoit des sanctions pénales. Tout mécanisme de sanction doit donc être interprété à la lumière de la volonté d'une société de placer des individus en prison pour manquement à des règles de droit administratif. La stratégie qui vise à privilégier les banques de compensation n'est pas neutre dans ce contexte.

Ainsi, en favorisant l'apparition d'un nouveau secteur économique avec le développement des banques de compensation, qui sont des entreprises majoritairement privées, les agences fédérales reçoivent des appuis politiques importants et bénéficient de la NMBA. Celle-ci a tout intérêt à ce que la séquence ERC soit respectée, puisque c'est la stricte application de cette règle qui garantit l'existence d'une demande pour les crédits de compensation vendus par les banques.

Avec l'apparition du système des banques de compensation, les administrations en charge des mesures compensatoires se sont ainsi trouvées dans une situation plus confortable d'un point de vue politique. Elles ont dorénavant pour charge de mener une politique publique de protection de l'environnement qui est à l'origine du développement d'un nouveau secteur économique fondé sur la restauration écologique, et non plus seulement de brider le secteur économique de la construction. Cela fait une différence de poids dans le système politique américain, où les entraves politiques à l'activité économique sont en général perçues négativement. En créant un marché fonctionnel, la compensation illustre les opportunités économiques liées à la croissance verte.

---

47. "Case studies in regulation: John Pozsgai", *The Washington Examiner*, 19 avril 2011.

▶▶ Quelles perspectives pour le système de compensation des zones humides aux États-Unis ?

Les banques de compensation sont devenues un acteur économique et politique installé et puissant. Pour autant, le juge veille toujours plus strictement à ce que l'imposition d'exigences de compensation se fasse selon un processus équitable et conforme aux principes du droit américain. La multiplication de mécanismes de protection de l'environnement place les banques de compensation en concurrence avec d'autres mesures, avec un effet incertain sur la cohérence de la politique environnementale.

Un *lobbying* intensif des banques de compensation

Si les banques de compensation sont aussi privilégiées aujourd'hui, c'est en partie le résultat d'un travail de *lobbying* important mené par les premières entreprises privées qui se sont lancées sur le marché. Ainsi la NMBA, qui existe depuis 1998, cherche à obtenir les aménagements législatifs présentés comme nécessaires au développement du secteur. Elle œuvre à renforcer l'application de la séquence ERC, car c'est à cette condition que peut exister une demande suffisante pour alimenter le marché, comme le souligne l'exemple de l'aéroport d'O'Hare dans lequel la NMBA a joué un rôle que l'on attendrait plutôt d'une ONG environnementale.

Aujourd'hui, le principal cheval de bataille de ce *lobby* est l'assouplissement des règles s'appliquant aux banques de compensation, jugées plus strictes que celles des deux autres systèmes de compensation, pour permettre une concurrence équitable entre méthodes compensatoires. Sous le slogan *Level the field* (« niveler le terrain »), il s'agit de réduire les contraintes qui pèsent sur la rentabilité des banques de compensation. Cette situation crée un dilemme pour les autorités : les autorités s'appuient sur la sévérité de la législation vis-à-vis des banques de compensation pour mettre en avant leur efficacité écologique, mais elles doivent aussi créer les conditions propices au développement de ces dernières car cela nécessite des investissements financiers importants. Le législateur doit donc tenter de trouver un équilibre entre exigence écologique et exigence économique (voir chapitre 10). Un autre cheval de bataille de la NMBA est l'élargissement du champ de la compensation en faisant émerger des obligations de compensation pour des écosystèmes qui n'entrent pas dans le champ du Clean Water Act. Ainsi, la NMBA fait un *lobbying* important à Washington pour que les impacts sur les zones humides isolées soient de nouveau obligatoirement compensés.

Un renforcement de l'encadrement des procédures de négociation avec la décision Koontz de 2013

La compensation est indissociable du processus de négociation qui a lieu lors de l'octroi des permis USACE. Jusque-là, ces négociations se déroulaient dans un environnement juridique relativement libre. Mais le 25 juin 2013, dans l'affaire Koontz[48], la Cour suprême des États-Unis a instauré, à une majorité de cinq juges contre quatre, un contrôle juridictionnel des négociations des exigences de compensation dans le cadre de l'attribution d'un permis.

Koontz est un propriétaire qui souhaite développer une parcelle, composée essentiellement de zones humides. Il propose de construire sur un quart du terrain, et de protéger le reste en recourant à une servitude environnementale. Le district de St. Johns en Floride refuse, et lui annonce que le permis sera octroyé d'une part si la surface construite est plus petite, et d'autre part s'il opère une compensation sur une zone humide propriété de l'État, située quelques miles plus loin. Jugeant ces exigences disproportionnées, Koontz attaque en justice. Mais la Cour suprême de Floride le déboute, en affirmant essentiellement qu'un contrôle de proportionnalité ne pouvait pas avoir lieu puisque le permis avait été refusé. Il n'y avait en quelque sorte rien à contrôler.

---

48. Coy A. Koontz, Jr. v. St. Johns River Water Management District, 570 US (2013).

La Cour suprême fédérale en a jugé autrement. Les cinq juges majoritaires ont estimé que des exigences de compensation, même si elles n'aboutissent pas, puisque le permis est refusé, peuvent constituer une expropriation (*taking*), car elles restreignent la capacité du propriétaire à jouir de son droit de propriété, qui est constitutionnellement garanti. Et cela même dans le cas où ces exigences prennent la forme d'un paiement et non du renoncement à son droit de propriété sur une partie du terrain. Les banques de compensation sont donc directement concernées : imposer un achat de crédit à un propriétaire peut désormais constituer une forme d'expropriation[49]. Pour cette raison, le juge a désormais la possibilité de contrôler les exigences de compensation en appliquant les jurisprudences Nollan et Dolan[50], qui consistent à vérifier le lien (*nexus*) entre le dommage causé et les exigences de compensation, puis à s'assurer du rapport de proportionnalité (*rough proportionality*) entre les deux. Selon l'opinion dissidente du juge Kagan, cette nouvelle jurisprudence est contre-productive car elle incite les régulateurs à refuser catégoriquement les permis, plutôt que d'entrer en négociations : « Si n'importe quelle suggestion peut faire l'objet d'un procès sous Nollan et Dolan, on ne peut plus donner qu'un seul conseil [au régulateur] : refuser le permis, sans donner à Koontz le moindre conseil — même si ce dernier en demande. »

L'arrêt Koontz a d'abord suscité une inquiétude dans le monde de la compensation, car il soumet les régulateurs à une pression accrue. Il faut toutefois en relativiser la portée : la compensation environnementale répond en principe aux deux critères posés. Le lien entre destruction de zones humides et compensation est évident, et la proportionnalité est en principe garantie par les méthodologies de calcul des crédits. Koontz vise donc seulement à prévenir les abus. Par ailleurs, les faits datent de 1994, à une époque où la détermination des exigences de compensation était plus erratique, et pouvait effectivement conduire à des résultats abusifs. Aujourd'hui, l'expérience et l'encadrement accrus des régulateurs réduisent ce risque.

La multiplication des mécanismes de protection du foncier et la cohérence de la politique environnementale

Au fur et à mesure que chaque régime parvient à maturité, la principale menace sur l'efficacité de la politique environnementale se déplace d'un problème de consistance vers un problème de cohérence : l'articulation entre les différents programmes n'est à ce jour pas suffisamment développée.

En effet, le droit américain de l'environnement n'est pas organisé selon une approche unique. Au contraire, les dispositions environnementales sont en général intégrées à des textes spécifiques à un milieu ou à un type de bien : eau, air, terre agricole. Les exemples suivants montrent que selon le milieu, les priorités des autorités locales et les choix des propriétaires fonciers, différents mécanismes peuvent intervenir et éventuellement entrer en concurrence.

Le Transfer of Development Rights Program

De nombreux États, dont le New Jersey en 2004, ont mis en place récemment des programmes de transferts de droits immobiliers (Transfer of Development Rights Program). Ces programmes permettent de revenir sur la constructibilité de certaines zones sensibles, au profit de zones moins importantes pour l'environnement.

Pour compenser la perte financière liée à la perte de droits immobiliers, une commune crée une « banque de droits », qui indemnise les propriétaires des zones à protéger. Cette banque revend ensuite les droits à des propriétaires situés en zone développable. L'État apporte une aide financière et logistique au projet.

---

49. Cette décision montre que le fait de créer une servitude environnementale à travers une banque de compensation peut être perçu comme une forme d'expropriation pour cause d'intérêt public.

50. Nollan v. California Coastal Comm'n, 483 US 825 (1987), Dolan v. City of Tigard, 512 US 374 (1994).

L'objectif est la neutralité financière : les propriétaires qui se voient lésés de leurs droits d'usage reçoivent une compensation financière de la part de ceux dont le terrain devient constructible, et les autorités jouent uniquement un rôle d'intermédiaire. Cette approche est intéressante, bien que sévèrement critiquée par ceux qui y voient une rémunération indue pour les propriétaires bénéficiaires, ces derniers recevant une somme d'argent par le simple fait qu'ils possèdent « de la biodiversité » sur leurs parcelles. Ces programmes de compensation sont finalement assez proches du principe des paiements pour services environnementaux qui sont fondés sur la rémunération des acteurs qui font un usage durable de leurs terres (en l'occurrence ici l'absence de construction).

Dans le New Jersey, malgré des débuts prometteurs, le Transfer of Development Rights Program est peu utilisé car complexe à mettre en œuvre. Les transferts de droits dits régionaux, qui dépassent les limites d'une municipalité, sont particulièrement difficiles à appliquer (NJFuture, 2010).

Le Wetlands Reserve Program

Un propriétaire de zones humides peut transférer ses droits immobiliers en proposant d'adopter une servitude environnementale sur son terrain, qui supprime une grande partie de ses droits d'usage, en contrepartie de quoi des paiements compensatoires vont lui être octroyés par l'État. Cela peut être assimilé à des paiements pour services environnementaux rendus par les propriétaires. Ce programme a bénéficié d'un grand succès, puisqu'il concerne quatre-vingt mille hectares chaque année, contre dix mille pour les banques de compensation pour les zones humides.

Le problème est que les structures institutionnelles ne favorisent pas toujours la coordination entre ces techniques. Dans le New Jersey, une responsable du Department of Environmental Protection confie : « Il n'y a pas vraiment de coordination entre programmes de compensation. Moi, je travaille sur les zones humides. Mais les gens du programme de gestion des déchets m'invitent toujours à participer à leurs réunions. » (entretien avec l'auteur, avril 2013) La coordination repose donc plutôt sur des contacts informels, et sur la volonté des responsables politiques d'adopter une approche globale.

Cette multiplicité de mécanismes rivaux peut-elle créer une incitation malsaine à s'enrichir sur le compte de la préservation de la biodiversité ? L'approche américaine de la compensation est avant tout libérale et pragmatique : elle encourage justement les propriétaires à entreprendre des transactions profitables, puisque, si le droit est à la fois bien conçu et correctement appliqué, cet enrichissement privé se fait au bénéfice de la protection de l'environnement.

▶▶ Conclusion

L'histoire de la compensation pour les zones humides aux États-Unis est marquée par un renforcement progressif de son cadre d'application et des exigences environnementales associées. D'un simple droit à détruire au cours des années 1970 et au début des années 1980, il est progressivement passé à un système de régulation beaucoup plus contraignant aujourd'hui.

Les étapes de cette évolution peuvent être résumées comme suit :
• une pression croissante du Fish and Wildlife Service et du Marine Fish and Wildlife Service au cours des années 1980 a conduit l'EPA et l'USACE à refuser les premiers permis de construire à partir de 1986 du fait du non-respect de la séquence ERC ;
• à partir de la fin des années 1989-1990, la conjonction de positions politiques (discours de G.W. Bush) et l'adoption d'un Memorandum of Agreement entre l'EPA et l'USACE ont conduit à une certaine harmonisation des règles du jeu à l'échelle fédérale ;
• enfin, les critiques émises par le National Research Council et le Government Accountability Organisation du début des années 2000 ont conduit l'USACE à entreprendre une grande réforme (*Final Rule* de 2008) en mettant au cœur de leur système les banques de compensation.

Les effets positifs et négatifs de l'apparition des banques de compensation dans le système de régulation ERC sont discutés plus en détail dans la partie II de l'ouvrage.

Chapitre 5

L'expérience allemande de la compensation écologique

Wolfgang Wende, Elke Bruns, Fabien Quétier

Avec l'adoption de sa stratégie pour la biodiversité en 2011, l'Union européenne s'est engagée à stopper « la perte de biodiversité et la dégradation des services écosystémiques d'ici 2020 ». Parmi les actions contribuant à cet objectif, on retiendra l'action 7b, par laquelle la Commission européenne doit mettre en place d'ici 2015 « une initiative garantissant qu'il n'y a pas de perte nette d'écosystèmes et de leurs services (par exemple *via* des mécanismes de compensation) ». Cette initiative, plus connue sous le terme anglais de *no-net-loss*, donne un cadre au développement de politiques de compensation dans différents pays membres de l'Union européenne.

De telles politiques existent déjà, sous diverses modalités, dans plusieurs pays européens, et parfois depuis plusieurs années. Comme la France, l'Allemagne a institué le principe de compensation dans sa réglementation environnementale dans les années 1970 et son évolution peut être riche d'enseignements. En particulier, l'Allemagne a progressivement distingué un régime général, dont le champ d'application est très large et pour lequel l'équivalence est définie de façon assez lâche, et un régime spécifique au réseau Natura 2000 et aux espèces protégées par la Directive européenne Habitats de 1992, pour lequel l'équivalence est définie de façon bien plus stricte.

Le régime général est connu sous le terme de *Eingriffsregelung*, et consiste à appliquer la séquence éviter-réduire-compenser (ERC) aux documents de planification (urbanisme) et aux projets (infrastructure, etc.) pouvant affecter la nature ou les paysages (Darbi *et al.*, 2010). Sont notamment visés les effets négatifs significatifs sur les habitats, les sols, le climat, la qualité de l'air et les paysages (au sens visuel). La séquence ERC n'est donc pas limitée à la biodiversité ou aux écosystèmes mais suit une définition plus large de l'environnement (comme le fait l'étude d'impact en France). L'objectif est de garantir que l'état de l'environnement soit, au moins, maintenu. On retrouve là un objectif de « pas de perte nette » (Bruns, 2007 ; Wende *et al.*, 2005) analogue à celui exprimé dans la doctrine ERC française de 2014 (Quétier *et al.*, 2014). De ce fait, la réglementation ERC pourrait contribuer à atteindre les objectifs affichés par l'Union européenne et l'Allemagne dans leurs stratégies de biodiversité (Albrecht *et al.*, 2014). Toutefois, de nombreux défis techniques et institutionnels seront à surmonter, et notamment la bonne adéquation entre les impacts et les compensations, et la pérennité de celles-ci (Tischew *et al.*, 2010).

Ce chapitre décrit l'expérience allemande en matière de compensation afin d'offrir un éclairage aux approches en cours de développement en France et en Europe. En premier lieu, la mise en place et l'évolution de la réglementation en matière de compensation est décrite chronologiquement en mettant en lumière les principales étapes. Ensuite, un exemple concret illustre les outils mis en place : les outils techniques d'évaluation de l'équivalence et de dimensionnement des mesures, mais aussi les outils de planification à l'échelle des territoires. Pour conclure, différents enseignements de l'expérience allemande sont discutés.

▸▸ Aperçu historique

Les commentateurs de la compensation en France soulignent souvent que celle-ci existe depuis 1976, mais est restée peu ou mal appliquée jusqu'à un sursaut récent (voir chapitre 2). En Allemagne aussi, ce n'est que très progressivement que les concepts mis en avant dans les années 1970 se sont concrétisés, souvent en réaction à des problèmes sectoriels — et notamment les besoins des collectivités locales de contrôler la consommation des terres, à partir de 1998. Nous retraçons ici ce parcours, qui a abouti sur un régime de compensation aujourd'hui différencié entre la biodiversité couverte par les dispositions de la Directive Habitats et la nature « ordinaire », pour laquelle les collectivités locales organisent une compensation anticipée et mutualisée des impacts.

C'est la loi sur la protection de la nature de 1935 qui marque classiquement la formalisation d'une prise en compte de l'environnement dans les projets d'aménagement. À l'époque, les questions esthétiques (le paysage visuel) étaient dominantes, mais les composantes biologiques du paysage étaient déjà identifiées (Deiwick, 2002). Cette loi est restée valide après la Seconde Guerre mondiale jusqu'à ce qu'elle soit remplacée, en 1976, la même année que la loi française sur la protection de la nature.

L'opportunité d'une nouvelle législation, et notamment la prise en compte de la nature (flore, faune, éléments abiotiques), a été débattue dans les années 1970 dans un contexte d'impacts massifs, causés par les infrastructures et l'industrie, les pollutions de l'eau et de l'air associées, et la destruction et la fragmentation des habitats naturels. Initié par la Charte verte de Mainau de 1961 (Runge, 1998), le débat a également été alimenté par les travaux ayant mené au National Environmental Policy Act américain, voté en 1970. En 1971, le gouvernement allemand a lancé un premier programme visant à prévenir la « consommation » de la nature et des paysages. Parallèlement à ces initiatives fédérales, plusieurs États fédérés (*Länder*), comme la Rhénanie-Palatinat en 1966 ou la Bavière en 1970, ont développé leurs propres réglementations ERC dans le cadre de la planification spatiale (Deiwick, 2002).

La réglementation ERC allemande actuelle a été mise en place par la loi fédérale de conservation de la nature de 1976. Bien que la dimension esthétique du paysage ait été conservée, une vision de la nature plus systémique et moins axée sur certaines composantes en particulier (par exemple des espèces protégées) a été introduite. Le principe du maintien de la capacité de régénération des milieux, notamment au bénéfice de la société, est affirmé dans l'article 1 de la loi. C'est sur la nécessité de réhabiliter les terrains dégradés, en particulier suite à l'extraction à ciel ouvert du charbon (Olschowy, 1974), que portait l'essentiel de la discussion sur la compensation pendant les premières années de la réglementation ERC allemande de 1976. L'objectif était alors de s'assurer que les terrains réhabilités pouvaient de nouveau être utilisés pour la production agricole ou forestière. L'équivalence en termes de patrimoine naturel n'était pas visée.

Depuis 1986, c'est le ministère fédéral de l'Environnement, de la Conservation de la Nature, de la Construction et de la Sécurité nucléaire qui est en charge de la réglementation ERC, *via* l'Agence nationale de conservation de la nature. Toutefois, les autorités de chaque *Land* peuvent introduire des exigences spécifiques en complément du socle fédéral, et l'application de la réglementation est du ressort des autorités locales au niveau municipal ; de nombreuses préconisations techniques ont été mises en place à ce niveau (Wende *et al.*, 2012).

Plus récemment, des changements importants ont été introduits. En particulier, la réforme de la loi fédérale sur la construction en 1998, puis en 2002, celle de la loi fédérale de conservation de la nature (celle de 1976), ont conduit à la possibilité de mutualiser les compensations sur des terrains mis en réserve foncière pour y mettre en œuvre, à l'avance, des mesures de compensation d'impacts futurs. Les *pools* de compensation sont en général mis en place et gérés par les agences des *Länder* à l'échelle municipale. En effet, ils répondent initialement à une volonté d'intégrer la compensation dans les documents d'urbanisme, afin de mieux gérer l'aménagement urbain (Rundcrantz et Skaerbaek, 2003). Toutefois, des opérations de compensation « par l'offre » portées par des sociétés ou des fondations privées existent aussi (Wende *et al.*, 2005). Ces opérations doivent recevoir un agrément de la part des agences locales de conservation de la nature, qui ont toute liberté de contrôler le bon fonctionnement de l'opération et l'atteinte des objectifs écologiques qui lui ont été fixés. Les opérations sont en général prévues pour une durée d'au moins trente ans (mais parfois moins) et, dans certains cas (enjeux de conservation élevés), une fiducie est mise en place pour sécuriser les financements face au risque de défaillance. À Berlin, dont la situation est détaillée plus loin dans ce chapitre, c'est le *Land* et le Sénat de Berlin qui gèrent un *pool* de compensation.

En 2008, les procédures *Ausgleich* et *Ersatz*, déjà identifiées dans la loi de 1976, ont été précisées :
• les mesures *Ausgleichsmaßnahmen* font référence aux mesures permettant une compensation fonctionnelle stricte. Ces mesures peuvent être réalisées *in situ* ou *ex situ*, mais dans un voisinage très proche du site impacté ;
• les mesures *Ersatzmaßnahmen* font référence à des actions *ex situ* qui ne permettent pas d'atteindre la compensation fonctionnelle du site impacté.

Par ailleurs, en cas d'impossibilité de réalisation de compensation « en nature », par exemple du fait de l'absence de terrains disponibles, un paiement de substitution aux mesures compensatoires est versé.

Ces dispositions s'appliquent partout, et notamment en dehors des situations où s'impose une évaluation des incidences au titre de la Directive Habitats. En cas d'impacts sur le réseau Natura 2000 ou sur les espèces protégées par la Directive, les exigences d'évitement et de réduction sont alors plus fortes, et en cas de compensation, une équivalence stricte sera requise.

Ces évolutions successives de la réglementation ERC allemande démontrent, une fois encore, que c'est souvent à tâtons, et sur un temps long, que s'élaborent des politiques intégrées de conservation et de restauration de la biodiversité, opérant de manière intersectorielle (conservation, aménagement, urbanisme, etc.). Aujourd'hui, un patchwork d'institutions opérant à différentes échelles administratives et spatiales prend en charge la compensation. C'est dans ce contexte que se sont également développés les outils techniques, juridiques et financiers nécessaires à la bonne coordination des acteurs impliqués. Parmi eux, la question de l'équivalence écologique recherchée est centrale.

▸▸ Un foisonnement de méthodes d'équivalence

Dans le cadre de la séquence ERC, l'artificialisation de surfaces non bâties rend nécessaire d'identifier des surfaces sur lesquelles mettre en œuvre les compensations. Depuis 1976, plusieurs méthodes ont été développées (dans différents *Länder* ou certaines municipalités) pour dimensionner les surfaces nécessaires, en général à l'occasion de projets concrets (notamment routiers), et donc dans une perspective nettement opérationnelle et ancrée dans la réglementation en vigueur.

La cartographie des milieux entreprise par certains *Länder* dès les années 1970 a motivé le développement de méthodes basées sur les types d'habitats. Progressivement, ces types d'habitats ont été hiérarchisés en fonction de leur valeur écologique, sur des critères écologiques (fonctions) et paysagers ou d'usage (services). La valeur relative des habitats a été intégrée aux méthodes, en même temps que se développaient des méthodes comptables permettant d'intégrer les multiples dimensions ou fonctions des milieux affectés par les projets d'aménagement dans une logique d'analyse coût-bénéfices (avec des indicateurs uniques). Ces démarches n'ont toutefois remporté qu'un succès limité, car jugées trop complexes ou pas assez transparentes.

À partir des années 1990, diverses méthodes incorporant des éléments quantitatifs (surfaces, certaines caractéristiques écologiques) et qualitatifs (fonctions et leurs valeurs relatives) ont été développées par des bureaux d'études et se sont imposées auprès des autorités environnementales.

Toutes répondaient aux exigences de la réglementation ERC mais elles différaient largement dans les enjeux qu'elles prenaient en compte, les données nécessaires à leur application, et leur intégration dans le calcul des compensations nécessaires.

La variété des méthodes provient du souhait de raisonner au cas par cas, par la formulation d'argumentaires à partir d'avis d'expert. Les autorités environnementales souhaitaient en revanche une plus grande standardisation, par exemple en utilisant des méthodes quantitatives et simplifiées pour faciliter l'instruction et assurer une plus grande égalité de traitement des dossiers.

C'est dans ce but qu'une étude visant à harmoniser les méthodes fut commandée par le forum des agences de conservation de la nature des *Länder*. Ces travaux (Kiemstedt *et al.*, 1996) n'ont toutefois pas standardisé la valeur relative des différents types d'habitats. L'étude a plutôt recommandé une approche fonction par fonction. Bien qu'elle ait été accueillie favorablement pour son contenu scientifique, les conclusions de l'étude n'ont pas été suivies par tous les *Länder*. Encore récemment, la proposition faite en 2009 d'harmoniser les méthodes par voie réglementaire au niveau fédéral n'a pas encore abouti (Hennig *et al.*, 2013 ; Schütte et Wittrock, 2013). Aujourd'hui, différentes méthodes coexistent. Bruns (2007) en a fait une typologie :
• l'approche argumentative, où un cadre d'analyse et d'évaluation *ad hoc* peut être proposé au cas par cas. La qualification des habitats dégradés est possible dans ce cadre, et sert généralement à déterminer un ratio surfacique indicatif du volume de compensation à rechercher ;
• l'évaluation simplifiée des habitats est une méthode qui utilise des indices prédéfinis de valeur relative des habitats. Elle est appliquée aux cas simples ou aux enjeux faibles ;
• l'évaluation complémentaire des habitats utilise aussi des indices prédéfinis, mais elle est complétée par une approche enjeu par enjeu, ceux-ci étant évalués selon des méthodes standardisées (quand elles existent) ou par l'approche argumentative. Cette approche est la plus fréquente sur les grands projets d'aménagement ;
• pour l'évaluation financière, qui vient en dernière solution, deux approches existent. La première peut être basée sur la durée et la sévérité des impacts, et un montant par unité de surface ou de volume (construit) est fixé par le *Land* (barèmes liés aux caractéristiques du projet). Une autre approche est basée sur une évaluation du coût de restauration, pour différents types de mesures écologiques, dont le coût du foncier et des études (barèmes liés aux caractéristiques de la compensation et donc des impacts résiduels).

Dans la suite de ce chapitre, le cas du *Land* de Berlin servira d'exemple pour analyser plus en détail l'intégration de la compensation dans les documents d'urbanisme de la ville, l'utilisation de métriques biophysiques prédéfinies pour évaluer les impacts résiduels et les compensations, et l'option du recours au coût de remplacement pour chiffrer une compensation financière.

▶▶ Cas d'étude : la compensation à Berlin

Le *Land* de Berlin[51] est une zone urbaine densément peuplée mais riche en espaces verts et agricoles : la problématique de l'impact des aménagements urbains sur l'environnement s'y pose avec une acuité particulière. En écho aux évolutions de la réglementation nationale et des méthodes d'évaluation des impacts et de leur compensation, l'application de la séquence ERC à Berlin a été inscrite dans les documents d'urbanisme et des méthodologies ont été développées pour harmoniser le calcul des compensations. Nous abordons ici successivement la création d'une banque de compensation municipale et deux méthodologies d'évaluation.

Le programme de développement et protection de Berlin inclut une cartographie (au 1/25 000ᵉ) des éléments constitutifs du paysage et de la biodiversité, et désigne des zones protégées et des zones qui doivent garantir le maintien des écosystèmes (fonctions et services), des habitats d'espèces

---

51. Comme Hambourg ou Brême, Berlin est à la fois un *Land* et une municipalité (*Stadtstaat*), ce qui en fait un cas particulier pour l'application de la séquence ERC à l'urbanisme. La pression foncière explique le recours plus fréquent à la compensation financière plutôt qu'à la réparation « en nature » des impacts.

menacées, du paysage visuel et des zones récréatives et espaces ouverts. Ce sont ces enjeux qui sont visés par la réglementation ERC mise en place à Berlin.

Par ailleurs, des données sur le milieu abiotique sont disponibles dans un atlas environnemental à l'échelle 1/50 000ᵉ centré sur le sol, l'eau et le climat. Les fonctions et services liés au sol, aux espaces ouverts et aux espaces contribuant à la régulation des conditions atmosphériques (températures et pollution de l'air) sont ainsi cartographiés précisément et peuvent alimenter l'évaluation des impacts et des mesures de compensation qui, à Berlin comme ailleurs en Allemagne, ne concernent pas uniquement les milieux naturels et leur biodiversité.

La compensation organisée à l'échelle de l'agglomération

Depuis 2002, la réglementation ERC fédérale permet la mutualisation des compensations dans des *pools* de compensation (Bruns *et al.*, 2005). Le *Land* de Berlin a introduit une offre de compensation dans sa législation en 2006, mise en œuvre et gérée par l'Agence locale de la nature.

Afin de concentrer les moyens issus de l'obligation de compensation et de mieux gérer le suivi et le contrôle de leur mise en œuvre, le Département d'urbanisme du Sénat de Berlin a développé en 2004 une stratégie ERC à l'échelle du territoire à aménager (figure 5.1), qui vient compléter la stratégie paysagère de Berlin.

Les zones à urbaniser et les projets de développement ont été caractérisés du point de vue de leurs impacts et des compensations correspondantes. Le défi est alors de localiser ces compensations dans le territoire. L'ambition, fixée localement, est que les compensations contribuent à renforcer les objectifs existants en matière de biodiversité et d'espaces récréatifs (Thierfelder, 2007). Les mesures augmentant la qualité de vie de la zone centre sont prioritaires. On trouve ensuite les zones récréatives de Berlin-Barnim, au nord-est de la ville. En outre, un croisement d'axes verts identifie des corridors préférentiels qui connectent, écologiquement, le centre de la zone urbaine à une ceinture verte élargie (SenStadtUm Berlin, 2004). Les terrains sélectionnés pour faire partie du *pool* de compensation doivent être localisés dans des zones prioritaires (figure 5.1), avoir un potentiel significatif d'amélioration de leur fonctionnement écologique et des services écosystémiques fournis à la population, et être disponibles du point de vue des droits d'usage (contrats ou servitudes en cours).

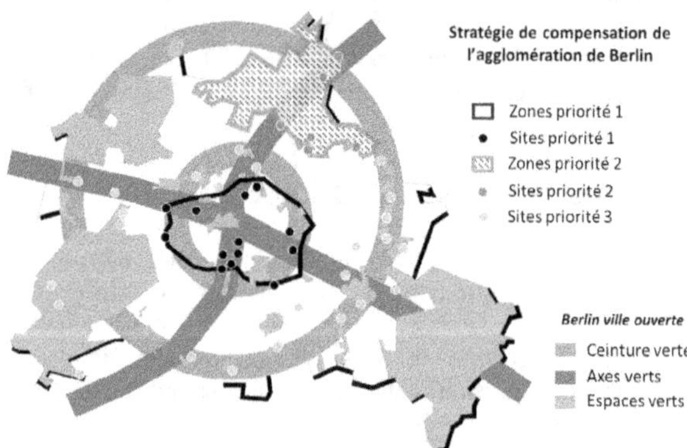

Figure 5.1. Cartographie des zones prioritaires d'accueil des mesures compensatoires à Berlin (source : SenStadtUm Berlin, 2004).

Les aménageurs ayant des obligations de compensation doivent inscrire leurs mesures compensatoires dans ce plan général. Les mesures sont contrôlées et enregistrées dans un registre tenu par le Département du Sénat, qui à son tour garantit leur statut de protection et leur pérennité dans le temps (l'inscription dans ce registre entraîne une servitude sur le terrain, répercutée dans le cadastre). Mettre en place ces garanties est toujours délicat : à Berlin, des agences publiques, comme l'Agence de planification urbaine, acquièrent les terrains portant les compensations. Des contrats ou conventions de long terme (jusqu'à trente ans, mais en contexte urbain plutôt dix à quinze ans) peuvent aussi être signés avec les propriétaires des terrains ou les utilisateurs (agriculteurs ou autres), imposant — contre rémunération — la mise en œuvre et le maintien des mesures prévues. Les propriétaires et usagers des terrains identifiés dans la stratégie générale endossent dès lors un rôle de conservateur des espaces prioritaires pour le fonctionnement écologique du territoire et ses usages collectifs (notamment récréatifs).

Nous avons vu que depuis les années 1990, les *Länder* ont développé de nombreuses méthodes d'évaluation, en général à partir de leur propre expérience d'instruction de projets d'aménagements (Bruns, 2007). La méthode utilisée à Berlin a été développée en 1994 (*Auhagen-Methode*), puis révisée pour la première fois en 2004-2005 — notamment pour prendre en compte des objectifs liés au climat. Elle a été complétée par une approche par les coûts applicable en cas d'impacts peu sévères (SenStadtUm Berlin, 2004), qui a ensuite été réformée en 2013.

Ces deux méthodes d'équivalence écologique sont décrites successivement ci-dessous par l'analyse de la compensation d'un projet de centre commercial venant remplacer un ancien stade vélodrome qui n'avait pas été utilisé depuis dix ans (figures 5.2 et 5.3, voir planche couleur I).

L'évaluation de l'équivalence par fonctions écologiques

La compensation vise les impacts résiduels sur les habitats naturels, la flore et la faune, le sol, l'eau, l'air et la qualité visuelle du paysage. À Berlin, les données nécessaires sont fournies par la collectivité, mais elles doivent parfois être mises à jour ou précisées à l'échelle du projet d'aménagement. La cartographie des habitats, notamment, fait l'objet de vérifications de terrain dans le cadre de l'évaluation de l'état initial du projet.

Sur le projet de centre commercial, en l'absence d'espèces menacées, les habitats ont été évalués à partir de grilles standardisées permettant de leur attribuer une valeur en « points » ou en « unités » (entre 0 et 30). Ces grilles sont construites à partir de critères et d'indicateurs (pondérés) qui sont décrits en détail dans SenStadtUm Berlin (2004 et 2006). On retiendra ici que les critères utilisés incluent, outre la présence d'espèces ou d'habitats naturels menacés, la « naturalité », la durée de restauration écologique et la connectivité. La note obtenue est multipliée par la surface correspondante pour définir des unités de « surfaces qualifiées » (à l'image des méthodes développées en Australie ; voir Quétier et Lavorel, 2011). Un habitat de moindre valeur (note plus faible) sur une grande surface pourra ainsi être comparé à un habitat de plus grande valeur (note plus élevée) sur une surface plus faible. On pourra dès lors comparer, en unités, la situation avant et après impact (la différence, en unités, donnant les « pertes ») et avant et après compensation (la différence, en unités, donnant les « gains »), pour évaluer si cette dernière est pertinente et suffisante (gains égaux ou supérieurs aux pertes).

En plus des habitats, des paramètres abiotiques comme les sols (degré de naturalité ou de dégradation anthropique), l'eau (ratio de surface imperméabilisée, écoulements), le climat (capacité de refroidissement du microclimat, mouvement d'air et capacité à piéger les poussières et polluants) et l'esthétique du site sont évalués et cartographiés. Sur notre exemple, les sols seraient très affectés par l'imperméabilisation, et le rôle du site en tant que couloir d'air permettant l'entrée d'air frais dans les quartiers résidentiels attenants a fait l'objet d'une attention particulière. Le vélodrome abandonné n'a pas été jugé d'une grande valeur esthétique, bien que la présence d'arbres ait été jugée positive. Fermé au public, il ne remplissait pas non plus une fonction d'espace vert.

L'ensemble des critères énumérés succinctement ci-dessus ont été pris en compte pour qualifier et quantifier sous forme d'unités perdues les impacts résiduels du projet. C'est cette perte qu'il faudra compenser en gagnant des unités sur un autre site, parmi ceux proposés à l'échelle de l'agglomération (voir figure 5.1).

Les habitats identifiés sur l'ancien vélodrome ont été évalués à 109 unités. Son aménagement inclut des plantations entre les zones de stationnement et l'aménagement « écosystémisé » des toitures du bâtiment principal (sur 12 000 mètres carrés). Ces mesures mettent 201 unités au crédit du projet (dont 180 pour le toit, évalué dans la méthode à 15 unités pour 1 000 mètres carrés), et conduisent donc à un bilan positif (+ 92 unités). Aucune compensation hors site n'est nécessaire pour les habitats et les espèces impactés par le projet.

En revanche, le projet affectait également des fonctions et services liés à l'environnement physique, passant de 755 unités à 211, soit une dette de 544 unités à compenser. Les impacts visuels ont été estimés à 177 unités perdues. Au total, et en prenant en compte les 92 unités gagnées grâce à l'aménagement du toit, c'est donc la perte de 629 unités qui doit être compensée. Des mesures de dépollution des zones humides et milieux aquatiques ont été entreprises par la municipalité, ainsi que la plantation de haies dans des espaces verts du secteur de Tempelhof-Schöneberg.

L'évaluation de l'équivalence écologique par le coût de remplacement

Cette approche peut être utilisée dans le cas de projets aux impacts limités, par exemple dans le cas d'aménagements de bâtiments existants. Elle est applicable à l'aménagement de l'ancien vélodrome. Il s'agit, dès lors, de chiffrer le coût de remplacement des fonctions perdues, qui sont caractérisées par des indicateurs comme la perte d'habitat (en surface), la perte d'arbres remarquables (en nombre) ou les surfaces imperméabilisées. Des barèmes officiels (SenStadtUm Berlin, 2004) sont utilisés pour chiffrer ces coûts, qui sont résumés dans le tableau 5.1.

Tableau 5.1. Application de la méthode des coûts de remplacement à l'aménagement du vélodrome de Berlin.

Facteurs de coût	Surface (m^2) et durée (an)	Coût unitaire (€/m^2)	Total (€)
Plantation d'arbres (10 ans)	1 400	15	21 000
Gestion des arbres (3 ans)	1 400	3,84	5 376
Pertes intermédiaires (1,13 % par an)	5	237,30	1 186,5
Imperméabilisation	10 902,84	13	141 736,92
Foncier et études			91 670,58
Total			260 970

Le montant total (260 970 euros) calculé avec cette méthode a permis à l'aménageur de budgéter sa compensation. Le calcul a été fait après l'évaluation par fonctions, mais dans ce cas, l'aménageur a effectivement payé l'Agence locale de conservation de la nature pour qu'elle mette en œuvre les mesures à sa place. Dans ce cas, l'aménageur n'a pas bénéficié de mesures réalisées par anticipation mais a eu recours à un type de contrat spécifique dont l'usage a reculé depuis la mise en place de la compensation anticipée (*Ökokonto*) en 2006. Cette disposition, encore largement utilisée par la municipalité quand elle n'a pas anticipé les mesures, est analogue aux compensations qui peuvent être négociées en France entre les collectivités et les aménageurs dans le cadre des permis de construire et des permis d'aménager (Code de l'urbanisme).

La généralisation des méthodes de calcul des compensations est liée à la combinaison de bonnes pratiques (documentées) en matière de procédures d'évaluation, de critères et de méthodes d'évaluation standardisés des « pertes » et « gains », et d'un accès organisé aux données nécessaires à leur application (atlas, barèmes d'unités, etc.). Ces méthodes permettent de concevoir et de dimensionner des mesures compensatoires « en nature », sur des bases écologiques ou biophysiques. Toutefois, les aménageurs ont souvent recours (par facilité) à l'approche simplifiée des coûts de remplacement, sans que l'équivalence ou même la traçabilité entre leurs impacts et les mesures effectivement mises en œuvre par la collectivité bénéficiaire des fonds soit assurée. Les solutions développées à Berlin, et en Allemagne, sont donc imparfaites, mais peuvent néanmoins contribuer aux réflexions en cours en France sur la compensation écologique.

▸▸ Quelles leçons pour la compensation en France ?

Depuis 1976, l'Allemagne a développé un cadre réglementaire dans lequel s'inscrit la séquence ERC et qui est considéré comme le principal instrument pouvant contribuer à l'objectif d'absence de perte nette de biodiversité tel qu'il est conçu dans la Stratégie européenne pour la biodiversité (action 7b), c'est-à-dire au-delà des aires protégées, et en particulier en dehors du réseau Natura 2000 (Albrecht *et al.*, 2014). Dans ce contexte, l'expérience allemande peut sans doute informer sur l'évolution de l'application de la séquence ERC en France.

Au-delà du cadre réglementaire, c'est l'harmonisation des méthodes qui a permis à la séquence ERC d'être appliquée et d'évoluer vers des solutions adaptées aux contextes de décision et aux enjeux de biodiversité à considérer. En particulier, différentes institutions, opérant à différentes échelles administratives et spatiales, se sont positionnées sur l'application de la séquence ERC et ont développé des outils adaptés à leurs besoins (par exemple au niveau des *Länder* et des municipalités). On observe des initiatives de ce type en France, où des collectivités locales ou des services déconcentrés élaborent des guides méthodologiques (voir par exemple Deal-Réunion, 2013), parfois par secteur économique : carrières, infrastructures linéaires, etc.

C'est justement sous l'impulsion des collectivités locales, souhaitant organiser l'aménagement de leurs territoires, qu'ont émergé les solutions de mutualisation et d'anticipation de la compensation, avec les méthodes et registres associés (voir la discussion dans Van Teeffelen *et al.*, 2014). Cette expérience est à rapprocher des initiatives prises ponctuellement par certaines collectivités en France (voir par exemple Chambéry métropole, 2012). L'expérience allemande pourrait alimenter très utilement les débats actuels, en France, sur l'application de la séquence ERC aux documents d'urbanisme (plans locaux d'urbanisme, schémas de cohérence territoriale, etc.). L'expérience allemande d'un double ancrage de la compensation, dans la réglementation couvrant l'environnement (Code de l'environnement) et dans celle couvrant l'urbanisme (Code de l'urbanisme), offre une perspective intéressante pour la France (voir partie II).

L'Allemagne a établi une proportionnalité entre le niveau d'exigence et les niveaux d'enjeu de conservation, en distinguant notamment une équivalence (écologique et géographique) moins stricte (*Ersatz*) que celle applicable dans des cas relevant de la Directive Habitats (*Ausgleich*). L'exemple de l'aménagement d'un ancien stade vélodrome à Berlin illustre bien l'accent qui peut être mis sur la nature « ordinaire » et la possibilité de traiter des impacts sur le paysage visuel, l'air, etc., en plus de la biodiversité. L'Allemagne dispose ainsi, d'ores et déjà, d'un cadre dans lequel envisager l'application de la séquence ERC aux services écosystémiques. En France, l'étude d'impact donne toute liberté aux aménageurs pour développer des solutions de ce type, mais il reste très rare que ces opportunités soient saisies par les porteurs de projets et leurs parties prenantes, notamment du fait de l'absence d'un cadre formel dans lequel l'appliquer.

Pour finir, en complément des approches basées sur des indicateurs biophysiques, les aménageurs ont la possibilité de compenser les impacts résiduels en contribuant, financièrement, à un programme de conservation ou de restauration porté par une collectivité (selon un modèle distinct de celui des opérateurs de compensation par l'offre). Cette solution est généralement utilisée en dernier recours, mais les zones denses comme Berlin y font appel plus souvent du fait de contraintes plus marquées d'accès au foncier. Ces modalités de compensation par des fonds dédiés sont difficiles à évaluer pour ce qui est de leur performance écologique et, si l'on en croit l'expérience américaine, elles sont sans doute peu efficaces. C'est aussi une des principales faiblesses des taxes d'aménagement qui, en France, alimentent les politiques d'espaces naturels sensibles des départements. La simplicité d'un régime de paiement à un organisme tiers, quel qu'il soit, qui aurait la charge de mettre en œuvre, *a posteriori*, les compensations, ne doit pas masquer ces faiblesses, et appelle à une grande vigilance.

Chapitre 6

Compensation en nature des dommages accidentels

Rapprochements et divergences entre les régimes français et américain

Julien Hay

▸▸ Les racines américaines de la loi française sur la responsabilité environnementale

La France a adopté le 1er août 2008 une nouvelle loi, appelée loi sur la responsabilité environnementale (Parlement français, 2008). Ce faisant, elle transpose la Directive européenne 2004/35/CE et se dote ainsi, sous la forme d'une police administrative, d'un régime de responsabilité environnementale original visant à prévenir les dommages à l'environnement selon le principe du pollueur-payeur, c'est-à-dire en portant à la charge de l'exploitant d'une activité recensée par la loi la réparation des atteintes graves à l'environnement (Parlement européen, 2004).

Cette évolution institutionnelle, précisée par un décret d'application le 23 avril 2009 (Gouvernement français, 2009), introduit en droit français une nouvelle approche en matière de réparation des dommages causés à la nature. Toute indemnisation strictement financière des atteintes à l'environnement est formellement impossible dans ce cadre et il importe de remédier physiquement aux dégâts occasionnés, à travers la mise en œuvre de mesures de remise en état de l'environnement.

Ce régime, fondé sur la réhabilitation des écosystèmes, est désormais commun aux pays membres de l'Union européenne. Sa mise en place est somme toute récente, et l'on ne dispose encore que de peu de recul et de cas d'application sur le Vieux Continent pour en mesurer pleinement les bienfaits sur le plan environnemental (Mudgal *et al.*, 2013b).

Si elle paraît sans précédent et innovante de ce côté de l'Atlantique, il convient de noter que cette manière singulière de compenser les atteintes à l'environnement puise ses racines dans une histoire législative américaine, marquée par l'adoption de plusieurs lois fédérales, parmi lesquelles le Clean Water Act de 1972, le Comprehensive Environmental Response, Compensation and Liability Act de 1980 (CERCLA), ou encore l'Oil Pollution Act de 1990 (Ofiara et Seneca, 2001 ; Chapman et LeJeune, 2007).

Ces différents régimes juridiques de protection de l'environnement ont été institués ou amendés depuis les années 1970 et ont en commun d'obliger à ce que les sommes recouvrées au titre des dommages à l'environnement soient consacrées à la remise en état effective de l'environnement dégradé.

Leur mise en œuvre a été clarifiée au moyen de règles spécifiques, définies par les services d'État américains compétents[52], aboutissant à des procédures particulières, qualifiées de procédures Natural Resource Damage Assessment (NRDA), qui encadrent l'évaluation et la compensation des dommages causés à l'environnement.

Bien que chaque loi dispose d'une procédure NRDA propre, ces règles américaines ont de nombreux points communs, chacune s'étant fortement appuyée sur les modèles et les enseignements de celles qui les ont précédées (Ofiara et Seneca, 2001 ; Department of Commerce-NOAA, 1996). La procédure la plus aboutie est par conséquent la dernière d'entre elles, définie le 5 janvier 1996 par la NOAA pour encadrer la réparation des atteintes à l'environnement dans le cadre de l'Oil Pollution Act de 1990. Depuis lors, on recense aux États-Unis plusieurs dizaines de cas de pollutions par hydrocarbures, autant d'exemples ayant conduit à la remise en état de l'environnement conformément à cette procédure, aboutissant à des coûts de remise en état variables, allant de quelques centaines de milliers à plusieurs dizaines de millions de dollars (Helton et Penn, 1999 ; NOAA-DARP, 2002). C'est précisément de cette procédure que se sont directement inspirés les rédacteurs de la Directive européenne 2004/35/CE et, par voie de conséquence, ceux de la loi du 1er août 2008 sur la responsabilité environnementale, même s'il existe quelques singularités entre le régime américain et son homologue français.

L'objet de ce chapitre est de présenter quelques-unes des caractéristiques fondamentales de cette approche originale visant une réparation en nature des dommages à l'environnement. Au-delà des points communs entre les dispositifs français et américain, l'analyse comparative des deux régimes permet également d'entrevoir des différences notables, en particulier sur le plan de l'organisation administrative de la mise en pratique de la procédure de réparation. Comme nous le conclurons, ces divergences laissent craindre que les performances de ce régime tel qu'appliqué en France soient, en matière de réparation effective des atteintes à l'environnement, en retrait de celles observées outre-Atlantique.

▸▸ Dommages à l'environnement, objectif de *no-net-loss* et modalités de remise en état

Même si les régimes juridiques américain et européen ciblent des secteurs d'activités industriels différents, ils convergent en plusieurs points en ce qui concerne la nature des dommages pris en compte.

La notion de dommage est en premier lieu clarifiée au moyen d'une définition faisant schématiquement référence à une détérioration de l'environnement qualifiée de mesurable ou observable, que celle-ci soit causée directement ou pas.

Par ailleurs, l'environnement entrant dans le périmètre d'application de ces régimes recouvre à la fois les ressources naturelles (espèces, habitats, eaux, sols, etc.) et les services rendus par ces dernières au bénéfice d'autres ressources d'une part, et au bénéfice du public d'autre part. Cette définition de l'environnement, fondée sur des critères à la fois biocentrés et anthropocentrés, vise à prendre en compte, dans la réparation des atteintes, non seulement l'environnement dans sa dimension physique et biologique, mais également la relation que les humains nouent avec cet environnement (NOAA-DARP, 1996b).

Cette distinction, commune aux deux régimes, entre les services rendus aux ressources naturelles et ceux rendus au public renvoie implicitement aux notions aujourd'hui largement répandues que

---

52. Le Département de l'Intérieur en ce qui concerne la loi CERCLA et la National Oceanic and Atmospheric Administration (NOAA) en ce qui concerne l'Oil Pollution Act.

sont les fonctions écologiques et les services écologiques, les premières étant entendues comme les « processus biologiques de fonctionnement et de maintien de l'écosystème » et les seconds comme les « bénéfices retirés par les hommes des processus biologiques » (Bouvron *et al.*, 2010)[53].

Les cadres américain et européen sont animés par un même objectif de neutralité écologique, souvent qualifié de *no-net-loss*. Le *no-net-loss* est un principe qui vise à assurer, à travers la réhabilitation des écosystèmes impactés, qu'aucune perte nette, tant du point de vue des ressources naturelles que des services, ne subsiste, une fois les mesures de remise en état entreprises. Conformément à ce principe, les mesures de réparation exigées doivent avoir, de par leur nature et leur dimensionnement, pour conséquence de compenser l'intégralité des effets adverses causés à l'environnement.

Dans les deux régimes institutionnels, la notion de mesures de réparation de l'environnement couvre un spectre de possibilités techniques assez large. Ainsi, la Directive européenne de 2004, dans son article 2 (alinéa 11), définit ces mesures comme étant « toute action, ou combinaison d'actions, y compris des mesures d'atténuation ou des mesures transitoires visant à *restaurer, réhabiliter ou remplacer* les ressources naturelles endommagées ou les services détériorés *ou à fournir une alternative équivalente* à ces ressources ou services », auxquelles le régime NRDA ajoute également la possibilité d'*acquérir* l'équivalent des ressources et des services affectés (NOAA-DARP, 1996c).

Afin de gommer pleinement les atteintes à l'environnement, différentes catégories de mesures de réparation sont distinguées : la réparation primaire, la réparation compensatoire et la réparation complémentaire. Précisons que le cadre américain ne mentionne que les deux premières catégories, tandis que le cadre européen, plus récent, y ajoute la troisième.

Les mesures de réparation primaire font référence à toute mesure visant à ramener, dans la limite du possible, les ressources impactées ou les fonctionnalités détériorées à leur état ou niveau de référence. Ces mesures sont généralement entreprises sur le site endommagé et ont pour objet d'accélérer la régénération de ce dernier, si le rétablissement naturel n'est pas jugé possible ou suffisamment rapide.

La figure 6.1 représente la dynamique de l'impact d'une dégradation sur les ressources et les services écosystémiques rendus par un site naturel. Elle fait l'hypothèse d'une baisse importante et rapide du niveau de ressources et de services associés à ce site, suivie d'un retour progressif et incomplet vers le niveau de référence. Cette dégradation conduit à des pertes environnementales au fil du temps (qualifiées de provisoires ou intermédiaires), représentées par la surface comprise entre le niveau de référence (ligne en pointillés) et la trajectoire observée à la suite de la dégradation. Dans le cadre de cette figure, les mesures de réparation primaire ont pour effet d'accélérer le retour vers l'état de référence (engagement de la trajectoire noire plutôt que la trajectoire grisée) et ainsi de limiter les pertes de services et de ressources (les pertes ainsi évitées étant représentées par l'aire comprise entre les trajectoires grise et noire).

Les mesures de réparation compensatoire visent pour leur part à compenser les pertes intermédiaires de ressources naturelles ou de services qui surviennent tant que l'environnement naturel n'est pas pleinement revenu à son état initial (surface A sur la figure 6.1). Ces mesures, à la différence de la réparation primaire, impliquent des améliorations supplémentaires aux ressources et aux services naturels, en référence à l'état de référence du site environnemental sur lequel elles sont engagées. Ce site peut être le site naturel endommagé (on parle alors de réparation *in situ*) ou un autre site (on parle dans ce cas de réparation *ex situ*). Les améliorations ou gains environnementaux liés à la réparation compensatoire sont représentés par la surface C sur la figure 6.2.

---

53. Cette référence partielle aux notions de fonctions et de services écosystémiques semble tenir au fait qu'au début des années 1990, lors de l'élaboration de la réglementation NRDA, le concept de service écosystémique n'était pas aussi répandu qu'aujourd'hui. Elle montre également à quel point les rédacteurs de la Directive européenne de 2004 se sont inspirés de la formulation de la procédure américaine, sans y intégrer le développement des connaissances au sujet des interactions entre l'homme et la nature.

Le cadre européen prévoit enfin que des mesures de réparation d'un troisième type, qualifiées de réparation complémentaire, soient entreprises, dans le cas particulier où la réparation primaire ne parvient pas à ramener le site naturel endommagé à son état de référence. Ces mesures visent à fournir un surplus de ressources ou de services naturels (surface D sur la figure 6.3) comparable à l'écart qui persisterait entre le niveau de référence du site endommagé et celui que les mesures de restauration primaire ont permis d'atteindre (surface B sur la figure 6.1).

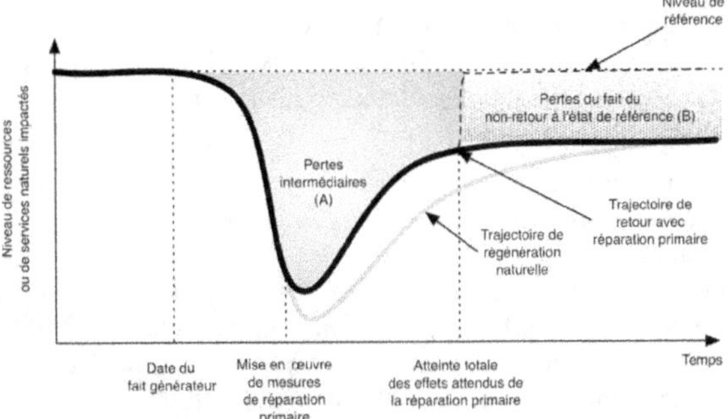

Figure 6.1. Représentation dynamique de pertes de ressources et services naturels du fait d'un milieu naturel endommagé, avec hypothèse d'un non-retour à l'état de référence.

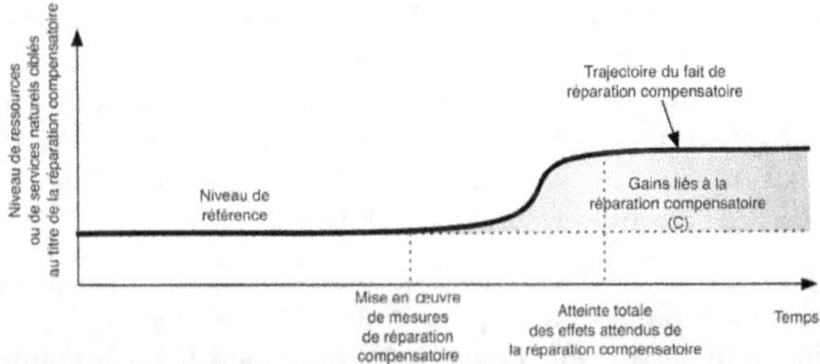

Figure 6.2. Représentation dynamique de gains de ressources et services naturels liés à l'engagement de mesures de restauration compensatoire.

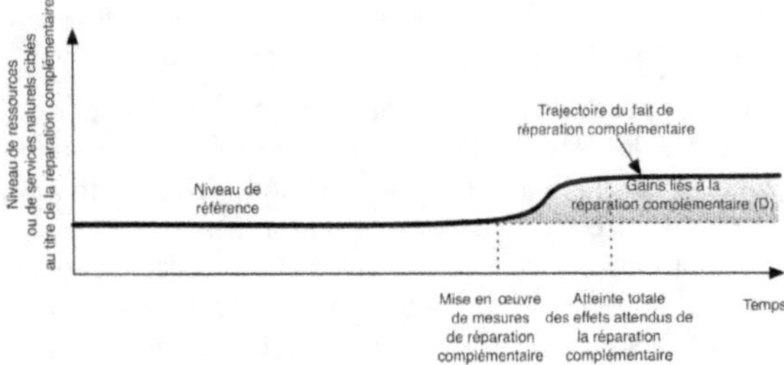

Figure 6.3. Représentation dynamique de gains de ressources et services naturels liés à l'engagement de mesures de restauration complémentaire.

▶▶ Un encadrement strict de l'équivalence

Comme illustrés par les trois figures précédentes, les régimes américain et français veillent à ce qu'il y ait équivalence entre les bénéfices environnementaux des mesures de réparation compensatoire et, lorsque nécessaire, des mesures de réparation complémentaire (représentées respectivement par les surfaces C et D des figures 6.2 et 6.3), et les pertes environnementales, représentées par les surfaces A et B sur la figure 6.1.

Pour ce faire, différentes préconisations ont été inscrites, en vue d'assurer la correspondance entre les pertes liées à la dégradation et les gains environnementaux associés aux mesures de réparation. Ces préconisations portent à la fois sur les *types* de mesures de réparation réalisables et sur les *approches* de quantification à mobiliser pour déterminer l'équivalence entre les gains et les pertes.

Rappelons que ces régimes de responsabilité sont fondés sur l'objectif de ramener l'environnement dans l'état dans lequel il se serait trouvé en l'absence de dégradation. En conséquence, ils ont une claire préférence pour que les ressources et les services naturels restaurés soient autant que possible de la même nature que ceux qui ont été dégradés, et interdisent de compenser des pertes d'un certain type par des gains environnementaux qui n'auraient que très peu de rapport avec les pertes en question.

Plus précisément, il est requis que les parties chargées de la définition des mesures de réparation compensatoire considèrent *en priorité, mais pas exclusivement*, des actions de remise en état de l'environnement apportant :
• des ressources ou des services de *même type et qualité et de valeur comparable* à ceux impactés, pour ce qui est du régime américain (US Government Printing Office, 1996, § 990.53) ;
• des ressources ou des services de *type, qualité et quantité équivalents* à ceux altérés, pour ce qui est du régime français (Parlement européen, 2004, annexe 2, § 1.2.2).

Cet effort partagé de similitude entre les caractéristiques des ressources et services dégradés, d'une part, et celles des ressources et services restaurés, d'autre part, s'explique par la volonté commune qu'au final aucune modification de l'environnement ne subsiste et que les effets adverses soient totalement effacés. Il est intéressant de noter la différence entre les deux régimes institutionnels en ce qui concerne le troisième critère mentionné. Le régime américain se réfère au critère subjectif de « valeur » au sens économique du terme, c'est-à-dire l'attachement qu'expriment les individus à l'égard de ces ressources et services naturels (US Government Printing Office, 1996, § 990.30). Le régime européen n'a pas repris cette dimension sociale, préférant apparemment lui substituer un troisième critère, davantage objectif et écologique, celui de la « quantité ».

Lorsqu'il n'est pas envisageable de remettre en état des ressources ou des services de même type, de même qualité et de valeur comparable, la procédure NRDA stipule que les mesures de réparation doivent alors veiller à ce que les améliorations apportées aux habitats naturels et aux espèces proposent des ressources et des services nouveaux de type et de qualité *comparables*, et non plus identiques, à ceux dégradés (encadré 6.1). Dans un tel cas de figure, les différences de valeur entre les ressources et services impactés et ceux restaurés doivent être prises en compte dans le dimensionnement des projets de restauration, la restauration de ressources et services de moindre valeur obligeant à augmenter la dimension du projet.

L'annexe 2 de la Directive européenne se montre pour sa part moins explicite quant à l'approche à retenir lorsqu'il est impossible de restaurer des ressources et services environnementaux de type, qualité et quantité *équivalents* à ceux impactés, comme elle le requiert en priorité. Tout au plus indique-t-elle que d'autres ressources et services sont à fournir quoi qu'il arrive, et que des arbitrages sont alors possibles entre les différentes dimensions (type, qualité et quantité) des pertes et des gains environnementaux. Ainsi, « une réduction de la qualité pourrait être compensée par une augmentation de la quantité des mesures de réparation » (Parlement européen, 2004, annexe 2, § 1.2.2). Les documents rédigés depuis par le Commissariat général du développement durable pour aider à la mise en œuvre de la loi sur la responsabilité environnementale sur le territoire français comblent en partie ce vide, précisant qu'à défaut de fournir des ressources et services de *même* type et qualité, les mesures de réparation doivent, à l'image du cadre américain, veiller à apporter des ressources et des services de type et de qualité *comparables* à ceux impactés (Gaubert et Hubert, 2012, p. 48).

Quand bien même la restauration de ressources et services *comparables* serait moins satisfaisante sur le plan écologique que la restauration de ressources et services *équivalents* ou *identiques*, le terme *comparable* agit comme un garde-fou, empêchant que des actions de restauration soient entreprises et n'aient qu'un lointain, voire aucun, rapport avec les pertes qu'elles sont censées compenser. Un second garde-fou, de ce même point de vue, réside dans le fait que les pertes de services écosystémiques doivent être compensées au moyen d'actions visant à préserver ou à améliorer physiquement des ressources naturelles qui procurent le même type de services. Il n'est dès lors pas possible, par exemple, de compenser une diminution de services culturels récréatifs, comme la moindre observation d'espèces sauvages dans un milieu naturel altéré, par des mesures visant à augmenter la fréquentation de parcs animaliers par le public.

Encadré 6.1. Un exemple d'application de la procédure NRDA aux États-Unis : le cas de la marée noire de l'*Athos*

Le 26 novembre 2004, le navire pétrolier *Athos* déversa près de 265 000 gallons de pétrole brut dans la rivière du Delaware alors qu'il était sur le point d'accoster au ponton d'une raffinerie, dans le New Jersey.

Aussitôt la pollution déclarée, des travaux de dépollution furent mis en place ainsi qu'une campagne d'évaluation des dommages, entreprise avec le concours du propriétaire du navire, afin d'observer d'éventuelles atteintes à l'environnement. Ces observations permirent de déterminer que plusieurs ressources et services naturels avaient été détériorés par la pollution, parmi lesquels :
- les rivages, notamment des marais (près de 117 acres) ;
- la faune sauvage, en particulier les oiseaux (un peu moins de 12 000 oiseaux morts, directement et indirectement) ;
- les activités récréatives (perte d'environ 42 000 visites récréatives en lien avec la pêche, la plaisance, etc.).

Afin de réparer ces dommages, un programme de restauration de l'environnement fut mis en place, composé de différents compartiments focalisés chacun sur une des ressources ou un des services naturels impactés. Pour l'ensemble des compartiments, aucune action de réparation primaire ne fut mise en œuvre dans la mesure où cela n'accélérerait pas de manière significative le retour à l'état de référence. Seules des actions de réparation compensatoire furent envisagées.

Étant donné que l'essentiel des marais impactés ne l'avait été que très légèrement ou légèrement, il fut décidé de compenser les dommages aux marais par la restauration de 4 acres de zone humide saumâtre en mauvais état, non loin de la zone polluée par l'*Athos*.

L'approche retenue pour compenser les pertes aux oiseaux consista à engager des projets de restauration et de création de milieux naturels essentiels au régime alimentaire des espèces affectées, afin de compenser la perte de biomasse d'oiseaux liée à la marée noire. Ainsi, un récif à huîtres fut créé dans la rivière du Delaware pour compenser les pertes d'oiseaux plongeurs. De même, des prés à spartine furent restaurés pour compenser les pertes d'oiseaux se nourrissant d'invertébrés.

Enfin, les pertes de visites récréatives furent compensées par la création et l'amélioration d'équipements à destination des usagers récréatifs, comme des pontons, des digues ou des rampes de mise à l'eau, afin de faciliter les usages récréatifs de la rivière du Delaware.

L'évaluation des atteintes aux ressources et aux services s'acheva en juin 2007. La détermination du programme de mesures de réparation fut terminée quant à elle en septembre 2009. Ce programme fut alors immédiatement engagé, soit cinq ans après la pollution. Au total, le coût du programme de remise en état de l'environnement s'éleva à près de 26,5 millions de dollars.

Au-delà du choix des formes appropriées de restauration compensatoire, les régimes adressent également, et c'est assez rare pour que l'on doive le souligner, la question délicate des méthodes d'évaluation à employer dans l'appréciation quantitative de l'équivalence entre les gains et les pertes environnementales. Là encore, des préférences sont affichées, en cohérence avec les préconisations relatives aux types de mesures compensatoires à mettre en œuvre que nous venons d'aborder.

Les textes invitent ainsi à adopter, en premier choix, une approche de dimensionnement qualifiée de « ressource-ressource » ou de « service-service », selon le cas (US Government Printing Office, 1996, § 990.53 ; Parlement européen, 2004, annexe 2, § 1.2.2). Plus précisément, les techniques d'évaluation à mobiliser dans ce cas de figure chercheront à mesurer les gains et les pertes environnementales dans une métrique biophysique commune (par exemple en unités d'habitat, en nombre d'individus d'une espèce, etc.), de manière à s'assurer que les mesures de réparation fournissent des ressources naturelles ou des services écologiques d'une quantité équivalente à ceux perdus.

Ces techniques d'évaluation sont qualifiées de méthodes d'analyse d'équivalence (Bas et Gaubert, 2010 ; Gaubert et Hubert, 2012). Il en existe plusieurs, parmi lesquelles les plus connues sont les méthodes Habitat Equivalency Analysis (HEA), Habitat Evaluation Procedure (HEP) ou encore Uniform Mitigation Assessment Method (UMAM), chacune faisant l'objet d'un chapitre dans cet ouvrage.

Lorsqu'il est impossible d'appliquer cette approche de premier choix (notamment lorsque les pertes et les gains environnementaux ne sont pas identiques mais comparables), le recours à d'autres approches d'évaluation est alors autorisé, en particulier l'évaluation monétaire (US Government Printing Office, 1996, § 990.53 ; Parlement européen, 2004, annexe 2, § 1.2.3). Dans ce cas de figure, on qualifie l'approche de dimensionnement de « valeur-valeur ». Il s'agit en l'espèce d'exprimer et de comparer les pertes et les gains en ayant recours à la métrique monétaire, utilisant pour cela des méthodes économiques d'évaluation spécifiques (méthodes d'évaluation non marchande comme l'évaluation contingente, prix hédonistes, coûts de transport ou transfert de bénéfices, etc.). Le but recherché est alors de s'assurer que les ressources naturelles et les services restaurés se voient conférer une valeur monétaire équivalente à ceux qu'il s'agit de compenser.

▶▶ Compenser les atteintes à l'environnement au plus tôt et à un coût raisonnable

Les régimes américain et européen visent à ce que la réparation des atteintes à l'environnement se fasse à un coût raisonnable pour la société (Parlement européen, 2004, § 3), et ce le plus rapidement possible.

Le coût de la réparation de l'environnement y est entendu de manière large. Il comprend les coûts de la mise en œuvre des différents types de mesures de réparation (primaire, compensatoire, complémentaire), auxquels s'ajoutent d'autres éléments tels le coût des études visant à évaluer les dommages et définir les mesures de réparation, ainsi que le coût lié au suivi de ces mesures et à l'évaluation de leurs effets.

L'objectif des deux régimes, à travers la notion de « coût raisonnable », est d'éviter que la remise en l'état des ressources et services naturels impactés ne se fasse au prix d'un sacrifice de ressources matérielles, humaines et financières, trop important en comparaison avec l'ampleur des dommages causés à l'environnement.

Cet attachement à cantonner le montant de la réparation dans le domaine du raisonnable transparaît à travers des références plus ou moins explicites aux critères de coût-efficacité ou de coût-avantage, à différentes étapes de la mise en œuvre des régimes de responsabilité. À titre d'illustration, la procédure NRDA précise, en matière d'approches pour l'évaluation des dommages, que les coûts additionnels associés au choix d'une procédure d'évaluation plus complexe doivent être mis en rapport avec l'augmentation escomptée de quantité ou de qualité d'information au sujet des dommages que l'on cherche à estimer (US Government Printing Office, 1996, § 990.27). Par ailleurs, les dispositifs américain et européen prévoient que lorsqu'il est nécessaire de recourir à l'évaluation monétaire des dommages, faute de pouvoir appliquer les approches de premier choix, et qu'il est de surcroît impossible d'évaluer à un coût raisonnable ou dans un délai acceptable la valeur des ressources et des services restaurés, l'approche « valeur-valeur », présentée précédemment, sera tronquée en approche « valeur-coût », consistant à égaliser le coût des mesures de réparation à la valeur monétaire estimée des services et ressources naturelles perdus (US Government Printing Office, 1996, § 990.53 ; Parlement européen, 2004, annexe 2, § 1.2.3).

Le terme « raisonnable » est également mis en avant lorsqu'il s'agit de prioriser des actions de réparation compensatoire. Les deux régimes proposent ainsi plusieurs critères afin d'aider à identifier, évaluer et comparer entre elles différentes options de réparation « raisonnables ». La liste de ces critères diffère légèrement en fonction du régime considéré, même si le coût de mise en œuvre de l'option entre systématiquement en ligne de compte (US Government Printing Office, 1996, § 990.54 ; Parlement européen, 2004, annexe 2, § 1.3.1). Quelques critères sont communs aux deux régimes, parmi lesquels :
- les effets de chaque option sur la santé et la sécurité publique ;
- le coût de mise en œuvre de l'option ;
- les perspectives de réussite de chaque option ;
- la mesure dans laquelle chaque option empêchera tout dommage à l'environnement ultérieur ;
- la mesure dans laquelle la mise en œuvre de cette option évitera des dommages collatéraux sur d'autres services et ressources naturels ;
- la mesure dans laquelle chaque option a des effets favorables pour chaque composant de la ressource naturelle ou du service.

En dépit de la volonté affichée de réparer l'environnement à un coût raisonnable, on observe toutefois que cet objectif n'est étayé que par des recommandations très générales. Faute d'éléments d'appréciation plus précis, il revient dès lors aux parties compétentes de décider, selon les cas d'application, ce qui relève du raisonnable de ce qui n'en relève pas.

Outre le coût, les deux régimes cherchent également à limiter le délai de mise en œuvre des mesures de réparation, de manière à ce que les pertes soient compensées dans un délai minimal et que l'environnement dégradé retrouve au plus vite son état de référence. Pour aider à la réalisation de cet objectif, les deux régimes imposent de recourir à l'actualisation dans l'évaluation des pertes et des gains environnementaux.

L'actualisation est une technique développée par les économistes qui permet de comparer la valeur de flux qui ne se produisent pas simultanément en les exprimant dans des unités comparables. Elle reflète différents traits psychologiques humains, comme la préférence des individus pour le présent ou l'aversion pour le risque[54], et consiste à accorder une plus grande valeur, au moyen d'un taux d'actualisation, à un événement qui se produirait à court terme plutôt qu'à long terme[55]. L'actualisation est largement pratiquée dans la sphère financière ou dans l'évaluation de projets publics car elle permet de comparer des flux ayant des échéances différentes.

Même si cela peut laisser songeur dans un premier temps, la valorisation par actualisation possède également une part de pertinence dans le domaine de la réparation de l'environnement, en raison des décalages temporels fréquents entre les pertes et les gains environnementaux. Les écosystèmes dégradés ne reviennent jamais spontanément à leur état de référence, quand bien même des mesures de réparation primaire seraient engagées au plus tôt. Des pertes transitoires subsistent, le plus souvent sur plusieurs années, sur le site qui a été dégradé. Parallèlement, les effets positifs

---

54. À titre d'illustration, s'il est proposé à un individu de bénéficier d'un gain de 100 euros aujourd'hui ou d'un gain de 100 euros dans un an, l'individu en question choisira en général la première alternative, préférant avoir ces 100 euros sans attendre. Pour rendre la personne indifférente entre un gain de 100 euros aujourd'hui et un gain d'un certain montant dans un an, il faut lui promettre un montant supérieur à 100 euros dans un an, par exemple 103 euros. De sorte que, aux yeux de l'individu, recevoir 100 euros immédiatement est équivalent au fait de recevoir 103 euros dans un an. Le taux 1,03 (103/100) est, dans ce cas, le coefficient d'actualisation à appliquer pour exprimer, en le corrigeant, la valeur monétaire actuelle d'un gain qui se produirait dans un an. Le taux de 3 % s'apparente à un taux d'actualisation.

55. Pour ce faire, elle détermine la valeur actuelle d'un événement futur en corrigeant la valeur de ce dernier dans le futur par un facteur de pondération inférieur à 1, et dont la valeur serait d'autant plus faible que l'horizon temporel de réalisation de l'événement serait éloigné.

attendus de mesures de réparation compensatoire se produisent le plus souvent progressivement, et de surcroît en décalage avec les pertes transitoires qu'elles ont vocation à compenser.

En requérant d'appliquer l'actualisation aux flux de services et de ressources naturels liés aux impacts ou aux actions de compensation, les régimes américain et européen permettent la comparaison de ces flux environnementaux décalés. En outre, ils affirment une préférence sociale pour une remise en état sans délai de l'environnement, et poussent à engager des mesures de réparation dès que possible (US Government Printing Office, 1996, § 990.53 ; Parlement européen, 2004, annexe 2, § 1.2.3). Comme nous l'avons dit précédemment, le recours à l'actualisation valorise plus fortement les effets d'une action de remise en état si celle-ci est engagée rapidement. Le report d'une action de réparation dans le temps conduirait à une diminution de la valeur des bénéfices écologiques associés à cette mesure retardée, diminution qui, dans une perspective de compensation, ne pourrait être corrigée que par un renforcement d'échelle de la mesure. L'actualisation incite dans ces conditions à réparer promptement l'environnement car la remise en état rapide, qui a la préférence sociale, est également l'alternative la moins coûteuse.

▶▶ La mise en œuvre participative et coopérative de la procédure NRDA de 1996

La procédure NRDA confère aux autorités publiques compétentes, dénommées *trustees*, la responsabilité d'élaborer le programme de mesures de restauration à mettre en œuvre afin de réparer les atteintes à l'environnement. Pour ce faire, elle invite ces autorités à associer fortement, de manière encadrée et le plus en amont possible du processus d'élaboration des programmes de restauration, à la fois le public et la partie responsable des dommages à l'environnement (US Government Printing Office, 1996, § 990.14 et § 990.55).

L'association du public découle logiquement de l'esprit de la loi fédérale Oil Pollution Act de 1990 dont l'objet est, en matière d'atteintes à l'environnement, de compenser intégralement tant l'environnement que le public pour les altérations causées aux ressources et services naturels (Department of Commerce-NOAA, 1996 ; US Government Printing Office, 1996).

Cette prise en compte des intérêts du public était déjà perceptible dans la priorité donnée par le cadre américain à des actions de mesures compensatoires fournissant des ressources et des services de valeur équivalente — entendue au sens de l'analyse économique du terme, c'est-à-dire l'attachement des individus — à ceux altérés. Elle est explicite dans la conception des programmes de restauration puisque tout projet de mesures de restauration doit être porté à la connaissance du public (société civile comme communauté scientifique), afin que ce dernier l'analyse et le commente. Les modalités de cette participation du public sont laissées relativement libres, afin de tenir compte des spécificités de chaque incident. Il est toutefois requis qu'elles doivent être suffisamment développées pour répondre à l'exigence faite par l'Oil Pollution Act d'une implication réelle du public dans ce processus (Department of Commerce-NOAA, 1996, p. 445).

Pour ce faire, chaque projet présenté est tenu de porter à connaissance différents éléments d'informations comme les mesures d'évaluation des dommages qui ont été engagées et les résultats auxquels elles ont abouti, les différents types et combinaisons de mesures de réparation explorés et celles qui ont été identifiées comme étant à favoriser. Les avis du public recueillis après la phase de consultation ont alors vocation à être intégrés dans la version finale du plan de mesures de restauration.

En s'appuyant fortement sur la consultation du public dans le processus d'élaboration des programmes de restauration, la procédure NRDA (Department of Commerce-NOAA, 1996, p. 444) vise conjointement à :
• développer la confiance et la compréhension de manière à favoriser l'acceptabilité par le public du programme d'actions de restauration ;

• donner aux parties chargées d'élaborer ces programmes des opportunités de collecter de nouveaux éléments d'informations utiles émanant du public ;

• prendre en compte les attentes du public afin d'élaborer un programme qui soit en phase avec ces dernières et qui permette ainsi une réparation effective des pertes environnementales, en particulier en ce qui concerne les services récréatifs.

Parallèlement à l'invitation à intégrer activement le public dans l'élaboration des programmes de mesures de restauration, la procédure NRDA contraint également les autorités compétences à coordonner leurs actions aussi tôt que possible avec les parties responsables des dommages.

Cette invitation à une coopération active vise à permettre la remise en état de l'environnement de la façon la plus rapide et la moins coûteuse socialement. Là encore dans un souci de coût-efficacité (Department of Commerce-NOAA, 1996, p. 440). La coopération a ainsi pour avantage de réduire les coûts de transaction, tels que ceux générés par la duplication d'études menées en parallèle par les *trustees* et les parties responsables dans la perspective d'un différend en justice sur le quantum des pertes et les mesures de restauration à mettre en œuvre pour les compenser. Elle permet également, dans l'idéal, une mutualisation de l'information, une discussion et l'élaboration d'un programme de restauration sur des bases consensuelles, permettant ainsi plus facilement l'obtention d'un accord entre les deux parties. En procédant ainsi, on limite la possibilité de voir la partie responsable refuser de financer la mise en place du programme de remise en état, en le contestant auprès d'une juridiction. Pour cadrer cette coopération, et plus largement pour clarifier et aider la mise en application de la procédure NRDA, la NOAA a publié en août 1996 des guides méthodologiques particulièrement détaillés, à destination de l'ensemble des parties prenantes au processus de réparation des dommages et rendus publics sur un site dédié (NOAA-DARP, 1996b ; 1996c ; 1996a ; 1996d ; 1996e).

Cette recherche d'une participation active et constructive de la partie responsable dans l'élaboration des programmes de mesures de restauration ne doit pas faire oublier cependant que l'élaboration de ces programmes reste du ressort du *trustee*. Ce dernier peut même aller jusqu'à dénoncer et clore sa collaboration avec la partie responsable s'il constate un manque de coopération manifeste de sa part. La loi Oil Pollution Act de 1990 met en outre le *trustee* en position de force dans le processus d'élaboration du programme de mesures de restauration, sur le plan de la charge de la preuve. Ainsi la section 1006 (e) de cette loi, intitulée Rebuttable Presumption, stipule qu'en cas de différend auprès d'une juridiction, tout programme de mesures de restauration élaboré par un *trustee* selon les recommandations de la procédure NRDA est présumé comme correct *a priori*, laissant ainsi à la partie responsable la charge de prouver le contraire (Hoang, 2011).

Après une vingtaine d'années d'application, on observe que la très large majorité des cas d'atteintes à l'environnement traités dans le cadre de la procédure NRDA sont réglés sur une base amiable avec la partie responsable, ce qui a permis d'engager rapidement la remise en état de l'environnement et a évité que des montants financiers conséquents ne soient dévoyés dans l'alimentation de litiges plutôt que dans la restauration de l'environnement (Meade, 2006 ; Corley et Al-Bahish, 2013).

▸▸ L'administration de la loi de 2008 sur la responsabilité environnementale

La configuration administrative du processus de remise en état de l'environnement paraît sensiblement différente en France de ce qu'elle est aux États-Unis. C'est du moins ce qu'il ressort de l'examen du décret d'application n° 2009-468 du 23 avril 2009, codifié aux articles R.162-1 et suivants du Code de l'environnement.

Le décret de 2009 désigne une autorité administrative compétente, chargée de mettre en œuvre la procédure de réparation des atteintes à l'environnement, qui est dans la plupart des cas le préfet du département dans lequel le dommage est survenu (Gouvernement français, 2009, art. R 162-2 du Code de l'environnement).

Cependant, le décret confère à l'exploitant de l'activité à l'origine d'un dommage un rôle essentiel dans cette mise en œuvre. L'exploitant concerné a en effet, dans ce cadre, tout à la fois la responsabilité :
• d'instruire l'évaluation des dommages (identification, mesures des effets à la fois présents et futurs) (Gouvernement français, 2009, art. R 162-8 du Code de l'environnement) ;
• de proposer à l'autorité administrative compétente, sur la base de l'évaluation instruite, un programme de mesures de réparation, conformément à ce qui est exigé par la loi de 2008 (restauration primaire, compensatoire, complémentaire), sur la base des meilleures méthodes et technologies disponibles (Gouvernement français, 2009, art. R 162-9 à art. R 162-12 du Code de l'environnement) ;
• de mettre en œuvre à ses frais ce programme de mesures, sous réserve qu'il ait fait l'objet d'une acceptation par l'autorité compétente, leur réalisation devant être ensuite constatée par un représentant de l'autorité compétente (Gouvernement français, 2009, art. R 162-18 du Code de l'environnement).

L'autorité administrative compétente dispose de prérogatives essentielles. Outre celle de devoir rappeler l'exploitant à ses obligations multiples en vertu de la loi de 2008, l'autorité compétente détient le rôle clé d'approuver les mesures de réparation proposées par l'exploitant, et de les compléter ou de les modifier le cas échéant. Afin de les aider dans cette tâche, l'autorité compétente et ses services instructeurs (Directions départementales des territoires et de la mer, DDTM, ou Directions régionales de l'environnement, de l'aménagement et du logement, Dreal) pourront bénéficier de l'appui à la fois technique et juridique de différents services du ministère en charge de l'Écologie, notamment le Commissariat général du développement durable, qui a produit ces dernières années différents documents méthodologiques à cet effet (Monnery *et al.*, 2011 ; Bas et Gaubert, 2010 ; Gaubert et Hubert, 2012 ; Courtoisier et Gaubert, 2014).

Sa décision d'approuver le programme de mesures proposé par l'opérateur, discuté et modifié au préalable le cas échéant, doit être soumise pour avis, consultatif, à un ensemble d'organismes mentionnés à l'article L.162.10 de la loi de 2008 (les collectivités territoriales ou leurs groupements, les établissements publics et associations de protection de l'environnement concernés, les personnes susceptibles d'être affectées par les mesures de réparation). Une fois les possibles remarques éventuellement prises en compte, l'autorité compétente adresse un rapport au Conseil de l'environnement et des risques sanitaires et technologiques concerné, lequel émet également un avis, éventuellement agrémenté de remarques qu'il invite à prendre en compte. Au terme de ces étapes successives (Gaubert et Hubert, 2012), l'autorité compétente prescrit alors les mesures de réparation retenues par voie d'arrêté, tout en fixant les délais de réalisation de ces mesures (Gouvernement français, 2009, art. R. 162-13 du Code de l'environnement).

Même si les consultations mentionnées ci-dessus intègrent des représentants de la société civile, cette configuration décisionnelle ne confère qu'une place limitée au public, ne requérant *in fine* que faiblement son avis dans l'élaboration des programmes de mesures. L'article R. 162.3 du Code de l'environnement lui confère tout de même un rôle de vigie, autorisant les associations de protection de l'environnement ainsi que « toute personne directement concernée ou risquant de l'être » à informer le préfet de l'existence d'un dommage, ou d'une menace imminente de dommage, dont il n'aurait pas eu connaissance, ainsi que de faire mettre en œuvre, toujours par le truchement du préfet, les mesures de réparation de l'environnement si l'exploitant ne le faisait pas. Le préfet a alors l'obligation d'informer par écrit, en la motivant, de la suite donnée à la demande qu'il a reçue (art. R. 162-4 du Code de l'environnement). Le législateur prévoit également la possibilité (en aucun cas la nécessité) pour le préfet de mettre le programme de mesures approuvé à la disposition du public, pour information exclusivement puisque son avis n'est en aucun cas requis, ni même encore utile à ce stade de la décision (art. L. 162.10 du Code de l'environnement).

▶▶ Quels effets escompter de la loi de 2008 sur la responsabilité environnementale ?

Il est impossible de pouvoir apprécier les effets concrets de la loi sur la responsabilité environnementale de 2008 sur le plan de la compensation des atteintes à l'environnement, cette dernière n'ayant jamais été appliquée en France à ce jour, contrairement à d'autres pays membres de l'Union européenne (Mudgal *et al.*, 2013a). Les avis divergent pour expliquer cette apparente exception hexagonale. Certains avancent, non sans raison, que la Directive de 2004, comme sa transposition en 2008, est le résultat d'un compromis politique tardif dont la finalité est de limiter autant que possible l'application de ce dispositif (Martin, 2014b). D'autres en revanche s'autorisent à y voir la manifestation de l'impact préventif de la Directive européenne (Mudgal *et al.*, 2013b, p. 13).

La loi sur la responsabilité environnementale de 2008 ne manque pourtant pas d'intérêt. Nous retenons tout particulièrement les innovations conceptuelles et méthodologiques qu'elle introduit en droit français, en les reprenant du droit américain, sur le plan des modalités de réparation des atteintes à l'environnement. Même si nous préjugeons très probablement de la facilité de leur mise en œuvre, ainsi que de leur pertinence et de leur efficacité écologiques, ces avancées paraissent constituer en l'état des éléments de réponse utiles à la demande sociale croissante d'une réparation physique des dommages causés à la nature.

En revanche, la loi sur la responsabilité environnementale néglige une dimension profonde et essentielle de la procédure NRDA dont elle s'inspire, qui compte tout autant que les avancées conceptuelles et techniques dans la mise en œuvre de la compensation des atteintes à l'environnement : l'implication de deux parties distinctes, le public d'une part et la partie responsable d'autre part, chacune intéressée pour des motifs différents par la réparation de ces atteintes.

La procédure américaine a, de par les textes qui la fondent, à cœur de faire participer le public et de faire coopérer les parties responsables et les autorités compétentes lors de l'élaboration des programmes de remise en état de l'environnement. Cet attachement vise une remise en état de l'environnement qui tout à la fois restaure effectivement les pertes avérées, soit rapide et d'un coût raisonnable, soit légitime et ainsi acceptable par le plus grand nombre.

De ce point de vue, la loi sur la responsabilité environnementale paraît manquer sa cible. La loi de 2008 et le décret de 2009 restent muets au sujet d'une possible coopération entre l'autorité compétente et la partie responsable, ce qui, même s'ils ne l'interdisent pas, ne crée pas d'incitation particulière à privilégier cette voie. La partie responsable occupe par ailleurs une place centrale et délicate, presque de juge et partie, dans l'appréciation des dommages et l'élaboration du programme de remise en état de l'environnement. Ses propositions doivent toutefois être discutées et approuvées, mais ce pouvoir revient presque exclusivement à l'autorité compétente — certes appuyée par des avis réglementaires — tant la société civile voit son périmètre d'intervention restreint.

La loi sur la responsabilité environnementale de 2008 rappelle que l'environnement est l'affaire de tous, et que dorénavant chacun doit répondre des atteintes qu'il cause à la nature. Elle omet toutefois de souligner que si l'environnement est l'affaire de tous, il importe par conséquent de mettre en place des procédures collaboratives dans la gouvernance de l'environnement (Salles, 2011). C'est pourtant ce que fait la procédure américaine NRDA dont elle s'inspire. Délaissant cette dimension, la LRE propose une approche de la compensation des atteintes à l'environnement que l'on qualifierait à la fois de technique (distinction des mesures de réparation primaire, compensatoire et complémentaire, etc.) et administrative — pour ne pas écrire technocratique — et dont on peut craindre, une fois mise en œuvre, qu'elle montre ses limites, sur le plan écologique comme sur le plan social.

Chapitre 7

La compensation « volontaire »

Les standards internationaux face aux réalités de l'Afrique centrale

Fabien Quétier, Pauwel De Wachter, Melina Gersberg,
Hélène Dessard, Durrel Nzene Halleson,
Eugène Ndong Ndoutoume

Les mécanismes de compensation ont été largement explorés dans les pays de l'Organisation de coopération et de développement économiques (OCDE), en général dans un contexte réglementaire établi autour des autorisations de projets, et liés à la prise en compte de leurs impacts sociaux et environnementaux (Union internationale pour la conservation de la nature, IUCN, 2014). Toutefois, la grande majorité de la biodiversité, y compris la biodiversité menacée, se trouve sous les tropiques, souvent dans des pays dont la réglementation en matière d'impacts environnementaux est balbutiante ou mal appliquée. En outre, ces pays aspirent généralement au statut d'économie émergente et poursuivent généralement des politiques volontaristes de mise en valeur de leurs ressources naturelles, base de leur stratégie de croissance (Laurance *et al.*, 2014a ; Edwards *et al.*, 2014 ; Meyfroidt *et al.*, 2014). En témoignent les fronts de déforestation liés, par exemple, à l'expansion de la culture du palmier à huile en Asie du Sud-Est (et maintenant en Afrique ; Feintrenie, 2014) ou du soja en Amérique du Sud (Grau et Aide, 2008).

Ces dynamiques, et les projets industriels et les infrastructures associés, modifient l'utilisation des terres, parfois drastiquement et sur de très grandes surfaces, et génèrent d'importants impacts économiques, sociaux et environnementaux. De vastes espaces peu modifiés voient ainsi se multiplier des projets d'exploitation des ressources naturelles (Edwards *et al.*, 2014), rendant accessibles des zones auparavant enclavées, ce qui conduit à l'augmentation des populations humaines directement en interaction avec les écosystèmes riches en biodiversité (Laurance *et al.*, 2014b ; Caro *et al.*, 2014). Ainsi, la conversion des habitats, leur fragmentation et leur dégradation s'opèrent souvent au détriment de la biodiversité (Laurance *et al.*, 2014a).

Ajoutée à la défaillance de l'application des réglementations environnementales nationales — lorsqu'elles existent —, la prise en compte des impacts environnementaux, et plus particulièrement des impacts sur la biodiversité, est une gageure. La question de la compensation s'y pose dans des termes particuliers (Quétier *et al.*, 2015).

En l'absence d'exigences clairement formulées ou appliquées par les autorités publiques, d'autres parties prenantes peuvent alors intervenir pour inciter les porteurs de projets à prendre en compte la biodiversité dans leurs projets (Earnhart *et al.*, 2014). Parmi elles, la société civile joue un rôle clé, en particulier les organisations non gouvernementales (ONG) de conservation de la nature, dont la stature internationale permet de faire pression sur les investisseurs et les directions des entreprises directement dans leurs pays d'origine. C'est sous cette pression, entre autres, que les institutions financières ont intégré la biodiversité dans leurs outils de gestion des risques, et formulé pour cela des exigences environnementales applicables aux projets qui sollicitent des financements auprès d'elles (Doswald *et al.*, 2012 ; Rainey *et al.*, 2015).

▶▶ La biodiversité comme condition aux financements de projets

Les institutions financières (banques, assurances, etc.) qui financent les projets jouent un rôle majeur dans la prise en compte de la biodiversité par les porteurs de projets, dans une optique de gestion du risque : risques opérationnels, risques juridiques, risques d'image, etc. La compensation est une des solutions préconisées pour gérer ces risques, et se retrouve dans les exigences imposées aux porteurs de projets sollicitant des financements auprès de nombreux bailleurs (Doswald *et al.*, 2012).

On note toutefois une forte progressivité dans la formulation de ces exigences. Un premier niveau consiste à afficher une volonté de minimiser les impacts, souvent en faisant aussi référence à la « hiérarchie d'atténuation »[56], et donc à la possibilité de compenser certains impacts. On retrouve ce type de positionnement dans les engagements de l'Agence française de développement (AFD), formulés dans son Cadre d'intervention transversal 2013-2016. C'est le cas aussi de nombreuses entreprises (Rainey *et al.*, 2015). Bien que ces politiques puissent inciter à une meilleure considération des impacts environnementaux des projets industriels, elles manquent généralement de détails techniques sur la mise en œuvre des principes qui sont énoncés.

L'identification de critères et de procédures d'application permet d'aller au-delà des engagements de principe, et c'est ce qu'ont fait plusieurs institutions financières multilatérales comme la Banque européenne d'investissement (BEI), la Banque européenne pour la reconstruction et le développement (BERD) ou la Société financière internationale (SFI). Les normes de performance de la SFI ont été reprises en 2003 par une dizaine d'institutions financières dans un cadre de référence, appelé Principes de l'Équateur, pour le financement de projets socialement et environnementalement responsables. Aujourd'hui, quatre-vingts institutions financières adhèrent à ces principes et couvrent plus de 70 % des dettes privées dans les pays émergents (Rainey *et al.*, 2015).

Ainsi, sous l'impulsion des institutions financières, l'obligation de compensation des impacts résiduels des projets acquiert une place importante dans la prise de décision des aménageurs ; on parle de compensation « volontaire » quand elle n'est pas imposée par le cadre réglementaire national (Rainey *et al.*, 2015). Le respect de ces normes doit être vérifié avant l'approbation du financement du projet (procédure dite de *due-diligence*). Les études d'impacts environnementaux et sociaux étant généralement réalisées bien avant cette étape, elles peuvent, si nécessaire, être complétées ou actualisées à la demande de l'institution financière.

▶▶ La norme de performance n° 6 de la Société financière internationale

Plus connue sous son acronyme anglais, Performance Standard 6 (PS6), cette norme, actualisée en 2012, sert aujourd'hui de référence partagée par de nombreuses institutions financières. Elle fait partie d'un ensemble de normes de performance couvrant diverses thématiques liées aux impacts environnementaux, sociaux et sanitaires des projets. Le PS6 est ainsi subordonné au PS1, qui détermine les « objectifs d'évaluation et gestion des risques et des impacts environnementaux et sociaux », et prescrit notamment le respect de la hiérarchie d'atténuation.

---

56. La « hiérarchie d'atténuation » (*mitigation hierarchy*) est une formulation équivalente à la séquence « éviter-réduire-compenser » et fréquemment utilisée à l'étranger.

Dans ce cadre, le PS6 poursuit trois objectifs : protéger et conserver la biodiversité, maintenir les bienfaits découlant des services écosystémiques, et promouvoir la gestion durable des ressources naturelles vivantes par l'adoption de pratiques qui intègrent les besoins de conservation et les priorités en matière de développement.

Pour atteindre ces objectifs, le PS6 s'articule notamment autour des concepts de « pas de perte nette » (*no-net-loss*) et « de gain net » (*net-gain*) de biodiversité. Les projets doivent donner des résultats mesurables sur le terrain et la compensation est de ce fait « en nature ». Les « pertes » attribuables aux impacts qui n'auraient pas pu être évités ou réduits doivent être quantifiées, et être égales ou inférieures aux « gains » attribuables aux mesures compensatoires. Ces principes sont décrits dans un ensemble assez dense de notes d'orientation, qui précisent les attentes de la SFI en matière de biodiversité.

Ainsi, le PS6 fait une première classification de la biodiversité en fonction des habitats affectés par le projet. Un habitat y est défini comme étant une unité géographique qui abrite une diversité d'organismes vivants et leurs interactions avec l'environnement non vivant. À partir de cette définition, le PS6 stipule que la compensation s'applique pour les habitats ayant une forte valeur de biodiversité, valeur qui est « déterminée par les espèces, les écosystèmes et les processus écologiques ». Les habitats peuvent être considérés comme modifiés ou naturels, et certains sont critiques du point de vue de la biodiversité (qu'ils soient modifiés ou naturels). Ces différents types d'habitats critiques engendrent des niveaux d'exigence contrastés (tableau 7.1).

Un habitat est défini comme étant critique suite à une expertise à la fois quantitative, *via* la détermination de seuils numériques pour les trois premiers critères (les niveaux de criticité peuvent être évalués grâce à ces seuils : tableau 7.2), et qualitative, notamment pour les critères 4 et 5 (ainsi que les critères éventuellement ajoutés lors des concertations avec les parties prenantes).

Les critères 1 à 3 s'appliquent, pour chacune des espèces concernées, à une « unité de gestion discrète » définie comme « une zone dotée d'une limite définissable au sein de laquelle les communautés biologiques et/ou les enjeux de gestion ont bien plus de points communs que ceux des zones adjacentes ». L'évaluation des impacts du projet et la conception des mesures environnementales sont alors centrées sur l'objectif de conservation de ces espèces (Pilgrim et Ekstrom, 2014). Le PS6 fait largement appel aux outils de connaissance diffusés par l'UICN (listes rouges) et d'autres organisations internationales de la société civile (Integrated Biodiversity Assessment Tool, IBAT) et aux concepts qui les sous-tendent : vulnérabilité, tendances, distinction entre aire de distribution et aire d'occurrence, etc.

A priori, un projet ayant des impacts sur un habitat critique ne devrait pas être financé. Celui-ci pourra néanmoins être retenu s'il satisfait à un ensemble de conditions (voir tableau 7.1). En particulier, dans le cas où un client peut satisfaire à ces exigences, le projet devra produire un Plan d'action pour la biodiversité en vue d'aboutir à des « gains nets » pour les richesses en biodiversité qui justifient le classement en habitat critique. Cet objectif de gain net est justifié par la volonté de ne pas se contenter de maintenir un état dégradé de la biodiversité (Brownlie et Botha, 2009), et d'améliorer le statut de conservation des espèces ou les écosystèmes les plus menacés.

Le PS6 ne fait pas mention de zones « hors d'atteinte » (*no-go areas*)[57], où aucun projet ne serait financé. Les aires protégées sont traitées sous l'angle de la légalité, mais les impacts eux-mêmes sont traités de la même manière dans et en dehors des aires protégées : c'est la notion d'habitat critique, définie selon des critères d'objectifs de conservation, qui est le support d'un niveau d'exigence très fort. Cette approche permet de marquer une limite (graduelle) résultant de l'impossibilité de compenser certains impacts (Pilgrim *et al.*, 2013) et du coût des mesures nécessaires pour atteindre les objectifs de performance exigés.

---

57. On notera que le déclassement des aires protégées est généralement possible d'un point de vue légal (Mascia et Pailler, 2010), et des analyses montrent qu'il est souvent associé aux projets industriels de grande ampleur (Mascia *et al.*, 2014).

Tableau 7.1. Types d'habitats concernés par le projet et exigences du PS6 en matière de performance biodiversité.

Type d'habitat	Exigence du PS6 et performance attendue	
Habitats modifiés. Aires comprenant une grande richesse biologique pouvant abriter une large proportion d'espèces animales ou végétales exotiques, ou dont l'activité humaine a considérablement modifié les fonctions écologiques primaires et la composition des espèces. Exemples : les aires aménagées pour l'agriculture, les plantations forestières, les zones côtières récupérées à la mer et les aires récupérées aux marécages.	– Limiter les impacts sur la biodiversité – Mettre en œuvre des mesures d'atténuation appropriées	Pas d'objectif défini
Habitats naturels. Composés d'assemblages viables d'espèces végétales ou animales qui sont en grande partie indigènes ou dont les fonctions écologiques primaires et les compositions d'espèces n'ont pas fondamentalement été modifiées par l'activité humaine.	– Ne pas convertir – Ne pas dégrader Sauf si : – il n'existe aucune autre alternative viable dans la région pour le développement du projet dans des zones d'habitats modifiés ; – la consultation avec les parties prenantes, notamment les communautés affectées, a tenu compte de leurs opinions en ce qui concerne l'étendue de la conversion et de la dégradation ; – toute conversion ou dégradation est atténuée conformément à la hiérarchie des mesures d'atténuation (y compris les mesures compensatoires éventuellement nécessaires). Le client doit être en mesure de démontrer qu'il répond à l'ensemble de ces exigences.	Pas de perte nette
Habitats critiques (modifiés ou naturels) ayant une valeur élevée en biodiversité, selon les cinq critères principaux suivants : 1. les habitats d'une importance cruciale pour les espèces en danger critique d'extinction ou en danger d'extinction ; 2. les aires d'une grande importance pour les espèces endémiques ou à distribution limitée ; 3. les aires abritant des concentrations internationales importantes d'espèces migratoires ou d'espèces uniques ; 4. les écosystèmes gravement menacés ou uniques ; 5. les aires qui sont associées à des processus évolutifs clés. Ces critères ne sont pas exhaustifs.	Ne pas mettre en œuvre de projet Sauf si : – il n'existe dans la région aucune autre option viable pour l'exécution du projet dans des habitats modifiés ou naturels qui ne sont pas critiques ; – le projet n'entraînera aucun impact négatif mesurable sur la valeur de biodiversité pour laquelle l'habitat critique a été désigné ni sur les processus écologiques soutenant la valeur de cette biodiversité ; – le projet n'entraînera pas de réduction nette de la population internationale, nationale ou régionale d'espèces en danger critique d'extinction ou en danger d'extinction, pendant une période raisonnable de temps ; – un programme de suivi de la biodiversité à long terme solide et bien conçu est intégré dans le programme de gestion du client. Le client doit être en mesure de démontrer qu'il répond à l'ensemble de ces exigences.	Gain net

Tableau 7.2. Les niveaux de criticité des habitats selon le PS6.

	Habitat critique de niveau 1	Habitat critique de niveau 2
Niveau de menace sur l'espèce	Habitat nécessaire au maintien de 10 % ou plus de la population mondiale d'une espèce en danger critique d'extinction ou en danger d'extinction lorsqu'il existe des occurrences connues et régulières de l'espèce.	Habitat abritant l'occurrence régulière d'un seul individu d'une espèce en danger critique d'extinction ou en danger d'extinction ou habitat abritant des concentrations régionales importantes d'espèces en danger d'extinction.
	Habitat présentant des occurrences connues et régulières d'espèces en danger critique d'extinction ou en danger d'extinction lorsque cet habitat fait partie d'au moins dix sites de gestion discrète dans le monde pour cette espèce. Certaines espèces, du fait de leur intérêt culturel ou scientifique (significativité évolutive), de considérations socio-économiques, culturelles, ou éthiques peuvent également déclencher le niveau 1.	Habitat d'importance significative pour les espèces en danger critique d'extinction ou en danger d'extinction qui sont nombreuses ou dont la distribution de la population n'est pas bien comprise et lorsque la perte d'un tel habitat pourrait avoir des répercussions sur la capacité de survie à long terme de l'espèce.
		Selon les cas, habitat contenant des concentrations importantes à l'échelle nationale ou régionale d'une espèce classée en danger critique d'extinction ou en danger d'extinction ou équivalent à la classification nationale ou régionale.
Endémisme et distribution	Habitat connu pour regrouper 95 % ou plus de la population mondiale d'une espèce endémique ou à distribution limitée.	Habitat connu pour regrouper 1 % ou plus (et moins de 95 %) de la population mondiale d'une espèce endémique ou à distribution limitée et lorsque des données suffisantes sont disponibles et/ou basées sur un jugement d'expert.
Espèces migratoires ou grégaires	Habitat connu pour abriter sur une base cyclique ou autrement régulière, 95 % ou plus de la population mondiale d'une espèce migratoire ou grégaire à tout moment du cycle de vie de l'espèce.	Habitat connu pour abriter, sur une base cyclique ou autrement régulière, 1 % ou plus (mais moins de 95 %) de la population mondiale d'une espèce migratoire ou grégaire à tout moment du cycle de vie de l'espèce et lorsque des données suffisantes sont disponibles et/ou basées sur un jugement d'expert.
		Pour les oiseaux, habitat répondant au critère A4 de Birdlife International[1] pour les congrégations et/ou aux critères 5 ou 6 de Ramsar[2] pour l'identification des zones humides d'importance internationale.
		Pour les espèces à grandes distributions, mais qui se regroupent, un seuil provisoire est fixé à $\geq$ 5 % de la population mondiale pour les espèces terrestres et marines.
		Sites de reproduction contribuant à 1 % ou plus du recrutement mondial de l'espèce.

[1] Le critère A4 de Birdlife International identifie les sites connus ou suspectés d'abriter sur une base régulière $\geq$ 1 % d'une population biogéographique d'une espèce grégaire d'oiseaux d'eau, $\geq$ 1 % de la population mondiale d'une espèce grégaire d'oiseaux marin ou terrestre, $\geq$ 20 000 oiseaux d'eau ou $\geq$ 10 000 paires d'oiseaux marins d'une ou plusieurs espèces, ou qui dépassent les seuils définis pour les espèces migratoires dans les goulots d'étranglement. [2] La Convention Ramsar considère comme d'importance internationale les zones humides abritant régulièrement $\geq$ 20 000 oiseaux d'eau (critère 5) ou au moins 1 % des individus d'une population d'une espèce ou sous-espèce d'oiseau d'eau (critère 6).

Les porteurs de projets confrontés aux exigences du PS6 sont aujourd'hui à la recherche de solutions opérationnelles pour atteindre des objectifs d'absence de perte nette ou de gain net de biodiversité. Une communauté de pratiques a progressivement émergé autour de ces questions afin de développer, diffuser et légitimer un certain nombre de solutions techniques. Parmi celles-ci, la compensation écologique joue un rôle clé.

▶▶ Le développement et la diffusion de bonnes pratiques : le programme BBOP

Amorcé au début des années 2000, un dialogue entre l'industrie minière et l'UICN a conduit à la mise en place, en 2004, d'une plateforme d'échange sur la compensation écologique : le Business and Biodiversity Offsets Programme (BBOP). Ainsi, la même année, en tant que membre fondateur du BBOP, la multinationale minière Rio Tinto s'engageait à avoir un impact net positif (Benabou, 2014).

Le BBOP réunit aujourd'hui plus de soixante-quinze organisations de divers secteurs : institutions financières, ONG de conservation, agences gouvernementales, entreprises des secteurs extractifs, agro-industriels, travaux publics (notamment), prestataires techniques, etc. Le BBOP inscrit la compensation écologique dans un objectif d'absence de perte nette, et fait en cela une distinction entre ce qu'il désigne par « *offsets* de biodiversité » et qui satisfont cet objectif, et la compensation *sensu lato*, qui peut être insuffisante et générer une perte nette de biodiversité.

Le BBOP offre la définition suivante : « Les *offsets* de biodiversité se traduisent par des résultats mesurables en termes de conservation. Ils visent à compenser les impacts résiduels notables sur la biodiversité liés au développement d'un projet après que des mesures de prévention et d'atténuation appropriées ont été prises. L'objectif des *offsets* de biodiversité est d'atteindre, sur le terrain, une absence de perte nette et de préférence un gain net en matière de biodiversité, eu égard à la composition des espèces, la structure des habitats, les fonctions et l'usage anthropique des écosystèmes ainsi que les valeurs culturelles liées à la biodiversité. » (BBOP, 2012) La définition précise que « si les *offsets* de biodiversité y sont définis pour des projets de développement spécifiques (tels qu'une route ou une mine), ils peuvent également être mis en œuvre afin de compenser les impacts plus larges de plans et programmes ».

Une première phase de travail du BBOP a permis de formuler, en 2009, un ensemble de dix principes.
• Limites de ce qui peut être compensé par un *offset* : dans certaines situations, les impacts résiduels ne peuvent pas être pleinement compensés par un *offset* de biodiversité parce que la biodiversité affectée est irremplaçable ou vulnérable.
• Enjeux territoriaux : un *offset* de biodiversité devrait être conçu et mis en œuvre dans un contexte territorial pour atteindre les résultats de conservation mesurables attendus en tenant compte des différentes informations disponibles relatives aux valeurs biologiques, sociales et culturelles de la biodiversité, et en adoptant une approche écosystémique.
• L'*offset* de biodiversité doit être conçu et mis en œuvre sur le long terme, en tenant compte d'autres développements probables (par exemple les pressions concurrentes liées à l'usage des terres) au niveau du territoire.
• Absence de perte nette : un *offset* de biodiversité doit être conçu et mis en œuvre pour atteindre, *in situ*, des résultats mesurables en matière de conservation, dont on peut raisonnablement attendre qu'ils se traduisent par une absence de perte nette et de préférence un gain net en matière de biodiversité.
• Résultats additionnels en matière de conservation : un *offset* de biodiversité doit se traduire par des résultats en matière de conservation nettement au-delà de ceux qui auraient été obtenus si l'*offset* n'avait pas eu lieu. La conception et la mise en œuvre de l'*offset* doivent éviter le transfert des activités nuisibles à la biodiversité vers d'autres sites.

• Participation des parties prenantes : dans les zones touchées par le projet d'aménagement et par l'*offset* de biodiversité, la participation effective des parties prenantes doit être assurée dans le processus décisionnel relatif à l'*offset* de biodiversité, y compris au moment de son évaluation, de son choix, de sa conception, de sa mise en œuvre et de son suivi.

• Équité : un *offset* de biodiversité doit être conçu et mis en œuvre de façon équitable, ce qui implique entre les parties prenantes un partage juste et équilibré des droits et des responsabilités, des risques et des avantages liés à un projet et à son *offset*, dans le respect des dispositions juridiques et coutumières. Une attention particulière devrait être accordée au respect des droits des peuples autochtones et des communautés locales, reconnus au niveau international et national.

• Résultats à long terme : la conception et la mise en œuvre d'un *offset* de biodiversité doivent être fondées sur une approche de gestion adaptative, comprenant le suivi et l'évaluation, avec l'objectif de sécuriser des résultats qui durent au moins aussi longtemps que les impacts du projet d'aménagement, et de préférence à perpétuité.

• Transparence : la conception et la mise en œuvre d'un *offset* de biodiversité, ainsi que la communication de ses résultats au public, doivent être entreprises de manière transparente et en temps opportun.

• Connaissances scientifiques et traditionnelles : les phases de conception et de mise en œuvre d'un *offset* de biodiversité doivent être documentées et s'appuyer sur des données scientifiques solides, prenant notamment en compte, de manière appropriée, les connaissances traditionnelles.

Malgré ces principes et les définitions proposées par le BBOP, un mode opératoire concret, et surtout la possibilité d'identifier ce qu'était une compensation suffisante, manquait toujours. Cette préoccupation a été identifiée par le BBOP, dont la deuxième phase (2009-2012) a été dédiée au développement d'un standard (BBOP, 2012). Des critères et des indicateurs ont complété les principes énoncés à l'issue de la première phase, en parallèle à l'actualisation des standards de performance de la SFI, dont la version actuelle a également été publiée en 2012. La SFI est membre du BBOP, et de fait, la définition de la compensation écologique dans le PS6 est en accord avec les principaux éléments de la définition du BBOP, et les principes et exigences mentionnés dans le PS6 sont repris dans le standard du BBOP. De son côté, le PS6 mentionne également les principes du BBOP comme standard reconnu à l'échelle internationale afin de concevoir des *offsets* de biodiversité. Le PS6 et le standard du BBOP sont donc complémentaires, et le standard du BBOP offre aux entreprises un moyen de démontrer qu'elles se conforment au PS6.

Aller vers l'élaboration d'un standard n'a pas été du goût de tout le monde, et certains membres influents comme Rio Tinto, Shell, Anglo-American et Newmount ont quitté le BBOP suite à cette décision (Benabou, 2014). De fait, plusieurs initiatives ont maintenant émergé pour traiter la question de la bonne application de la hiérarchie d'atténuation, dont la Cross-Sectorial Biodiversity Initiative et le programme Business and Biodiversity de l'UICN. Ces plateformes font écho aux travaux que les entreprises et certains bailleurs conduisent en interne.

▶▶ Peut-on compenser le développement minier en Afrique centrale ?

Malgré les normes formulées par les institutions financières et les diverses plateformes intersectorielles qui se sont emparées des questions techniques que suscite la compensation écologique, leur mise en œuvre effective reste balbutiante, et représente un défi considérable. Nous illustrons ces difficultés avec un cas particulier, celui des projets industriels à l'étude dans le paysage forestier du tri-national Dja-Odzala-Minkébé (Tridom) (De Wachter *et al.*, 2009), au cœur des forêts tropicales humides d'Afrique centrale. Ces forêts sont les plus étendues après celles d'Amazonie (Duveiller *et al.*, 2008) et, sur plus de deux millions de kilomètres carrés, elles ont été largement épargnées par la déforestation massive. Elles sont aujourd'hui menacées par la multiplication des projets miniers, forestiers et agro-industriels, et par les infrastructures (transport, énergie) et les mouvements de population associés (Koenig, 2008 ; Megevand, 2013 ; Edwards *et al.*, 2014). Cette dynamique pourrait conduire à un triplement du taux de déforestation sur la période 2020-2030 (Mosnier *et al.*, 2014).

À cheval sur les frontières entre le Gabon, le Cameroun et la République du Congo, le paysage forestier du Tridom s'étend sur 178 000 kilomètres carrés, dont 96,8 %[58] sont couverts de forêt tropicale de plaine (24 % étant classés en aire protégée). De vastes étendues sont inhabitées, les populations de Bantous et de Ba'ka (pygmées) étant concentrées dans des villages et petites villes le long des quelques routes (la densité moyenne de population est de l'ordre de un habitant par kilomètre carré). Des concessions forestières ont été concédées sur 60 % de sa surface.

Le Tridom promet également de devenir une source importante de minerais de fer avec au moins huit projets à l'étude. Les gisements, dont certains de « classe mondiale », sont concentrés dans « l'interzone » située entre les Parcs nationaux de Minkébé au Gabon, Odzala-Koukoua au Congo et Nki au Cameroun. Ces projets, et en particulier les infrastructures associées (rails, routes, barrage de Chollet, lignes électriques) et les impacts indirects (par exemple l'afflux de population) et cumulés (impacts additionnels à cause de plusieurs projets), pourraient fragmenter irréversiblement le Tridom jusqu'à ce que ne subsistent que des îlots protégés incapables d'assurer le maintien de processus écologiques à grande échelle (comme les déplacements d'éléphants ; Blake *et al.*, 2008), et dont la valeur écologique sera largement remise en cause de ce fait (Wilkie *et al.*, 2000).

Deux sociétés ont indiqué qu'elles appliqueraient le PS6 : International Mining and Infrastructure Corporation (projet de Nkout au Cameroun) et Sundance Resources, qui pilote le projet Mbalam-Nabeba, à cheval sur la frontière entre le Cameroun et le Congo. Ce dernier devrait entrer en exploitation rapidement si l'investissement initial de 4,7 milliards de dollars peut être trouvé. La Standard Bank sud-africaine — adhérant aux Principes de l'Équateur — a été choisie pour réunir cette somme auprès d'agences crédit-export, de banques de développement et de banques commerciales.

L'interzone du Tridom inclut certainement de l'habitat critique au sens du PS6, ne serait-ce que par la présence d'espèces en danger critique d'extinction (le gorille de plaine), en danger d'extinction (le chimpanzé) ou en danger à l'échelle régionale (l'éléphant de forêt). En outre, ces forêts forment un écosystème unique, parmi les moins peuplés et les mieux préservés du continent[59], et pourraient se révéler être le siège de processus évolutifs clés. Dans ce contexte, la conformité au PS6 et au standard BBOP, et donc l'accès au financement pour les projets miniers, devrait être conditionné à des mesures à même d'assurer un gain net de biodiversité pour le Tridom. Un tel objectif est un défi (Gardner *et al.*, 2013).

À l'échelle du Tridom, les infrastructures nécessitées par l'extraction minière prévue (puits à ciel ouvert ou souterrains, usines de traitement, infrastructures de gestion des résidus et voies d'acheminement du minerai et d'énergie) ont des empreintes relativement limitées. Côté camerounais, la mine de Mbalam et son chemin de fer de 504 kilomètres (jusqu'au port de Kribi) entraîneraient la déforestation d'environ 93 kilomètres carrés. La mine congolaise de Nabeba (avec la partie congolaise du chemin de fer) n'entraînerait la déforestation directe que de 20 kilomètres carrés. Le danger, en fait, réside plutôt dans les impacts indirects et cumulés induits par l'activité minière et ses infrastructures, et en particulier l'afflux de personnes qui peuvent pratiquer des activités de subsistance essentiellement pour pourvoir aux besoins des employés de la mine et leurs familles. Alors que ces activités exercent des pressions sur la forêt (défrichage pour l'installation de champs, abattis-brûlis, chasse et collecte de produits forestiers non ligneux), divers conflits sociaux et territoriaux peuvent aussi se nouer entre ethnies, natifs et migrants (Hilson, 2002). Ainsi replacée dans la séquence éviter-réduire-compenser, une mesure clé dans l'application du PS6 serait alors d'éviter la création de nouvelles installations humaines dans les zones aujourd'hui inhabitées ou très faiblement peuplées.

---

58. Calculs basés sur une analyse d'images Landsat par les universités du Maryland et du Dakota du Sud et la NASA dans le cadre du projet CARPE financé par l'USAID (Agence des États-Unis pour le développement international).

59. La plus grande partie du Tridom était classée « paysage forestier intact » en 2005 par Greenpeace et WRI (World Resources Institute).

De fait, les sociétés minières n'ont pas intérêt à laisser s'installer des camps ou des villages pionniers aux abords de leurs installations. Il serait préférable au contraire de diriger leurs interventions sanitaires et sociales vers les villages et centres urbains existants, où se concentre l'essentiel de la population locale. Dans cette optique, les mines devraient être gérées sur un modèle de type *off-shore* ou *fly-in/fly-out*, où les employés et leurs familles résident dans les villes existantes et non sur la mine elle-même (Storey, 2010).

Les routes d'accès doivent alors être fermées au public et considérées comme privées. En effet, elles facilitent l'accès à de nouvelles zones forestières pour toutes sortes d'activités informelles et illégales (Laurance *et al.*, 2009). La route de 65 kilomètres construite par Core Mining pour accéder au gisement d'Avima, par exemple, a déjà conduit à l'installation de près de deux mille personnes (dont seulement 10 % sont des citoyens congolais) aujourd'hui engagées dans l'exploitation artisanale de l'or et de la chasse, y compris le trafic d'ivoire. Ceci aurait pu être évité en contrôlant l'accès à cette route, mais un tel contrôle doit être négocié avec le gouvernement. Le contrôle de la circulation sur les routes s'inscrit dans le deuxième temps de la séquence éviter-réduire-compenser, et si cette mesure paraît simple localement, elle doit cependant être appliquée selon les mêmes modalités dans la totalité de l'espace Tridom pour être véritablement efficiente.

Malgré les mesures esquissées ci-dessus, des impacts résiduels seront inévitables, et devront être compensés. Les mesures compensatoires envisagées incluent typiquement la lutte contre le braconnage, la gestion durable des ressources forestières et fauniques, et la création d'aires protégées (Quétier et Gersberg, 2014). Dans les deux cas, ces actions doivent être réalisées en dehors des zones où opère la mine pour être considérées comme de la compensation et non des mesures de réduction d'impact.

La chasse illégale et le trafic de l'ivoire sont intenses dans l'interzone du Tridom (Maisels *et al.*, 2013 ; Wittemyer *et al.*, 2014), et les projets miniers pourraient financer la lutte contre le braconnage et la mise en place de systèmes de gestion durable de la faune ainsi que développer des incitations économiques pour les communautés liées à la conservation. Ces actions pourraient bénéficier à de nombreuses autres espèces comme les grands singes, les mandrills, les léopards, les pangolins et les derniers hippopotames du bassin de l'Ivindo.

Au-delà de la gestion de la faune, favoriser l'exploitation forestière durable serait une solution possible, et les opportunités d'amélioration des systèmes actuels de certification sont nombreuses (Edwards et Laurance, 2012 ; Milder *et al.*, 2014). Toutefois, il apparaît délicat, aujourd'hui, pour les sociétés minières de s'associer avec les exploitants forestiers pour améliorer la gestion de leurs concessions, pour des raisons d'additionnalité et de partage des responsabilités vis-à-vis des bonnes pratiques du secteur forestier, mais également pour les risques d'image que de telles associations pourraient générer (Quétier et Gersberg, 2014). Faire financer par les industriels le contrôle d'activités illégales impose également de réfléchir au partage des responsabilités avec les autorités de police.

À travers la création de nouvelles aires protégées, les projets miniers pourraient également contribuer à la conservation sur le long terme de forêts anciennes (Kormos *et al.*, 2014). Ces aires protégées devraient être localisées afin de contribuer à renforcer et connecter les aires protégées existantes, et ce pour assurer la pérennité des processus écologiques à grande échelle. Une « concession de conservation » de 1 640 kilomètres carrés a déjà été mise en place dans le cadre du projet de Mbalam, au Cameroun, et Sundance Resources a indiqué dans son étude d'impact sa volonté de sécuriser 2 000 kilomètres carrés pour le projet de Nabeba au Congo.

Considérer ces concessions à vocation de conservation comme des mesures compensatoires nécessite une réflexion sur l'additionnalité. En effet, l'identification du « contrefactuel », c'est-à-dire la trajectoire de biodiversité en l'absence d'aménagement, est un des principaux défis auxquels doit faire face un tel dispositif (Maron *et al.*, 2013 ; Bull *et al.*, 2014). On retrouve là une des principales difficultés des politiques de financement des actions de réduction des émissions de gaz à effet de serre dues à la déforestation et à la dégradation forestière (REDD) qui doivent comptabiliser le gaz carbonique atmosphérique stocké par « déforestation évitée » (voir la discussion dans Karsenty *et al.*, 2014). Il est vrai que le taux de déforestation du Tridom est aujourd'hui très faible, mais diverses projections indiquent que celui-ci devrait augmenter considérablement dans les années à venir (Mosnier *et al.*, 2014), ce qui peut permettre de bâtir un argumentaire autour de la « perte de biodiversité évitée » par la protection et l'interconnexion de ces blocs forestiers. Des incertitudes considérables subsistent néanmoins, et le recours aux « pertes évitées » pour justifier la compensation d'impacts cumulés n'est pas sans poser de problèmes (voir la discussion dans Quétier *et al.*, 2015).

Bien que les forêts anciennes ne puissent pas être « recréées » (Curran *et al.*, 2014), les opportunités sont nombreuses d'inverser la dégradation actuelle de ces forêts. En effet, du fait de l'exploitation forestière, le taux de dégradation des forêts du Tridom est élevé : perte de certaines essences, réseaux de routes d'exploitation forestière, accessibilité pour les chasseurs et orpailleurs et dégradation faunique, etc. La mise en place de concessions de conservation et de mécanismes pour y protéger effectivement la biodiversité (lutte contre le braconnage, gestion communautaire, etc.) évitera que ces zones soient attribuées à l'exploitation forestière et contribuera ainsi, si elles sont bien choisies, à éviter un surcroît de dégradation et de fragmentation du Tridom (Sandker *et al.*, 2011).

Si ces actions sont additionnelles, se pose alors la question de leur dimensionnement, et donc des métriques utilisées pour évaluer et comparer les pertes d'une part et les gains d'autre part. Le PS6 exige un gain net pour les espèces et les écosystèmes ayant déclenché le statut d'habitat critique, et les métriques peuvent couvrir des espèces cibles quand elles sont relativement bien connues. C'est le cas de l'éléphant de forêt ou des grands singes, pour lesquels on pourrait construire des modèles de population liés aux surfaces et aux qualités d'habitats, et aux pressions de chasse et de dérangement (voir par exemple King *et al.*, 2014). Toutefois, dans des contextes de forte biodiversité où de nombreuses espèces doivent être traitées simultanément, des indicateurs synthétiques sur les types de végétation et leur qualité sont les plus fréquemment utilisés (McCarthy *et al.*, 2004 ; Temple *et al.*, 2012 ; Sonter *et al.*, 2014). Des indicateurs plus larges de « naturalité » sont parfois proposés (Habib *et al.*, 2013).

Quoi qu'il en soit, une approche à l'échelle du paysage forestier du Tridom est nécessaire pour éviter, réduire et compenser les impacts directs, indirects et cumulés des différents projets à l'étude (Kiesecker *et al.*, 2009). Des outils existent pour faire émerger une vision partagée à l'échelle du Tridom, depuis des travaux de prospective participative ou des analyses stratégiques environnementales jusqu'à la planification par le gouvernement de l'aménagement du territoire, dans une approche intersectorielle (le Congo a par exemple voté en 2014 une loi sur la planification de l'aménagement du territoire). Il est essentiel toutefois que cette vision s'accompagne d'outils de mise en œuvre scientifiques, juridiques et financiers.

Une étroite collaboration doit être engagée entre les projets miniers, les acteurs de la conservation, les sociétés forestières, les communautés locales et les services de l'État en charge de la planification du territoire, ceci afin de clarifier les responsabilités de chacun et d'engager avec l'État un aménagement du territoire intégré. En particulier, les différents ministères concernés devront être fortement impliqués du fait que les concessions qu'ils attribuent sont de nature sectorielle (mines, forêts, aires protégées, etc.), et s'accompagnent d'exigences environnementales et sociales spécifiques (Quétier et Gersberg, 2014).

Des montages juridiques et financiers innovants devront également être proposés pour s'assurer que les mesures compensatoires seront pérennes et bien financées. Les fonds fiduciaires pour la conservation, par exemple, permettent de mettre en place une gouvernance multipartenaires de ces fonds, qui sont protégés par un fiduciaire généralement basé en dehors de la région dans un territoire « neutre » (Spergel et Taïeb, 2008 ; Lafontaine et Quesne, 2013). La fondation Tri-National de la Sangha et la Fondation pour l'environnement et le développement au Cameroun (créée pour gérer les fonds de compensation liés à la construction du pipeline entre le Tchad et le Cameroun) sont des exemples connus en Afrique centrale.

Ces réflexions concourent à envisager la mise en place de compensations mutualisées et anticipées à l'échelle du Tridom. Des métriques et des règles d'échange communes à plusieurs projets
devraient être développées (à l'image de ce qu'envisage le Gabon dans sa loi sur le développement
durable de 2014 avec différents types de « crédits écosystémiques »). De tels dispositifs ont émergé
dans de nombreux pays (voir partie II), y compris en Amérique du Sud (Villaroya *et al.*, 2014). La
Banque mondiale s'y intéresse en Afrique tropicale (Liberia, Mozambique, Congo) car, bien qu'ils
soient exigeants en matière de gouvernance (Van Teeffelen *et al.*, 2014), ces dispositifs pourraient
permettre de renforcer des aires protégées qui sont aujourd'hui largement sous-financées et mal
gérées (Kormos *et al.*, 2014 ; Pilgrim et Bennun, 2014).

L'avenir des forêts du Tridom et de leur biodiversité exceptionnelle pourrait être moins sombre si
tous les projets miniers à l'étude dans le Tridom appliquaient la hiérarchie d'atténuation *via* des
modèles *fly-in/fly-out*, des accès contrôlés, et contribuaient à la mise en place d'aires protégées, de
modes de gestion durable des ressources et d'actions de lutte contre le braconnage, coordonnés
à l'échelle du paysage forestier. Dans ce contexte, il est urgent de dépasser l'approche projet par
projet pour traiter les impacts environnementaux des investissements prévus dans la région et créer
un cadre réglementaire et institutionnel favorable, au risque de remettre en cause un des derniers
paysages forestiers contigus d'Afrique. Si le Tridom est doté de trois comités consultatifs, essentiellement composés d'institutions en charge de la conservation, il n'est en revanche pas régi par un
cadre législatif harmonisé avec ceux des trois États concernés, et ceux-ci ne disposent pas d'outils
permettant d'intégrer les projets industriels dans une stratégie d'aménagement durable. Un tel
cadre est nécessaire pour que les exigences des institutions financières en matière de biodiversité
puissent être appliquées efficacement.

▶▶ Conclusion

Les politiques de responsabilité sociale et environnementale des entreprises, et en particulier celles
des institutions financières, sont un levier majeur pour améliorer la prise en compte de la biodiversité dans les projets d'aménagement. La séquence éviter-réduire-compenser y figure en bonne
place, et plusieurs standards font aujourd'hui référence en la matière. Nous avons vu en quoi le
PS6 de la Société financière internationale et le standard du BBOP, malgré leur caractère « volontaire », définissent un cadre dans lequel penser la compensation dans des pays où le cadre réglementaire national est inexistant, insuffisant ou mal appliqué (Kormos *et al.*, 2014).

Dans ce contexte, les risques d'ingérence sont nombreux, et l'appropriation des terres pour la
compensation en plus des terres concédées aux projets industriels est souvent critiquée (Seagle,
2012), à l'image du discours de certains syndicats agricoles sur la « double peine » infligée aux
agriculteurs français. Il faut aussi veiller à ce que la compensation n'accélère pas le désengagement
des États vis-à-vis du financement des aires protégées (Pilgrim et Bennun, 2014). Afin de prévenir
ces risques, les pays désireux de faciliter l'accueil d'investissements ayant à suivre des standards de
performance exigeants en matière de biodiversité ont un intérêt très clair à formuler des politiques
nationales à même de rendre possible le financement d'actions de restauration et de conservation
de la biodiversité par le secteur privé (Kormos *et al.*, 2014).

Le contenu de telles politiques est largement discuté dans la littérature (McKenney et Kiesecker,
2010 ; ten Kate et Crowe, 2014), y compris dans cet ouvrage. Dans les pays émergents comme
ailleurs, un des principaux défis est le montage d'arrangements institutionnels hybrides, de type
public-privé, et intersectoriels. Que les gouvernements et les acteurs privés en aient la volonté et
la capacité reste à démontrer (Karsenty et Ongolo, 2012 ; Lambin *et al.*, 2014). Ces arrangements
doivent parfois être internationaux, comme le montre l'exemple du Tridom où se superposent
aujourd'hui des concessions minières et forestières, des aires protégées, et une multitude de projets
d'infrastructure (Quétier et Gersberg, 2014). Les États ont une forte responsabilité dans la formulation d'un cadre réglementaire permettant à ces arrangements d'émerger.

Partie II

Vers un mécanisme de gouvernance décentralisé : les banques de compensation

L'encadrement juridique des banques de compensation de zones humides aux États-Unis

Fabien Hassan

Dans les années 1990, un consensus s'est formé aux États-Unis pour constater l'échec de la compensation environnementale lorsqu'elle est opérée directement par le développeur responsable d'un impact autorisé, c'est-à-dire la personne physique ou morale qui obtient l'autorisation de provoquer un dommage environnemental en échange d'une obligation de compensation (*permittee-responsible mitigation*) (National Research Council, NRC, 2001 ; Government Accountability Office[60], GAO, 2005). Les banques de compensation sont alors apparues comme la solution alternative la plus prometteuse (Hough et Robertson, 2009). Ce sont des instruments dits de marché, car ils reposent sur des investisseurs privés et sur l'existence d'une offre et d'une demande de crédits.

Une banque de compensation désigne « un site, ou un ensemble de sites, où des ressources naturelles sont restaurées, créées, améliorées, et/ou préservées dans le but de compenser des impacts autorisés dans le cadre de permis. En général, une banque de compensation vend des crédits compensatoires au titulaire du permis, dont l'obligation de compensation est alors transférée au sponsor[61] de la banque de compensation [ou « banquier »]. La gestion et l'utilisation d'une banque de compensation sont régies par un contrat encadré par la loi et appelé Instrument de banque de compensation » (USACE-USEPA, 2008). En résumé, il s'agit donc d'une réserve d'actifs naturels, construite par des acteurs en général privés, et qui a vocation à être vendue, sous forme de crédits, à des personnes ayant provoqué la destruction de zones naturelles comparables, le plus souvent dans le cadre de projets de développement périurbains, de travaux agricoles ou de construction de réseaux routiers.

Il existe différentes sortes de banques de compensation aux États-Unis : banques de conservation pour protéger l'habitat naturel d'espèces menacées, banques pour les cours d'eau, banques pour les nutriments (Bayon *et al.*, 2008). La catégorie la plus importante, et la seule à être traitée ici,

---

60. Le GAO est l'équivalent américain de la Cour des comptes en France.
61. Un sponsor désigne l'entité publique ou privée responsable de la construction, et dans la plupart des cas de la gestion, d'une banque de compensation (voir figure 10.1, p. 120).

est celle des banques de compensation de zones humides. Mieux encadrées, elles constituent un marché en très forte croissance, avec un volume compris entre 2 et 3,4 milliards de dollars. Près de 1 200 banques sont actuellement actives[62], contre 46 en 1992 (Wilkinson et Thompson, 2006).

L'essor de ce marché ne résulte ni du libéralisme ni de l'esprit d'entreprenariat réel ou fantasmé des Américains, mais d'une volonté délibérée du gouvernement et des agences fédérales de favoriser cette technique de compensation en réponse aux critiques émises par le GAO et le NRC (voir chapitre 4). Face à une profusion de normes adoptées au cours des années 1980 et 1990, les acteurs impliqués directement ou indirectement dans le système des banques de compensation (développeurs, régulateurs, investisseurs, sponsors, consultants, propriétaires fonciers) ont demandé une clarification des « règles du jeu » au début des années 2000. Comme son nom l'indique, la Règle finale, un texte de 113 pages adopté en 2008, constitue désormais la référence permettant de comprendre tout le processus qui mène à la création à perpétuité d'une banque de compensation de zones humides.

Notre étude a été menée en 2013 depuis l'université de Princeton, aux États-Unis. En plus du travail de documentation juridique, nous nous sommes entretenu avec différents acteurs du monde de la compensation dans le New Jersey : professeurs, avocats, entrepreneurs, organisations non gouvernementales (ONG) et fonctionnaires du Département de la protection de l'environnement du New Jersey et de l'Environmental Protection Agency (EPA). Notre chapitre a pour but de proposer au lecteur non spécialiste du droit américain[63] une vision aussi complète que possible de ce cadre légal. Celui-ci repose essentiellement sur l'Instrument de banque de compensation, un contrat qui régit la vie de chaque banque américaine. Toutes les étapes de la compensation sont encadrées afin de réagir le plus finement possible aux difficultés susceptibles d'apparaître. Enfin, l'application de ces mesures dans un État sous pression environnementale, le New Jersey, illustre de façon pratique le fonctionnement des banques de compensation.

▶▶ L'Instrument de banque de compensation

La signature de l'Instrument de banque de compensation (*Mitigation Banking Instrument*) est l'aboutissement d'un processus relativement contraignant. De même, le contenu de l'Instrument est fixé par la réglementation. Ces exigences en font une source de droit originale, très opérationnelle.

La négociation et la signature de l'Instrument

L'Instrument de banque de compensation est le principal document régissant la vie juridique de la banque de compensation. Formellement, il se présente comme un contrat négocié et passé entre le sponsor (entité ou personne responsable du projet) et l'ingénieur du district compétent (*district engineer*) de l'US Army Corps of Engineers (USACE)[64]. Avant d'approuver l'Instrument, l'ingénieur doit réunir une équipe formée de plusieurs agences[65] (Interagency Review Team, ou IRT) afin d'examiner le projet compensatoire. Cette équipe peut comprendre des représentants de l'EPA, du Fish and Wildlife Service (FWS), mais aussi d'autres agences fédérales[66], ou encore de l'État fédéré concerné, de tribus indiennes, etc. En pratique, l'EPA et le FWS sont presque toujours représentés.

---

62. Une banque active est une banque qui a encore des crédits à vendre, par opposition à une banque dont tous les crédits sont déjà vendus, dite *sold-out*.

63. Pour une étude plus approfondie, mais accessible au non-juriste, voir Gardner (2011).

64. Les règles énoncées dans ce paragraphe proviennent de la Règle finale, § 332.8.

65. Pour une présentation des agences américaines, et des enjeux qu'elles soulèvent en matière de contrôle démocratique, voir Zoller (2004).

66. Parmi celles-ci, le National Marine Fisheries Service et le Natural Resources Conservation Service sont les agences fédérales les plus souvent représentées.

Pour éviter de redéfinir le travail de l'IRT à chaque projet, les modalités de collaboration entre acteurs publics peuvent être fixées dans un mémorandum, mais l'ingénieur de l'USACE conserve le pouvoir décisionnaire final. Tous les membres de l'IRT ont la possibilité de joindre leur signature à celle de l'ingénieur.

Au début du processus, la Règle finale incite les sponsors à présenter un premier projet, qui sera alors soumis à la discussion au sein de l'IRT. Au terme de cette phase préliminaire, le sponsor de la banque prépare le prospectus, dont le contenu est fixé par la réglementation, et qui se présente comme une synthèse du projet. Le processus d'approbation formel est déclenché par le dépôt de ce prospectus. L'ingénieur dispose alors de trente jours pour notifier au sponsor la réception du prospectus complet, ou le cas échéant son incomplétude. Une nouvelle période de trente jours au minimum s'ouvre alors pour permettre une consultation publique. Le résumé du prospectus doit être publié, et le texte intégral rendu accessible sur demande. Trente jours après la fin de la période de consultation, l'ingénieur doit notifier au sponsor son « évaluation initiale » et, si celle-ci est positive, le sponsor est invité à rédiger l'Instrument, une version plus développée du prospectus.

Cette procédure est ensuite répétée, sans la phase de consultation publique, qui n'a lieu qu'une fois, avec un premier projet d'Instrument, puis avec l'Instrument final. À chaque fois, les textes fixent le délai de réponse maximal accordé à l'ingénieur et à l'IRT, mais il existe toujours des possibilités de prolonger ces délais. Au total, une durée minimale de six mois à un an semble nécessaire pour obtenir un Instrument approuvé et signé par l'ingénieur de l'USACE.

Consultation publique, coopération entre agences, échanges de projets… La Règle finale repose sur une culture de l'échange et du partage de savoir-faire, de consensus et de transparence.

Le contenu de l'Instrument

La Règle finale se contente d'énumérer les éléments qui doivent figurer dans l'Instrument. Il existe bien des modèles, que l'on peut se procurer sur Internet, mais il n'y a pas de format standard unique à l'échelle nationale.

L'objectif de l'Instrument est de fournir une description exhaustive des tâches que le sponsor devra effectuer au cours du cycle de vie de la banque. Les objectifs écologiques de la banque sont établis, ainsi que la méthode d'évaluation. L'Instrument précise enfin les garanties juridiques et financières que le sponsor devra mettre en place.

L'ensemble comprend douze éléments, qui forment le « plan de compensation » :
• objectifs. Description des zones humides que le site générera, et démonstration de leur adéquation avec les besoins du bassin écologique concerné (*watershed*) ;
• critères de sélection du site ;
• instruments de protection du site (par exemple les servitudes environnementales, voir ci-dessous « La protection du terrain : la servitude environnementale ») ;
• information de base. Description des caractéristiques écologiques du site de compensation proposé ;
• nombre de crédits potentiels, avec justification ;
• plan des travaux, notamment la façon dont le projet sera relié aux écosystèmes aquatiques proches, la méthode devant permettre l'implantation du milieu désiré, et les techniques de lutte contre les espèces invasives et contre l'érosion ;
• plan de maintenance du site, une fois la construction achevée ;
• objectifs écologiques à atteindre, qui doivent être « objectifs et vérifiables » ;
• méthode de contrôle. Plan comportant un agenda détaillé décrivant les mesures à effectuer afin de déterminer si l'activation du plan adaptatif est nécessaire ;
• plan de gestion à long terme. Désigne notamment le responsable de la gestion à long terme du site une fois les crédits délivrés ;

• plan adaptatif. Décrit les mesures envisagées en cas d'événement prévu ou imprévu affectant la viabilité du projet afin de guider la prise de décision dans de telles situations (encadré 8.1) ;
• assurances financières.

Cette liste n'est pas limitative, et d'autres éléments peuvent figurer dans le plan de compensation. De façon générale, pendant et après l'adoption de la Règle finale, certains commentateurs ont déploré l'emploi systématique de formules offrant aux ingénieurs de l'USACE un large pouvoir discrétionnaire : « peuvent », « ont la possibilité au cas où elles estiment nécessaires », « à l'appréciation de », etc. (Murphy *et al.*, 2009).

D'un autre côté, si l'Instrument était trop rigide, cela générerait d'autres difficultés, induites par la contractualisation de l'ensemble des points de discussion (voir chapitres 10 et 11).

Encadré 8.1. Que se passe-t-il en cas de dynamiques écologiques inattendues ?

Une banque peut échouer tout simplement parce que « ça ne pousse pas comme prévu ». Autrement dit, les standards de performance fixés par le plan de compensation ne sont pas atteints. Cette situation peut résulter de négligences dans la réalisation, d'événements imprévisibles, mais aussi d'erreurs d'appréciation lors de la négociation des objectifs. Il ne faut pas oublier que la compensation écologique, même en présence d'un important savoir-faire accumulé par les différents acteurs, est un processus fondamentalement incertain. Il existe par exemple un débat scientifique sur la possibilité de reproduire certains milieux, comme les cours d'eau (*stream*). Certaines associations ont donc tenté d'obtenir une dérogation au principe éviter-réduire-compenser pour les milieux les plus sensibles, au profit d'une interdiction pure et simple des impacts. Cette solution n'a pas été retenue, mais la notion de « ressources difficiles à remplacer » a été introduite, et impose aux agences une plus grande vigilance quant aux méthodes de compensation (voir chapitre 17).

Malgré ces précautions, malgré les fonds mis en place pour financer les surcoûts éventuels, l'échec est possible. Souvent, celui-ci n'est que partiel et ne fait suite à aucune faute de la part du sponsor. D'autre part, l'échec ou le succès peuvent parfois être difficiles à qualifier si l'on accepte une certaine souplesse dans les objectifs à atteindre. Ainsi, dans le New Jersey, une banque a échoué à atteindre ses objectifs en 2012, mais a obtenu, de façon involontaire, des résultats très intéressants avec une autre espèce de plante. Les arbres qui se développaient n'étaient pas ceux prévus mais le milieu créé était écologiquement intéressant. Pour obtenir des crédits sur la base de cette dynamique écologique il a cependant fallu que le sponsor obtienne une révision de l'Instrument. Cela a impliqué de passer à nouveau par la lourde procédure décrite ci-dessus (Règle finale, § 332.8 (g)). En l'espèce, il a fallu plusieurs mois de négociations à l'ensemble des parties, et une baisse du nombre de crédits octroyés, pour parvenir à un consensus. Notons que les autorités ont été d'autant plus enclines à renégocier que les ingénieurs de l'USACE avaient eux-mêmes contribué à définir les méthodes de restauration écologique qui ont finalement échoué.

L'usage de l'Instrument

Le contenu de l'Instrument appelle plusieurs remarques. Premièrement, l'Instrument est un document très détaillé, très précis, et donc... très long. Pour un projet d'ampleur, un volume d'une centaine de pages hors annexes est usuel.

Deuxièmement, l'Instrument n'est pas un pur outil bureaucratique. Il forme aussi un schème opérationnel destiné à affronter toutes les éventualités susceptibles d'affecter la viabilité du projet. L'établissement de ce document représente une source de coût certaine, mais il offre aussi une certaine protection aux investisseurs, puisqu'il les oblige à chiffrer leur projet[67], et à prendre conscience des difficultés à venir. Enfin, il minimise les risques de conflits avec les autorités, puisqu'il prévoit *a priori* les mesures adaptatives à adopter.

Troisièmement, l'Instrument est un outil juridique. C'est un contrat auquel les parties pourront faire appel pour contester une décision, une action ou une absence d'action de la part des autres parties. Enfin, il est accessible au public, soit simplement mis en ligne sur internet (RIBITS, base de données que nous présentons plus loin), soit sur demande. À la question de savoir qui pourrait se prévaloir d'une violation de ce contrat, la réponse n'est pas très claire. L'enjeu est d'instaurer une double surveillance : au cas où les autorités se montreraient trop souples, des associations ou des voisins affectés pourraient introduire une action afin de forcer le sponsor à se conformer à ses obligations. Cette incertitude pourrait représenter une faiblesse considérable, au moins du point de vue théorique (Taylor et Geoffroy, 2005). En effet, la vente de crédits n'est au fond rien d'autre qu'une décharge de responsabilité. En achetant un crédit, un développeur transfère à une banque de compensation la responsabilité de compenser un impact autorisé. C'est une différence fondamentale avec le système français naissant. De ce point de vue, il est problématique que la responsabilité des sponsors de banque de compensation ne soit pas très claire. Le droit américain reposant largement sur la jurisprudence, il faudra attendre des décisions judiciaires pour résoudre ces questions.

Cela dit, en pratique, deux nuances doivent être apportées. D'une part, il est illusoire de penser que le droit environnemental puisse reposer uniquement sur la responsabilité. C'est un droit « faible », au sens où il n'est pas encore suffisamment légitime pour permettre aux juges de recourir à des peines élevées, du moins s'agissant des atteintes mineures, même si le droit le leur permet en théorie. D'autre part, la principale garantie du fonctionnement des banques de compensation est le processus de libération des crédits. En l'absence de résultats, la banque n'obtient pas de crédits, et ne peut donc pas vendre de décharge de responsabilité.

▶▶ La régulation des banques de compensation pendant et après la construction du site

Chaque étape de la vie d'une banque de compensation s'accompagne de la libération de crédits, qui représentent à la fois la rémunération du sponsor et le moyen de pression essentiel du régulateur pour s'assurer de la réussite écologique du projet. Mais finalement, c'est ce qui se passera après la fermeture de la banque, moment où la gestion de la banque cesse de relever de la responsabilité du sponsor, qui déterminera l'impact écologique de long terme du projet de compensation.

La libération et la vente des crédits

Les crédits jouent le rôle d'une unité quasi monétaire permettant de faire le lien entre l'offre et la demande de services écosystémiques. En effet, lorsqu'un développeur obtient un permis pour un impact sur des zones humides, une obligation de compensation peut lui être imposée par l'USACE. Si le développeur décide de recourir à une banque de compensation, alors cette obligation prend la forme d'un nombre de crédits à acheter.

Un crédit est une unité de mesure, qui ne représente pas une surface, mais la création, la restauration, l'amélioration ou la préservation d'une fonction écologique aquatique. En pratique, le nombre de crédits que peut obtenir une banque est bien entendu fonction de sa surface. Un ordre

---

67. Pour faciliter la rédaction de plans d'affaires et réduire l'incertitude, différents outils et logiciels de gestion financière sont actuellement développés dans le cadre de l'Environmental Finance Center (EFC), un programme de recherche piloté et partiellement financé par l'EPA, qui associe neuf universités.

de grandeur indicatif est de un crédit par acre (0,4 hectare). Même si l'approche fonctionnelle a remplacé l'approche consistant simplement à comparer les surfaces, la tradition de la politique du *no-net-loss* (pas de perte nette) implique en général que pour chaque acre de zone humide détruite, plus d'une acre soit recréée[68]. En réalité, les autorités exigent environ trois acres par acre détruite. Malgré cette apparente disproportion favorable à la sauvegarde de la biodiversité, il n'est pas certain que ce rapport suffise à compenser la perte des fonctions écologiques provoquée par les destructions (Murphy *et al.*, 2009).

Une banque de compensation n'obtient jamais tous ses crédits d'un coup. La libération des crédits est progressive et rythme la vie de la banque. Comme indiqué, la procédure d'approbation de l'Instrument est extrêmement lourde, donc coûteuse. Pour récompenser ce travail, la Règle finale autorise une première libération de crédits dès l'approbation de l'Instrument, sous certaines conditions : le site doit déjà être acquis, une servitude environnementale à perpétuité (*conservation easement*) doit être établie, les assurances financières doivent être contractées. À ces conditions l'ingénieur peut ajouter toute autre condition jugée nécessaire (Règle finale, § 332.8 (m)). Cette libération « anticipée » est caractéristique de la recherche d'un équilibre entre rentabilité de la banque et protection de l'environnement. Certes, elle aboutit à la vente de crédits avant même le début des travaux, mais sans cela les projets de compensation imposeraient une immobilisation de capital dissuasive pour les investisseurs.

De même, à chaque étape clé de la construction du site, une partie des crédits peut être libérée : grands travaux hydrologiques, plantation des végétaux, enracinement d'une faune spécifique… Seule contrainte au calendrier de libération des crédits : une « part significative » des crédits doit être libérée après la « réalisation complète des objectifs écologiques » (Règle finale, § 332.8 (o) (8)).

Différentes garanties permettent de s'assurer que la libération anticipée de crédits n'incite pas les sponsors à disparaître ou à abandonner des sites avant terme. À chaque octroi de crédit, le sponsor doit justifier de l'avancement du site, et l'IRT doit être consultée. En cas de doute, des visites sur place peuvent être organisées. De plus, l'ingénieur dispose d'un large éventail de sanctions, dont certaines renvoient au droit contractuel, comme la résiliation du contrat, qui revient à annuler l'opération dans son ensemble. D'autres sanctions, plus spécifiques, sont aussi prévues : réduction du nombre de crédits, interdiction de vendre les crédits déjà octroyés…

Le secteur de la compensation, comme tout secteur économique nouveau, a un intérêt commun à établir sa crédibilité aux yeux du public, des observateurs de la société civile, du législateur… L'attribution et la libération des crédits sont suivies par différents observateurs, réduisant d'autant le risque de manipulations. Il existe un cas, en Floride en 2012, où l'attribution du nombre de crédits a semblé résulter de pressions politiques et judiciaires (Gardner, 2012), mais cette situation demeure exceptionnelle.

Pour mieux comprendre le mécanisme d'octroi des crédits, prenons l'exemple d'une banque de compensation : Rancocas. Située au centre du New Jersey, dans le comté de Burlington, cette banque s'étend sur environ 160 hectares. En l'espèce, 30 crédits ont été accordés par les autorités pour l'ensemble des deux sites, ou « phases », qui constituent la banque de compensation dans son ensemble. Rancocas I a obtenu 11,26 crédits pour des travaux de préservation sur 120 hectares environ. À la suite de la sécurisation du foncier (mise en place de la servitude), 30 % des crédits ont été libérés. L'élagage des arbres et le début des opérations de gestion de la faune ont permis de libérer 10 % supplémentaires. Puis à nouveau 10 % suite au comblement de certains fossés. Une tranche de 40 % a été libérée lors de l'approbation et donc de la contractualisation des engagements associés à la phase II de la banque Rancocas. Dans cet exemple, le régulateur et le banquier

---

68. Il est possible d'acheter des crédits correspondant à une surface plus réduite que la zone impactée si l'impact concerne une zone humide déjà très dégradée, et que la perte additionnelle de fonctions écologiques est donc faible. En contrepartie, les crédits achetés correspondent à des surfaces moins importantes, mais pour lesquelles l'action de restauration a été à l'origine de gains écologiques notables.

ont donc découpé le projet de compensation en deux phases distinctes, mais articulées et rendues interdépendantes par le calendrier de libération de crédits. Ainsi, la flexibilité des textes permet aux acteurs de mettre en place des solutions originales et adaptées à leurs besoins.

Enfin, les 10 % restants ont été octroyés une fois l'ensemble des objectifs environnementaux atteints — tels l'implantation du genévrier de Virginie et le recul de l'érable rouge —, soit environ dix ans après la soumission du projet de compensation par le banquier (l'entreprise GreenVest).

Une fois libérés, les crédits sont vendus par le sponsor à un développeur soumis à une obligation de compensation dans le cadre d'impacts autorisés (voir chapitre 10). Cette vente est réalisée dans une aire de service (voir glossaire) et prend la forme d'un contrat classique entre deux parties de droit privé. Dans notre exemple de Rancocas, l'aire de service est la WMA n° 20. Fin 2013, il ne restait plus que 5,41 crédits disponibles, le reste ayant déjà été vendu. Notons que le prix de vente des crédits est librement négocié entre le sponsor de la banque et le développeur. Pour attirer les investisseurs, il est essentiel de s'assurer du dynamisme de ce marché de la vente des crédits. La première étape est l'information : les développeurs demandant l'autorisation d'un impact doivent savoir si des crédits sont disponibles, et où. Pour promouvoir cette transparence, les autorités fédérales ont mis en place le système RIBITS (Regulatory In-lieu Fee and Bank Information Tracking System), qui permet de localiser l'ensemble des projets de banques de compensation aux États-Unis, de suivre la délivrance des crédits, les ventes de crédits, et d'obtenir les coordonnées des personnes responsables. Il peut s'agir du sponsor lui-même ou d'un tiers qui gère la vente des crédits : consultant en environnement, courtier, cabinet d'avocats, etc. (voir chapitre 9). Ce système est destiné à dynamiser la concurrence entre banques de compensation, et à rassurer les acheteurs de crédit. La présence d'un registre national leur permet en effet de vérifier que la banque de compensation dispose bien des crédits, et que ceux-ci n'ont pas déjà été vendus. C'est une façon de compenser le fait que la vente de crédits est un simple contrat entre deux acteurs privés, même si l'ensemble de ces opérations se fait en coopération avec le régulateur. Lorsque tous les crédits ont été libérés et vendus, on dit que la banque de compensation est « fermée ».

La fermeture d'une banque de compensation : questions sur le sens de l'éternité en droit

La protection du terrain : la servitude environnementale

À la fermeture de la banque, les questions liées aux crédits sont réglées, mais le site doit être protégé afin de continuer, si possible éternellement, à produire les services écologiques prévus.

La gestion de long terme (*long-term stewardship*) d'une banque de compensation peut être définie comme « l'usage avisé, la gestion, et la protection des ressources humaines, physiques, écologiques et financières nécessaires pour assurer l'intégrité des terrains destinés à la conservation pour les générations futures » (Sherry, 2009). L'aspect le plus évident de cette sécurisation est la propriété du sol. Aux États-Unis, une large part du territoire échappe à la loi du marché, puisque 30 à 40 % du sol est possédé ou détenu par des agences publiques (EPA, 2008).

S'agissant des banques de compensation, la Règle finale dispose que le sol doit être protégé à perpétuité, et recommande la technique juridique de la « servitude environnementale » (Règle finale, § 230.97 (a)). Il s'agit d'un démembrement de propriété qui confère au bénéficiaire — en général un *trust* — tous les droits nécessaires à la conservation du milieu, mais en interdisant toute construction. Le propriétaire conserve une sorte de nue-propriété, mais les statuts des *trusts* bénéficiaires (*land trust*) permettent de protéger le terrain pour l'éternité. Cette protection est plus forte qu'un simple transfert de propriété, car, ainsi démembré, le terrain n'a quasiment plus aucune valeur marchande en lien avec un possible développement économique.

La servitude doit être transférée à une personne morale dont on peut penser qu'elle existera toujours. Il peut s'agir d'institutions publiques, d'agences fédérales ou d'organisations non gouvernementales spécialisées et agréées, comme le Nature Conservancy, fondé en 1951 et qui gère une partie des espaces naturels les plus riches des États-Unis. Autre précaution : lorsque la servitude revient à une entité publique, la Règle finale prévoit qu'en cas de modification de la législation qui aurait pour conséquence de priver d'effet cette servitude, l'institution à l'origine de cette modification serait soumise à une obligation de compensation équivalente (Règle finale, § 230.97 (a) (5)). Cependant, la sécurisation du foncier ne suffit pas toujours à garantir la viabilité écologique à perpétuité d'un site naturel.

Une incertitude persistante à long terme en cas d'imprévu

Les banques de compensation ont vocation à être des espaces viables, auto-entretenus, sans intervention humaine. Cependant, tout espace naturel est sujet à des risques spécifiques à chaque site, comme « la sécheresse, les incendies ou les inondations, les invasions d'insectes nuisibles, les maladies, ou l'entrée illégale de véhicules » (USACE, 2005). La Règle finale, en s'appuyant sur les meilleures pratiques développées auparavant au niveau étatique, impose désormais la mise en place de garanties financières sur chaque projet. Celles-ci permettent en particulier de s'assurer que les « plantations prévues sur plusieurs années aient bien lieu, que les espèces invasives soient contrôlées, qu'une quantité adéquate d'eau soit fournie » (USACE, 2005).

Ces garanties financières prennent en général la forme de *performance bonds*, un schéma qui ressemble à un cautionnement. Si le sponsor de la banque ne remplit pas ses obligations, un tiers, qui est le plus souvent une institution financière, doit indemniser le bénéficiaire, qui peut être soit l'USACE soit l'État fédéré concerné. Les *performance bonds* sont des instruments coûteux, dont le suivi est difficile. Le régulateur doit s'assurer que le sponsor a bien rempli toutes ses obligations envers le tiers caution, comme le paiement d'une mensualité. Idéalement, il faudrait aussi prévoir une issue en cas de faillite ou de disparition de l'institution financière (encadré 8.2). Ces éléments ne sont pas suffisamment encadrés à ce jour et il est risqué de conjecturer l'efficacité de ces mécanismes à moyen ou long terme.

De surcroît, la Règle finale prévoit, à l'issue de la construction de la banque, une période de transition. La durée de surveillance du site (*monitoring*) ne peut pas être inférieure à cinq ans, et doit être déterminée en tenant compte du rythme de croissance de la zone humide en question (Règle finale, § 230.96). Le sponsor établit les rapports de suivi, que l'ingénieur de l'USACE transmet ensuite aux autorités intéressées. À l'issue des cinq ans, un certain nombre de critères doivent être remplis, par exemple 85 % de taux de survie pour les espèces cibles, moins de 15 % d'espèces invasives, etc. Enfin, un fonds doit être mis en place au bénéfice de l'entité chargée de la gestion du site à long terme (Règle finale, § 230.97 (d)). Ce fonds doit être suffisamment approvisionné pour permettre de faire face aux coûts de gestion.

Malgré ces mécanismes, il n'existe pas de sécurité juridique ou financière absolue. Il est impossible d'exiger des sponsors l'immobilisation des fonds qui permettrait de faire face à un dommage environnemental exceptionnel et imprévisible sur un site. Il n'existe pas non plus à notre connaissance de solution assurantielle pour résoudre ce problème. En pareille situation, les autorités devront donc nécessairement intervenir. Mais cela ne constitue pas nécessairement une faiblesse du système : quand un site naturel qui n'a pas fait l'objet de compensation est l'objet d'un dommage grave, l'État intervient aussi. Il suffit de penser aux feux de forêts.

Comme tout dispositif humain et social, l'encadrement des banques de compensation repose sur des institutions, et sur une hypothèse générale de « stabilité du monde ». Ce n'est que dans cette mesure que le droit est capable de tendre vers la protection *ad vitam æternam* de l'environnement.

> **Encadré 8.2. Que se passe-t-il si une banque de compensation fait faillite ?**
>
> Si un projet de banque de compensation échoue avant d'avoir obtenu des crédits, l'enjeu est faible puisque aucun impact n'a encore été autorisé grâce à ces crédits. Dans deux cas, le bilan environnemental est cependant plus problématique :
> * lorsque des dégâts sont provoqués lors de la construction de la banque ;
> * lorsque la banque fait face à des difficultés financières, après avoir obtenu et vendu une partie de ses crédits.
>
> Le premier cas est relativement fréquent, car la construction d'une banque de zones humides implique souvent de gros travaux hydrauliques, ce qui génère un risque d'inondation des parcelles adjacentes. Le second cas est un risque économique traditionnel, qui peut par exemple avoir pour origine une baisse du prix des crédits, comme lors de la crise économique de 2008-2009. De nombreux promoteurs avaient alors suspendu leurs projets, provoquant un tarissement de la demande de compensation.
>
> Dans une étude de 2005, Gardner et Radwan analysent les conséquences de la faillite d'une société, propriétaire d'une banque de compensation dans le New Jersey. Les auteurs montrent que l'application du droit des entreprises en difficulté peut fragiliser les mécanismes de garantie destinés à protéger la banque de compensation. Il faut noter qu'une banque de compensation n'est pas une entité juridique, au sens où elle n'a pas de personnalité morale. En revanche, il existe toujours une société, le sponsor, qui possède le terrain et gère la banque. Par abus de langage, on désigne la faillite du sponsor comme la faillite de la banque. Dans cette affaire, l'ouverture de la procédure de liquidation a eu lieu alors que l'État cherchait à obtenir la réparation de dommages environnementaux causés lors des travaux. L'État n'a pas déclaré sa créance (*to file a proof of claim*), estimant que la réparation en nature (*injunctive relief*) n'était pas à mettre sur le même plan qu'une créance financière (*monetary claim*)[1]. La Cour en a jugé autrement, et a débouté l'État du New Jersey. Autre difficulté : les mensualités dues à l'organisme ayant accordé sa caution pour les *performance bonds* n'ayant pas été payées depuis un certain temps, la caution n'était pas tenue de rembourser l'État.
>
> Les enseignements de cette affaire résident dans l'imperfection des mécanismes juridiques et financiers de garantie. Les autorités doivent donc veiller à mettre en place des sûretés solides, afin de ne pas perdre leurs garanties du fait de la primauté du droit des faillites. Cela a été l'un des objectifs de la Règle finale publiée en 2008, qui semble avoir permis de renforcer les garanties autour de la mise en œuvre des mesures compensatoires (voir chapitre 10). Mais parallèlement, elles doivent garder à l'esprit l'incomplétude de ces techniques, et être prêtes à intervenir directement au cas où un site écologiquement viable serait menacé.
>
> [1] Les termes juridiques américains sont ici traduits en reprenant le vocabulaire du Livre VI du Code de commerce français, pour faciliter la lecture. Mais attention, le droit des entreprises en difficulté américain est différent du droit français, et les termes ne correspondent pas toujours exactement.

▸▸ Étude de cas : l'État du New Jersey

Confronté à des problèmes environnementaux importants, le New Jersey mise sur les banques de compensation et sur une structure institutionnelle originale pour améliorer la protection de ses zones humides.

La situation environnementale

Le New Jersey est un petit État américain, situé au bord de l'océan Atlantique, juste au sud-ouest de la ville de New York, et qui en constitue en quelque sorte la grande banlieue. D'une surface de 20 000 kilomètres carrés, le New Jersey est grand comme la Picardie, mais 4,5 fois plus peuplé. La crise y a durement frappé les grandes villes déshéritées. Newark est aujourd'hui surtout célèbre pour son aéroport, mais sa contribution à la littérature américaine est absolument exceptionnelle. Une politique fiscale attractive et des prix de l'immobilier élevés mais inférieurs à ceux de New York permettent au New Jersey de demeurer un État riche et d'attirer de nombreuses entreprises. Juste en face de Manhattan, à Jersey City, la célèbre banque Goldman Sachs y a construit en 2004 ce qui est désormais le plus haut gratte-ciel de l'État.

Berceau de l'industrie américaine à une époque où celle-ci n'était soumise à aucune norme environnementale, le New Jersey fait aujourd'hui face à de graves problèmes de pollution des sols. Ainsi, 114 sites du New Jersey figurent sur la liste des priorités nationales du programme fédéral de décontamination des sols, Superfund. À titre de comparaison, la Californie, vingt fois plus grande, ne compte que 97 sites NPL Superfund. Pour ces raisons, certains Américains surnomment le New Jersey l'État-poubelle (*the garbage State*). Mais, comme l'indiquent les plaques d'immatriculation, le New Jersey est aussi l'État-jardin (*the garden State*), dont la moitié de la surface est couverte de forêts, et qui compte neuf parcs naturels nationaux. L'enjeu environnemental y est donc particulièrement prégnant.

Les banques de compensation

État côtier soumis à une pression immobilière très forte, le New Jersey a pris les devants en matière de protection des zones humides. C'est l'un des deux seuls États américains, avec le Michigan, à avoir utilisé la section 404 (g) du Clean Water Act, qui permet à un État de créer son propre programme d'attribution des permis. Le Dakota du Nord a envisagé cette option il y a une dizaine d'années, mais y a renoncé. En effet, en cas de recours au 404 (g), les coûts ne sont pas compensés par les autorités fédérales, ce qui signifie que l'État fédéré doit assumer une charge supplémentaire. Une fois le programme validé par l'EPA, c'est désormais l'État lui-même qui attribue les permis prévus par la section 404, et non plus l'USACE, du moins sur certaines eaux (les voies navigables interétatiques étant une compétence fédérale exclusive). Dans son domaine de compétence, le New Jersey a ainsi mis en place une législation spécifique, plus exigeante que la législation fédérale. L'importance de la politique environnementale dans cet État a été reconnue par le président Barack Obama lors de son premier mandat, à travers la nomination à la tête de l'EPA de Lisa P. Jackson, ancienne ministre de l'Environnement du New Jersey.

Ces éléments permettent de comprendre pourquoi le prix d'un crédit-compensation y est d'environ 400 000 dollars, au moins quatre fois supérieur à celui de la Virginie. Ce prix s'explique par une demande soutenue et une offre rendue coûteuse par les coûts de construction, l'ampleur des travaux de dépollution, le prix des terrains et la complexité du droit étatique.

Début 2014, il n'existait que seize banques de compensation dans le New Jersey, toutes de petite taille. Une banque emblématique est celle de Port Reading, d'une surface de 4,6 hectares, et qui a obtenu huit crédits pour un investissement d'environ 1,5 million de dollars. Dans le New Jersey, une banque de compensation est donc généralement un petit terrain de quelques hectares seulement, dépollué, riche en végétation, et qui permet d'accueillir les espèces de passage au milieu d'un État densément peuplé.

Ces caractéristiques des banques de compensation de l'État du New Jersey peuvent être mises en perspective avec celles observées dans l'État de Floride (voir chapitre 13). En effet, dans l'État de Floride les banques de compensation sont fondées sur de très grandes surfaces et visent avant tout à restaurer des zones humides qui ont été drainées pour développer l'agriculture, l'élevage et la sylviculture. Ces banques comportent très peu d'enjeux en matière de décontamination des sols.

Un mécanisme de rémunération de remplacement

Le New Jersey se distingue enfin par une innovation sur le plan institutionnel : le Conseil de la compensation (Mitigation Council). Cet organe est composé de sept membres, dont le ministre de l'environnement de l'État (DEP Commissioner), et six membres nommés par le gouverneur avec le consentement du Sénat. Il se réunit six fois par an, et supervise l'ensemble des opérations de compensation pour les zones humides dans le New Jersey. Un même organe a donc pour tâche d'approuver les projets de banques de compensation, d'attribuer et de gérer les fonds disponibles dans le cadre de la compensation par versement d'une indemnité (on parle aussi de rémunération de remplacement), de procéder à des opérations de protection des zones sensibles indépendamment de la compensation, et enfin de piloter les recherches scientifiques sur le sujet[69].

En se saisissant de l'opportunité ouverte par le Clean Water Act, le New Jersey a donc mis en place un schéma unique aux États-Unis, qui permet d'assurer une cohérence entre l'ensemble des programmes destinés à protéger les zones humides (banques de compensation, rémunération de remplacement et permis individuels), dans un État où celles-ci sont particulièrement sensibles. D'après les entretiens que nous avons pu mener, le Mitigation Council est perçu favorablement par les différents acteurs locaux. À la question de la concentration de pouvoirs au sein de ce conseil, et notamment sur le risque qu'il ne privilégie ses propres projets à travers son fonds, aux dépens des banques de compensation, les personnes interrogées se sont montrées surprises, et ont répondu qu'elles n'y voyaient pas d'objection, dans la mesure où cette concentration de compétences est susceptible de rendre la politique environnementale plus cohérente. De même, le fait qu'une même autorité contrôle l'offre de crédits, en tant que régulateur des banques de compensation, et la demande, en tant qu'organisme octroyant les permis pour les impacts autorisés, est en général jugé favorablement. En tout état de cause, dans les autres États américains, on retrouve ce chevauchement de compétences au niveau de l'USACE.

Si le Mitigation Council n'a pas pour mission de garantir que les crédits disponibles trouveront preneur, il peut en pratique prévenir les investisseurs, de façon informelle, que tel projet semble par exemple disproportionné par rapport à la demande locale de crédits. Enfin, le marché des crédits a bien entendu vocation à être compétitif, mais cela ne doit pas occulter l'intérêt environnemental : une concurrence excessivement agressive entre banques de compensation pourrait avoir un impact négatif, par exemple en exerçant une pression excessive sur les coûts, au risque de privilégier systématiquement les techniques de restauration les moins chères. L'autre risque serait un excès d'offre de crédits, qui forcerait les sponsors à suspendre leurs investissements et à délaisser certains sites alors même que les travaux ont commencé. Il est donc dans l'intérêt de tous que les projets de compensation réussissent et que la concurrence reste à petite échelle de manière à obtenir un bon équilibre entre la recherche d'un prix « juste » et le maintien de projets de restauration de qualité.

Le caractère fédéral des États-Unis joue un rôle majeur en matière de politique environnementale. Il n'existe donc pas un modèle américain unique, et les acteurs locaux doivent avoir la capacité de s'adapter à leurs interlocuteurs, à leur perception des enjeux environnementaux, à leurs priorités politiques, qui elles-mêmes changent au gré des élections… Malgré ces variations, les textes à portée nationale comme la Règle finale sont suffisamment déterminants pour que l'on puisse parler d'approche américaine de la compensation, et s'interroger sur la pertinence d'une transposition de cette approche dans le contexte français.

▸▸ Conclusion : quelles leçons et quels pièges pour la France ?

Le droit américain de la compensation environnementale s'apparente à un droit empirique, qui part des problèmes soulevés par la compensation (*problem-solving approach*) et tente d'y remédier pour protéger l'ensemble des acteurs concernés, et obtenir un résultat écologiquement satisfaisant. Après de très nombreuses critiques (NRC, 2001 ; GAO, 2005 ; Kihslinger, 2008) et des évaluations globalement négatives au début des années 2000, les banques de compensation sont aujourd'hui plus finement encadrées, et un véritable marché des crédits, de plus en plus dynamique et de plus en plus efficace écologiquement, est désormais en place dans de nombreux États américains. Si elle accepte le principe de la compensation, la France gagnerait donc à s'inspirer de certains traits du

---

69. Freshwater Wetlands Protection Act Rules, NJSA 13 : 9B-14 & 15, dernière modification le 7 décembre 2009.

droit américain : volonté de créer un cadre juridique stable et sécurisant pour les acteurs privés, adaptabilité aux évolutions sociales et scientifiques, forte décentralisation permettant d'utiliser au mieux les connaissances des acteurs locaux.

Mais il faut aussi souligner le rôle de la société civile américaine et la culture politique des agences fédérales pour distinguer ce qui est exportable en France de ce qui ne l'est pas. À titre d'exemple, la culture juridique française n'est pas très propice au développement d'instruments de compensation de plusieurs centaines de pages, ni à la contractualisation d'obligations imposées par des acteurs étatiques. Autre obstacle : aux États-Unis, la gestion à long terme des sites de compensation repose sur la technique de la servitude environnementale. Malgré une tentative législative en 2011, et la pression d'une partie de la doctrine (Martin, 2008), celle-ci n'existe toujours pas en droit français, ce qui constitue un obstacle considérable au développement des banques de compensation. À quoi sert de créer une banque si sa viabilité à long terme n'est pas assurée ?

La principale leçon de l'expérience américaine ne réside peut-être pas dans les schémas institutionnels complexes et peu exportables, qui font intervenir différentes agences et qui n'ont d'ailleurs pour cette raison pas été abondamment développés ici. En revanche, il est plus utile de retenir la capacité du système américain à aborder les problèmes posés par les techniques compensatoires et à y réagir convenablement. À chaque étape du processus de compensation doivent correspondre des indicateurs objectifs, vérifiables et vérifiés. Aux États-Unis, une stricte séparation des pouvoirs permet en principe aux autorités environnementales de prendre leurs décisions en fonction de la conformité au seul droit environnemental, à l'abri des pressions politiques et économiques qui accompagnent le développement de grands projets de construction. En effet, sur un marché naissant, plus la réglementation est stricte et précise, plus elle offre de garanties et de prévisibilité aux acteurs, et favorise le développement de ce marché. Cela n'interdit pas, au contraire, une certaine souplesse au stade de l'application de cette réglementation. Les banques de compensation de zones humides prouvent que, face à l'incertitude intrinsèque à l'écologie, la précision de la règle de droit peut établir un cadre propice au développement de techniques de marché sans renoncer à l'exigence de protection de l'environnement.

Analyse spatio-temporelle du marché de la compensation des zones humides aux États-Unis

Pierre Scemama, Harold Levrel, Ramiro Buitron,
Pedro Cabral, Anne-Charlotte Vaissière

Aux États-Unis, la section 404 du Clean Water Act définit la procédure fédérale mise en œuvre pour réaliser une étude d'impact environnemental afin d'atténuer les impacts sur les écosystèmes aquatiques. Elle conduit les développeurs à proposer des mesures d'atténuation (*mitigation*) des dommages sur les zones humides à travers le respect de la logique « éviter-réduire-compenser » (pour plus de détails sur le contexte institutionnel américain des mesures compensatoires, voir chapitre 4). Depuis sa création en 1975, cette législation n'a eu de cesse d'évoluer jusqu'à aujourd'hui, accompagnant le développement du système des banques de compensation (*mitigation banking* ; pour plus de détails sur le contexte institutionnel américain des banques de compensation, voir chapitres 8 et 10).

Les développeurs, dans le cas d'un projet ayant un impact sur des zones humides, peuvent acheter des crédits de compensation auprès des banques de compensation. Le respect de l'équivalence écologique, le *no-net-loss* (absence de pertes nettes), nécessite l'implication d'une structure de régulation qui contrôle les échanges : l'US Army Corps of Engineers (USACE). Il est organisé en districts dont les limites sont construites sur la base de bassins versants. Son action a évolué au rythme de l'évolution de la législation. Il fournit aujourd'hui une vision globale du système à partir de plusieurs bases de données en ligne.

L'objectif de ce chapitre est de dresser un état des lieux du système des banques de compensation à travers la vision globale que fournit l'USACE. Dans la première partie de ce chapitre, nous présenterons les données que nous avons mobilisées afin de réaliser les analyses. Nous proposerons ensuite une analyse spatiale et temporelle du système à l'échelle des États-Unis puis une analyse du système à l'échelle du district de Jacksonville. Enfin, nous proposerons une discussion et une conclusion à partir de ces analyses.

▸▸ Méthodologie pour l'obtention des données

En premier lieu, nous nous appuyons sur les données disponibles sur le site de RIBITS. Il s'agit d'un site développé par l'organisme public régulateur de la compensation aux États-Unis, l'USACE, dans lequel on trouve des informations portant sur les transactions des banques de compensation aux États-Unis. Nous avons extrait à partir de ce site l'ensemble des données disponibles au 21 août 2013 relatives à 1 051 banques[70]. Le site de RIBITS fournit des informations sur les crédits potentiels (la quantité maximale de crédits qu'une banque pourra espérer obtenir une fois l'ensemble des objectifs écologiques atteints et validés par le régulateur), les crédits libérés (les crédits qui peuvent être vendus) et les crédits vendus (à un développeur pour compenser un impact). De plus, le site de RIBITS fournit différentes informations sur les caractéristiques de chaque banque, qu'elles soient d'ordre temporel (date des libérations ou des ventes de crédits) ou spatial (localisation des banques).

Nous allons donc donner cette double lecture à notre analyse du marché des banques de compensation.

En second lieu, nous avons utilisé un système d'information géographique (SIG)[71] pour compléter les données RIBITS. Nous pouvons en effet grâce au site de RIBITS récupérer les aires de services (voir glossaire) des banques sous une forme qui permet des traitements SIG. Cette analyse permettra de connaître la disponibilité en zones humides du territoire, et donc d'en évaluer la rareté relative et de mesurer la croissance urbaine. Les données nécessaires à cette opération sont obtenues à partir des informations fournies par le National Land Cover Database pour les années 1992 et 2006. Cette base de données fournit des informations sur l'occupation des sols avec une résolution spatiale de 30 mètres. Nous avons ainsi récupéré de l'information sur l'évolution des surfaces de zones humides et de zones urbanisées entre 1992 et 2006[72].

Enfin, nous avons eu recours à une troisième source de données proposée par l'USACE : l'ORM Permit Decisions, qui recense l'ensemble des permis accordés ou refusés chaque année et dans chaque district. Ces permis correspondent à des demandes d'autorisation de détruire des zones humides qui sont protégées par la section 10 du Rivers and Harbor Act, la section 404 du Clean Water Act et la section 103 du Marine Protection, Research and Sanctuaries Act[73].

▸▸ Présentation du marché de la compensation des zones humides aux États-Unis

Le niveau de la demande pour des permis d'impacter

La demande pour des crédits de compensation est liée à la demande de « permis d'impacter » des écosystèmes aquatiques. Il s'agit de permis délivrés par l'USACE aux développeurs pour autoriser les travaux. Dans le cadre de la section 404 du Clean Water Act, les permis d'impacter sont délivrés une fois que ces derniers ont fourni l'assurance de respecter la séquence éviter-réduire-compenser, qui peut inclure la compensation d'éventuels impacts résiduels à travers les banques de compensation — entre autres[74]. La demande pour ces permis constitue donc un indicateur de la demande de crédits de compensation.

---

70. Le site RIBITS diffuse aussi des éléments liés aux systèmes *in-lieu fee*, dont cent vingt-cinq sont enregistrés sur le site, mais ils ne font pas l'objet de notre analyse.

71. Les traitements SIG sont effectués à partir du logiciel ArcGIS.

72. Le système de classification des différents types d'utilisation du sol est organisé en différents niveaux. Nous avons choisi de fusionner les classes relevant des zones humides et celles des zones urbanisées afin de ne considérer que deux types de classification.

73. La section 10 du Rivers and Harbor Act contrôle les demandes de travaux et d'aménagements sur des cours d'eau navigables, la section 404 du Clean Water Act contrôle le déchargement de matériaux dragués ou destinés à combler les eaux des États-Unis (eaux navigables, leurs affluents, zones humides adjacentes à ces eaux et zones humides isolées démontrant un intérêt pour le commerce entre États).

74. Le recours à une banque de compensation n'est pas la seule voie possible. Les développeurs peuvent aussi choisir la compensation par le système du *permittee responsible*, dans lequel la compensation est mise en œuvre par le développeur, ou par le système *in-lieu fee*, dans lequel le développeur se décharge du paiement par un paiement à un organisme public ou à une organisation non gouvernementale (ONG).

La figure 9.1 montre l'évolution de la demande de permis entre 2009 et 2013 pour l'ensemble des États-Unis. La période de temps est trop courte pour dégager des tendances temporelles et la demande de permis apparaît plutôt stable sur cette période, néanmoins on peut voir que la proportion de permis refusés est très faible par rapport aux permis accordés.

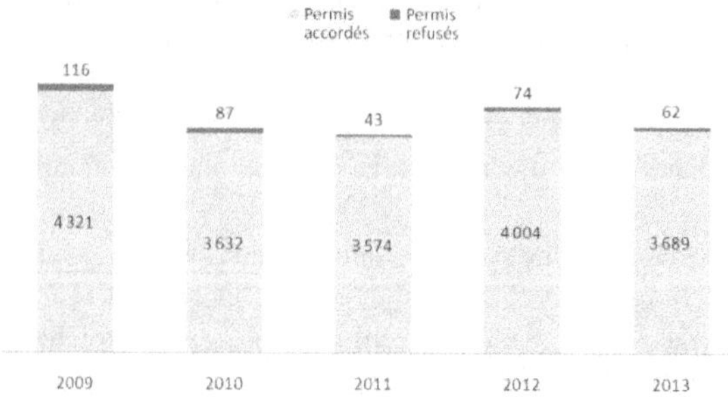

Figure 9.1. Évolution dans le temps de la demande pour des permis d'autorisation à impacter des zones humides et proportion des permis accordés ou refusés.

Comme nous l'avons mentionné plus haut, l'USACE est organisé en districts. Il existe trente-huit districts aux États-Unis[75]. Nous pouvons ordonner les districts en fonction du nombre de permis délivrés afin d'étudier la répartition spatiale de la demande de crédits de compensation pour les années 2009 à 2013 (figure 9.2)[76].

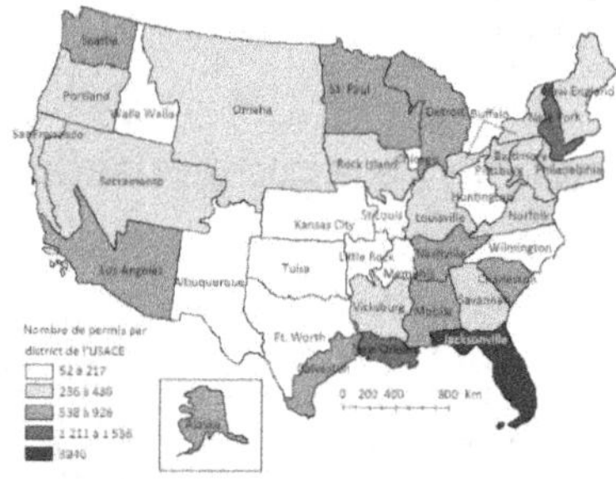

Figure 9.2. Nombre de permis d'impacter des zones humides par district de l'USACE.

Le district de Jacksonville accordant un nombre de permis beaucoup plus important que les autres districts sur cette période (3 940 permis entre 2009 et 2013), nous proposons de nous focaliser sur ce dernier en vue d'intégrer des informations géographiques spécifiques, qui pourront par ailleurs être mises en perspective avec les résultats du chapitre 10.

Le niveau de l'offre

L'offre sur le marché de la compensation des zones humides est associée aux banques de compensation qui investissent dans du capital naturel afin de produire des crédits de compensation qui seront

---

75. Il existe cinq autres districts qui correspondent aux activités de l'USACE hors territoire des États-Unis.

76. Pour ordonner les districts, nous utilisons l'algorithme des k-moyennes, qui permet de répartir un jeu de données en k partitions dans lesquelles chaque observation appartient à la partition dont la moyenne est la plus proche de sa valeur.

vendus à des développeurs. L'offre est contrôlée, tout comme la demande, par l'USACE qui choisit d'autoriser ou non un investisseur à établir une banque de compensation.

Nous nous intéressons au nombre de crédits libérés pour la vente et au nombre de crédits vendus par les banques. Les banques ont en moyenne 1 162 crédits libérés pour la vente et en ont vendu en moyenne 669. Cependant, le nombre de crédits libérés et vendus est marqué par une grande variabilité, comme on peut le voir sur la figure 9.3.

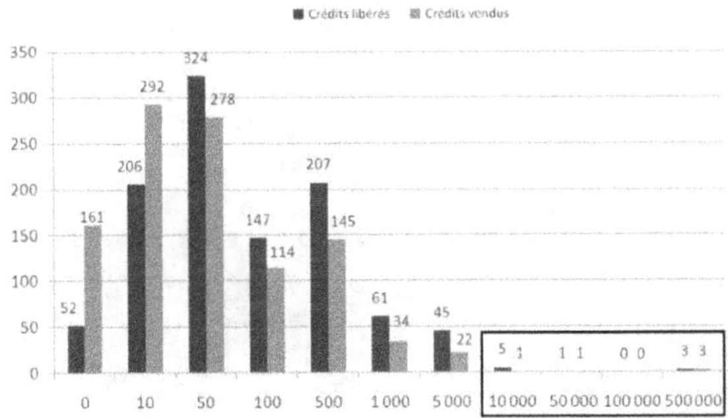

Figure 9.3. Répartition du nombre de banques en fonction du nombre de crédits libérés et vendus.

Nous pouvons ainsi souligner que 161 banques (15 %) approuvées et enregistrées sur RIBITS n'ont vendu aucun crédit au moment de l'extraction des données. Un tiers d'entre elles n'ont pas encore atteint les standards de performance qui leur permet d'avoir des crédits libérés pour être vendus, et deux tiers d'entre elles possèdent des crédits disponibles à la vente mais sont dans l'attente d'acheteurs. La grande variabilité des données peut par ailleurs s'expliquer par certaines valeurs extrêmes pour quelques banques. Ainsi, à elles seules, 8 banques ont plus de 5 000 crédits potentiels. La très grande quantité de crédits générée par ces banques est difficile à interpréter et semble relativement disproportionnée par rapport au reste de l'échantillon, c'est pourquoi nous avons choisi de ne pas les prendre en compte pour la suite des analyses.

Le site RIBITS donne également la taille des banques. Cette information est cependant absente pour 143 banques. Les surfaces des banques sont très hétérogènes, avec une moyenne de 189 hectares et un écart type de 530, la plus petite mesurant 0,2 hectare et la plus grande, 9 843 hectares. On compte 318 banques (35 %) d'une taille dépassant les 100 hectares. C'est un résultat que nous pouvons mettre en perspective avec le travail de Moreno-Mateos *et al.* (2012) qui montre que les écosystèmes aquatiques issus d'actions de restauration ou de création mises en œuvre sur des surfaces de plus de 100 hectares reconstituaient plus rapidement leur structure biologique et leurs fonctions biogéochimiques.

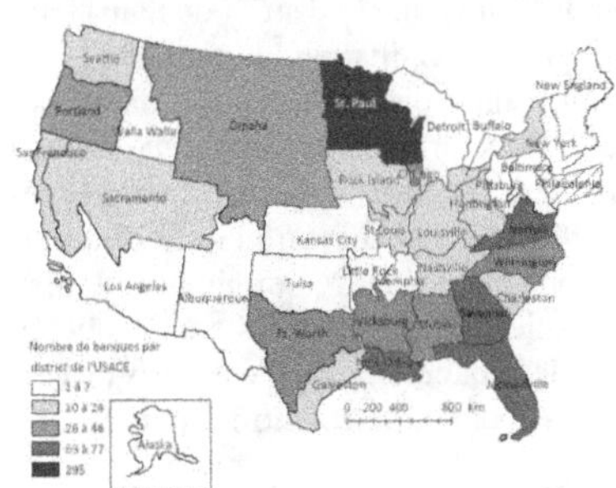

Figure 9.4. Nombre de banques par district de l'USACE.

Nous disposons également de la localisation administrative de chaque banque (figure 9.4). Seuls les districts d'Honolulu et de Philadelphia sont absents dans notre analyse (aucune banque n'est recensée dans le district d'Honolulu, et celles recensées à Philadelphia n'avaient aucune information disponible). La figure 9.4 montre la répartition du nombre de banques par district. C'est dans les districts de Detroit, Pittsburgh et Tulsa que l'on trouve le moins de banques (1), et c'est dans le district de Saint-Paul qu'on en trouve le plus (295). Les figures 9.5 et 9.6 montrent le nombre de crédits libérés et vendus par district de l'USACE.

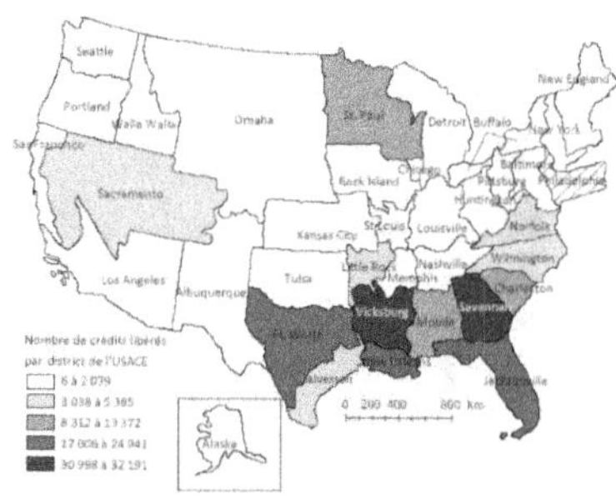

Figure 9.5. Nombre de crédits libérés par district de l'USACE.

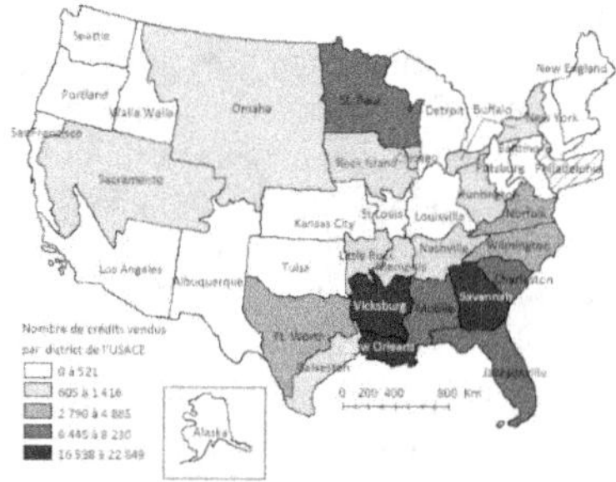

Figure 9.6. Nombre de crédits vendus par district de l'USACE.

On peut observer une disproportion entre le nombre de banques et le nombre de crédits. À titre d'exemple, dans le district de Vicksburg, les 46 banques recensées ont eu en moyenne 700 crédits de libérés et 374 crédits de vendus, alors que le district de Saint-Paul affiche des valeurs beaucoup plus basses, avec 37 crédits libérés et 22 crédits vendus par banque. Ces disparités peuvent en partie s'expliquer par les différences de tailles des banques. La taille des banques est plus grande pour le district de Vicksburg, avec 171 hectares en moyenne, que pour le district de Saint-Paul, avec 38 hectares en moyenne. Ramené à l'hectare, cela correspond cependant à 4,1 crédits libérés par hectare pour Vicksburg et à 0,97 crédit par hectare pour Saint-Paul. Les différences du nombre de crédits octroyés semblent donc avoir d'autres origines, notamment la diversité des contextes institutionnels mais aussi des manières de calculer les crédits libérés. Notons par ailleurs que cela ne présume en rien de la valeur de la banque, puisque les prix de ces crédits varient eux aussi selon les contextes et qu'ils ne sont pas comparables entre eux puisque ne renvoyant pas aux mêmes marchés.

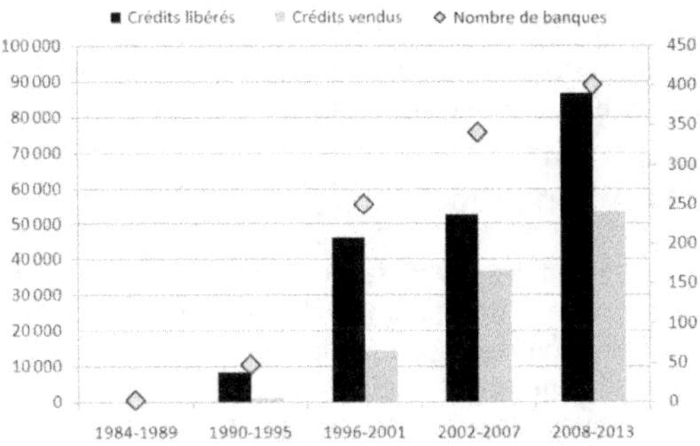

Figure 9.7. Évolution temporelle de la quantité totale de crédits libérés et vendus, et du nombre de banques.

Nous pouvons aussi proposer une analyse temporelle de l'offre. La figure 9.7 montre l'évolution dans le temps du nombre de banques et de la quantité de crédits potentiels et vendus. Nous avons choisi de construire l'échelle de temps à partir des étapes importantes de la mise en place du marché de la compensation et en conservant des intervalles de temps de six années (Hough et Robertson, 2008 ; tableau 9.1).

Tableau 9.1. Les étapes importantes du marché de la compensation pour les zones humides aux États-Unis.

1995	Publication de la version finale du document Final Guidance on the Establishment, Use and Operation of Mitigation Banks, premier signal envoyé par la réglementation pour stabiliser le système des banques de compensation.
2001	Arrêt de la Cour suprême connu comme la décision SWANCC[1] qui a fait sortir toutes les zones humides « isolées » de la section 404 du Clean Water Act, éliminant ainsi l'obligation de compensation pour les impacts sur ces dernières.
2002	Mise en place du Wetlands Mitigation Action Plan, qui établit de nouvelles directives pour améliorer la performance des banques.
2007	Ratification du Water Resources Development Act, qui privilégie les banques comme mécanisme de compensation des zones humides.
2008	Dernière révision de la section 404 du Clean Water Act par l'USACE et l'USEPA[2] (*Final Rule*).

[1] Solid Waste Agency of Northern Cook County. [2] US Environmental Protection Agency.

Ainsi on peut voir que le nombre de banques, la quantité de crédits libérés et de crédits vendus n'ont eu de cesse d'augmenter au cours du temps. On voit que, globalement, le nombre de crédits libérés est plus important que le nombre de crédits vendus. Un des avantages des banques de compensation est en effet lié au fait que les mesures compensatoires sont mises en place avant que les impacts ne se produisent. Ainsi, les districts libèrent les crédits pour qu'ils soient vendus au fur et à mesure que les banques prouvent qu'elles répondent à certains standards de performance (voir chapitres 8 et 10). On observe deux périodes durant lesquelles le nombre de banques, de crédits libérés et de crédits vendus augmente fortement. La première est liée à la publication du Final Guidance on the Establishment, Use and Operation of Mitigation Banking ; la seconde est liée à la préférence déclarée du régulateur pour les banques et à la dernière révision de la section 404 du Clean Water Act. Ces éléments constituent deux étapes importantes dans la stabilisation des règles pour le développement des banques de compensation.

Le marché de la compensation

Nous nous intéressons ici au nombre de transactions réalisées sur le marché de la compensation. Une transaction apparaît à chaque fois qu'un développeur achète des crédits de compensation à une banque. Ainsi ce nombre doit correspondre au nombre d'impacts qui ont été compensés par des crédits produits par des banques. Les banques effectuent en moyenne 23,29 transactions avec un écart type de 40,3 qui illustre la grande variabilité de cette donnée. La figure 9.8 montre la distribution des valeurs de la variable. La majorité des banques réalise moins de 20 transactions et moins de 10 % des banques effectuent plus de 75 transactions.

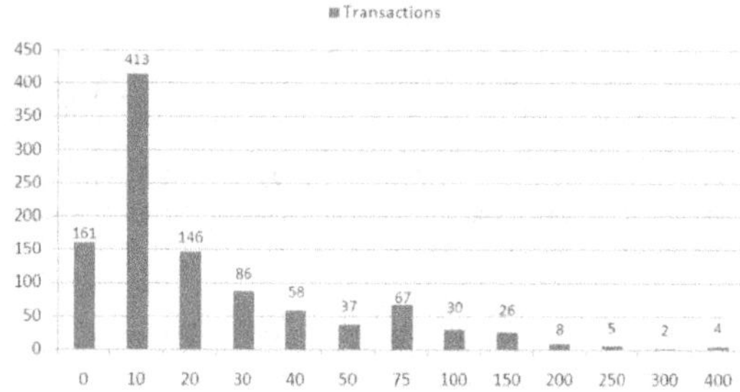

Figure 9.8. Répartition du nombre de banques en fonction du nombre de transactions qu'elles ont réalisées.

Une transaction représente en moyenne 4,3 crédits échangés. La plus petite transaction concerne 0,0001 crédit, alors que la plus grande s'élève à 1 103 crédits. Il existe un lien de corrélation entre le nombre de transactions et le nombre de crédits libérés et vendus. Nous verrons plus loin que les crédits échangés doivent être considérés à la lumière de leur système de classification et des méthodes d'évaluation qui ont permis de les calculer.

La figure 9.9 montre la répartition géographique du nombre de transactions. On peut voir une concentration importante des transactions dans le sud-est des États-Unis qui peut s'expliquer par le caractère très humide de ces régions, situées sous un climat subtropical ou tropical et dont les zones humides sont nombreuses, comme dans le delta du Mississippi. Les districts de Saint-Paul et de Norfolk sont aussi fortement représentés, ce qui coïncide avec le grand nombre de banques ou de crédits observés dans ces districts.

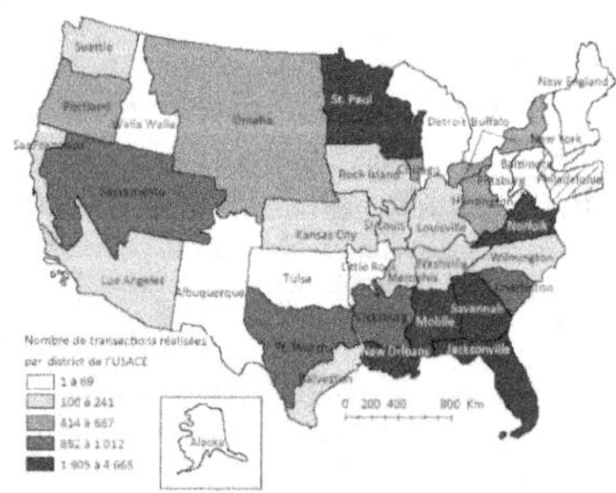

Figure 9.9. Nombre de transactions réalisées par district de l'USACE.

Nous étudions également la répartition du nombre de transactions dans le temps (figure 9.10).

Figure 9.10. Évolution temporelle du nombre de transactions effectuées par les banques de zones humides.

On peut voir que le nombre de projets de développement ayant eu recours aux banques de compensation a connu une croissance continue entre 1985 et 2005. On observe une baisse du nombre de transactions à partir de 2007, que l'on peut associer au début de la crise économique (crise des *subprimes*) et qui continue jusqu'en 2009, avant de remonter en 2010 pour se stabiliser ensuite.

Afin de décrire l'état du marché, il serait intéressant de disposer d'informations sur la valeur des échanges effectués à travers les banques de compensation. Cependant, les agences fédérales ne suivent pas les prix des échanges : les banques sont pour la plupart des entreprises privées qui ne communiquent pas sur les prix de leurs transactions. Il existe cependant des approximations telles que celle de Madsen *et al.* (2010) qui a estimé que le prix d'un crédit pouvait varier au niveau national de 3 000 dollars à 653 000 dollars avec une moyenne de 74 535 dollars. Ces auteurs ont observé d'importantes disparités géographiques, avec un prix du crédit pouvant aller de 35 000 à 100 000 dollars en Floride, alors qu'il ne varie que de 12 500 à 22 500 dollars au Texas. Cependant, étant donné la grande variabilité du nombre de crédits échangés par transaction, on peut se demander si un prix par crédit est le meilleur moyen de comparer les transactions entre elles, comme nous l'avons déjà mentionné plus haut.

La structure de l'offre

Comment sont organisés les acteurs du marché ?

Les banques de compensation sont de différents types selon la nature de leur sponsor et de leur client. L'USACE a identifié quatre catégories (USACE, 1995) :
• les banques à client unique (*single client banks*). Dans ce cas, le sponsor de la banque est aussi celui qui utilise les crédits. Ces banques doivent faire un effort de planification pour faire correspondre besoins de compensation et disponibilité de crédits ;
• les banques de projets conjoints (*joint-project banks*). Dans ce cas, la banque a été créée dans le but de compenser les impacts de plusieurs organismes publics ou publics et privés. La mise en commun de ressources permet d'améliorer l'efficacité de la compensation ;
• les banques commerciales publiques. Ces banques sont habituellement sponsorisées par des organismes publics pour compenser des pertes occasionnées par une combinaison de projets de travaux publics et de développement privé. Elles ont vocation à compenser des impacts causés par des projets généralement liés à un plan précis de développement territorial ;
• les banques commerciales privées. Ces banques sont sponsorisées par des entrepreneurs privés dans le but de proposer à la vente des crédits de compensation sur le marché.

Ces différents types de banques renvoient à des logiques organisationnelles différentes. En effet, les banques commerciales privées s'inscrivent dans des dynamiques de retour sur investissement avec une forte intensité incitative caractéristique des marchés. À l'inverse, les banques à client unique font appel à des mécanismes de coordination intégrés en vue d'être autonomes en matière de mesures compensatoires. Entre ces deux extrémités, les banques de projets conjoints et les banques commerciales publiques sont des formes intermédiaires construites autour d'une stratégie de développement territorial qui mêlent les mécanismes de coordination administratifs et incitatifs.

Le tableau 9.2 détaille la distribution des banques en fonction de leur catégorie d'appartenance. La base de données RIBITS propose aussi une typologie avec des banques « combinaison publique/ privée » et « privée à but non lucratif » dont les logiques renvoient aux banques de projets conjoints. Nous pouvons voir que c'est la catégorie des banques commerciales privées qui totalise, de loin, le plus grand nombre de banques, avec 710 banques, ce qui correspond à la volonté du système de régulation de se reposer sur les mécanismes de coordination du marché.

Tableau 9.2. Classement des types de banques en fonction de leurs formes organisationnelles.

RIBITS	Classification	Banques
Single-Client	Banques à client unique	206
Combination Public/Private	Banques de projets conjoints	24
Private Non profit		19
Public Commercial	Banques commerciales publiques	84
Private Commercial	Banques commerciales privées	710

Comment sont produits les crédits de compensation ?

Le type d'action mis en place et le niveau d'ingénierie écologique mobilisé conditionnent en partie la quantité de crédits qui sera attribuée à la banque. En effet, la quantité de crédits disponibles pour la vente est évaluée par le régulateur sur la base des types d'actions de compensation. Cette évaluation pénalise les actions de préservation et d'amélioration, qui ne créent pas de gains surfaciques, et privilégie les actions de restauration et, dans une moindre mesure, de création (Levrel *et al.*, 2012).

Le tableau 9.3 détaille la répartition des banques en fonction de l'action principale qu'elles ont réalisée pour obtenir des crédits.

Tableau 9.3. Classement des types d'action en fonction de la spécificité du capital humain qu'elles impliquent.

Action	Banques
Non spécifiée	193
Préservation	50
Préservation de zones tampons	19
Amélioration	116
Réhabilitation	71
Rétablissement	514
Création	80

Une banque peut appliquer plusieurs types d'actions pour obtenir des crédits. On peut voir que l'action de rétablissement est celle qui domine largement (514 banques). Il s'agit d'une action de restauration qui vise à recréer une zone humide qui avait disparu. Elle correspond à un gain de fonctions écologiques et de surfaces. À ce titre, elle fait partie des actions qui sont privilégiées par le régulateur (avec l'amélioration et la réhabilitation). Les actions de type préservation, amélioration ou préservation de zones tampons rapportent généralement peu de crédits, mais elles nécessitent moins de moyens en connaissances et en ingénierie. Il est aussi intéressant de noter que pour 193 banques l'information sur l'action n'est pas spécifiée.

Comment les crédits sont-ils définis et évalués ?

Afin de juger de la qualité écologique des banques et de contrôler le respect de l'équivalence écologique entre le site impacté et le site de compensation, le régulateur a déployé un ensemble de critères écologiques et de méthodes d'évaluation permettant de classer et de mesurer les crédits. Dans cette partie nous allons nous intéresser aux systèmes de classification des crédits et aux méthodes d'évaluation, qui reflètent de manière indirecte la façon dont la diversité et la complexité de la biodiversité sont prises en compte.

Si la majorité des banques n'utilisent qu'un seul type de classification pour qualifier leurs crédits, 360 banques ont eu recours à plus d'un système, allant même jusqu'à 16 classes de crédits différents pour une même banque. En ce qui concerne les méthodes d'évaluation, seulement 9 banques ont eu recours à deux méthodes d'évaluation au lieu d'une.

Il est difficile, loin du terrain, de savoir quelle est la réalité écologique derrière les termes utilisés pour classer les crédits. Afin de proposer une analyse globale de ces informations, nous faisons l'hypothèse qu'un système de classification ou une méthode d'évaluation sont moins précis quand ils sont utilisés par un grand nombre de banques. Pour les banques qui utilisent plusieurs systèmes de classification ou méthodes d'évaluation, nous choisirons de les qualifier à partir du système ou de la méthode associés à la plus grande quantité de crédits échangés.

Les figures 9.11 et 9.12 montrent la répartition du nombre de systèmes de classification et du nombre de systèmes d'évaluation différents dans les districts de l'USACE. Il est difficile de dégager une logique géographique de ces cartes. Cela illustre surtout le fait qu'il n'existe pas un unique marché de la compensation aux États-Unis. Les zones humides ont des spécificités locales qui ne peuvent être appréhendées que par les régulateurs locaux, qui développent les outils adaptés à leur évaluation et à leur définition.

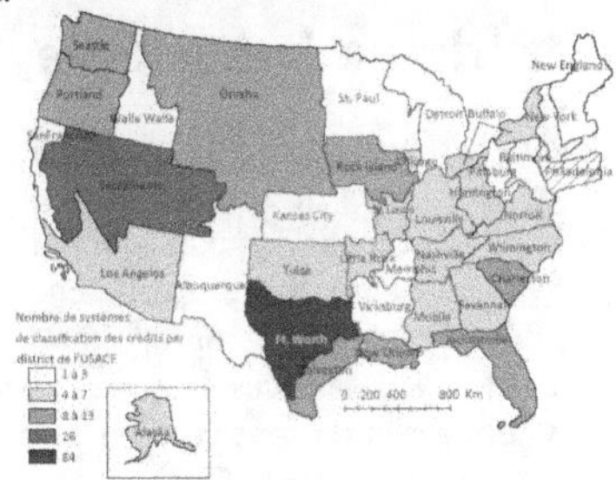

Figure 9.11. Nombre de systèmes de classification utilisés dans les districts de l'USACE.

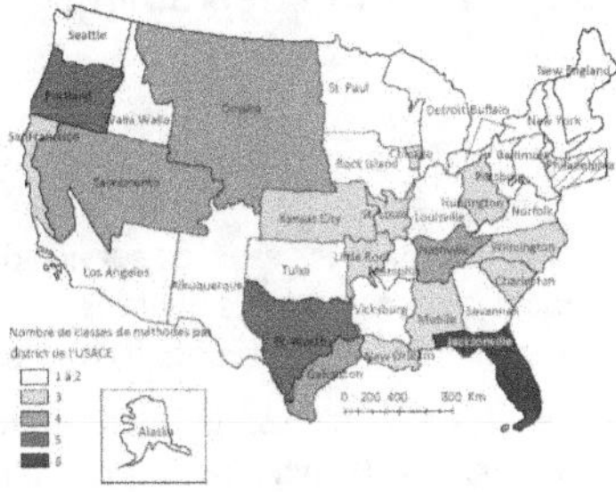

Figure 9.12. Nombre de systèmes d'évaluation utilisés dans les districts de l'USACE.

Il existe aux États-Unis 97 systèmes de classification différents et 35 méthodes d'évaluation. Sur 1 043 banques, 391 ont utilisé la classification Wetlands comme seul système de classification. Le fait que cette classification soit utilisée par un grand nombre de banques dans tous les districts peut nous laisser penser qu'elle ne comporte que peu d'informations précises sur la diversité et la complexité des écosystèmes compensés. Le même constat peut être fait pour la méthode d'évaluation Ratio, qui est utilisée majoritairement par 706 banques sur 1 043. Ces éléments nous permettent de souligner qu'un des dangers de la création d'un marché de crédits de compensation est de générer une diminution de la spécificité des écosystèmes en ne les évaluant qu'à l'aune d'indicateurs et de méthodes standardisés et facilement reproductibles entre deux transactions.

Il existe aussi un effet historique lié à ces dénominations. Comme on peut le voir sur la figure 9.13, le nombre de systèmes de classification et de méthodes d'évaluation des crédits a constamment augmenté depuis la première transaction enregistrée sur le site RIBITS. Au fil de l'évolution de l'organisation du marché, les crédits et les méthodes d'évaluation se sont précisés et complexifiés, renforçant la précision des crédits échangés quant à leur contenu écologique.

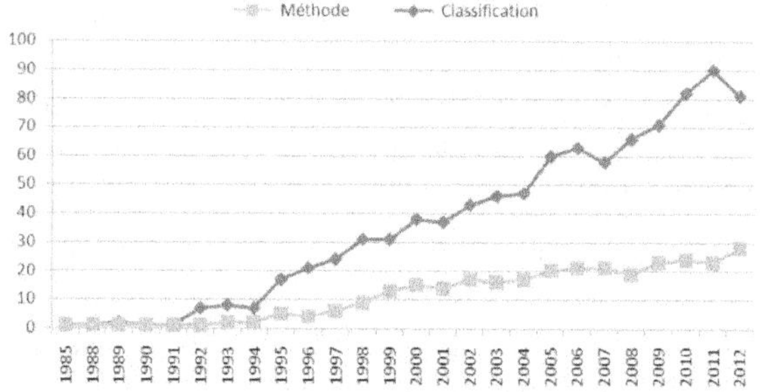

Figure 9.13. Évolution du nombre de systèmes de classification et de méthodes d'évaluation utilisés dans les banques de compensation pour contrôler la compensation.

▸▸ Focalisation sur le district de Jacksonville

L'objectif de cette partie est d'évaluer la robustesse des résultats obtenus à une échelle nationale en nous focalisant sur un district particulier, celui de Jacksonville, qui a pour particularité de représenter une unité de régulation homogène pour laquelle nous disposions d'informations issues d'un travail de terrain réalisé par Vaissière *et al.* (chapitre 10 ; encadré 9.1). Nous avons complété les informations disponibles avec des informations géographiques relatives à la taille de l'aire de service des banques et à l'occupation du sol dans ces aires de service (surface de zones humides et évolution des surfaces de zones humides et de zones urbanisées). Cette analyse nous permet de mettre en perspective les informations du site de RIBITS.

Le niveau de la demande : évolution des surfaces de zones humides et de zones urbanisées

À cette échelle, nous allons estimer la demande pour des crédits de compensation à travers des informations spatiales :
- la surface moyenne des zones humides dans les aires de service des banques en 2006 ;
- l'évolution de la surface moyenne des zones humides dans les aires de service entre 1992 et 2006 ;
- l'évolution de la surface moyenne des zones urbanisées dans les aires de service entre 1992 et 2006.

La surface des zones humides dans les aires de service s'élève en moyenne à 140 800 hectares (minimum 6 386 hectares et maximum 703 700 hectares). Il est très intéressant de noter qu'entre 1992 et 2006, la surface des zones humides a augmenté en moyenne de 16 820 hectares dans les aires de service. De même, les zones urbaines ont augmenté de 20 820 hectares en moyenne dans les aires de service. En fait, cette tendance s'exprime à l'échelle du pays dans son ensemble puisque l'évolution de la couverture du sol entre 1992 et 2001 montre que c'est principalement la forêt qui a régressé (de 61,9 kilomètres carrés), suivie des surfaces agricoles (de 7,4 kilomètres carrés), au bénéfice de toutes les autres catégories de couverture, et notamment des zones humides qui ont gagné 16,7 kilomètres carrés (Fry *et al.*, 2009). Soulignons cependant que le système de classification des types d'occupation du sol ne fournit aucune information sur la qualité environnementale des éléments considérés comme des zones humides et que d'autres études tendent à montrer que la superficie des zones humides aux États-Unis aurait tendance à régresser (voir chapitre 20).

Encadré 9.1. Évaluation de la robustesse des données présentes dans la base RIBITS pour le district de Jacksonville au regard des données de terrain

Le renseignement de la base de données pour le district de Jacksonville peut être considéré comme homogène, puisqu'une seule personne de l'USACE pour les banques de zones humides est responsable de la saisie. Depuis peu, les acteurs des nouveaux projets de banque de compensation peuvent préremplir certains champs qui sont ensuite validés par le responsable cité ci-dessus.

La qualité de l'information concernant les banques s'est améliorée au fil du temps et on peut donc admettre que les informations les plus récentes sont aussi les plus robustes.

Le nombre de transactions et le nombre de crédits vendus ont été validés par les personnes interrogées sur le terrain.

L'information sur le type de banque est parfois erronée pour ce district. En effet, sur les soixante banques indiquées comme « privées commerciales », en réalité au moins onze sont des « combinaisons publiques/privées » ou des banques « publiques commerciales ».

Les acteurs rencontrés remettent souvent en question le type d'action associé à leur banque. Tout d'abord, il s'agit des types d'action majoritairement utilisés : ceux-ci peuvent être en réalité multiples selon l'état initial de la parcelle qui deviendra la banque de compensation. De plus, il semble que cette classification n'est pas claire du point de vue de tous les acteurs et qu'elle n'est finalement pas déterminante pour l'obtention des crédits. C'est plutôt la plus-value espérée, établie par la méthode d'évaluation retenue, qui sera déterminante. L'information sur le type d'action est par ailleurs souvent non renseignée (*unspecified*) avec deux significations possibles : non spécifié dans les documents, ce qui est fort probable notamment pour les vieux documents, ou non spécifié car l'information n'a pas été récoltée mais elle existe peut-être.

Cette base de données se limite au marché fédéral encadré par l'USACE, il peut en exister d'autres à l'échelle de certains États qui ne sont pas étudiés ici.

Pour 74 % des enquêtés lors de l'enquête de terrain en Floride, la base de données est utile et intéressante notamment pour la transparence de ce système. Ils en soulignent tout de même certaines limites qui pourraient être améliorées : le renseignement de la base de données n'est pas homogène entre les districts, il a été souligné qu'elle est parfois incomplète et peut comporter des erreurs de saisie. Pour certaines des raisons évoquées ci-dessus, 26 % ont une image plutôt négative de cette base de données.

Le niveau de l'offre

À cette échelle, nous allons estimer l'offre à travers la surface de l'aire de service de chaque banque et le nombre de crédits par aire de service.

Dans le district de Jacksonville, les aires de service mesurent en moyenne 354 700 hectares (σ = 220 900), avec un minimum de 25 530 hectares et un maximum de 1 160 000 hectares. Les aires de service dans ce district sont définies d'après l'échelle HUC-8 (Hydrologic Unit Code). Ce système de code définit différentes échelles géographiques à partir d'une logique de bassin versant.

Le code HUC-2 correspond au niveau le plus large (la région) et HUC-12 au niveau le plus précis (la partie d'une ligne de partage des eaux). HUC-8 correspond à une échelle intermédiaire (le sous-bassin versant). À l'échelle des États-Unis, il existe 2 149 régions HUC-8 et elles mesurent en moyenne 58 790 hectares.

Dans le district de Jacksonville, 60 banques ont effectué en moyenne 37,4 transactions représentant une moyenne de 112,7 crédits par banque. Ce district se situe donc au-dessus de la moyenne nationale pour le nombre de transactions, mais en dessous en ce qui concerne le nombre de crédits vendus. Les banques ont une taille moyenne de 927 hectares, ce qui est nettement au-dessus de la moyenne nationale.

Presque toutes les banques sont de type commercial privé (56 banques). Les banques de compensation de Floride ont recours à cinq systèmes de classification différents (*estuarine, palustrine, palustrine emergent, palustrine forested, palustrine scrub/shrub*), qui sont relativement plus précis que la moyenne des systèmes utilisés dans d'autres districts. Le district de Jacksonville a recours à sept méthodes d'évaluation des crédits[77], dont une méthode est particulièrement utilisée, l'Uniform Mitigation Assessment Method (UMAM), et ce uniquement dans ce district. En effet, ce système d'évaluation est utilisé par 25 des 42 banques pour lesquelles nous disposons d'informations.

En ce qui concerne le type d'action mise en œuvre, cette information est absente pour 33 banques. Les autres ont appliqué en majorité l'amélioration avec 25 banques, à l'exception de 2 banques qui ont appliqué le rétablissement.

▶▶ Discussion et conclusion

La banque de compensation correspond à un marché fortement régulé. En effet, le régulateur, l'USACE, contrôle la demande — par la délivrance de permis d'impacter — et l'offre — par l'autorisation des banques et l'attribution des crédits de compensation. L'échelle du district de l'USACE semble correspondre à un niveau pertinent pour étudier les mécanismes qui animent l'offre et la demande sur les marchés des crédits de compensation. L'objectif de ce travail était de présenter une analyse du système de banque de compensation à travers des informations fournies par l'USACE sur la plateforme RIBITS. Grâce à ces informations, nous avons pu dresser une analyse spatiale et temporelle du marché des crédits de compensation à l'échelle des États-Unis et à l'échelle d'un district, Jacksonville.

La banque de compensation est apparue de la volonté des pouvoirs publics de faire appel aux mécanismes du marché pour organiser la compensation. Le premier élément à considérer pour le marché est donc lié à la demande. Cette dernière est contrôlée par l'USACE, qui peut choisir d'autoriser ou non des projets ayant un impact sur les zones humides. Cependant, la demande est aussi liée à la dynamique plus large de l'aménagement du territoire. Le nombre de transactions réalisées par une banque est ainsi lié à la surface de la zone humide et à sa conversion en zone urbanisée dans son aire de service.

Le marché créé est aussi caractérisé par l'offre de compensation. Le nombre de banques n'a eu de cesse d'augmenter dans le temps, ce qui est le résultat de la volonté du régulateur d'encourager ce mode d'organisation pour les transactions. L'offre est caractérisée par la taille de son aire de service, qui définit la zone dans laquelle une banque peut vendre un crédit de compensation, et par la quantité de crédits à vendre dont elle dispose. Les crédits ne peuvent être lus qu'à travers un système de classification qui les définit, un type d'action qui a généré le bénéfice écologique et une méthode d'évaluation qui permet de mesurer l'équivalence avec l'impact à compenser. Il existe une grande variabilité sur ces trois paramètres, ce qui explique la grande variabilité des quantités de crédits allouées.

---

77. E-WRAP, Integrated Function Index, LPI Functional Assessment Methodology, M-WRAP, Ratio, WATER et UMAM.

Les transactions correspondent à la rencontre de l'offre et de la demande. Étant donné les disparités institutionnelles qui encadrent l'offre et la demande entre les districts, il est difficile de parler d'un marché de la compensation aux États-Unis. Il est plus probable que l'on puisse définir plusieurs marchés en fonction des districts et de leurs propres règles d'échange.

Nous avons vu que la banque de compensation a fortement évolué depuis la première transaction enregistrée sur le site de RIBITS en 1985. Au fur et à mesure que le nombre d'impacts compensés par l'achat de crédits a augmenté, on observe une complexification du système : le nombre de systèmes de classification et le nombre de méthodes d'évaluation des crédits ont augmenté. Cette complexité du système le rend finalement très délicat à analyser, comme l'illustrent nos difficultés à connaître la valeur des crédits. Cela peut justifier le couplage de méthodes quantitatives globales et d'analyses qualitatives de terrain (voir chapitre 10).

Chapitre 10

Les banques de compensation aux États-Unis

Une nouvelle forme organisationnelle et institutionnelle basée sur le marché ?

Anne-Charlotte Vaissière, Harold Levrel,
Pierre Scemama

Les instruments de marché sont de plus en plus utilisés pour gérer les ressources naturelles, avec par exemple les quotas transférables de pêche ou encore le marché du carbone. La complexité de la biodiversité rend délicate sa conversion en biens et services homogènes échangeables sur un marché standard. Pourtant, on observe depuis une vingtaine d'années l'émergence d'instruments dits de marché, visant à faciliter la mise en œuvre de politiques de conservation dans le monde entier, tels que les banques de compensation pour les zones humides aux États-Unis.

Le marché global de la biodiversité aux États-Unis rapporte 2 à 3,4 milliards de dollars par an. Il permet de restaurer autour de 15 000 hectares par an (Madsen *et al.*, 2011). Dans ce contexte d'un développement économique croissant, une question centrale est de comprendre comment la complexité de la biodiversité a-t-elle pu, ou non, être prise en compte dans ces marchés ? Et comment ces marchés fonctionnent-ils ? En effet, si les littératures grise et scientifique utilisent le terme de « marché » des banques de compensation (Madsen *et al.*, 2010 ; 2011 ; Eftec *et al.*, 2010 ; Wissel et Wätzold, 2010), certains auteurs s'interrogent sur la nature exacte de ce dernier (Boisvert *et al.*, 2013 ; Levrel, 2012 ; Vatn, 2014). Pour mieux appréhender ces éléments, il est nécessaire de décrire dans le détail les formes organisationnelles et institutionnelles auxquelles renvoient ces marchés de la biodiversité.

Pour cela, nous avons mené deux mois d'enquêtes auprès des acteurs qui composent le système des banques de compensation pour les zones humides en Floride, sous la forme d'une soixantaine d'entretiens menés auprès d'opérateurs de banques de compensation, consultants en environnement, ingénieurs, avocats, régulateurs et universitaires. Nous proposons dans ce chapitre de détailler les modalités opérationnelles du système des banques de compensation pour les zones humides en Floride en vue de :
• qualifier ce qui peut être entendu comme demande et comme offre, et voir sur quel modèle économique repose ce système de compensation basé sur le marché ;

• détailler les caractéristiques du marché à partir des éléments qui en forment habituellement la structure (type de bien échangé, formation des prix, forme de la concurrence sur le marché) ;
• discuter du caractère hybride et complexe de cette forme organisationnelle et voir en quoi elle répond aux enjeux de gestion de la complexité des mesures de compensation pour les zones humides.

▸▸ Demande et offre de crédits de compensation pour les zones humides en Floride

Sur le plan législatif, le système des banques de compensation pour les zones humides américaines relève du Clean Water Act, qui entraîne une obligation de compensation pour les impacts sur les milieux aquatiques continentaux et marins afin d'atteindre un *no-net-loss* (pas de perte nette) de ce type d'écosystème sur le territoire américain (USACE-USEPA, 2008, p. 19594). Comme pour tout marché, il est en premier lieu caractérisé par une offre et une demande.

La demande pour des crédits de compensation

La demande provient des développeurs de projets ayant des impacts résiduels (du point de vue de la séquence éviter-réduire-compenser les impacts, voir chapitre 4) significatifs sur des écosystèmes aquatiques et qui peuvent les compenser en achetant des crédits de compensation aux banques de compensation afin de répondre à l'obligation réglementaire de *no-net-loss*. Cette demande vient donc en premier lieu de la réglementation sur la compensation, sans laquelle il n'y aurait pas de demande. Le niveau d'application et d'exigence autour de cette réglementation « fait » la demande.

En Floride, les acteurs doivent répondre à la réglementation sur la compensation écologique à l'échelle fédérale (US Army Corps of Engineers, USACE) et à l'échelle de l'État (Florida Department of Environmental Protection, FDEP, ou Water Management Districts, WMD). Les crédits achetés par le développeur doivent correspondre à la nature des écosystèmes endommagés par l'impact.

La Règle finale de 2008 (USACE-USEPA, 2008 ; voir aussi chapitre 4) établit une préférence pour les banques de compensation[78] à partir d'un système incitatif. Ainsi, un développeur n'ayant pas recours à une banque de compensation doit en fournir les justifications aux régulateurs dans le cadre de la préparation du dossier final de demande de permis de construire. Les justifications peuvent être très coûteuses à produire pour les développeurs.

En dehors de cette préférence légale, les banques de compensation ont d'autres avantages comparatifs à faire valoir pour les développeurs par rapport au système de permis individuel (*permittee responsible mitigation*) et aux rémunérations de remplacement (*in-lieu fee mitigation*).

Tout d'abord, les développeurs s'affranchissent du temps d'attente pour l'obtention d'un permis individuel de réalisation de la mesure compensatoire puisqu'ils ont juste à acheter des crédits. Le temps de délivrance du permis, souvent long, et de déblocage des crédits, dépendant de l'atteinte des critères de performance écologique, est finalement supporté par la banque de compensation. Le temps de délivrance du permis fédéral est particulièrement long car l'USACE, à la différence du FDEP et des WMD, n'a pas de délai de réponse imposé. C'est pourquoi tout ce temps gagné pour le développeur est une source d'économies substantielles, aussi bien financières qu'en matière de risque et d'incertitude. Ainsi, les développeurs, une fois les crédits achetés, peuvent se tourner rapidement vers d'autres investissements.

Ensuite, le transfert de responsabilité opéré à travers l'achat de crédits de compensation dédouane entièrement le développeur de toute responsabilité légale sur la réussite de la banque au regard

---

78. Il s'agit d'une hiérarchie de préférence avec d'abord la banque de compensation, puis la rémunération de remplacement et enfin le permis individuel (33 Code of Federal Rules 332.3 (b)).

des critères de performance. Il ne peut donc être sujet à des recours en justice au motif que ces compensations ne seraient pas en adéquation avec les impacts générés. Ce type de recours sera fait vis-à-vis de l'action de la banque de compensation. Là encore, c'est une source d'économie en procédure et en prise de risque pour le développeur. La contrepartie, comme nous le verrons plus loin, est que ces crédits sont très coûteux pour les développeurs et pas toujours plus intéressants que de mettre en place une mesure compensatoire individuelle sur le plan strictement financier.

L'offre pour des crédits de compensation

L'offre correspond à la réalisation d'un projet de restauration écologique par une banque, pour lequel l'acteur régulateur en charge du contrôle des mesures compensatoires (administration fédérale et floridienne) va délivrer une quantité de crédits donnée. Les crédits sont définis par leur nature biophysique (crédits de zone humide palustre[79] à émergentes et crédits de zone humide estuarienne par exemple) et ne sont débloqués qu'en suivant un calendrier basé sur l'atteinte de critères de performance écologiques[80] définis dans le permis lié à la banque. Le terme « banque de compensation » sert à nommer à la fois l'endroit où est réalisée l'action de restauration écologique et l'organisation ayant entrepris de la réaliser. Une servitude environnementale non dépendante du propriétaire du terrain est apposée sur la parcelle restaurée, qui devient alors protégée à perpétuité de tout usage pouvant dégrader cet habitat.

Il existe deux grands types de banques de compensation selon que ses acteurs sont des personnes publiques ou privées. Les banques privées rassemblent des acteurs privés qui possèdent et font fonctionner la banque. Les banques dites publiques/privées consistent généralement en une collaboration entre des acteurs publics (un État, un comté ou encore un WMD) qui possèdent un terrain et des acteurs privés (par exemple investisseur ou consultant en environnement) qui mettent en place et font fonctionner la banque. Les banques de compensation privées n'apprécient généralement pas ce deuxième type de banque. Elles y voient une forme de concurrence déloyale pour deux raisons : le terrain, qui représente souvent le plus gros investissement, est fourni par l'acteur public ; il existe un risque de conflit d'intérêts si le régulateur impliqué dans le projet de banque est aussi impliqué dans la délivrance d'un permis pour une banque dans la même aire de service. De plus, il est globalement mal perçu qu'il revienne au contribuable de payer pour l'investissement dans ces banques de compensation, même si, au final, l'argent récolté par la vente de ces crédits est dépensé pour de nouvelles actions en faveur de l'environnement.

Les banques de compensation investissent dans des zones où elles anticipent un ou des projets de développement. Elles cherchent également des terrains bon marché. Ainsi, la plupart du temps, les banques de compensation se situent dans des zones rurales à proximité de zones urbaines en expansion. Les projets publics planifiés et annoncés longtemps en avance, comme les projets de routes du Florida Department of Transportation (FDOT), attirent eux aussi les banques de compensation le long de leur tracé.

Il existe actuellement une évolution complémentaire et inverse entre l'offre des banques de compensation et l'offre immobilière. Avec la crise économique, on constate une baisse de la demande de construction, ce qui logiquement entraîne une baisse de la demande de crédits de compensation. Cependant, les banques de compensation y voient un intérêt conjoncturel : les terres sont abordables car moins demandées pour d'autres utilisations. Un autre phénomène intéressant est que des parcelles qui ont été acquises pour être urbanisées se retrouvent finalement transformées en banques de compensation, ce secteur pouvant être plus profitable que celui de l'immobilier dans certaines zones. Les banques de compensation sont confiantes dans une proche reprise de l'économie et se préparent alors un stock de solutions de compensation à moindre coût de production. Par ailleurs, la demande publique est toujours existante, et certaines banques ont pour premier, voire unique, client des entités publiques (le FDOT par exemple).

---

79. Zone humide terrestre qui n'est pas soumise à l'influence des marées.
80. Certains crédits sont aussi débloqués en début de projet par exemple pour la mise en place de la servitude environnementale ou encore des assurances financières (voir chapitre 4).

Certains acteurs des banques de compensation ayant eu préalablement une activité dans le secteur de l'immobilier soulignent que le développement d'une banque de compensation ou d'un lotissement de maisons individuelles renvoie au même modèle économique. Les grandes étapes sont similaires : acheter un terrain, obtenir un permis, réaliser des travaux (mener un plan de restauration pour obtenir des crédits *vs* construire des lots de maisons), vendre des unités (crédits *vs* maisons), même si les conditions imposées par les régulateurs sont évidemment beaucoup plus contraignantes pour les crédits, notamment pour ce qui concerne la gestion à long terme. Au moment de l'achat/vente entre le développeur et la banque de compensation, on retrouve des documents ou actions similaires comme la promesse de vente (lettre de réservation de crédits) et l'acte de vente (lettre d'achat des crédits). On retrouve en outre la même logique d'économie d'échelle pour une unité produite.

L'émergence du système des banques de compensation a entraîné la création de toute une filière avec de nouveaux métiers comme les courtiers en crédits de compensation ou les bureaux d'études spécialisés dans la mise en place de procédures complètes de création et gestion de banques de compensation. La connaissance des fonctions écologiques des zones humides et de techniques d'ingénierie écologique a cependant encore une marge de progrès considérable (voir chapitre 17). Le *lobby* privé de cette nouvelle filière est assez puissant avec l'Association nationale des banques de compensation (National Mitigation Banking Association, NMBA), qui dispose d'antennes locales comme la Florida Mitigation Banking Association (FMBA). En 2011, les membres de la FMBA représentaient 40 des 64 banques ayant reçu un permis fédéral en Floride, soit plus de 60 %. Les points actuellement les plus discutés par cette association sont la définition des zones humides et les types de mécanismes financiers que les banques de compensation peuvent adopter pour les assurances financières.

Les échanges de crédits de compensation

L'espace sur lequel les crédits de compensation peuvent s'échanger est physiquement délimité par une aire de service qui est définie sur la base de critères hydrographiques.

Les trois principaux groupes d'acteurs de ce système sont, comme nous venons de le voir, les développeurs, les banques de compensation et les régulateurs (figure 10.1, d'après Vaissière et Levrel, 2015). Ces trois catégories d'acteurs sont cependant au contact d'autres acteurs qui facilitent les transactions, notamment les consultants en environnement, qui jouent un rôle clé pour faciliter les négociations entre les banques de compensation et les régulateurs d'une part, et entre les développeurs et les régulateurs d'autre part. Ils négocient le nombre de crédits alloués ou demandés, ils évaluent les équivalences, ils discutent la taille des aires de service ou encore ils réalisent les suivis.

Une des particularités en Floride est la mise en œuvre de deux systèmes de crédits simultanément : des « crédits fédéraux » et des « crédits d'État ». Cette coexistence s'explique par le fait que l'USACE et le FDEP ou les WMD n'ont pas la même définition des zones humides et notamment des zones de forêt les entourant. L'USACE ne donne des crédits de zone humide palustre forestière que pour la stricte zone tampon d'une largeur définie autour de la zone humide (généralement 100 mètres négociables), alors que le FDEP étudie plus en détail l'intérêt de la forêt en tant que zone de captage d'eau importante pour la zone humide ciblée par l'action de restauration.

Même si la plupart du temps le nombre de crédits alloués à la banque de compensation ou demandés aux développeurs par les deux administrations est proche, les régulateurs fédéraux et floridiens peuvent évaluer différemment le besoin d'achat de crédits pour la compensation d'un impact et le nombre de crédits approuvés pour la réalisation d'une banque.

En pratique, une banque de compensation est conduite à tenir deux colonnes dans son registre[81] : celle des crédits fédéraux et celle des crédits d'État, attribués respectivement par les régulateurs

---

81. Chaque banque tient un registre sur lequel sont consignés les débits et les crédits pour tenir à jour le solde disponible de crédits de compensation.

fédéraux et floridiens. De leur côté, les développeurs ayant opté pour une compensation *via* le système des banques ont aussi une demande d'achat de crédits fédéraux et de crédits d'État dont le nombre peut être différent. Cependant, vu qu'il ne s'agit que d'appréciations différentes d'une même action de compensation, les développeurs n'ont pas à acheter la somme des deux types de crédits demandés, ils achètent des crédits dits « combinés ». En guise d'illustration, prenons le cas d'un développeur qui devait acheter des crédits de zone humide palustre à émergente pour compenser son impact : 0,15 crédit fédéral et 0,17 crédit d'État. Il achète ces crédits à une banque qui possède ces types de crédits dans son stock : elle a reçu 160,1 crédits fédéraux et 169,27 crédits d'État. Le développeur payera la quantité de crédits demandée la plus grande (ici 0,17), même si la banque de compensation déduit bien 0,15 crédit fédéral et 0,17 crédit d'État de son registre. La banque, après cette transaction, n'a plus que 159,95 crédits fédéraux et 169,1 crédits d'État à vendre.

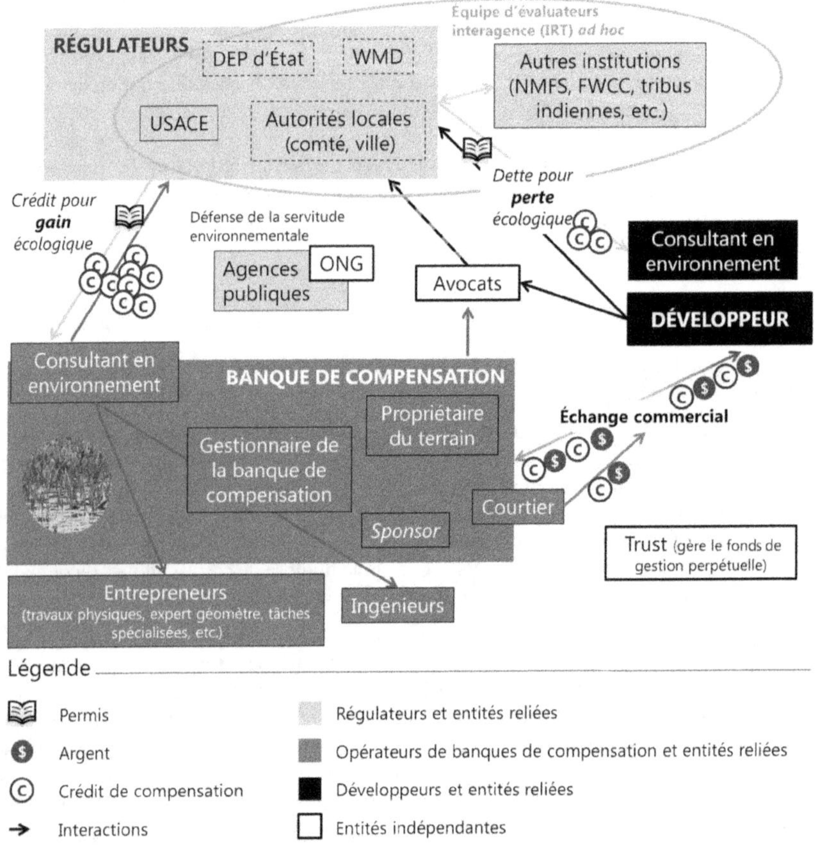

Figure 10.1. Relations entre les acteurs du système des banques de compensation (d'après Vaissière et Levrel, 2015).

Dans un tel système de double comptabilité, une banque de compensation peut se retrouver avec un reste de crédits d'un seul type qu'elle pourra difficilement vendre, car les zones humides uniquement sous la juridiction fédérale ou d'État sont rares. Des solutions sont toutefois prévues pour pallier ces situations. Ainsi, si deux banques sont dans une même aire de service et ont chacune un trop-plein de crédits, fédéraux pour l'une et d'État pour l'autre, elles peuvent collaborer pour vendre des crédits combinés à un développeur. Dans le cas de notre illustration, les deux banques de compensation se partageraient donc le bénéfice de la vente de 0,17 crédit, mais la banque 1 déduirait 0,15 crédit fédéral de son registre et la banque 2 déduirait 0,17 crédit d'État de son registre.

Même s'il peut être la source de certaines complications et lenteurs, ce mécanisme permet une double lecture systématique de l'impact et de la compensation qui peut être source d'une meilleure mise en œuvre de la compensation écologique. Chaque État décide s'il souhaite ou non opérer cette régulation à deux échelles.

▶▶ Intérêts et limites d'un rapprochement entre le système des banques de compensation et le mécanisme de marché

Au regard des entretiens menés en Floride, il nous semble que le système des banques de compensation est une forme organisationnelle qui emprunte de multiples caractéristiques propres au marché. Pour autant, ce système s'en distingue également sous différents aspects et nous invite à explorer des rapprochements avec d'autres formes organisationnelles, davantage hiérarchiques, comme nous le montrerons ultérieurement dans la dernière partie de ce chapitre.

La taille du marché

Les aires de service correspondent à des petits marchés du point de vue géographique. Une aire de service correspond le plus souvent à un sous-bassin selon la classification de l'US Geological Survey (1 812 kilomètres carrés en moyenne, soit environ la superficie de l'Essonne). En Floride, les superficies des aires de service s'étendent de 255 kilomètres carrés (un peu moins que le Val-de-Marne) à 3 544 kilomètres carrés (un peu plus que le Haut-Rhin).

S'il est possible d'identifier à la fois une offre et une demande, comme nous l'avons fait précédemment, celles-ci restent tout de même faibles et à très petite échelle géographique. On peut ainsi parler de marché au niveau des aires de service, mais on ne peut pas dire qu'il y ait un marché des crédits de compensation comme il y a un marché du carbone.

L'objet de l'échange

L'échange de crédits ne correspond que partiellement à la vision économique standard d'échange de biens et de services homogènes.

Il y a bien un transfert de droits lors de l'achat d'un crédit, car la banque de compensation renonce au droit d'impacter sur la parcelle où est réalisée la banque de compensation pour que le développeur puisse obtenir un droit à impacter une autre parcelle. Les crédits n'ont cependant aucune représentation physique au sein de la banque de compensation. Ils correspondent à une portion de la réalisation du plan de gestion visant à la restauration de la zone humide. Il s'agit donc finalement plus d'un échange de service rendu par la banque de compensation à l'environnement, un gain écologique pour lequel un développeur a payé.

Le service échangé est loin d'être homogène pour au moins deux raisons. Premièrement, parce que le crédit fait l'objet d'une double négociation, à la fois sur ses caractéristiques, comme nous l'avons vu plus haut avec les types de crédits, et sur son prix. Pour une même action de restauration, une banque de compensation ne reçoit pas la même quantité de crédits car le FDEP/WMD et l'USACE n'ont parfois pas la même évaluation des crédits. Le prix de ces crédits est négocié entre les banques de compensation et les développeurs. Deuxièmement, parce qu'il n'y a pas d'unité fixe de caractérisation des crédits, même au sein d'une même aire de service. Les crédits sont non seulement définis par le type d'écosystème restauré, par le type d'action réalisée, mais aussi par le type de méthode d'évaluation utilisée. Par exemple en Floride, la méthode qui tend à être généralisée est l'Uniform Mitigation Assessment Method (UMAM), mais la plupart des banques antérieures à la création de cette méthode utilisaient la méthode des ratios ou encore d'autres méthodes parfois inventées spécifiquement pour une banque (voir chapitre 23). Il existe donc des crédits UMAM ou encore des crédits ratios et il faut que la demande de crédits effectuée par le développeur corresponde au type de crédits que la banque ciblée pour l'achat propose. Aujourd'hui en Floride, la plupart des nouvelles demandes sont calculées avec l'UMAM, donc les banques proposant des crédits UMAM sont facilement accessibles par ces acheteurs ; les autres banques le sont moins. Dans cette dernière situation, soit le développeur ajuste son calcul de crédits sur la méthode de la banque cible à ses frais[82], soit la banque de compensation décide de se mettre à jour et traduit ses crédits « ancienne méthode » en crédits UMAM. Cette deuxième solution n'est pas obligatoire car les anciennes banques bénéficient d'une clause d'antériorité. Même si cela les rend plus accessibles sur leur marché, cette traduction n'est pas stratégique pour certaines banques, d'une part, car la réévaluation de toute la banque pour traduction en crédits UMAM coûte cher et, d'autre part, car elles risquent de ne pas avoir autant de crédits qu'avec l'ancienne méthode.

Le niveau de concurrence

Les marchés sont par ailleurs de nature monopolistique ou oligopolistique. En Floride, 10 %[83] des banques sont en situation de monopole. Cependant, les 90 % des banques restantes ont des aires de service qui se recoupent (situation d'oligopole entre généralement deux ou trois banques, six au maximum en Floride), mais sur lesquelles elles peuvent se retrouver en monopole sur certaines parties non superposées ou pour un type de crédits en particulier. Les banques de compensation sont conscientes du danger de noyer le marché avec des crédits : cela les obligerait à baisser leurs prix au risque de diminuer la performance économique de leur projet. Cependant, il est difficile aujourd'hui de trouver des bassins à potentiel de développement sans aucune banque de compensation en Floride.

Compte tenu des barrières à l'entrée (en particulier sur les plans réglementaire et écologique) qui s'exercent dans ce secteur, la nature oligopolistique, voire monopolistique, du marché confère aux banques de compensation une certaine rente de situation. Les banques de compensation peuvent ainsi influencer au moins partiellement les prix et empêcher qu'ils ne baissent par le jeu de la concurrence. Cela a pour conséquence que la société dans son ensemble paie la compensation à un prix trop élevé étant donné que les crédits pourraient vraisemblablement être vendus à un prix plus faible. En première instance, il est possible de considérer ce point comme peu important puisque ce sont les développeurs qui vont payer ce surcoût. Mais dans un second temps ce surcoût sera reporté sur le prix d'autres biens que le consommateur paiera donc plus cher, d'où un surcoût social.

Cette situation peut aussi générer des recours de la part de la banque en place pour créer d'autres formes de barrières à l'entrée sur le marché, en plus de celles qui existent déjà. Les opérateurs de banque de compensation peuvent aussi manipuler les prix des crédits (encadré 10.1). Cela sera d'autant plus facile si les crédits déjà vendus ont permis d'amortir les investissements réalisés à l'origine.

La formation des prix

Les négociations sur les prix des crédits, le plan de paiement et la transaction se déroulent directement entre le développeur et la banque de compensation ou avec des courtiers. Les régulateurs,

---

82. Ce calcul est généralement fait par un consultant en environnement puis il est soumis aux régulateurs.

83. La base de données en ligne RIBITS (Regulatory In-Lieu Fee Bank Information Tracking System) proposée par l'USACE répertorie les principales informations sur les banques de compensation américaines. D'après ses données géoréférencées, 10 % des banques sont les seules pour un type de crédit dans leur aire de service et 90 % des banques partagent au moins une partie de leur aire de service avec une autre banque. Le fait que cette information soit publique témoigne d'une transparence du marché qui est mise en avant par les régulateurs et reprise par les banques de compensation pour gagner la confiance des développeurs et de la population de manière générale.

ayant validé en amont le nombre de crédits alloués à la banque et le nombre de crédits demandés pour compenser l'impact, n'interviennent jamais dans ces négociations afin de respecter le principe de libre négociation. Ils valident la transaction une fois choisis les termes de celle-ci.

Dans une situation de monopole, la banque de compensation établit le prix un peu en dessous du coût que le développeur doit supporter s'il opte pour un permis individuel afin d'être compétitive et d'inciter les développeurs à opter pour l'achat de crédits. Cependant, depuis la Règle finale de 2008 (USACE-USEPA, 2008), il peut suffire que les crédits soient abordables pour être potentiellement achetés, car l'USACE établit une préférence pour les banques de compensation, notamment en demandant au développeur de fournir des éléments pour justifier qu'il ne peut pas avoir recours à une banque de compensation, ce qui crée une forte incitation à les utiliser car cette étape est souvent coûteuse et chronophage. Dans une situation d'oligopole, les banques de compensation établissent le prix des crédits par rapport aux autres banques concurrentes et peuvent en venir à suivre la stratégie du prix limite, c'est-à-dire baisser leurs prix jusqu'à ce qu'une banque disparaisse, comme le montre l'exemple de Here et New (voir encadré 10.1).

Encadré 10.1. Barrière à l'entrée et *dumping*, récit d'un acteur rencontré lors de l'enquête de terrain en Floride

Prenons un exemple en Floride avec la banque New qui voulait s'installer et partager l'aire de service de la banque déjà en place Here[1]. La banque Here avait investi 10 millions de dollars pour une restauration sur un terrain acheté bon marché. Ayant reçu son permis en 1999, celle-ci était prête à vendre ses premiers crédits débloqués en 2001 pour 100 000 dollars par crédit. Elle connut une période prospère où la demande de compensation était importante grâce à une économie forte et où, étant la seule sur son aire de service, elle n'avait pas de concurrents. Elle vendit une bonne partie de ses crédits. La banque New eut comme projet d'investir 13 millions de dollars pour une restauration plus ambitieuse sur un terrain plus cher que celui de la banque Here. Le projet de restauration de New consistait à transformer un ancien bras de rivière bordé d'une zone humide arborée (transformée en exploitation d'agrumes) en une zone humide pouvant délivrer un maximum de crédits de zone humide palustre à émergente. Ce projet de *création* était plus ambitieux que le projet de *restauration* de Here, car la nature originale de la zone humide était arborée et non herbacée. Mais les coûts de réalisation étaient aussi plus importants : il fallait casser du sol pour agrandir la taille originale du bras de rivière. Il s'agissait d'un investissement stratégique car les crédits de zone humide palustre à émergente se vendent plus cher et sont plus demandés que les crédits de zone humide palustre forestière à cet endroit. New était prête à être approuvée en 2000 mais, entre 2000 et 2006 et de façon surprenante, Here a déposé une plainte au WMD local pour impact financier négatif de la banque New sur la banque Here. Ainsi, entre 2000 et 2006, Here a vendu pour 18 millions de dollars, générant ainsi un profit de 8 millions, alors que New, n'ayant pas eu ses crédits débloqués, voyait sa dette s'agrandir. En 2009, début de la période de crise économique, les premiers crédits de New ont enfin été débloqués. New pensait vendre ses crédits à 125 000 dollars mais décida de vendre les premiers à 80 000 dollars, pensant alors être en avantage comparatif par rapport à Here ; ce fut le cas pendant six mois. Here, ayant déjà amorti son investissement, pouvait se permettre de baisser le prix pour ses crédits à 50 000 dollars. L'effet de la concurrence ne se fit pas attendre : New passa à 45 000 dollars, puis Here à 30 000 dollars, puis New à 20 000 dollars et enfin Here à 5 000 dollars. Here utilise la stratégie du prix limite qui vise à évincer un concurrent en pratiquant des prix non rémunérateurs pour ce dernier. New ne pouvait effectivement aller plus bas car elle n'aurait alors jamais été capable de rembourser ses dettes. Après une discussion avec l'USACE et le FDEP, New abandonna le projet et la banque fut suspendue. Un proche de cette histoire confie : "They have let New bleeding on the public place."[2] Les conséquences écologiques d'une telle faillite ne sont pourtant pas complètement négatives (voir chapitre 11 pour la suite du récit).

[1] Les noms des banques ont été changés pour respecter l'anonymat des enquêtes.
[2] « Ils ont laissé New crever la gueule ouverte. »

Finalement, les prix s'ajustent selon les marchés sur lesquels ils s'échangent, c'est-à-dire sur les aires de service. Ces prix sont la plupart du temps élevés (de 25 000 à environ 200 000 dollars par crédit en Floride) et représentent une incitation financière pour l'émergence de ces banques avec un rapide et bon retour sur investissement[84]. Les crédits plus rares, comme les crédits de zone humide estuarienne, sont vendus plus cher (dans la fourchette haute des prix). Cette rente espérée permet de contrebalancer les nombreuses difficultés qui se présentent pour quiconque veut créer une banque de compensation. L'investissement de départ est important (le prix du foncier en particulier) et pas toujours réalisable pour les banques de compensation avec peu de liquidités. Par ailleurs, les procédures d'obtention d'un permis de banque et de validation des crédits sont très lourdes. D'autres difficultés existent : la non-atteinte des critères de performance pour le déblocage de la totalité des crédits, l'arrivée d'une banque concurrente dans l'aire de service ou l'absence du développement anticipé entraînant un défaut de demande de crédits. Tous ces éléments peuvent être à l'origine de risques importants pour la banque, mais aussi pour les écosystèmes compensés (voir chapitre 11).

▶▶ Les règles du jeu du système des banques de compensation

Le système des banques de compensation a dû faire face à une forte incertitude institutionnelle au cours des années 1990. Les banques issues de cette période peuvent être considérées de première génération. Elles ont parfois fait l'objet de scandales (Gardner, 2011 ; Pittman et Waite, 2009), mais ceux-ci semblent dorénavant de plus en plus rares. Aujourd'hui, les règles du jeu visant à organiser ce système ont été stabilisées grâce à une intervention accrue des régulateurs sur ces mécanismes basés sur le marché. Cette stabilité croissante se traduit par les éléments suivants :
• une servitude environnementale à perpétuité protège le site où la restauration a été réalisée de tout développement. Ce document juridique est défendu par un ou plusieurs tiers, généralement des organisations non gouvernementales (ONG), et est lié au sol (voir chapitre 4). Des usages non extractifs et non impactants du site peuvent être négociés, comme l'accès dans le cadre d'usages familiaux ou la pratique de la chasse, à partir du moment où cette dernière est sélective et inscrite dans le plan de gestion de la banque ;
• des assurances financières sont exigées lors du montage du permis de la banque. Il s'agit de démontrer que les moyens financiers pour la réalisation de la banque seront suffisants et qu'un fonds placé générera suffisamment de moyens pour la gestion à long terme de la banque. Ces sommes sont liées au projet et sont transférées, dans le cas d'une faillite ou de l'abandon d'un projet de banque, au repreneur de la banque (une autre banque de compensation, une ONG ou une entité publique). Seuls les investisseurs disposant de suffisamment de liquidités peuvent ainsi se lancer dans le montage d'une banque de compensation (pour plus de détails, voir chapitre 4) ;
• la responsabilité de la réussite de la mesure compensatoire est à la charge des banques de compensation. Concentrée dans un nombre limité de mains, la responsabilité est plus claire, les actions plus faciles à contrôler, et le développement de compétence en ingénierie écologique plus rapide ;
• les gains et les pertes écologiques à l'endroit des banques et de l'impact sont de plus en plus évalués en fonctions écologiques (notes) et de moins en moins en surfaces (ratios). En Floride, l'UMAM est la principale méthode d'évaluation fonctionnelle.

Les crédits sont attribués progressivement suivant un calendrier basé sur l'atteinte de critères de performance spécifiques. Si les critères ne sont pas atteints, les crédits ne sont pas délivrés et si la situation perdure, la banque peut être suspendue (la vente de tous les crédits est bloquée). Par ailleurs, le découpage des travaux de restauration dans le temps ou dans l'espace pour de grandes banques de compensation est stratégique, car il permet de recevoir régulièrement des crédits à vendre afin de constituer des fonds pour la réalisation des étapes suivantes du plan de gestion.

---

84. Selon un avocat floridien spécialisé dans les banques de compensation que nous avons rencontré lors de l'enquête de terrain en Floride, les opérateurs de banque de compensation de cet État font une marge de 10 à 15 % avec un retour sur investissement en cinq ou six ans.

Les régulateurs encouragent cette stratégie, car il leur est aussi plus facile de contrôler régulièrement de petites étapes plutôt qu'un ensemble d'étapes complexes et de grande envergure à la fin du projet.

Une équipe évaluatrice interagence est définie pour chaque projet de banque. Ses membres représentent et défendent les enjeux présents sur le site (faune, flore, héritage culturel). On retrouve presque toujours l'USACE, le FDEP ou une WMD, et le comté. D'autres institutions sont mobilisées en fonction des enjeux particuliers de la banque de compensation, comme le United States Fish and Wildlife Service (USFWS) et le Florida Fish and Wildlife Conservation Commission (FFWCC) pour la faune, et le National Marine Fisheries Service (NMFS) pour les milieux marins et côtiers.

▸▸ Le système de banque de compensation, une forme hybride plutôt qu'un marché

Finalement, envisager le fonctionnement du système des banques de compensation à travers la métaphore du marché ne permet pas d'embrasser convenablement l'ensemble des caractéristiques de ce mécanisme. D'autres rapprochements doivent également être proposés afin d'enrichir l'analyse, en particulier celle d'une forme hybride que l'économie néo-institutionnelle considère à mi-chemin entre le marché et la hiérarchie et qui met en avant la notion de contrats comme mode de coordination (Ménard, 2003 ; Scemama et Levrel, 2014).

À cet effet, le tableau 10.1 regroupe les principales caractéristiques du système des banques de compensation selon qu'elles se rapprochent plus du marché ou de la forme hiérarchique.

Le système des banques de compensation peut être décrit à partir d'un faisceau de contrats entre les groupes d'acteurs de ce système :
• la promesse de vente puis le certificat de vente de crédits constituent le contrat entre le développeur et la banque de compensation ;
• le permis pour la réalisation de la banque de compensation et l'Instrument de banque de compensation (*Mitigation Banking Instrument*, voir chapitre 4) sont le contrat entre le régulateur et la banque de compensation ;
• le permis obtenu grâce à l'achat de crédits à une banque de compensation en réponse à la demande réglementaire de compensation est le contrat qui lie le développeur et le régulateur.

Le premier correspond à un contrat standard relativement complet qui peut laisser penser que le système des banques de compensation est un marché. Les deux autres types de contrats restent flexibles et comportent des zones de flou ou d'incomplétude afin de pouvoir être interprétés et adaptés à chaque situation (Crozier et Friedberg, 1977). Ils se rapprochent plus des contrats du type de ceux décrits dans le cas des formes hybrides (Ménard, 2003).

Si l'on entre dans le détail des groupes d'acteurs, il existe ensuite une multitude de contrats les reliant les uns aux autres :
• le consultant en environnement privé peut être recruté par la banque de compensation pour la durée de l'obtention du permis et parfois de la mise en place de la banque ;
• le propriétaire du terrain peut créer une « entreprise commune » (*joint-venture*) avec la banque de compensation et ainsi partager la rente correspondant à la vente des crédits ;
• les avocats peuvent intervenir pour établir ces contrats ou pour régler des différends entre les parties de ces contrats.

Les aspects de marché de cette forme hybride permettent une certaine autonomie et un auto-ajustement entre les développeurs et les banques de compensation une fois que le nombre de crédits alloués ou à se procurer est fixé par la demande réglementaire.

La dimension hiérarchique de ce système de banque de compensation peut être établie à partir du contrôle et de la place importante jouée par les régulateurs dans cette organisation, garantissant notamment le respect des objectifs environnementaux. Ainsi, l'ensemble du système repose sur des règles imposées par des acteurs publics (voir chapitre 4) : taille des marchés fondée sur des unités hydrographiques, obligation d'un système assurantiel et d'une servitude environnementale, établissement des normes écologiques à atteindre, validation du système de calcul d'équivalence, conditionnalités pour la délivrance des crédits, règles de fonctionnement des échanges.

Tableau 10.1. Caractéristiques et éléments de fonctionnement du système des banques de compensation entre marché et hiérarchie.

Critère	Se rapproche du marché	Se rapproche de la hiérarchie
Droits de propriété	Définis et transférés (droit d'impacter)	Perte de droits d'usage associés à la servitude environnementale
Transaction	Loi de l'offre et de la demande	À une échelle hydrographique, définie par la force publique Échange encadré par le régulateur
Origine du prix	Concurrence	Situation oligopolistique qui ne permet pas d'avoir un prix véritablement issu de la concurrence et crée des possibilités de *dumping*
Information	Base de données en ligne RIBITS qui agrège et diffuse l'information sur les banques de compensation et les transactions réalisées (vision d'une concurrence pure et parfaite)	Mobilisation de réseaux de connaissance Historique des relations entre acteurs du territoire Relations informelles pour faciliter les transactions
Caractère volontaire[1]	Liberté de choix entre plusieurs banques en cas d'oligopole ou en cas de négociation avec les régulateurs pour faire appel à un autre outil de compensation	Liberté de choix restreinte par la préférence fédérale pour les banques de compensation Échange ordonné et validé par le régulateur, toujours responsable d'une grande partie des étapes du système des banques de compensation (dont instruction des dossiers de permis, suivi et contrôle)
Spécification[1]	La banque de compensation et le développeur connaissent précisément les termes du contrat de la transaction : transfert de responsabilité	Les instruments de banque et les permis délivrés aux opérateurs de banques ou aux développeurs restent incomplets de manière à être adaptables à l'échelle des projets ou au cours du temps
Régularité et typification[1]	Quelques types de crédits homogènes facilement échangeables à l'échelle de l'aire de service	Complexité des crédits doublement négociés pour une même action (quantité et prix) et différents selon la méthode d'évaluation Pas si régulier, pas forcément de clientèle habituée
Concurrence[1]	Termes de la transaction (prix) établis entre la banque de compensation et le développeur Interactions et stratégies entre les acteurs de la transaction (vendeurs et acheteurs)	Transaction validée par les régulateurs Plus de contraintes jouant sur la compétitivité des banques publiques/privées que sur celle des banques privées
	Oligopole dans une aire de service	Monopole[2] dans une aire de service
	L'entrée d'une banque sur un marché (aire de service) peut être refusée pour empêcher de trop fortes concurrences et ainsi maintenir les intérêts des individus (implicite)	L'entrée d'une banque sur un marché (aire de service) peut être refusée pour empêcher de trop fortes concurrences et ainsi maintenir les intérêts de l'organisation

[1] Rosenbaum (2000). [2] Le bien est le crédit de compensation et non la solution de compensation. Dans ce dernier cas, il ne s'agit pas d'un monopole car l'acheteur peut s'orienter vers un autre type de compensation disponible (rémunération de remplacement ou permis individuel). La préférence pour le système des banques entrave cependant cette liberté de choix.

Les principaux critères pour qualifier le degré de la forme institutionnelle en tant que marché sont présentés dans le tableau 10.1 ; les quatre critères « caractère volontaire », « spécifification », « régularité et typification », « concurrence » proviennent des travaux de Rosenbaum (2000). Si ces derniers sont vérifiés, alors les échanges observés peuvent être qualifiés d'échanges de marché :

• *caractère volontaire* : avoir la liberté de choisir une option alternative à la transaction ou de se retirer de la transaction si aucune alternative n'existe ;

• *spécification* : il y a une entente des deux parties sur les conditions exactes des termes de la transaction ;

• *régularité* et *typification* : les biens échangés, leurs prix et éventuellement les deux parties doivent pouvoir être similaires pour un nombre de transactions significatif sur une période de temps non négligeable. Il ne s'agit pas d'échanges isolés et le bien échangé est *a priori* connu ;

• *concurrence* (sens simmelien) : conflit indirect mené en parallèle par les vendeurs et les acheteurs, avec possibilité temporaire de maintien d'une asymétrie d'information sur les transactions, dans le but de proposer des opportunités d'échange préférées par les acheteurs ou les vendeurs. Se rapproche du sens néoclassique de la concurrence sur un point : les monopsones et monopoles sans possibilité de sortie de la transaction ne sont pas considérés comme des situations de concurrence.

▶▶ Conclusion

Le fonctionnement du système des banques de compensation se rapproche donc à certains égards d'un marché. Mais nous avons également démontré en quoi cette forme organisationnelle ne répondait pas totalement à la définition d'un marché et en quoi elle constituait une forme hybride à mi-chemin entre le marché et la hiérarchie. En effet, les problématiques de conservation de la biodiversité ont conduit les administrations en charge de la mise en place du marché de la compensation pour les zones humides à prendre en compte la complexité des écosystèmes aquatiques et leur spécificité géographique. Ainsi, les marchés de la compensation sont multiples géographiquement (les aires de service) et multiples dans le type de biens échangés (les crédits).

C'est ce qui nous fait dire que le système des banques de compensation ne peut être comparé avec un marché global tel que celui du carbone. En s'inscrivant dans une logique de durabilité forte et en admettant que des contraintes biophysiques viennent s'imposer au modèle économique, l'histoire récente du système des banques de compensation pour les zones humides a finalement été à l'origine de l'émergence d'une forme organisationnelle hybride, ni vraiment marchande, ni vraiment hiérarchique. Cette complexité institutionnelle et organisationnelle semble offrir une réponse adaptative aux enjeux de gestion des dynamiques qui animent la biodiversité.

Chapitre 11

Risques associés aux banques de compensation et adaptations des régulateurs aux États-Unis

Harold Levrel, Pierre Scemama, Anne-Charlotte Vaissière

L'objectif de ce chapitre est de discuter les risques associés aux banques de compensation, de voir quelles solutions ont pu être adoptées par le régulateur pour faire face à ces risques et d'évaluer l'efficacité de ces solutions.

Pour pouvoir faire un tel travail, il est nécessaire de s'appuyer sur des expériences pour lesquelles nous disposons d'un recul historique suffisant. Seul le cas des banques de compensation américaines pour les zones humides répond à cette contrainte, et c'est pourquoi nous nous appuierons largement sur ce qui s'est passé dans ce pays au cours des dernières années pour discuter des risques associés à ce système de régulation.

Pour structurer ce chapitre, nous proposons de l'organiser de la manière suivante. Tout d'abord, pour bien comprendre les risques associés aux banques de compensation, il nous semble important de faire le point sur les risques liés au système de compensation lui-même. Il est ensuite nécessaire de proposer une analyse spécifique des dangers de « privatisation » et de « marchandisation » du vivant, qui sont souvent mentionnés lorsqu'on évoque le système des banques de compensation.

Après ces deux premières parties de contextualisation, nous nous attachons à reprendre dans le détail les risques attribués aux banques de compensation dans la littérature, en les analysant un à un : uniformisation de la biodiversité liée à une logique marchande ; déconnexion entre le lieu des impacts écologiques et le lieu des compensations ; inversion des fins et des moyens avec un objectif prioritaire de développement économique ou de financement de politiques de conservation de la biodiversité. Cette description serait cependant incomplète et partiale si on ne prenait pas en compte les réponses institutionnelles que le régulateur a adoptées pour faire face à ces risques, et si on n'évaluait pas l'efficacité de ces dernières. C'est pourquoi nous avons intégré une description des solutions retenues par le régulateur et une analyse de leur efficacité dans le contexte américain.

Nous compléterons cette description avec une partie traitant des « effets pervers » intrinsèques au système des banques de compensation, contre lesquels le régulateur ne peut rien faire. Enfin, nous terminerons ce chapitre par les risques que subissent les banques de compensation elles-mêmes, moins discutés par la littérature, mais qui sont pourtant centraux pour évaluer la viabilité de ce système de régulation.

▶▶ Le risque associé au système de compensation : une perte nette de biodiversité

Les rapports qui ont fait un bilan de l'efficacité des mesures compensatoires aux États-Unis, publiés au début des années 2000 (National Research Council, NRC, 2001 ; Government Accountability Office, GAO, 2005), montraient clairement que l'objectif de *no-net-loss* de zones humides n'avait pas été atteint. Plusieurs raisons expliquent cela :

- le système peut générer, pour des raisons stratégiques propres aux développeurs, aux régulateurs et aux acteurs tiers (consultants environnementaux notamment), une sous-estimation des impacts écologiques et une surestimation des effets positifs des actions de restauration (Matthews et Endress, 2007 ; Walker *et al.*, 2009) ;
- l'administration en charge de l'application des mesures compensatoires, l'US Army Corps of Engineers (USACE), n'a eu ni les moyens humains et techniques, ni l'appui politique pour faire appliquer cette loi. Cela s'est traduit notamment par la position relativement inconfortable que tenait l'USACE dans les négociations autour des projets de développement. Elle devait en effet statuer sur une demande de permis qui renvoyait simultanément à un enjeu économique et à un objectif environnemental, dans des contextes sociopolitiques complexes, où les informations pour prendre une décision étaient extrêmement parcellaires et les règles pour justifier le choix très floues. C'est pourquoi dès que des investissements, même modestes, étaient consentis au titre des mesures compensatoires à proximité des lieux d'impact, le régulateur était rarement en position de refuser la demande de permis ;
- le manque de connaissances des processus écologiques et des méthodes d'ingénierie écologique capables de restaurer la nature. Ainsi, le taux de succès des actions de restauration n'est jamais de 100 %. En moyenne, ce taux de succès se situerait entre 75 % et 85 %, et s'exprimerait à des échelles de temps très longues (Benayas *et al.*, 2009 ; Moreno-Mateos *et al.*, 2012). Ce taux de succès dépend fortement de la nature des actions entreprises, des origines de la dégradation, du contexte géoclimatique dans lequel elles s'inscrivent, de leur taille, mais aussi des métriques utilisées pour évaluer la restauration (Jones et Schmitz, 2009 ; voir également partie III sur la faisabilité écologique) ;
- les pertes temporelles liées au fait que la réponse écologique des compensations n'a pas besoin d'être démontrée au moment où l'impact est autorisé (GAO, 2005) ;
- les actions de compensation fondées sur de réelles restaurations écologiques ne représentent que 42 % des mesures compensatoires, les 58 % restants étant basés sur des actions de création, d'amélioration et de préservation (Wilkinson et Thompson, 2006 ; Madsen *et al.*, 2011) ;
- les risques de défaut de gestion à long terme (Strand, 2009).

Évidemment ces éléments ne sont pas propres aux banques de compensation. Comme le montrent les chapitres sur les banques de compensation dans la partie II, celles-ci ont même été considérées comme un moyen de réduire ces risques, notamment en faisant évoluer fortement la position du régulateur. Il faut donc chercher les risques dont est porteur le système des banques de compensation dans la forme organisationnelle spécifique qu'il représente.

▶▶ La privatisation et la marchandisation du vivant

Il est souvent mentionné que les banques de compensation, à travers le marché qu'elles génèrent, sont à l'origine d'une privatisation et d'une marchandisation du vivant. Il convient de nuancer ce type d'affirmation par un certain nombre d'éléments.

Un premier constat est que l'on ne peut pas considérer que les banques de compensation conduisent à une privatisation du vivant et cela pour trois raisons. La première est que les terres sur lesquelles ont lieu les impacts et les compensations sont dans la quasi-totalité des cas déjà privées. La deuxième est que les banques de compensation peuvent être publiques (voir chapitre 9).

La troisième est que la mise en place d'une banque de compensation oblige à créer une servitude environnementale sur la zone foncière qui a été acquise, ce qui supprime la grande majorité des droits d'usage sur la parcelle de manière définitive puisque ces derniers devront être uniquement guidés par des objectifs environnementaux, et cela y compris s'il y a changement de propriétaire (voir chapitres 8 et 10). En résumé, on remet dans le domaine public une partie des droits privés associés à la propriété. D'un « bien privé », la plupart des parcelles compensées passent au statut de « bien club », voire de « bien public », et non pas l'inverse, contrairement à ce qui est souvent affirmé.

Ensuite, pour ce qui concerne la question de la marchandisation, il faut souligner que ce n'est pas l'écosystème qui est vendu mais sa restauration ou réhabilitation. Par ailleurs, les marchés de compensation sont de petites tailles par rapport à ce que l'on entend habituellement par un marché (voir chapitre 9). Il s'agit enfin d'un système de régulation hybride croisant certaines caractéristiques marchandes et d'autres de nature réglementaire (voir chapitre 10 ; Vaissière et Levrel, 2015). Le système des banques de compensation est avant tout un outil de mise en œuvre d'une politique publique fondée sur une norme environnementale. En effet, le marché ne peut « échapper » au régulateur, car c'est lui qui valide toutes les transactions à l'échelle d'un petit territoire et qui finalement « construit » la demande. Il est d'autre part impossible de développer un marché secondaire à partir des crédits de compensation, ce qui ne permet pas d'imaginer la mise en place de comportements spéculatifs. Un crédit de compensation ne peut être acheté que par un aménageur et pour une finalité de compensation dans le cadre d'une demande de permis.

▶▶ Un risque d'uniformisation de la biodiversité à travers les logiques marchandes

Le risque écologique

Les marchés ont besoin d'unités d'échange les plus simples et homogènes possibles, de manière à ce que les transactions puissent se faire le plus facilement possible. Ainsi, plus les unités échangées seront complexes et diverses, plus elles seront à l'origine de difficultés dans l'échange car il sera compliqué de trouver une offre de crédit qui corresponde exactement à l'impact généré par le développeur dans une aire de service donnée (voir chapitre 10).

Au regard de ces éléments, les offreurs et les demandeurs vont considérer la diversité comme une source de contraintes pour la croissance du marché. Des stratégies peuvent ainsi apparaître visant à simplifier les niveaux d'équivalence entre crédits : considérer des crédits produits pour des écosystèmes estuariens comme pouvant être équivalents à des impacts sur des mangroves par exemple. Le marché peut ainsi être une source de forte réduction de la complexité de la biodiversité du fait d'une pression visant à simplifier le contenu des crédits et les échelles auxquelles ils peuvent s'échanger. Cette simplification pourrait conduire à une dynamique de substitution générant une uniformisation des écosystèmes aquatiques.

Solutions adoptées par le régulateur

La prise en compte de la complexité écologique dans les crédits de compensation a lieu *via* la mobilisation de plusieurs méthodes.

Tout d'abord, le régulateur demande aux banques de compensation de calculer leurs gains écologiques à partir d'une méthode unique. À titre d'exemple, en Floride, c'est l'Uniform Mitigation Assessment Method (UMAM) qui est utilisée (voir chapitre 22). Cette méthode permet d'évaluer certaines fonctions écologiques telles que la qualité de l'eau, la filtration des sédiments, le paysage, la fourniture d'habitats pour les communautés animales et végétales.

Une deuxième technique qui permet de contrôler la qualité des travaux de restauration mis en œuvre est l'adoption d'un agenda de « libération des crédits », dans lequel sont pris en compte le respect de garanties légales et l'atteinte de critères de performance écologique. À titre d'exemple, pour le district de Chicago (Robertson et Hayden, 2008), 30 % des crédits de compensation sont attribués après l'acquisition du site de compensation, l'adoption d'une servitude environnementale pour ce dernier, l'approbation du plan de restauration par plusieurs agences gouvernementales, la garantie d'un système de financement et l'identification d'un gestionnaire sur le long terme (phase 1) ; 20 % de crédits supplémentaires sont accordés lorsque des données de suivi ont démontré que les conditions hydrologiques nécessaires ont été recréées pour que la restauration écologique puisse avoir lieu (phase 2) ; 20 % de crédits supplémentaires sont alloués à la banque lorsqu'il a été fait la preuve de la restauration des espèces végétales autochtones (phase 3) ; enfin, les 30 % finaux sont accordés à la banque à partir du moment où elle est capable de présenter une liste d'indicateurs écologiques (phase 4) comprenant des indices de prévalence d'espèces, des indices d'espèces allochtones, des indices de richesse spécifique et des indices de qualité floristique (Spieles *et al.*, 2006). Si une de ces étapes n'est pas respectée, la banque ne bénéficiera pas des crédits associés à cette dernière ni de ceux qu'elle était supposée obtenir par la suite.

Un dernier outil est l'usage d'une base de données en ligne nommée RIBITS (Regulatory In-Lieu Fee and Bank Information Tracking System), en accès libre, qui permet à n'importe qui d'avoir connaissance des banques de compensation existantes dans une zone donnée, de voir quels types de crédits elle propose, de localiser ces derniers, etc. Cela peut permettre notamment à une organisation non gouvernementale (ONG) de vérifier l'état des travaux si elle le souhaite.

Efficacité des solutions adoptées par le régulateur

Selon une étude récente, 98,7 % des banques de compensation respecteraient les critères de performance écologiques édictés par l'administration (Denisoff et Urban, 2012). Ce taux ne signifie pas que le *no-net-loss* est respecté, car les critères administratifs peuvent être fondés sur des référentiels insuffisamment exigeants du point de vue écologique. Pour autant, même si l'on se limite au critère « administratif », il semble qu'il y ait eu une amélioration des actions de restauration du fait de l'apparition des banques de compensation (Hough et Robertson, 2009). Ainsi, comme le mentionnent Denisoff et Urban (2012, p. 11), « si l'on compare avec des études des années 1990 concernant l'incapacité des mesures compensatoires à respecter des objectifs écologiques légaux pour les zones humides — avec des échecs des actions de restauration situés entre 40 et 70 % selon le type d'habitat (De-Weese, 1994 ; Holland, 1992 ; Josselyn, 1993) —, les taux de succès actuels des banques de compensation, situés au-dessus de 90 %, laissent penser que le système des banques de compensation peut être considéré comme un succès ».

Par ailleurs, les banques qui n'ont pas respecté ces critères de performance ont cependant appliqué une servitude environnementale sur les terres acquises, ce qui fait que des gains écologiques, sous forme de protection définitive de zones naturelles, existent même lorsque la banque a été suspendue.

Un autre élément qui permet de considérer que les banques de compensation permettent *a minima* d'augmenter l'efficacité écologique des mesures compensatoires est que la part des actions de restauration écologique dans l'ensemble des actions de compensation passe de 42 % pour le cas du système réglementaire (Madsen *et al.*, 2011) à 69 % dans le cas particulier des banques de compensation (voir chapitre 9). Or, il est considéré que la restauration est bien meilleure du point de vue des gains écologiques générés que les actions de création, de préservation ou d'amélioration, qui sont critiquées pour leur inefficacité et leur incapacité à faire respecter un principe de *no-net-loss* de fonctions, d'espèces ou d'habitats.

Enfin, comme le montrent les auteurs du chapitre 9, le nombre de systèmes de classification de crédits de compensation semble avoir fortement augmenté, ce qui conduit à penser que la diversité des écosystèmes est de mieux en mieux prise en compte dans le calcul de l'équivalence.

Un risque qui subsiste cependant est le décalage temporel entre le moment où les crédits sont libérés et le moment où les effets réels des actions de restauration écologique se produisent. En effet, comme souligné plus haut, des crédits sont attribués alors qu'aucune action de restauration n'a été commencée (phase 1, Robertson et Hayden, 2008). Ceci s'explique par le fait que les banques de compensation ont besoin d'un retour sur investissement à des échelles de temps relativement courtes. Ainsi, il peut sembler logique que des crédits puissent être attribués aux banques de compensation dès la phase 1 des projets, sans quoi les banques devraient attendre au moins quatre ans pour vendre les crédits de compensation, ce qui apparaît assez peu réaliste d'un point de vue économique[85]. Cependant, cela conduit à atténuer l'affirmation selon laquelle les banques de compensation mettent en place des mesures de restauration de manière *ex ante* et permettent de garantir que le principe de *no-net-loss* soit respecté, sans perte temporelle de surface, de fonction ou d'espèce.

▶▶ Un risque de déconnexion entre les lieux des impacts et les lieux de restauration écologique

Le risque écologique

Les banques de compensation réalisent des actions de restauration sur des sites éloignés des zones où ont eu lieu les impacts qu'elles sont censées compenser. Ces distances traduisent des phénomènes de substitution spatiale importants pour les écosystèmes aquatiques.

Un autre problème souvent mentionné est que les opérateurs des banques de compensation sont incités à réaliser des investissements là où les terrains ont un faible coût. Tout cela amènerait à un phénomène de concentration des impacts dans les zones urbanisées et à la concentration des compensations dans les zones rurales, phénomène connu sous le nom de *land sparing* signifiant une séparation franche entre les espaces à vocation de conservation et les espaces à vocation de production[86].

Cette spécialisation spatiale est vue comme un risque de se retrouver avec une couronne verte loin des villes, posant alors des problèmes éthiques et démocratiques pour l'accès à la biodiversité (Rhul et Salzman, 2006).

Solutions adoptées par le régulateur

Les risques d'accroissement des distances entre lieu d'impact et lieu de compensation sont appréhendés à partir de la définition de l'aire de service au sein de laquelle les crédits de compensation peuvent être échangés. Cette aire de service doit en effet être fondée sur des critères écologiques tels que les limites biophysiques d'un sous-bassin versant. Pour autant, chaque district a une autonomie totale concernant la définition de ces aires de service, et le régulateur peut ajouter des critères administratifs, démographiques ou économiques. Il semble ainsi que le régulateur prenne en compte dans la définition des aires de service les pressions — présentes et futures — générées par les dynamiques urbaines, de manière à inciter à investir là où les menaces sont les plus importantes et à créer des banques de compensation dans les zones fortement urbanisées. Ceci se traduit dans les faits par l'octroi d'un nombre de crédits plus important pour une banque installée dans une zone où il existe beaucoup de pressions anthropiques, mais aussi par une valeur plus forte

---

85. Selon Robertson et Hayden (2008), il faut compter minimum quatre années entre la validation de la phase 1 et la validation de la phase 4, ce qui veut dire que pendant ces quatre années l'impact a été observé mais la compensation n'a pas été pleinement réalisée.
86. Notons que ce processus est vu par certains écologues de manière positive, car il permet une séparation claire des espaces urbanisés et des zones naturelles de grande qualité.

des crédits sur le marché de la compensation puisqu'il y aura une forte demande. La banque de compensation doit cependant être située à un endroit où sa pérennité est garantie par une connectivité avec des écosystèmes naturels, ce qui veut dire qu'elle ne peut pas se retrouver complètement isolée et entourée uniquement de zones urbaines. Le régulateur utilise ainsi un système de ratios compensatoires qui vont pondérer le calcul d'équivalence en fonction des critères que nous venons de mentionner, mais aussi de la distance aux zones d'impacts potentiels.

Il existe cependant très peu d'informations permettant d'évaluer la diversité des échelles spatiales retenues pour qualifier une aire de service. Une étude de BenDor et Riggsbee (2011), basée sur une enquête réalisée auprès des acteurs du système des banques de compensation, a permis de donner une première idée de la diversité de ces échelles. Un premier résultat de ce travail est que les crédits de compensation peuvent être échangés à partir d'une (65,4 % des cas) ou plusieurs aires de service (25,9 % des cas) dans un même district. Parmi les échelles identifiées, c'est le sous-bassin versant qui est très largement privilégié (25,2 % du total des réponses), puis le bassin (6,8 %). Ceci correspond bien aux directives publiées par l'USACE et l'USEPA en 2008, mais ces échelles de compensation n'apparaissent pas comme majoritaires. Après ces deux premiers référentiels spatiaux, on trouve des référentiels qui peuvent concerner d'autres entités écologiques comme les régions physiographiques (2,7 %) et les écorégions de l'USEPA (1,4 %), mais aussi des entités politiques comme les comtés (1,4 %) ou les États (0,7 %).

Un dernier outil mobilisé est la base d'informations en ligne RIBITS, que nous avons mentionnée plus haut et qui permet à n'importe qui de localiser les banques de compensation. Pour ce qui concerne les impacts, l'ORM Permit Decision Database donne la géolocalisation des impacts et les numéros de permis des banques qui ont permis de compenser les impacts recensés. Cela offre l'opportunité à quiconque le souhaite d'avoir connaissance des distances qui existent entre les banques de compensation et les impacts pour lesquels leurs crédits ont pu être utilisés. Une ONG environnementale peut ainsi très rapidement évaluer la cohérence écologique qui existe entre la zone de l'impact et la zone de l'action de restauration.

Efficacité des solutions adoptées par le régulateur

Les distances entre les zones de compensation et les zones d'impacts peuvent être considérées comme grandes ou pas. Tout est affaire de perception. Ruhl et Salzman (2006) évaluent les distances moyennes à 26,9 kilomètres en Floride. BenDor et Brozovic (2007) estiment ces distances moyennes à 21,7 kilomètres dans le district de Chicago. BenDor et Stewart (2011), enfin, les estiment à 50,3 kilomètres en Caroline du Nord. Comparée à la plupart des marchés, la distance entre le lieu de production et le lieu de consommation est extrêmement faible. On peut même parler de marché « local ». Mais le regard de l'écologue peut évidemment être tout autre, car que veulent dire ces 25 ou ces 50 kilomètres du point de vue des fonctions écologiques ? C'est au régulateur qu'il appartient de répondre à cette question, et il serait sans doute vain de créer des règles générales étant donné la diversité des contextes écologiques.

L'évolution des règles autour des aires de service joue un rôle très important dans les distances qui existent entre les zones d'impacts et les zones de compensation. À titre d'exemple, on observe dans le district de Chicago que les distances moyennes entre le lieu de l'impact et celui de la compensation sont de plus en plus importantes entre 1994 et 2001, passant de 12 à 45 kilomètres sur cette période, puis s'inversent à partir de 2002 pour retomber à 20 kilomètres, du fait d'un changement institutionnel majeur dans le paysage des banques de compensation (Robertson et Hayden, 2008) : la décision SWANCC de la Cour suprême des États-Unis de 2001 a conduit à considérer que les mesures compensatoires pour les zones humides isolées n'étaient plus du ressort du Clean Water Act (voir le détail des conséquences de cette décision dans la section suivante), ce qui a conduit *in fine* à redéfinir les tailles des marchés de crédits de compensation sur la base d'échelles administratives plus petites.

Un autre élément qu'il est important de mentionner est que l'achat de terrains par les opérateurs des banques de compensation n'est finalement pas guidé, en premier lieu, par le prix de ces terrains mais par une diversité de critères (Robertson, 2008 ; Vaissière, 2014) : avoir un fort potentiel de restauration pour des habitats originaux (les plus rares) ; être de taille suffisamment grande ; être à proximité d'une zone d'expansion urbaine pour bénéficier de crédits fortement recherchés ; être situé dans une aire de service où il n'existe pas d'autres banques et où ils vont donc pouvoir bénéficier d'une situation de monopole (Vaissière et Levrel, 2015 ; BenDor et Riggsbee, 2011). Ainsi, il ne semble pas que les banques de compensation génèrent une concentration des impacts en ville et des actions de restauration en campagne, comme le suggèrent les (rares) cartes localisant les gains écologiques liés aux banques de compensation et les pertes de zones humides associées à ces actions de restauration (BenDor et Stewart, 2011).

▸▸ Un risque d'inversion entre fin et moyen : le développement économique avant la conservation

Le risque écologique

Un risque important lié au développement du marché de la compensation est de considérer ce nouveau secteur économique comme un secteur à favoriser et à protéger et non plus comme un outil de mise en œuvre d'une politique publique environnementale. Aux États-Unis, où le marché de la compensation représente aujourd'hui un chiffre d'affaires de deux milliards de dollars par an, la compensation n'est plus seulement une affaire environnementale[87]. C'est ce qui explique le développement d'un *lobbying* croissant du secteur des banques de compensation, avec notamment la création de la National Mitigation Banking Association (NMBA). Ce *lobbying* agit dans deux directions.

La première est le renforcement des obligations de compensation et la dénonciation de toute tolérance à l'égard des développeurs, car cela réduit le marché des banques de compensation. La NMBA milite notamment à l'échelle fédérale pour que les zones humides isolées soient réintégrées dans le Clean Water Act. Il a aussi mené ces dernières années plusieurs procès pour le non-respect des obligations de compensation dans le cadre d'extensions d'infrastructures telles que des aéroports ou des réseaux routiers.

La seconde est la demande d'un assouplissement des contraintes qui pèsent sur les banques ou d'un renforcement de celles qui pèsent sur les systèmes alternatifs de compensation, fondée sur l'argument que cela représente une concurrence déloyale pour le secteur (le système de permis standard n'a pas à fournir les mêmes garanties que le système des banques de compensation). Il pourrait ainsi être tentant pour le régulateur d'assouplir les règles du jeu de manière à faciliter le développement du secteur des banques de compensation qui génère de l'emploi et des revenus. Étant donné qu'il n'est pas évident de porter un diagnostic sur les solutions que le régulateur peut adopter pour limiter cet effet, nous proposons ici de reprendre un exemple historique qui illustre bien comment ce type de situation peut poser des problèmes et comment des solutions peuvent être adoptées à différentes échelles.

La résilience du système de régulation aux chocs institutionnels : l'exemple du SWANCC

L'arrêt de la Cour suprême américaine dit « SWANCC » de 2001 (voir chapitre 4) a conclu le procès entre l'Agence des déchets solides du comté de Northern Cook (dont l'acronyme anglais est SWANCC) et l'USACE (Christie et Hausmann, 2003) en affirmant que les écosystèmes aquatiques

---

87. Certains crédits de compensation sont vendus aujourd'hui à des prix très élevés. À titre d'exemple, des crédits de compensation sont vendus 400 000 dollars par hectare dans le New Jersey pour des actions de restauration de friche industrielle (voir chapitre 13). On observe ainsi la création de banques de compensation sur des terrains constructibles, qui semblent aujourd'hui moins intéressants à utiliser pour l'urbanisation.

isolés n'avaient pas à être pris en compte dans le Clean Water Act. La conséquence directe de cette décision fut que ces écosystèmes n'avaient plus à être compensés dans le cas où un projet d'aménagement conduisait à leur destruction. L'effet fut catastrophique pour le secteur des banques de compensation. Comme le mentionne Robertson (2004, p. 370) : « Soudain, il apparaît que l'USACE ne peut plus obliger les aménageurs à compenser leurs impacts sur les zones humides isolées. Le chaos dans le secteur des banques de compensation est immédiat. Un banquier de la région de Chicago estime que plus de 90 % des crédits qu'il avait vendus jusque-là étaient pour des impacts sur des zones humides de type "SWANCC", et se plaint de n'avoir vendu aucun crédit à la suite de la décision de la Cour suprême. À travers le pays, les banques situées dans des paysages remplis de zones humides isolées (comme à Chicago) voient toutes leurs perspectives de débouchés s'effondrer. »

Les administrations fédérales en charge de la régulation du marché de la compensation des zones humides se retrouvèrent alors en porte-à-faux vis-à-vis des banques de compensation qui avaient investi dans la restauration de ce type d'habitats et avaient eu confiance en la capacité de l'USACE à construire les institutions de régulation nécessaires au bon fonctionnement de ce nouveau marché. C'est pourquoi cette administration aurait pu être « arrangeante », suite à la décision de la Cour suprême, si elle avait considéré que les crédits associés aux zones humides isolées pouvaient être utilisés pour compenser des impacts sur d'autres types d'habitats, et éviter ainsi la disparition d'un secteur économique entier.

Ce n'est pourtant pas ce qui s'est passé, et les adaptations n'ont pas été réalisées aux dépens de l'équivalence écologique mais à partir d'une adaptation institutionnelle des règles du jeu et des modes de gouvernance du marché. Les réponses réglementaires ont en effet eu lieu à l'échelle des comtés, des municipalités et des États, en vue d'imposer, à la place de l'USACE, des mesures compensatoires aux projets générant des impacts sur ces écosystèmes isolés (Christie et Hausmann, 2003). Ainsi, dans le district de Chicago, de nombreux comtés et municipalités ont mis en place de nouvelles réglementations en imposant des compensations pour ces écosystèmes, comme le faisait auparavant l'USACE (Robertson et Hayden, 2008). La différence, cependant, est que les comtés et municipalités ont exigé que ces compensations restent à l'intérieur de leur territoire, en vue de conserver des écosystèmes considérés comme une ressource importante aussi bien pour absorber les variabilités pluviométriques que pour bénéficier des services récréatifs offerts par ces habitats (Robertson et Hayden, 2008). Cela a conduit mécaniquement à redéfinir les aires de service et à réduire les distances entre les zones impactées et les zones de compensation, avec une contrainte écologique plus forte pour les banques. Ainsi, non seulement le principe de *no-net-loss* s'est finalement vu respecté à l'échelle des sous-bassins versants, mais aussi à des niveaux inférieurs.

L'exemple du SWANCC nous montre, dans ce cas particulier, que le système de régulation du marché de la compensation a plutôt bien résisté aux solutions de facilité qui auraient eu pour objectif de maintenir un marché plutôt qu'une politique environnementale cohérente.

▶▶ Le risque d'inverser les fins et les moyens : une source de financement des politiques publiques de conservation

Un risque important à une époque où les moyens publics dédiés à la conservation de la biodiversité se font rares est de vouloir mobiliser les banques de compensation comme une source de financement des actions de conservation que l'État n'a plus les moyens de mener. À titre d'exemple, on a observé aux États-Unis des accords entre des acteurs publics et des acteurs privés qui se résument de la manière suivante : l'État autorisait des acteurs privés à réaliser des actions de restauration sur des terrains situés dans des zones protégées publiques et offrait en contrepartie des crédits de compensation. Cela permettait à l'État de transférer ses engagements environnementaux. L'inconvénient est que l'outil « banque de compensation » devient dès lors un outil de financement et non plus un outil de régulation.

Solutions adoptées par le régulateur

Ces pratiques sont aujourd'hui interdites dans la Règle finale (voir chapitre 8) pour deux raisons : elles sont une source de concurrence déloyale pour les banques de compensation qui doivent acquérir des terrains privés ; elles ne permettent pas de respecter le critère de *no-net-loss* car elles ont lieu sur des zones qui bénéficiaient déjà d'un statut de protection.

Efficacité des solutions adoptées

L'application de la Règle finale sur ce sujet semble bonne. À titre d'exemple, en Floride, une entité publique ne peut plus créer une banque de compensation sur un terrain public qui a été acquis pour des raisons de conservation, sauf si l'entité publique en question utilise les crédits de compensation pour ses propres impacts, et dans quelques autres cas précisés dans la section 373.4135 (1) (b) des Florida Statutes (législation de Floride). Les banques de compensation privées sont très attentives à cela et n'hésitent pas à lancer des recours en justice en cas de non-respect de cette règle. De manière générale, le *lobbying* des banques de compensation privées condamne toute forme organisationnelle mobilisant des moyens publics car il considère que cela crée une concurrence déloyale (Vaissière et Levrel, 2015).

▶▶ Les effets pervers inhérents au système des banques de compensation

Il existe plusieurs effets pervers au système des banques de compensation contre lesquels le régulateur ne peut pas grand-chose car ils sont inhérents au système lui-même.

Le premier est que le système des banques de compensation facilite la mise en œuvre des mesures compensatoires pour les développeurs puisqu'ils n'ont qu'à acheter des crédits pour compenser leurs dommages — sous condition que ces crédits soient disponibles dans l'aire de service en question. Un point particulièrement important est qu'avec l'achat de crédits, le développeur transfère la responsabilité des mesures compensatoires à la banque de compensation, ce qui protège le développeur de tout recours quant à ses impacts. Par ce biais, on peut penser que les banques ne sont qu'un simple facilitateur de la poursuite du mitage urbain. Évidemment cette affirmation est relative au coût des crédits, qui peut devenir très élevé et finalement inciter à éviter ou à réduire un impact, mais elle fait entrer la question de la compensation dans des considérations économiques et non plus réglementaires.

Un autre effet pervers est le fait que ce sont les terrains dans le plus mauvais état qui ont le meilleur potentiel d'obtentions de crédits (car le gain écologique est meilleur pour la restauration d'une zone humide très dégradée que pour la protection d'une zone humide fonctionnelle peu menacée), ce qui ne s'avère pas juste pour ceux qui ont toujours eu de bonnes pratiques sur leur terrain et qui voudraient créer une banque de compensation. Il semble que cette situation n'incite pas à la protection des zones humides. On pourrait même imaginer des dégradations volontaires illégales afin d'obtenir encore plus de potentiel de restauration dans un deuxième temps.

Par ailleurs, on ne peut pas éluder le fait que le bon fonctionnement du marché provient forcément de la destruction de la biodiversité. Il semble pour le moins discutable de considérer que la solution à l'érosion de la biodiversité puisse résider dans un tel mécanisme. Contextualiser l'usage de ce système de régulation au regard des outils de conservation alternatifs serait à cet égard un exercice certainement utile pour évaluer dans quelles situations il représente une avancée institutionnelle ou organisationnelle et dans quel cas il représente au contraire plutôt une régression des politiques publiques en faveur de la conservation.

Au niveau institutionnel toujours, on peut aussi souligner que l'apparition des banques de compensation et leur développement en cours participent malgré tout d'un phénomène de « marchandisation » symbolique. En effet, comme nous l'avons montré, le système des banques de compensation est largement hybride et fortement régulé. La marchandisation est donc finalement plus symbolique que réelle et se traduit surtout par l'usage de concepts tels que « banques » de compensation, « crédits » de compensation ou « marché » de compensation. Cette volonté de vouloir inscrire dans le marché un système de régulation qui est finalement totalement hybride reflète, il nous semble, une volonté de faire apparaître le marché comme un mode de régulation plus efficace que le mode de régulation administratif, et vise de manière plus ou moins explicite à décrédibiliser les institutions publiques au profit des institutions privées. Le système des banques de compensation est donc, d'un point de vue symbolique, porteur de risques de manipulations qu'il s'agit de ne pas sous-estimer.

▶▶ Les risques supportés par les banques de compensation

L'exemple du SWANCC mentionné plus haut nous a montré que les risques associés à l'émergence de nouveaux marchés de la compensation ne sont pas uniquement supportés par la biodiversité. Les banques de compensation subissent, elles aussi, de nombreux risques, qui sont liés à des paramètres écologiques et économiques ainsi qu'à un manque de stabilité du cadre réglementaire (Hallwood, 2007 ; BenDor et Riggsbee, 2011).

Les risques écologiques sont liés à la variabilité des réponses écologiques aux actions de restauration, qui ne sont ni linéaires, ni automatiques, et font peser une menace importante sur les banques de compensation qui doivent justifier de l'atteinte de certains objectifs écologiques pour bénéficier de crédits.

Les risques économiques sont liés au marché, lui-même dépendant des projets de développement dans l'aire de service où les crédits de compensation pourront être vendus. Ces risques sont également dus aux lourds investissements que requièrent les actions de compensation : contrats d'assurance, achats des terrains, actions de restauration, suivi des résultats.

Les risques institutionnels associés au manque de stabilité réglementaire sont dus en premier lieu au fait que les premières recommandations de l'USACE et de l'USEPA (1995), qui ont structuré le marché des banques de compensation jusqu'à la réforme de 2008, laissaient le champ libre à l'interprétation de chaque district mais aussi, au sein des districts, de chaque agent et, à un niveau légal, des cours de justice. Ainsi, l'acteur régulateur — à quelque niveau qu'il se soit situé — pouvait changer les référentiels écologiques sur lesquels étaient basés les crédits, faire évoluer les aires de service dans lesquelles les crédits pouvaient être échangés, donner une préférence au système de permis réglementaire standard, etc. Mais les plus gros risques subis par les banques sont liés aux changements adoptés à l'échelle fédérale.

Ainsi la décision SWANCC et les adaptations réglementaires qui ont suivi à l'échelle des comtés et des municipalités ont eu des effets très déstabilisants pour les marchés de compensation. Comme le mentionne Robertson (2004, p. 370), « le résultat des adaptations institutionnelles [qui ont suivi la décision SWANCC] a conduit à la création d'un ensemble de petits marchés de compensation situés à différentes échelles ». Si l'on reprend l'exemple du district de Chicago utilisé par cet auteur, le nombre d'aires de service, et donc de marchés, est passé de cinq à vingt-cinq à la suite de la décision SWANCC du fait des réponses réglementaires des comtés et des communes. Cela a eu des conséquences inespérées pour certains, catastrophiques pour d'autres. En effet, certaines banques se sont retrouvées dans des situations concurrentielles très favorables en ayant investi dans des comtés où peu de crédits avaient été produits mais où la demande pour des droits de compensation était importante, avec pour corollaire une augmentation de la valeur de leurs crédits de compensation. D'autres banques ont vu la valeur de leurs crédits s'effondrer par le mécanisme inverse.

Ceci explique pourquoi de tels changements ne doivent pas se répéter trop souvent car ils rendent le système de compensation très instable et réduisent la confiance des investisseurs dans ce dernier. Or, si les investisseurs dans les banques de compensation ne peuvent pas anticiper les bénéfices futurs générés par leurs investissements dans la restauration écologique, il existe un risque de voir apparaître un marché qui sera fondé sur des comportements dictés par des stratégies de court terme, peu en adéquation avec les attentes de la restauration écologique.

La réforme de 2008 (voir chapitre 4) a permis d'apporter de la stabilité au système en définissant des référentiels communs et des aires de service standardisées, mais aussi en donnant la priorité au système des banques de compensation.

Mais que se passe-t-il si, au-delà d'un certain niveau de risques, la banque tombe en faillite ? La banque New (dont l'histoire a été relatée dans l'encadré 10.2 du chapitre 10) a fait faillite après avoir vendu 17 crédits à des développeurs. Afin de perpétuer l'action écologique que représentent ces 17 crédits vendus en compensation de plusieurs impacts, l'USACE a récupéré le fonds de gestion à long terme. Elle finance aujourd'hui, grâce à ce fonds, la poursuite de la mise en œuvre du plan de gestion de la banque, mais seulement pour la surface équivalente aux 17 crédits vendus. Le reste de la banque n'a pas été considéré dans un état suffisamment bon pour y réaliser des actions de restauration, mais continue à bénéficier de la servitude environnementale. Cette aire de conservation, qui n'a pas été utilisée pour justifier des compensations, représente finalement un gain écologique net (au moins en surface), puisqu'il ne sera dorénavant plus possible d'aménager ce site. Le fonds de gestion semble ainsi bien avoir fonctionné dans cet exemple.

▸▸ Conclusion

L'apprentissage des organisations en charge de la mise en œuvre d'une politique environnementale telle que celle des compensations écologiques se fait toujours aux dépens de l'environnement. En effet, qui dit apprentissage dit processus d'essais-erreurs. Or, dans le domaine de la compensation, les erreurs se traduisent par des pertes de biodiversité et par le non-respect du principe de *no-net-loss*. C'est ce qui s'est passé aux États-Unis pendant trente ans. Le système de compensation a conduit à faire disparaître de la biodiversité.

La dernière innovation organisationnelle adoptée aux États-Unis pour améliorer l'efficacité des mesures compensatoires a été le système des banques de compensation. Là aussi, un processus d'apprentissage a été, et est encore, nécessaire.

Si la France ne veut pas passer par le même processus, coûteux tant du point de vue écologique qu'économique, elle a tout intérêt à s'inspirer de l'histoire de la mise en œuvre des mesures compensatoires aux États-Unis, en essayant de prendre en compte les résultats des processus d'apprentissage réalisés là-bas. Évidemment tout n'est pas transposable et chaque territoire a ses configurations et son histoire propres. Pour autant, la nature des risques associés aux mesures compensatoires et aux banques de compensation nous semble tout à fait comparable, quelle que soit la localisation de la mise en œuvre de la politique environnementale associée. Ainsi, les dérives qui ont pu être observées aux États-Unis et les solutions qui ont pu être adoptées sont souvent similaires à ce que l'on peut observer en France aujourd'hui.

Chapitre 12

La réserve d'actifs naturels

Une nouvelle forme d'organisation pour la préservation de la biodiversité en France ?

Coralie Calvet, Harold Levrel, Claude Napoléone,
Thierry Dutoit

La possibilité de compenser des impacts écologiques résiduels provenant de projets d'aménagement *via* le mécanisme d'offre de compensation vient d'être introduite dans le projet de loi relatif à la biodiversité (articles 33A, 33B et 33C du projet de loi n° 1847). La compensation écologique constitue la dernière étape de la séquence éviter-réduire-compenser (ERC) les impacts environnementaux des projets d'aménagement faisant l'objet d'une doctrine nationale publiée par le gouvernement français en 2012 (MEDDE, 2012a ; voir chapitre 2). La compensation vise « l'absence de perte nette de biodiversité », initiative intégrée à la stratégie de la Commission européenne pour la biodiversité à l'horizon 2020 (European Commission, 2011). La mise en place d'une offre de compensation implique la création d'une réserve d'actifs naturels (RAN)[88] par un opérateur tiers. Ce dispositif constitue une forme d'organisation particulière et innovante en France pour réaliser les obligations compensatoires des maîtres d'ouvrage. Les compensations écologiques mises en œuvre au travers d'un mécanisme d'offre de compensation visent une meilleure efficacité organisationnelle et écologique que celles menées de manière individuelle, au cas par cas, directement par les maîtres d'ouvrage (Moreno-Mateos *et al.*, 2012 ; Scemama et Levrel, 2014).

Six années après la première expérimentation de RAN menée en France par la Caisse des dépôts et consignations Biodiversité[89] (CDC Biodiversité) sous le contrôle du ministère de l'Écologie, le gouvernement français s'apprête à renouveler l'expérience avec cinq nouvelles opérations qui devraient voir le jour très prochainement[90]. À l'aube de leur lancement, il semble donc nécessaire

---

88. « Réserve d'actifs naturels » ou « banque de compensation » ? La terminologie internationale utilise le terme de *mitigation bank* pour désigner ce type de mécanisme. En France, la réglementation prévoit une offre de compensation par la mise en place de « réserves d'actifs naturels » (RAN). Bien que ces dispositifs soient très proches dans leur objectif et leur fonctionnement général, nous utiliserons le terme de RAN afin de respecter la terminologie française.
89. Filiale de la Caisse des dépôts et consignations, c'est une institution de droit privé qui intervient auprès des maîtres d'ouvrage et des pouvoirs publics dans leurs actions en faveur de la biodiversité.
90. Faisant suite à un appel à projet lancé en 2011, les opérations devraient être mises en place en 2015 (voir le détail des opérations dans la section 6.2.2).

de faire un premier bilan de l'expérimentation initiée par la CDC Biodiversité en 2008 dans le département des Bouches-du-Rhône sous le nom d'« opération Cossure ». Nous proposons dans ce chapitre d'analyser les caractéristiques organisationnelles, institutionnelles et écologiques de ce dispositif expérimental, afin de vérifier si elles permettent d'atteindre « l'absence de perte nette de biodiversité ». Nous nous intéressons pour cela à deux principales questions : comment a été dimensionnée et organisée la RAN de Cossure ? Quelles sont les conséquences du dimensionnement et de l'organisation de la RAN de Cossure sur la mise en œuvre des compensations et sur l'atteinte de l'objectif « d'absence de perte nette » de la biodiversité ?

Pour y répondre, nous nous intéressons d'abord aux contextes politiques et stratégiques sous-jacents à l'émergence de la première RAN en France, puis nous analysons le dimensionnement de l'opération Cossure au travers de la caractérisation de ses actifs de compensation. Nous décrivons ensuite les caractéristiques organisationnelles et institutionnelles de la RAN de Cossure, pour en analyser les conséquences sur la mise en œuvre des compensations. Nous concluons sur les avantages et les limites qu'offre cette expérimentation au regard des données acquises après six années face à l'objectif d'absence de perte nette de la biodiversité. Nous clôturons ce chapitre par quelques enseignements et perspectives concernant le mécanisme de RAN par rapport à la préservation de la biodiversité.

▶▶ Les conditions d'émergence de la première RAN française

La première expérimentation de RAN, Cossure, a été initiée par la CDC Biodiversité en concertation avec le ministère de l'Écologie, du Développement durable et de l'Énergie (MEDDE). Cette expérimentation provient d'une réflexion initiée au sein de la Société forestière du groupe Caisse des dépôts (CDC), dont la principale mission est d'investir sur le long terme au service de l'intérêt général. Fort de son expérience dans la gestion d'actifs environnementaux (carbone et forêt) pour des investisseurs privés et publics au travers de sa filiale CDC Climat et de la Société forestière, le groupe CDC réfléchissait déjà au début des années 2000 à la mise en place d'un modèle financier pour la gestion d'actifs de biodiversité. Dans cet objectif, il créa en 2006 la Mission Biodiversité au sein de la Société forestière afin de développer des fonds d'investissement et de financement de la diversité biologique à partir des mécanismes de compensation (Hernandez, 2006a, p. 13). Inspiré par le modèle de banque de compensation des zones humides mis en place aux États-Unis[91] depuis plus d'une vingtaine d'années connu sous le nom de *mitigation bank*, le groupe CDC a entrepris des études de marché en 2006 afin d'explorer la faisabilité d'une telle expérimentation en France (*ibid.*).

Associée à cette réflexion sur les compensations, la Direction des études économiques et de l'évaluation environnementale (D4E) du ministère de l'Écologie réfléchissait également à ces questions durant cette même période, jusqu'à l'organisation d'un séminaire en juillet 2006 sous le titre « Les mécanismes de compensation : une opportunité pour les secteurs économiques et financiers et les gestionnaires de la diversité biologique ? » (*ibid.*).

Ce séminaire rassemblait des administratifs provenant de diverses institutions françaises et européennes (MEDDE, Commission européenne, ministère de l'Écologie des Pays-Bas), ainsi que des personnes du secteur privé (notamment Laurent Piermont, directeur de la Société forestière) et des experts sur les systèmes de banques de compensation menées aux États-Unis[92] (*ibid.*). Les principaux objectifs de ce séminaire étaient de décrire et d'analyser les expériences mondiales concernant l'application des mécanismes de compensation afin d'évaluer leur opérationnalisation en France (*ibid.*). L'intérêt porté aux mécanismes de compensation était plutôt centré sur le méca-

---

91. En particulier la Wildlands Ecosystem and Mitigation Bank.
92. Citons Ricardo Bayon, directeur du programme Ecosystem Marketplace, Kerry ten Kate, directrice du programme Business and Biodiversity Offset (BBOP) coordonné par Forest Trend, et Wayne White, vice-président du National Mitigation Banking Association des États-Unis et président de la Wildlands Ecosystem and Mitigation Bank.

nisme des banques de compensation. Dans l'idée générale d'un gagnant-gagnant entre le secteur économique et le domaine de la conservation, ces mécanismes étaient alors envisagés comme un outil permettant de « concilier des questions de développement économique et de conservation de la diversité biologique [...], tout en représentant un atout économique pour les porteurs de projet et pour les gestionnaires publics » (Hernandez, 2006a, p. 4-5).

Plus largement, la compensation était envisagée comme « un moyen de lever des ressources financières additionnelles pour les gestionnaires de la conservation de la biodiversité tout en permettant d'internaliser la valeur de la biodiversité dans les décisions des entreprises » (*ibid.*, p. 4).

Dans cette perspective, les compensations étaient largement associées à des réflexions sur les nouveaux marchés de la biodiversité et sur les marchés du carbone (dont la valeur des échanges annuels était à ce moment-là de l'ordre de 11 milliards de dollars)[93] et de l'eau (avec les droits de pêche) (*ibid.*, p. 13).

Les banques de compensation suscitaient alors un intérêt particulier pour « leur capacité à développer de nouveaux marchés de la biodiversité, d'ailleurs en plein essor aux États-Unis à ce moment-là » (*ibid.*, p. 13). La valeur des échanges réalisés chaque année sur les marchés des banques de compensation aux États-Unis était de l'ordre de un milliard de dollars (en 2006) (*ibid.*, p. 15). Notons que cette valeur des échanges annuels a fortement augmenté depuis 2006, puisqu'elle est évaluée en 2011 entre 1,5 et 2,5 milliards de dollars (Madsen *et al.*, 2011).

Parallèlement à ces initiatives, le MEDDE, alors en préparation du Grenelle de l'environnement I (2007), pointait les défaillances dans l'application de la réglementation environnementale, et notamment au niveau de la séquence ERC (intégrée dans la réglementation environnementale depuis 1976 au niveau de l'article 2 de la loi n° 76-629 du 10 juillet 1976). La priorité était alors de faire appliquer la réglementation existante, jusqu'alors très peu mise en œuvre, voire pas du tout (Regnery *et al.*, 2013 ; Quétier *et al.*, 2014).

Cependant, les ressources budgétaires additionnelles nécessaires étant évaluées à plus de 700 millions d'euros (MEDDE, 2007, p. 20), l'enjeu était alors de « trouver des instruments de financement innovants pour assurer la reconquête de la biodiversité », notamment au travers « des mécanismes de compensation des dommages résiduels à la biodiversité » (*ibid.*, p. 20).

C'est ainsi qu'à la croisée d'initiatives privées et de réflexions politiques est né le dispositif d'offre de compensation en France, ouvrant ainsi la porte à l'expérimentation de la première RAN. L'objectif général était de tester l'opérationnalisation d'un tel dispositif en France, et d'en évaluer les opportunités de développement (MEDDE-CDC Biodiversité, 2010a). La première RAN s'est alors concrétisée en 2008 dans la plaine de Crau (Bouches-du-Rhône) dans le sud-est de la France sous le contrôle du MEDDE, portée par la CDC Biodiversité, filiale de la CDC officiellement créée le 19 février 2008 et dotée d'un capital initial de 15 millions d'euros.

▶▶ Analyse du dimensionnement de la RAN de Cossure

La mise en place d'une offre de compensation implique un investissement par un opérateur dans du capital naturel[94] afin de produire des actifs naturels échangeables, au titre de compensations, avec des maîtres d'ouvrage ayant provoqué des dommages environnementaux équivalents (Coggan *et al.*, 2013 ; Scemama et Levrel, 2014). La création d'une RAN constitue une forme particulière

---

93. Notons qu'entre 2007 et 2008 la valeur totale des transactions réalisées dans les marchés du carbone a atteint les 86 milliards d'euros. Toutefois, le marché carbone est caractérisé par une importante volatilité des prix de la tonne de gaz carbonique, qui peuvent fluctuer de 30 euros à 8 euros la tonne, comme sur l'année 2007-2008. Les prix des unités carbone sont tellement faibles qu'ils ne permettent pas de générer les signaux-prix nécessaires pour inciter les industriels à réduire leurs émissions ou à investir dans des systèmes moins consommateurs de gaz carbonique (d'après un numéro spécial de la revue *Géo*, « Le marché carbone : mode d'emploi », décembre 2009).

94. Le capital naturel est un terme économique utilisé pour désigner les ressources naturelles biophysiques comme des moyens de production de biens et de services des écosystèmes (MEA, 2005a).

d'organisation de la compensation qui implique trois principaux acteurs : l'opérateur qui crée la RAN, les maîtres d'ouvrage qui doivent compenser leurs impacts environnementaux, et les services de l'État en charge de faire respecter la réglementation environnementale et de valider les compensations proposées. Afin d'analyser le dimensionnement des investissements nécessaires pour la création d'une RAN, nous mobilisons la notion de « spécificité des actifs » issue de l'économie néo-institutionnelle[95] (encadré 12.1). L'idée générale est d'étudier si les investissements réalisés pour dimensionner la RAN, d'une part, sont adaptés au mécanisme de compensation et, d'autre part, permettent d'atteindre l'objectif global d'absence de perte nette de biodiversité.

Encadré 12.1. Définition de la spécificité des actifs et adaptation au système des RAN

Un investissement est dit « spécifique » lorsqu'il ne peut être redéployé pour un autre échange sinon à un coût très élevé. Dans le cas des RAN, l'analyse de la spécificité des actifs concerne le degré de spécificité des investissements réalisés par l'opérateur pour produire les actifs de compensation. Le caractère non redéployable qui confère aux actifs leur spécificité peut provenir de six principales caractéristiques :
- la spécificité de site, liée à la localisation des actifs de compensation ;
- la spécificité biophysique, liée aux caractéristiques biophysiques des actifs de compensation. Elle s'évalue selon la spécificité et la complexité des gains écologiques générés pour l'échange, par exemple le type de biodiversité (espèces ou écosystèmes) ou le fonctionnement et la richesse des écosystèmes réhabilités ;
- la spécificité humaine, liée aux compétences et aux connaissances propres développées spécifiquement pour la production des actifs de compensation ;
- la spécificité des intrants, relative à la dépendance des actifs de compensation de ressources extérieures comme la gestion des terres ;
- la spécificité temporelle, qui se réfère au temps nécessaire pour produire les actifs de la RAN ;
- la spécificité de marque, liée aux investissements consentis par les acteurs concernés pour établir ou maintenir leur réputation. L'opérateur de la RAN engage sa réputation dans le maintien de ses engagements auprès des autres acteurs du système.
Source : adapté de Coggan *et al.* (2013) ; Saussier et Yvrande-billon (2007, p. 19).

Une forte spécificité de site des actifs de la RAN

La spécificité de site d'une RAN est prépondérante pour trois principales raisons. Premièrement, la RAN ne peut vendre ses unités de compensation que dans un périmètre géographique limité (appelé aux États-Unis « aire de service »), généralement proche de la localisation de la RAN. Deuxièmement, les objectifs écologiques de la RAN doivent être définis en adéquation avec les enjeux locaux de conservation de la biodiversité. Enfin, le coût des investissements nécessaires pour la production des gains écologiques de la RAN dépend de la dynamique et de la complexité des écosystèmes sur lesquels la RAN prend place (Scemama, 2014).

Localisée à Saint-Martin-de-Crau dans les Bouches-du-Rhône, et plus précisément sur le site de Cossure (du nom de l'ancienne bergerie qui s'y trouvait), la RAN est entourée par la Réserve naturelle des Coussouls de Crau (RNCC) et par des vergers industriels (figure 12.1, voir planche couleur II). Les enjeux locaux de préservation de la biodiversité y sont particulièrement importants : le coussoul[96] de Crau est un écosystème unique au monde résultant d'un contexte écologique particulier et de deux mille ans de pâturage ovin. Cet écosystème constitue la dernière steppe semi-aride d'Europe de l'Ouest (Dutoit, 2010). Il abrite des espèces animales rares, voire

---

95. L'économie néo-institutionnelle est un courant de l'économie formalisé dans les années 1970 qui s'intéresse aux institutions et à leur rôle dans l'organisation de la société.
96. La steppe de Crau, *Asphodeletum fistulosi* pour les phytosociologues, ou « coussoul », la terre de parcours pour les bergers.

très rares[97], qui font l'objet de protections réglementaires aux niveaux national et international[98]. Pourtant, la surface des coussouls ne cesse de diminuer depuis le début du XXe siècle (elle était de 38 000 hectares en 1750 et de 10 200 hectares en 2000), résultant d'une forte conversion des terres pour les cultures, l'urbanisation et l'industrialisation (Chabran, 2011).

Dans ce contexte, l'abandon en 2006 d'un verger industriel de 357 hectares sur le site de Cossure, situé en limite de la RNCC, a constitué un fort enjeu local (Dutoit et Oberlinkels, 2013). Ce site, dont la superficie représente environ 5 % de la surface totale de la RNCC, était historiquement constitué de coussouls. Il avait été transformé en terres agricoles dans les années 1980 afin d'y produire des melons, puis en vergers intensifs dans les années 1990. Au moment de sa mise en vente en 2006, une première concertation rassemblant les différents acteurs du territoire[99] s'est organisée localement. À ce moment-là il n'était alors pas prévu de créer une RAN, mais simplement de réhabiliter la fonction d'habitat du site pour les oiseaux steppiques afin d'améliorer la connectivité écologique des sites de la Réserve naturelle (RNCC, 2009). Cependant, le collectif n'a pu rassembler la somme nécessaire pour l'acquisition, la réhabilitation et la gestion sur le long terme du site. Le prix des terres était évalué par la Safer (Société d'aménagement foncier et d'établissement rural) sur la valeur vénale d'une terre agricole en verger industriel irrigué (soit environ 15 000 euros l'hectare), malgré l'arrêt de la production agricole depuis environ trois années.

En parallèle, la Dreal[100]-Paca s'intéressait déjà aux mesures compensatoires et aux problèmes de leur mise en œuvre. Un rapport *ad hoc* pointait les difficultés des maîtres d'ouvrage pour réaliser concrètement leurs compensations écologiques en raison notamment de difficultés pour trouver du foncier (Diren-Paca, 2008). Des échanges entre la Dreal-Paca, le MEDDE et la CDC Biodiversité, alors à la recherche d'un site pour expérimenter la première RAN, ont permis de saisir l'opportunité de mettre en œuvre la première RAN sur le site de Cossure. La CDC Biodiversité s'est alors rendue sur le site le 25 mai 2007 afin de rencontrer les acteurs locaux et d'exposer son projet de RAN sur Cossure. Au début, le choix du site de Cossure pour cette première expérimentation ne remportait pas l'adhésion totale des services de l'État. Sa taille était jugée trop importante et sa spécificité trop forte (en raison des forts enjeux écologiques locaux). Cependant, l'urgence provoquée par l'intérêt d'autres investisseurs pour le rachat de ce site (carriers et arboriculteurs) a hâté la prise de décision.

Le 8 septembre 2008, la CDC Biodiversité signe le rachat des 357 hectares du site de Cossure pour y réaliser la première RAN française pour un montant de 5,5 millions d'euros (ce qui représente environ 40 % du budget total alloué à l'opération, qui est de l'ordre de 12,5 millions d'euros).

Une faible spécificité biophysique des actifs de la RAN

Au lancement de l'opération en 2008, la question de la possibilité de restaurer l'intégralité d'un écosystème de coussoul sur le site de Cossure se posait. Mais les discussions avec les chercheurs de l'Institut méditerranéen de biodiversité et d'écologie (IMBE) ont révélé que cet objectif s'avérait impossible à réaliser dans l'état des connaissances scientifiques et techniques du moment (Dutoit, 2010).

Les objectifs écologiques de l'opération Cossure ont alors été définis comme « la reconstitution d'une végétation de pelouse sèche rase composée majoritairement d'espèces végétales sauvages caractéristiques de la Crau sèche sur la totalité du site (à l'exception des surfaces occupées par

---

97. Espèces rares : œdicnème criard (*Burhinus oedicnemus*), outarde canepetière (*Tetrax tetrax*), rollier d'Europe (*Coracias garrulus*) ; espèces très rares : ganga cata (*Pterocles alchata*), criquet rhodanien (*Prionotropis hystrix rhodanica*), bupreste de Crau (*Acmaeoderella cyanipennis perroti*).

98. Par exemple par l'arrêté du 29-10-2009 fixant la liste des oiseaux protégés en France, par l'annexe 1 de la Directive Oiseaux 2009/147/CE de l'Union européenne, par la Convention de Berne (annexe 2).

99. Gestionnaires d'espaces naturels protégés, directions régionales et départementales, conseils régional et général, chambre d'agriculture, établissement foncier régional, syndicats agricoles et instituts de recherche.

100. Ex-Diren, les Directions régionales de l'environnement, de l'aménagement et du logement (Dreal) sont des services déconcentrés du ministère de l'Écologie.

les bâtiments) dans le but d'offrir un habitat convenable à plusieurs espèces faunistiques caractéristiques de la Crau sèche, notamment l'outarde canepetière, le ganga cata, l'œdicnème criard, le criquet rhodanien » (MEDDE-CDC Biodiversité, 2010b, p. 3). Par ailleurs, la CDC Biodiversité s'est engagée à mettre en œuvre avec des éleveurs locaux une gestion par pastoralisme traditionnel, comme il est pratiqué sur les coussouls traditionnels de la Crau sèche (pâturage ovin de printemps).

La difficulté à reconstituer une végétation de pelouse sèche rase peut être qualifiée de « faible » car elle ne nécessite pas la mobilisation d'un actif biophysique très spécifique par rapport à l'écosystème originel de coussoul (qui préexistait sur le site de Cossure avant sa transformation en verger industriel). En effet, une végétation de pelouse sèche rase ne constitue pas initialement un écosystème riche et complexe d'un point de vue écologique (assemblage d'espèces simple).

Concernant l'accueil de l'avifaune steppique, nous pouvons également qualifier de « faible » la complexité et la spécificité de l'actif correspondant. En effet, la proximité des sites de la RNCC et les connaissances des experts sur les comportements des espèces cibles permettaient de présager un retour très rapide des oiseaux sur le site dès la réouverture des milieux. Le choix d'une faible spécificité biophysique des actifs permet de limiter les risques d'échec en fixant pour l'opération des objectifs atteignables. L'objectif écologique de la RAN de Cossure s'est également accompagné d'un objectif d'expérimentation de techniques de restauration écologique afin d'évaluer des techniques d'ingénierie écologique qui permettraient d'accélérer la reconquête des espèces du coussoul[101].

Le recours à des ressources humaines compétentes

La production des gains écologiques de la RAN a nécessité des ressources humaines disposant de compétences et de connaissances très spécifiques sur les actions à mettre en œuvre pour générer les actifs de la RAN, aussi bien au niveau des gestionnaires de la RNCC que des chercheurs de l'IMBE mobilisés.

D'importants travaux de réhabilitation écologique ont été nécessaires à la production du gain écologique (figures 12.2 et 12.3). Après un état initial du site en 2008, l'opération de réhabilitation de l'ancien verger de Cossure a débuté en 2009 par le retrait des deux cent mille arbres fruitiers (pêchers et abricotiers), des cent mille peupliers constituant des haies brise-vent, et de plus de mille kilomètres de tuyaux d'irrigation. Le terrain a ensuite été décompacté au bulldozer pour être enfin aplani par des niveleuses (Jaunatre *et al.*, 2014).

Figure 12.2. Le verger abandonné de Cossure en 2009 (R. Jaunatre, UMR IMBE).

---

101. Ces travaux ont fait l'objet d'une thèse de doctorat en écologie de la restauration menée à l'IMBE d'Avignon et financée pour partie par la CDC Biodiversité (thèse de Renaud Jaunatre).

Figure 12.3. Le verger de Cossure en 2012, trois années après les travaux de réhabilitation d'une végétation herbacée rase (R. Jaunatre, UMR IMBE).

L'opération de réhabilitation a mobilisé les compétences et les connaissances des experts et des scientifiques locaux pendant près d'une année sur le site pour la conduite et le suivi des travaux. Deux partenariats ont été mis en place sous la forme de conventions bipartites avec la CDC Biodiversité : l'une avec l'Institut de recherche de l'IMBE, et une autre avec le Conservatoire des espaces naturels de Provence (CEN-Paca) et la chambre d'agriculture des Bouches-du-Rhône, cogestionnaires de la RNCC. En vue d'assurer la gestion et le suivi du site de compensation (suivis de l'avifaune steppique pour le CEN et de la végétation pour l'IMBE), ces conventions ont été reconduites à la suite des opérations de réhabilitation pour une durée de trois ans renouvelable.

La production des gains écologiques *via* les actions de réhabilitation menées sur une grande superficie (357 hectares) a représenté un coût total d'environ 4 millions d'euros (soit près de 34 % du budget total alloué à l'opération Cossure).

L'importance du pastoralisme pour le maintien des gains écologiques

L'atteinte des résultats écologiques visés dans l'opération Cossure dépend fortement de la gestion conservatoire du site assurée par le pastoralisme. En 2010, après la construction de deux nouvelles bergeries et en collaboration avec la chambre d'agriculture des Bouches-du-Rhône, deux jeunes éleveurs ont été accueillis sur le site avec leur troupeau de huit cents brebis. Le pastoralisme constitue un enjeu majeur dans la gestion conservatoire du site puisqu'il permet de maintenir un état herbacé ras de la végétation spontanée, condition nécessaire au retour de l'avifaune visée. La gestion pastorale est donc couplée à des missions de surveillance et de suivi confiées au CEN-Paca et à la chambre d'agriculture des Bouches-du-Rhône (Dutoit et Oberlinkels, 2010). La location des terres par les éleveurs est régie par une convention pluriannuelle de pâturage. Les éleveurs sont soumis à un cahier des charges pastoral précisant les dates et les surfaces de pâturage, ainsi que le règlement sanitaire qui leur interdit par exemple d'appliquer sur leur troupeau des traitements contenant des avermectines.

La gestion pastorale, principalement la pression de pâturage que les éleveurs doivent faire exercer à leur troupeau sur le site, est définie en accord avec la CDC Biodiversité et les experts locaux. L'objectif est d'appauvrir le milieu sur le plan trophique, tout en permettant aux troupeaux d'extraire une biomasse végétale suffisante à la couverture de ses besoins alimentaires. Ainsi, dans l'objectif d'un maintien d'une hauteur de végétation rase, engagement de résultat de la CDC Biodiversité, l'opérateur peut demander aux éleveurs de faire évoluer les pressions pastorales en fonction des conditions environnementales et climatiques.

Le poids de l'élevage dans la réussite de l'opération est un paramètre important à considérer car les objectifs écologiques visés ne sont pas toujours en adéquation avec les contraintes technico-économiques des éleveurs. Par exemple en 2010, 2011 et 2013, suite à des printemps pluvieux, les éleveurs n'ont pu faire exercer une pression pastorale suffisante pour maintenir une faible hauteur de végétation. Cela a eu comme principale conséquence de faire évoluer les dynamiques de fréquentation du site par certaines espèces d'oiseaux. Ainsi, la maîtrise des effets de l'élevage, lui-même soumis à des contraintes externes au dispositif de compensation, est cruciale pour le maintien des objectifs écologiques de la RAN de Cossure.

Il faut noter que l'association de pratiques agricoles à des actions de gestion de la biodiversité existe depuis longtemps en Crau, à travers notamment la cogestion de la RNCC par un organisme agricole, la chambre d'agriculture, et une association environnementale, le CEN-Paca. L'intégration du pastoralisme dans la gestion conservatoire du site de Cossure a certainement bénéficié de cette histoire et, à notre sens, a favorisé l'acceptabilité locale de l'opération par la profession agricole (Chabran, 2011).

La spécificité temporelle des actifs de la RAN

La spécificité temporelle est rattachée au temps nécessaire pour la production des actifs de la RAN. Les premiers résultats des suivis écologiques effectués en 2010 montrent que la réhabilitation a permis le retour d'une végétation favorable aux oiseaux steppiques, principalement l'outarde canepetière. Ainsi, par rapport à l'engagement de la CDC Biodiversité à reconstituer une végétation de pelouse sèche rase, l'on peut qualifier la spécificité temporelle d'assez faible car, suite à la réouverture des milieux et à la réintroduction de deux troupeaux de moutons, le site de Cossure a pu rapidement retrouver un état écologique de type « pelouse sèche rase » (en dehors d'événements pluvieux particuliers).

Concernant le retour des espèces cibles sur le site de la RAN, qui ne constitue pas un engagement de CDC Biodiversité, les premières années ont été plutôt encourageantes (environ soixante mâles chanteurs d'outarde comptabilisés en 2011), mais la tendance révèle depuis 2013-2014 une diminution de la fréquentation du site par les oiseaux (diminution de près de la moitié du nombre de mâles chanteurs en 2013). Les suivis des autres espèces d'oiseaux cibles de cet écosystème (ganga cata et œdicnème criard) montrent également quelques retours sur le site (en moyenne dix mâles pour l'œdicnème et cinq pour le ganga en 2013 (CDC Biodiversité, 2013). Au regard des insectes, les suivis effectués en 2011 pour les coléoptères révèlent que les assemblages retrouvés sur le site sont très différents de ceux présents sur la steppe de référence (Alignan *et al.*, 2013). Au contraire, les populations d'orthoptères ont montré un retour plus rapide sur le site avec des assemblages similaires à ceux de la steppe de référence (Alignan *et al.*, 2014). Toutefois, le bilan écologique des actions de réhabilitation de la RAN ne pourra être effectué qu'avec un recul temporel plus important, les processus écologiques témoignant encore de variations interannuelles qui ne présument pas des tendances sur le long terme.

La spécificité de marque : un projet ambitieux

Au lancement de l'opération, les attentes médiatiques et politiques autour de ce projet d'expérimentation étaient importantes, comme l'a souligné la visite sur le site de Chantal Jouanno en 2009 et en 2010, alors secrétaire d'État en charge de l'écologie. Le ministère envisageait, et envisage toujours, ce projet comme une « vitrine » de l'offre de compensation en France. La spécificité de marque est caractérisée par la réputation qu'engagent les acteurs du système concernant leur capacité à jouer leur rôle dans le dispositif (Scemama et Levrel, 2014). Dans le cas de la mise en place de la RAN de Cossure, expérimentation innovante en France, la garantie de la bonne conduite des opérations de compensation repose sur la réputation de la CDC Biodiversité, opérateur de la RAN. Filiale du groupe CDC, institution financière d'investissement de long terme de l'État français depuis près de deux siècles (depuis 1816), la CDC Biodiversité a ainsi pu bénéficier de la réputation d'investisseur de confiance de CDC pour lancer cette expérimentation. La CDC Biodiversité disposait, d'une part, d'une capacité financière importante nécessaire à la réalisation d'une telle opération et, d'autre part, de la confiance de l'État.

Tous ces éléments ont sans doute facilité la mise en œuvre de ce projet expérimental ambitieux. Toutefois, en investissant dans cette opération de RAN soumise à de fortes incertitudes, l'opérateur engage sa réputation dans la réussite du projet. Afin de l'accompagner dans ses choix, la CDC Biodiversité s'est entourée de scientifiques reconnus en créant en 2008 un comité scientifique composé d'experts français de la biodiversité[102].

▶▶ Les caractéristiques organisationnelles et institutionnelles de la RAN de Cossure

Nous décrivons ici l'organisation générale et le fonctionnement de la RAN de Cossure au travers de l'analyse des conventions qui l'encadrent (et qui en précisent les équivalences écologiques et la pérennité), de sa gouvernance, de l'élaboration du prix et du nombre d'unités de compensation, et de la procédure et des modalités d'échange des unités de compensation.

L'établissement de conventions flexibles

Il est important de mentionner que l'expérimentation Cossure a débuté en 2008 sans cadrage institutionnel particulier, puisque les conventions définissant les règles de fonctionnement de l'opération ont été élaborées en 2010, sur la base d'un dossier technique rédigé par la CDC Biodiversité.

Deux conventions ont été établies entre la CDC Biodiversité et le MEDDE. La première est une convention cadre mise en place pour une durée de huit ans (2010-2018). Elle définit les engagements des parties et les modalités de la démarche conjointe dans l'expérimentation d'offre de compensation à l'échelle nationale. La convention précise que l'objectif principal de l'expérimentation est « d'étudier la faisabilité de la mise en place et du maintien dans le temps de propriétés foncières mobilisables au titre de la compensation » (MEDDE-CDC Biodiversité, 2010a, p. 4). La seconde convention concerne particulièrement l'opération Cossure. Elle précise les conditions et les modalités de l'expérimentation pour une durée de six ans, c'est-à-dire qu'elle prend fin le 10 août 2016. Cette convention définit principalement : les équivalences du site de Cossure, les modalités d'échanges des unités de biodiversité et les engagements de CDC Biodiversité vis-à-vis des maîtres d'ouvrage et du MEDDE.

La définition et le calcul de l'équivalence écologique des actifs

La réalisation des compensations nécessite la définition d'une équivalence entre les impacts et les gains écologiques générés. En France, l'équivalence écologique doit être biophysique. Sa définition nécessite donc aux acteurs du système de s'accorder sur les critères biophysiques qui caractériseront les impacts et les gains écologiques. La définition de ces critères dépend des règles et des modalités choisies dans l'organisation de la RAN.

Dans le cas de Cossure, l'équivalence écologique est basée sur la fonction « habitat » des écosystèmes. La RAN ne peut alors compenser que des impacts sur des écosystèmes de type pelouse sèche rase offrant un habitat favorable à des espèces faunistiques caractéristiques des milieux secs méditerranéens, et principalement les oiseaux steppiques. Concernant l'équivalence géographique, aucune précision n'est apportée dans la convention à ce sujet. Cependant, les acteurs du dispositif ont convenu au lancement de l'opération que la RAN ne pourrait compenser que des impacts écologiques se trouvant dans la zone de la Crau (soit une aire de service d'environ 600 kilomètres carrés).

---

102. En 2008, ce comité était constitué des écologues Luc Abbadie, Robert Barbault, Sandra Lavorel et Jean-Claude Lefeuvre, et des économistes Michel Trommetter et Jacques Weber.

La convention reste générale et très large sur les critères qui permettent de déterminer les équivalences écologique et géographique en mentionnant explicitement que « le site expérimental de Cossure peut compenser des impacts sur des habitats et des espèces présentes sur le site au moment de l'instruction des dossiers » (MEDDE-CDC Biodiversité, 2010b). Le critère permettant de définir l'équivalence géographique entre les sites détruits et le site de compensation de Cossure est le degré de connectivité écologique entre les sites, ceux-ci devant être « suffisamment connectés écologiquement » (MEDDE-CDC Biodiversité, 2010b, p. 8).

Ces définitions larges des équivalences écologiques et géographiques permettent une certaine flexibilité dans les usages qu'il est possible de faire de la RAN dans le cadre des compensations environnementales. Si l'on s'intéresse au critère d'équivalence écologique « milieux secs méditerranéens », de larges possibilités de compensation s'offrent à la RAN, puisqu'elle pourrait compenser en théorie des impacts survenant sur des populations d'oiseaux steppiques se trouvant par exemple en Espagne ou encore au Maroc (zone de migration des populations d'outardes), si les sites d'impacts étaient suffisamment connectés écologiquement avec la RAN.

Le calcul des équivalences écologiques s'effectue au moyen de ratios compensatoires qui permettent de calculer le nombre d'unités d'échange que le maître d'ouvrage devra acheter à l'opérateur. Le calcul du ratio prend généralement en compte la nature de l'impact et le type de mesure compensatoire proposé en échange (préservation, réhabilitation, création d'écosystèmes, etc.). Par ailleurs, afin de pallier l'incertitude quant aux résultats écologiques de la mesure compensatoire proposée, le ratio intègre souvent une marge d'erreur qui se traduit en pratique par l'augmentation des surfaces réhabilitées, restaurées ou préservées au titre de la compensation (Curran *et al.*, 2014).

Dans la convention encadrant la RAN de Cossure, aucune précision n'est apportée sur le calcul des compensations. L'absence de règles sur la détermination des ratios compensatoires et d'une méthode de calcul offre ainsi aux acteurs du système une grande liberté dans le calcul des compensations. La flexibilité des conventions qui encadrent le dispositif confère à la RAN une importante capacité d'adaptation aux changements écologiques du site qui pourraient par exemple résulter de la dynamique de la biodiversité sous l'effet de changements globaux (changement des espèces présentes sur le site) (Devictor *et al.*, 2012).

La pérennité et la durée d'engagement dans le système

La CDC Biodiversité s'engage à assurer la gestion conservatoire des unités de compensation vendues aux maîtres d'ouvrage pendant trente ans. Même si ces derniers gardent la responsabilité juridique des compensations, la responsabilité de leur réalisation, de leur gestion et de leur suivi est transférée à l'opérateur de la RAN.

Par ailleurs, la convention relative à Cossure prévoit dans son article 5 que la CDC Biodiversité peut remettre sur le marché du foncier les superficies correspondantes aux unités non vendues à l'issue de la durée expérimentale de l'opération, soit en 2016 (MEDDE-CDC Biodiversité, 2010b, p. 6). À cette date est prévue une évaluation des résultats de l'opération basée sur un bilan économique et écologique. Au regard de ce bilan, la CDC Biodiversité aura alors la possibilité de se désengager de l'expérimentation sur la partie correspondante aux unités de compensation non vendues en 2016 (il faut noter que les unités de compensation ne sont pas référencées géographiquement sur le site). Cela signifie que, dès 2016, la CDC Biodiversité pourra disposer librement de la superficie n'ayant pas fait l'objet d'échanges avec des maîtres d'ouvrage au titre des compensations, ce qui représente en 2014 environ 190 hectares. Cette partie du site peut alors être vendue pour un objectif autre que celui de préserver la biodiversité (sans présumer de l'intention de la CDC Biodiversité). La CDC Biodiversité peut également décider de reconduire la convention pour six années supplémentaires.

Concernant la totalité des superficies du site de Cossure (qui comprend également les unités vendues au titre des compensations), la CDC Biodiversité peut légalement en disposer sans aucune contrainte (hormis les règles communes attachées au droit foncier) à l'issue des engagements de trente ans, soit en 2038. La CDC Biodiversité aura alors le droit de revendre le site « en examinant les solutions les plus adaptées à la préservation des résultats obtenus au-delà de la gestion conservatoire de trente ans » (MEDDE-CDC Biodiversité, 2010b, p. 7). Ces solutions peuvent par exemple être une rétrocession à un acteur de la conservation fiable et pérenne (comme la RNCC) ou l'adoption d'une servitude environnementale[103], mais aucune action n'est aujourd'hui engagée en ce sens.

Il subsiste donc une incertitude sur la gestion écologique du site dans son intégralité pendant la durée d'engagement de l'opérateur de trente ans, et au-delà.

Cette incertitude sur la pérennité des actions compensatoires renvoie à un problème plus général d'organisation du dispositif de compensation. Bien que des actions compensatoires soient réalisées (par réhabilitation, restauration ou création d'écosystèmes par exemple), il est toujours difficile d'en prédire les résultats écologiques et, le cas échéant, le temps nécessaire pour obtenir ces résultats de manière pérenne (Maron *et al.*, 2012 ; voir aussi partie III). D'autre part, l'organisation actuelle du dispositif français de compensation ne prévoit pas une durée d'engagement suffisamment longue pour être en capacité d'en apprécier les résultats sur le long terme (aussi bien pour les opérateurs qui organisent les RAN que pour les maîtres d'ouvrage qui doivent compenser leurs impacts écologiques résiduels).

La gouvernance de l'opération organisée autour de deux comités de suivi

L'expérimentation est suivie par deux comités : un local, composé de la CDC Biodiversité, des services déconcentrés du ministère (Dreal et DDTM), d'un représentant du CSRPN[104], de la chambre d'agriculture, du CEN-Paca et d'instituts de recherche (IMBE, Tour du Valat). Au niveau national, l'opération est suivie au sein du MEDDE par deux directions : la Direction générale de l'aménagement, du logement et de la nature, et le Commissariat général au développement durable. Le Conseil national de la protection de la nature (CNPN) est également associé au suivi de l'expérimentation. Le comité local, réuni en moyenne deux à trois fois par an, rend compte au comité national des bilans économiques (vente des unités) et écologiques (suivis scientifiques) de l'opération. Le comité national se réunit une à deux fois par an pour faire le bilan de l'opération Cossure.

Le comité local tient une place importante dans la conduite technique de l'opération. C'est dans cette instance que sont abordées les questions et les décisions relatives à la gestion et aux suivis écologiques du site. En revanche, concernant la vente des unités de compensation et les modalités relatives aux calculs des équivalences, le comité local n'est pas consulté sur ces éléments (à ce jour). Les décisions relatives aux calculs des équivalences écologiques reviennent, comme dans les compensations classiques, au service de l'État (généralement la Dreal pour le préfet). La CDC Biodiversité garde la possibilité d'accepter ou non un projet d'aménagement comme bénéficiaire de ses unités de compensation (celui-ci ayant fait l'objet d'un arrêté préfectoral ou ministériel).

L'élaboration du prix et du nombre d'unités de compensation

L'opération Cossure génère autant d'unités d'échange que d'hectares sur lesquels l'opération de compensation a été menée, soit 357 unités. Une unité ne peut servir que pour la compensation d'un projet provoquant des pertes sur un habitat d'espèces visées ou présentes sur le site de Cossure. Il n'est pas possible de redéployer une unité déjà vendue au titre d'une compensation pour une autre compensation. Le prix de l'unité d'échange est fixé par l'opérateur qui a investi dans la réalisation du gain écologique en créant la RAN. En France, le prix de l'unité est calculé sur la base des coûts réels engagés par l'opérateur, soit les coûts d'acquisition, des travaux de réhabilitation écologique, d'aménagement du site (construction des bergeries) et de suivi et de gestion du site

---

103. En cours d'introduction dans le droit français dans le cadre de la loi sur la biodiversité.
104. Le Conseil scientifique régional du patrimoine naturel (CSRPN) est un comité scientifique composé de spécialistes rattachés à différentes institutions, placé auprès du préfet et du président du conseil régional en vue d'apporter un éclairage scientifique sur les questions de préservation de la biodiversité.

sur trente ans. Le prix de l'unité de compensation tient également compte de la dépréciation du foncier, c'est-à-dire de la perte de la valeur vénale des terres par rapport au prix d'achat, de scénarios de ventes des unités, et d'un bénéfice (inconnu) pour l'opérateur de la RAN. En raison des investissements nécessaires pour générer les actifs de la RAN de Cossure, les coûts de l'opération se sont répercutés sur le prix de vente des unités de compensation qui s'élèvent en moyenne aux environs des 47 000 euros TTC l'unité (tableau 12.1). À la différence du système de banques de compensation aux États-Unis, le prix de l'unité ne résulte pas d'un jeu de concurrence entre les différents systèmes de compensation (voir chapitre 13).

La procédure et les modalités d'échange des unités de compensation

Les maîtres d'ouvrage sont libres de choisir le mécanisme par lequel ils veulent s'acquitter de leurs obligations de compensation. Au cours de la procédure qui mène aux compensations, l'autorité environnementale locale (le préfet de région représenté par la Dreal) peut toutefois proposer la RAN de Cossure à un maître d'ouvrage si elle juge celle-ci adaptée à ses besoins ; mais la décision définitive reste à la charge du maître d'ouvrage et de la CDC Biodiversité.

Ainsi, même si dans la zone de la Crau la CDC Biodiversité a le monopole puisqu'elle est la seule RAN à offrir des unités de compensation, la concurrence s'établit toutefois avec les compensations classiques menées dans le système de compensation *à la demande*. Dans ce système, les actions de compensation peuvent être beaucoup moins onéreuses que celles proposées dans l'opération Cossure, surtout lorsqu'il s'agit d'une simple acquisition pour préserver des milieux naturels déjà existants (même si ces compensations n'apportent pas nécessairement les mêmes gains écologiques que dans une action de réhabilitation). À titre d'exemple, une compensation *via* des actions de préservation de coussouls coûte en moyenne 4 500 euros l'hectare. À la différence du système américain, l'autorité environnementale n'a pas établi de « préférence » (c'est-à-dire une forte incitation) sur le type d'action compensatoire que les maîtres d'ouvrage doivent mener.

Les méthodes et les calculs de l'équivalence restent à la charge du maître d'ouvrage, qui engage généralement un bureau d'études en environnement pour cela (qui réalise également les études d'impact du projet). Ainsi, la méthodologie qui permet d'aboutir au nombre d'unités que le maître d'ouvrage devra acheter à l'opérateur de la RAN est sous la responsabilité du maître d'ouvrage et de son bureau d'études. Comme dans la procédure de compensation classique, les équivalences proposées dans le dossier d'étude d'impact recueillent l'avis du CSRPN et du CNPN, puis de la Dreal, qui donne un avis avant décision préfectorale ou ministérielle (selon le type d'impact ou d'espèces en question) valant autorisation de réalisation ou non du projet d'aménagement.

▶▶ Les conséquences du dimensionnement et de l'organisation de la RAN de Cossure sur la mise en œuvre des compensations

Après avoir caractérisé les actifs de compensation et décrit l'organisation et le fonctionnement de la RAN de Cossure, nous analysons leurs conséquences au regard de la conduite des compensations.

Le bilan des ventes des unités de compensation

Dans le cadre de l'expérimentation, la CDC Biodiversité a pu proposer des unités de compensation à la vente dès 2010, après avoir sécurisé le foncier et réalisé les travaux de réhabilitation écologique. Les premières ventes d'unités ont concerné des compensations de projets d'aménagement ayant déjà fait l'objet d'une autorisation dans le passé mais dont les compensations n'avaient pas encore été réalisées. Ainsi, la création de la RAN a permis de compenser des impacts de projets d'aménagement déjà réalisés mais dont les compensations étaient restées en attente. La première vente d'unités de Cossure (44,11 unités, soit 44,11 hectares) s'est réalisée en 2010 pour un projet de plateforme logistique autorisé en 2007 à proximité du site de Cossure (tableau 12.1, projet n° 1). Parmi les autres ventes, trois ont été réalisées entre 2011 et 2012 pour des compensations de plateformes logistiques également (tableau 12.1, projets n°s 2, 4 et 5). La cinquième vente d'unités a compensé le dérangement des outardes canepetières occasionné pendant les travaux de dépollution de la RNCC suite à la rupture accidentelle d'un pipeline d'hydrocarbures en 2009 sur 45 hectares (tableau 12.1, projet n° 3). Tous ces projets de compensation ont permis la vente au total de 156 unités de Cossure (équivalents à 156 hectares), ce qui représente 44 % du total des actifs de compensation à vendre par l'opérateur de la RAN.

La fréquence des ventes et le nombre d'unités vendues n'ont cependant pas été aussi importants que prévu initialement. En 2008 avant le lancement de l'expérimentation, CDC Biodiversité avait établi en collaboration avec la Dreal-Paca, un plan de financement de l'opération basé sur un prévisionnel des compensations possibles par la RAN. Ce prévisionnel était constitué d'une liste de projets susceptibles de générer des demandes de compensations auprès de la RAN de Cossure. Ainsi, trois grands projets d'aménagement devaient permettre la vente de plus de la moitié des actifs de Cossure dès 2011. Cependant ces projets ont soit été décalés dans le temps ou géographiquement, soit annulés pour des raisons budgétaires. Le 30 juin 2014, il restait encore 56 % des unités de compensation de Cossure à vendre.

Ainsi, afin d'améliorer le retour sur investissement de l'opération et de limiter le risque d'échec du dispositif, les acteurs du système ont envisagé des adaptations du dispositif. Ces adaptations résultent d'arrangements négociés entre les acteurs du système.

Les négociations sur les calculs compensatoires

Au début de l'opération, il avait été décidé par les acteurs du système que les ratios compensatoires devraient intégrer une incertitude écologique se traduisant en pratique par l'établissement d'un ratio compensatoire supérieur ou égal à un hectare compensé pour un hectare impacté (ratio 1/1). Or, au regard de l'analyse des compensations réalisées *via* la RAN de Cossure, aucune vente d'unités de compensation n'a été dimensionnée selon un ratio compensatoire supérieur à un hectare compensé pour un hectare impacté (tableau 12.1). En effet, des négociations sur les besoins compensatoires se sont orchestrées entre les maîtres d'ouvrage et les services instructeurs. Cela entraîne la réduction des superficies d'impact retenues pour le calcul des compensations des projets d'aménagement. Par exemple, en utilisant le principe de l'espèce « parapluie »[105] comme méthode de dimensionnement des compensations et en retenant une espèce dont la superficie impactée est faible, il est possible de justifier un impact moindre du projet et ainsi de réduire les besoins compensatoires des maîtres d'ouvrage. Concrètement pour le projet n° 2 (tableau 12.1, projet n° 2), le dimensionnement des besoins compensatoires a été réalisé en mobilisant le principe de l'espèce parapluie et en retenant comme espèce le lézard ocellé. Ainsi, pour une superficie d'emprise du projet d'aménagement de 29 hectares, seuls 7,35 hectares ont été retenus comme étant impactés (superficie d'impacts pour le lézard ocellé). Cette superficie d'impacts servant de base au calcul du nombre d'unités de compensation que le maître d'ouvrage doit acheter à l'opérateur de la RAN, avec l'application d'un ratio de quatre pour un, le maître d'ouvrage a acheté 29,4 unités (équivalents à 29,4 hectares) à la CDC Biodiversité. Cependant, si l'on calcule le rapport entre la superficie compensée et la superficie impactée (29,4/29), le ratio compensatoire est très proche de un pour un (un hectare compensé pour un hectare impacté), au lieu du ratio de quatre pour un retenu officiellement. Si l'on répète ce calcul pour le projet n° 4, le résultat révèle que le ratio compensatoire du projet est de 0,5 hectare compensé pour 1 hectare impacté, au lieu du ratio de un pour un retenu officiellement (tableau 12.1, projet n° 4).

---

105. Le principe de l'espèce « parapluie » est de considérer que les exigences écologiques d'une espèce couvrent l'essentiel des exigences écologiques de plusieurs autres espèces.

Tableau 12.1. Bilan des ventes d'unités de compensation de la RAN de Cossure au 30 juin 2014.

	Type d'impact/projet d'aménagement	Projet n° 1 : plateforme logistique	Projet n° 2 : plateforme logistique	Projet n° 3 : rupture accidentelle d'un pipeline d'hydrocarbures dans la RNCC[1]	Projet n° 4 : plateforme logistique	Projet n° 5 : plateforme logistique
Caractéristiques des projets d'aménagement	Localisation géographique (Bouches-du-Rhône)	Miramas	Saint-Martin-de-Crau	Saint-Martin-de-Crau	Saint-Martin-de-Crau	Saint-Martin-de-Crau
	Surface d'emprise projet (ha)	280	29	45	30	57
	Avis autorité environnementale (Dreal[2])	5 octobre 2007	4 novembre 2010	2011	6 septembre 2012	4 mai 2012
	Arrêté préfectoral d'autorisation (date)	2010	17 janvier 2011	1er août 2011	19 novembre 2012	20 juillet 2012
Évaluation des impacts	Types d'impacts	Impacts sur la ZPS[3] Crau, habitat protégé au titre de Natura 2000	Destruction de spécimens et d'habitats d'espèces animales protégées	Destruction de coussouls vierges, compensation des perturbations du chantier de dépollution	Destruction de spécimens et d'habitats d'espèces animales protégées	Destruction de spécimens et d'habitats d'espèces animales protégées
	Méthode d'évaluation du niveau d'impact résiduel	Aucune	Principe de l'espèce parapluie	Ratio négocié avec Dreal	Principe de l'espèce parapluie	Principe de l'espèce parapluie
	Espèces retenues pour l'évaluation des impacts résiduels	Outarde canepetière Œdicnème criard Ganga cata Rollier d'Europe	Lézard ocellé Crapaud calamite Outarde canepetière Œdicnème criard	NC	Seize espèces animales, dont neuf d'oiseaux	Lézard ocellé Outarde canepetière Œdicnème criard Cochevis huppé Bruant proyer Pipistrelle pygmée
Mesures de compensation foncière	Critères d'équivalence écologique	Compensation de biotopes et d'habitats d'espèces protégées au titre de Natura 2000	Compensation d'habitats d'espèces protégées, notamment outarde canepetière et lézard ocellé	Compensation d'habitats steppiques	Compensation d'habitats d'espèces protégées, notamment outarde canepetière et alouette calandre	Compensation d'habitats d'espèces protégées, notamment outarde canepetière et lézard ocellé
	Superficie d'impacts retenue (ha)	NC	7	NC	15	57
	Ratio compensatoire retenu (ha compensés/ha impactés)	0,4/1	4/1	1/1	1/1	1/1
	Nombre d'unités d'échanges Cossure achetées (équivalent ha)	44	29	10	15	57
	Prix unité (euro HT/ha)	37 406	37 406	39 687	39 887	41 381

[1] RNCC : Réserve naturelle des Coussouls de Crau. [2] Direction régionale de l'environnement, de l'aménagement et du logement. [3] Zone de protection spéciale.

NC : information non communiquée.

Une interprétation possible de ces analyses est la suivante : le prix des unités de compensation de la RAN n'étant pas négociable entre l'opérateur de la RAN et les maîtres d'ouvrage, les négociations s'effectuent au niveau du calcul des besoins compensatoires des maîtres d'ouvrage (dans l'objectif de réduire les coûts relatifs aux compensations).

L'élargissement des équivalences écologiques et géographiques

Afin de réduire la spécificité des actifs environnementaux de la RAN, une autre négociation a été mise en œuvre sur la base de l'extension des équivalences écologiques entre la RAN et les sites impactés. Ainsi une nouvelle espèce, le lézard ocellé, a été ajoutée comme espèce compensable par la RAN de Cossure et pouvant être mobilisée dans le dimensionnement des besoins compensatoires (voir « Les négociations sur les calculs compensatoires »), alors que cette espèce ne se trouvait pas sur le site de la RAN au moment de l'instruction du dossier. Cette décision a fait l'objet d'un premier avis défavorable du CNPN (CNPN, 2010) et du CSRPN (Dreal, 2010).

Une tentative d'élargissement des critères d'équivalence géographique de la RAN a également été proposée par la CDC Biodiversité pour la compensation d'impacts sur les habitats d'outardes canepetières hors des 600 kilomètres carrés correspondant à la zone de compensation prévue initialement, dans le cadre d'un grand projet d'infrastructure ferroviaire en Languedoc-Roussillon. La CDC Biodiversité a alors mobilisé son comité scientifique qui a rendu une motion positive à ce sujet, stipulant qu'il était « écologiquement envisageable que le site de Cossure compense des impacts sur des outardes situées en région Languedoc-Roussillon, ces sites étant connectés écologiquement » (Comité scientifique de CDC Biodiversité, 2009). Cependant, en dehors de ces considérations scientifiques, les limites administratives ont prévalu sur la décision finale, des compensations dans la région Languedoc-Roussillon ayant été privilégiées.

Enfin, il est envisagé par l'opérateur de la RAN d'élargir les critères d'équivalences à des impacts qui porteraient par exemple atteinte aux continuités écologiques de type trames vertes et bleues. Cet élargissement permettrait d'augmenter les échanges possibles d'unités de Cossure avec des maîtres d'ouvrage en compensant des impacts sur des milieux plus ordinaires.

Les négociations survenues dans le système de compensation par la RAN sont, à notre sens, la conséquence d'une absence de règles opératoires précises permettant d'encadrer le dispositif de la RAN et le déroulement des compensations. Même si ce dispositif est expérimental, l'absence de règles peut avoir des conséquences *in fine* sur l'atteinte de l'objectif d'absence de perte nette de la biodiversité.

▶▶ Bilan et conséquences pour la conservation de la biodiversité

Nous concluons ce chapitre sur les avantages et les limites écologiques et institutionnelles qu'offre cette expérimentation pour la préservation de la biodiversité. Nous clôturons cette discussion par des perspectives et des améliorations dans le cadre de la mise en œuvre des compensations écologiques.

Bilan écologique de l'opération

Les actions menées dans le cadre de la RAN de Cossure représentent une expérimentation de grande ampleur jusqu'alors inégalée en France dans la mise en œuvre de ces dispositifs de compensation, et dans la réalisation des opérations de réhabilitation écologique associées. Cette opération a permis la réhabilitation d'une pelouse sèche rase de 357 hectares offrant des habitats à l'avifaune steppique de la Crau et améliorant la connectivité des sites de la Réserve naturelle. Le projet de Cossure a également permis de mettre en œuvre des compensations réglementaires de projets d'aménagement laissées en suspens par faute d'avoir trouvé des mesures compensatoires adéquates.

Toutefois, au regard de l'objectif initial et des engagements de la France dans la mise en œuvre des compensations, soit l'absence de perte nette de la biodiversité, le bilan écologique est plus controversé. Les négociations survenues au cours de l'élaboration des compensations et les tentatives d'élargissement des critères d'équivalence tendent à réduire la prise en compte de la richesse et de la diversité du vivant (réduction des superficies d'impact, élargissement des équivalences possibles avec la RAN non fondé scientifiquement). Pour respecter la diversité et la complexité du vivant dans un système de compensation par les RAN (en dehors des règles institutionnelles), il faudrait théoriquement développer autant de dispositifs de RAN que d'espèces à compenser. À la différence du système de compensation classique au cas par cas dans lequel une action de compensation est calibrée pour un impact spécifique, dans le cas des RAN, une action de compensation peut compenser différents types d'impacts sur la biodiversité provoqués à différents endroits. Mécaniquement, cela génère une perte de la prise en compte de la complexité du vivant (Scemama et Levrel, 2014). Les difficultés aux États-Unis pour développer les banques d'espèces (*conservation banks*) comparées au développement des banques de zones humides corroborent cette analyse. Les banques d'espèces nécessitent de développer autant de systèmes de crédits que d'espèces, tandis que les banques de zones humides peuvent s'appuyer sur un nombre de crédits plus limité correspondant à de grands écosystèmes (Bayon *et al.*, 2008 ; Van Teeffelen *et al.*, 2014). Toutefois, il faut noter que les compensations réalisées par le dispositif de RAN ont l'avantage d'être anticipées et donc mises en œuvre avant les impacts.

Des insuffisances institutionnelles et organisationnelles

Une limite importante qui fragilise le dispositif français de compensation par les RAN est le manque de règles précises dans les conventions pour encadrer le déroulement des compensations. L'État français a choisi d'expérimenter le mécanisme de RAN à partir d'un processus d'apprentissage par la pratique. Même si ce choix est certainement légitime, le dispositif français de compensation commence à souffrir de l'absence d'un environnement institutionnel et réglementaire stable reposant sur des règles formelles (voir chapitre 2) ainsi que sur des organisations qui en garantissent le respect (Williamson, 2005). La définition de règles plus précises permettra d'aider les services déconcentrés de l'État à faire respecter l'objectif d'absence de perte nette de la biodiversité. De plus, la mise en place d'un environnement précis et stable favorisera, d'une part, l'investissement des opérateurs dans la production de gains écologiques et, d'autre part, la confiance des maîtres d'ouvrage en ce système (Coggan *et al.*, 2013). Toutefois, la formalisation et la précision des règles ne signifient pas pour autant qu'il ne faut pas conserver une certaine flexibilité afin de faire évoluer les règles du système en fonction des contingences institutionnelles et écologiques. Cependant, cette flexibilité doit toujours garantir l'atteinte *in fine* des objectifs environnementaux visés.

Perspectives institutionnelles

Le système français pourrait être amélioré en s'inspirant d'expériences réalisées dans d'autres pays. À titre d'exemple, les États-Unis ont fixé et stabilisé l'environnement institutionnel de leur système de banques de compensation en établissant la *Final Rule* (la Règle finale) en 2008 (voir chapitres 8, 10 et 13). En référence à ce système, la stabilisation de l'environnement institutionnel des RAN nécessite :
• l'établissement d'une méthode standardisée de calcul des équivalences écologiques qui permette de limiter l'hétérogénéité des calculs des compensations ;
• la clarification des droits de propriété et des responsabilités au regard des compensations ;
• la garantie de la pérennité des actions de compensation au-delà de la durée d'engagement des parties dans les contrats (par exemple avec la mise en place de servitudes environnementales) ;
• la mise en place de fonds de gestion des sites de compensation dès la création de la RAN afin de garantir le financement sur le long terme des actions de gestion des sites compensés ;
• la mise en place de mécanismes de contrôle et de sanctions qui garantissent le respect des règles ;

• un suivi de l'état écologique du site rattaché à des objectifs écologiques précis et scientifiquement préétablis afin d'éviter des modifications de ceux-ci au cours de l'opération (la définition des objectifs devra tout de même considérer les trajectoires possibles de la biodiversité compensée).

Suite au lancement des cinq nouvelles opérations de compensation par le mécanisme de RAN, le renforcement institutionnel du dispositif devient urgent. En effet, le gouvernement français s'apprête à renouveler l'expérience en 2015 au travers de ces nouvelles opérations de RAN avant même d'attendre le bilan de l'expérimentation de Cossure prévu en 2016 :
• l'opération « Hamster commun en plaine d'Alsace » proposée par la CDC Biodiversité et InVivo Agrosolutions, dont l'objectif est de mettre en place des actions favorables au grand hamster au travers de conventionnements avec des agriculteurs dans la zone ouest de Strasbourg ;
• l'opération « Sous-bassin versant de l'Aff » proposée par la société Dervenn, avec une action de restauration visant principalement des zones humides dans le Morbihan ;
• l'opération « Combe Madame » par EDF, avec une action de recréation d'habitats favorables aux galliformes de montagnes dans la commune de Ferrière-d'Allevard en Isère ;
• l'opération « Seine Aval » menée par le Conseil général des Yvelines, avec comme principal objectif d'améliorer les continuités écologiques et les conditions d'accueil de l'avifaune et de l'entomofaune protégées des milieux ouverts dans les Yvelines ;
• l'opération « Milieux ouverts méditerranéens » menée par le bureau d'études Biotope et la société de la Lyonnaise des eaux, avec comme cible principale la réhabilitation de pelouses et de garrigues basses dans la région du Languedoc-Roussillon.

Une autre piste d'amélioration du système est de changer le mode de gouvernance de la mise en œuvre des mesures compensatoires. Ainsi, la réalisation des compensations en France fait, à l'heure actuelle, l'objet de négociations entre acteurs qui manquent de transparence. La position de l'État est centrale dans ce cadre. En effet, pour la majorité des projets de compensation le préfet de région est l'acteur décisionnaire. Or, il est chargé à la fois de faire appliquer les réglementations environnementales et d'assurer le développement économique de sa région, ce qui peut poser des problèmes de gouvernance.

Une solution pourrait être de faire intervenir dans le dispositif de compensation une organisation *ad hoc* indépendante — sur l'exemple des *trustees* (gestionnaires d'environnement) aux États-Unis —, chargée exclusivement de défendre les intérêts environnementaux dans la planification territoriale. Ce paramètre semble indispensable pour garantir le bon fonctionnement des systèmes de compensation dans l'objectif d'assurer la préservation de la biodiversité. En l'absence de cette organisation indépendante, les conflits d'intérêts et les pressions économiques seront toujours susceptibles de privilégier les intérêts sectoriels au détriment des objectifs de préservation environnementale (Mermet *et al.*, 2005).

Toutefois, les réflexions engagées sur les dispositifs de RAN dans le cadre de la rédaction de la loi sur la biodiversité présagent d'une amélioration de l'organisation des RAN et plus largement des mesures compensatoires.

Perspectives écologiques : *Primum non nocere*, « D'abord, ne pas nuire », Hippocrate

L'analyse de la situation de la RAN de Cossure a révélé une meilleure efficacité écologique de la mise en œuvre des compensations que dans le système de compensation classique, *par la demande*. Premièrement, en raison d'une meilleure application des obligations de compensation des maîtres d'ouvrage et, deuxièmement, en raison de l'ampleur des actions écologiques menées qui permet d'obtenir une meilleure réponse écologique (Moreno-Mateos *et al.*, 2012).

Cependant, l'analyse révèle également qu'il est scientifiquement et structurellement difficile d'atteindre l'absence totale de perte nette de biodiversité par le mécanisme de RAN, surtout pour des écosystèmes à forte spécificité (voir également partie III). Ainsi, le meilleur moyen susceptible de garantir l'absence de perte nette des milieux et des espèces que l'on juge importants à préserver reste encore d'en éviter toute atteinte et destruction par des interdictions réglementaires strictes. D'autant plus dans un contexte d'incertitudes scientifiques sur l'état et les dynamiques de la biodiversité dans un contexte de changements globaux.

Par ailleurs, un risque est paradoxalement associé à l'amélioration écologique et organisationnelle des compensations *via* les mécanismes de RAN. Ce risque se trouve au niveau de la répartition des efforts entre les étapes de la séquence ERC : les acteurs du système risquent de privilégier l'étape de compensation au détriment des étapes d'évitement et de réduction des impacts sur la biodiversité. Là encore, l'organisation du dispositif est cruciale pour s'assurer du respect de la séquence ERC dans les procédures de régulation environnementale.

Chapitre 13

Comparaison des cadres institutionnels américains et français pour la mise en œuvre des banques de compensation

Fabien Hassan, Coralie Calvet,
Anne-Charlotte Vaissière

▶▶ Banques de compensation des zones humides du New Jersey et de Floride

Le contexte environnemental et institutionnel dans lequel se développe un système de banques de compensation conditionne fortement la définition des objectifs et des actions à réaliser. Les différences entre le New Jersey (voir chapitre 8) et la Floride (voir chapitre 10) résultent principalement de la géographie et de l'histoire des impacts sur les zones humides dans ces territoires (tableau 13.1). Il s'agit de la dégradation de leur qualité par la pollution industrielle dans le New Jersey et de l'altération de leurs caractéristiques par le drainage en Floride.

▶▶ Comparaison des cadres institutionnels et organisationnels du système de banques de compensation aux États-Unis et en France

Les chapitres précédents ont détaillé plusieurs aspects du mode de fonctionnement et de la réglementation relatifs au système des banques de compensation aux États-Unis (voir chapitre 4) et en France (voir chapitre 12). Dans la perspective du développement du système de banques de compensation en France, nous nous proposons de souligner dans cette section les principales différences entre le système de banques des États-Unis et de la France.

Le tableau 13.2 synthétise les principales différences des systèmes entre les deux pays.

Tableau 13.1. Principaux points de comparaison entre le New Jersey et la Floride.

État	New Jersey	Floride
Contexte, histoire des impacts et du développement du territoire	Pollution industrielle au XIXe siècle Développement urbain au XXe siècle	Développement urbain Drainage de terrains pour l'agriculture, l'élevage et la sylviculture principalement Espèces invasives
Contexte institutionnel	Permis USACE attribué par l'État, sauf dans le domaine de compétence exclusive de l'USACE (eaux interétatiques, en l'espèce zones côtières et rives du Delaware)	Double permis (USACE[2] et État)
Nombre de banques de compensation approuvées	Seize[1]	Soixante-quatre banques avec le double permis Neuf banques avec un permis d'État uniquement
Principaux défis	Décontamination des sols Acquisition foncière (coût)	Maîtrise des espèces invasives Réponse aux attentes des deux échelles régulatrices (fédérale et d'État) Acquisition foncière (coût)
Objectifs principaux	Dépollution de zone humide Préservation d'espaces clés menacés par la saturation du territoire Qualité de l'eau potable (bassin d'approvisionnement de la ville de New York)	Reconnexion des zones humides, restauration des zones humides
Surfaces	Petites (moins de 100 hectares)	Grandes (800 hectares en moyenne, de 20 hectares à 9 800 hectares)
Principales actions	Décontamination des sols Restauration	Retrait des drains et reconnexion au réseau hydrographique Remodelage topographique Arrachage des essences plantées et/ou espèces invasives Plantations
Méthode d'évaluation de référence	Wetland Mitigation Quality Assessment Basée sur des indicateurs de fonctions écologiques	UMAM[3] (voir chapitre 22) Basée sur des indicateurs de fonctions écologiques
Prix d'un crédit	Autour de 400 000 dollars	Entre 25 000 dollars et 200 000 dollars
Surface moyenne correspondant à un crédit	1,6 hectare	1,3 hectare
Surface moyenne des aires de service	113 000 hectares	350 000 hectares (entre 250 000 hectares et 1 150 000 hectares)

[1] La base de données RIBITS compte six banques approuvées ; cinq de ces six banques figurent aussi parmi les quinze banques approuvées sur le site du New Jersey Department of Environmental Protection. On compte ainsi seize banques approuvées pour l'État du New Jersey. [2] US Army Corps of Engineers. [3] Uniform Mitigation Assessment Method.

Les premières banques de compensation américaines ont été mises en place à la fin des années 1980, et on en dénombre aujourd'hui près de mille cinq cents[106] à l'échelle des États-Unis. Entrepris en 2008, le dispositif de réserve d'actifs naturels (RAN) de Cossure est la première expérience française de compensation constituant un moyen de compensation alternatif au système de permis individuels. Ce système de RAN tend à se développer en France suite à l'appel à projets lancé en 2011 par le gouvernement français (cinq expériences vont voir le jour prochainement ; voir chapitre 12).

Les principales différences qui distinguent les États-Unis de la France, sous réserve que leurs cadres institutionnels soient comparables (pour plus de détails sur les différences entre la culture juridique française et américaine, voir chapitre 4), concernent les droits de propriété et les garanties de réalisation et de gestion pérenne des banques de compensation. Pourtant, il s'agit précisément des innovations nécessaires, soulignées par Quétier *et al.* (2014), qui permettraient de garantir la pérennité sur le long terme des actions de conservation entreprises au travers du dispositif de RAN.

En ce qui concerne les droits de propriété, les États-Unis sont dotés d'un principe de servitude environnementale qui protège à perpétuité, et quel qu'en soit le propriétaire, la vocation environnementale des parcelles sur lesquelles sont établies les banques de compensation. Il n'existe pas, à l'heure actuelle, d'équivalent en France, même si des réflexions sont en cours pour modifier la réglementation afin d'y intégrer le principe de servitude environnementale. De plus, à la différence du cadre français, le cadre américain prévoit le transfert de la responsabilité juridique de l'atteinte des objectifs des mesures compensatoires du développeur à la banque de compensation. Cela permet d'assurer des contrôles et des suivis plus effectifs des actions de compensation (voir partie III).

Pour ce qui est des garanties de réalisation et de gestion pérenne des banques, le cadre américain impose aux banques de compensation de présenter des garanties techniques (dans l'instrument de banque) et financières dans le cadre de leur demande de permis auprès des régulateurs. En ce sens, deux fonds financiers doivent être constitués par la banque. Le premier pour sa construction afin de se prévenir des risques de faillite. Le second pour assurer la gestion de la banque à perpétuité. Pour le moment, en France, la garantie financière sur le long terme repose uniquement sur les promesses et la réputation des acteurs à l'initiative du projet de banque de compensation.

Si l'on s'intéresse aux contraintes spatiales et foncières des systèmes français et américains, il semble plus facile de mettre en place une banque de compensation aux États-Unis qu'en France. En effet, le territoire français a un paysage très morcelé avec l'imbrication des milieux agricoles et naturels, ainsi qu'une urbanisation de plus en plus pressante sur ces milieux. Ce morcellement implique une diversité de propriétaires de parcelles et de statuts fonciers des espaces visés pour les compensations. De plus, la longue tradition agricole de la France implique une prise en compte croissante des enjeux de l'agriculture dans la définition des compensations. La mise en place d'une banque de compensation nécessite alors des étapes préalables de concertation entre les acteurs locaux, notamment agricoles et fonciers. Aux États-Unis, la grande taille des parcelles réduit le nombre d'interlocuteurs. Ce sont plus souvent les aspects financiers que les enjeux locaux qui prévalent dans l'incitation des individus à réaliser une banque de compensation.

Au regard de l'environnement institutionnel, l'expérience américaine a montré l'importance d'un renforcement et d'une stabilisation des règles et du système de gouvernance encadrant les banques de compensation pour l'atteinte de bonnes performances écologiques des compensations. Suite aux critiques du National Research Council (NRC, 2001) et du Government Accountability Office[107] (GAO, 2005) le régulateur (USACE) a ainsi souligné sa préférence pour le système des banques comme outil de compensation et a créé simultanément en 2008 une réglementation spécifique pour les banques de compensation : *The Final Rule* (voir chapitre 8).

En France, aucune réglementation précise propre au système des banques de compensation n'émerge à l'échelle nationale, et le ministère de l'Environnement prend le parti (et le risque) de laisser l'environnement institutionnel se construire à partir d'expérimentations de banques

---

106. Il s'agit de banques fonctionnelles.
107. La Cour des comptes américaine.

menées en parallèle. Les acteurs portant ces banques de compensation ont ainsi toute latitude pour tâtonner et proposer un système de gouvernance et de règles qui pourra ensuite être évalué par le ministère. Il en va de même pour les méthodes de calcul de l'équivalence, ce qui conduit parfois à un manque de clarté au regard des objectifs de *no-net-loss* (voir chapitre 12). Ce manque d'environnement institutionnel stabilisé, de clarté et de rigueur des cadres conceptuel et méthodologique, entraîne une mauvaise compréhension de la part des acteurs du système, ce qui ne favorise pas une bonne mise en œuvre des compensations. Il existe un risque de se retrouver avec de plus en plus de « compensations qui n'existent que sur le papier » (Quétier *et al.*, 2014).

Tableau 13.2. Principaux éléments de comparaison entre le système des banques de compensation aux États-Unis et en France.

	États-Unis	France
Environnement institutionnel	Organisation et règles assez stabilisées (trente ans d'expérience) Il émane de l'échelle nationale, même s'il est adapté aux contextes locaux	Non stabilisé (en construction) Il émane de l'échelle locale ou régionale, ce qui pose des difficultés quant à son harmonisation
Réglementation spécifique pour les banques de compensation	Lois fédérales et d'État + évolution de la jurisprudence en fonction des besoins	À droit constant (seule anticipation possible des demandes de compensation par les banques)
Préférence par le régulateur d'un outil de compensation	Système des banques de compensation préféré par le régulateur fédéral	Pas de préférence
Responsabilité juridique du développeur	Transférée au sponsor de la banque de compensation	Conservée par le développeur
Servitude environnementale	Perpétuité	Durée d'engagement stipulée dans la convention (à l'heure actuelle trente ans pour la banque de Cossure)
Complétude des contrats entre le régulateur et la banque	Instrument de banque de compensation plutôt complet mais avec des zones de flou laissées pour permettre une certaine flexibilité et interprétation	Signature d'une convention entre le régulateur et la banque, de portée assez générale et incomplète (coconstruite au fur et à mesure)
Contraintes foncières pour la mise en place de banques	Grandes parcelles et poids important des incitations économiques	Espace très morcelé, poids important de l'agriculture et implication des acteurs locaux
Garantie financière d'une gestion pérenne	Obligation de création d'un fonds de construction et d'un fonds de gestion sur le long terme	Pas de garanties autres que la réputation de l'acteur responsable de la banque

Tableau 13.2. (suite)

	États-Unis	France
Acteurs garantissant la défense des objectifs environnementaux	Acteurs indépendants garants du respect de la servitude environnementale et des assurances financières. Équipe interagences publiques pour le respect d'enjeux particuliers dans les banques de compensation	Pas d'acteur clairement identifié par le régulateur
Négociation des crédits, aires de service et objectifs écologiques de la banque	Entre la banque et le régulateur *via* le consultant en environnement	Entre la banque, le régulateur et un comité local d'acteurs du territoire
Unité d'évaluation de l'équivalence	Avant : surfaces et ratios De plus en plus : fonctions écologiques	Surfaces et ratios
Outil d'évaluation de l'équivalence	Méthode standardisée souvent proposée par le régulateur	Au cas par cas, proposée par le développeur
Attribution des crédits de compensation	Au fur et à mesure sur la base de la réalisation des objectifs de moyens et de résultats en matière de performance écologique	Totale à la mise en place de la banque sur engagement de réalisation des objectifs de moyens
Formation des prix des crédits de compensation	Pas de contrôle du régulateur, prix dépendant de la situation concurrentielle de la banque	Sous contrôle du régulateur Prix basé sur les coûts de production et de gestion des actifs
Sanction en cas de non-respect des objectifs du contrat et du plan de gestion de la banque de compensation	Gel de l'attribution des crédits et de la vente des crédits déjà débloqués	Non prévue
Acceptabilité sociale du principe des banques de compensation	Certaines ONG devenues favorables car impliquées dans le système	ONG méfiantes ou hostiles

Le poids des différents acteurs de la compensation diffère entre les systèmes français et américain, mais leurs rôles peuvent être similaires. Aux États-Unis comme en France, les régulateurs ont un rôle clé. Ils doivent, d'une part, définir un cadre institutionnel détaillé qui reste cependant assez flexible et interprétable pour permettre au système de fonctionner et, d'autre part, contrôler la mise en place et la gestion des banques de compensation. Enfin, ils doivent également pouvoir suffisamment résister aux pressions du *lobby* des banques de compensation pour maintenir l'objectif de conservation de la biodiversité dans ce système de régulation.

Le consultant en environnement (ou bureau d'études) joue aux États-Unis un rôle de médiateur entre les régulateurs et les banques de compensation ou les développeurs, en négociant les crédits et les aires de service, ainsi que le plan de gestion de la banque. En France, le bureau d'études en environnement n'interfère cependant pas dans les négociations entre le régulateur et la banque au sujet des compensations. Il est principalement au contact du développeur qui le paie pour réaliser ses dossiers réglementaires et pour calculer les compensations qu'il devra réaliser. Les négociations peuvent alors s'établir entre le développeur et le bureau d'études pour essayer de limiter les besoins de compensations (et les coûts inhérents) des développeurs (voir chapitre 12).

Concernant l'acceptabilité sociale du principe même de compensation environnementale, les associations et les organisations non gouvernementales (ONG) environnementales semblent être plus méfiantes en France qu'aux États-Unis envers l'utilisation des outils de compensation comme moyen de conservation de la biodiversité. Cependant, certains acteurs pensent de façon assez pragmatique que ce principe peut au moins freiner, voire stopper, l'actuelle érosion de la biodiversité dans un contexte où il semble difficile d'interdire les nouveaux projets de développement. Aux États-Unis, certaines ONG ont peu à peu changé leur point de vue sur le système. Après avoir été plutôt opposées au principe de compensation au début, notamment au système marchand, elles ont peu à peu été impliquées dans le système *via* la défense des servitudes environnementales ou la responsabilité de la gestion au long terme des banques, ce qui a alors peu à peu limité leurs critiques du système. Elles sont cependant rarement directement impliquées dans la réalisation d'une banque de compensation.

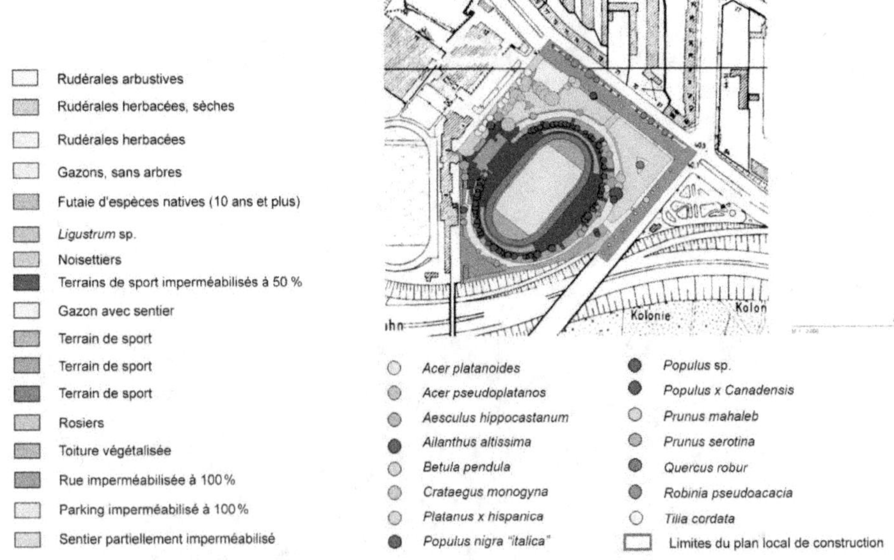

Figure 5.2. Cartographie des habitats avant l'impact (état initial) (source : Freie Planungsgruppe Berlin).

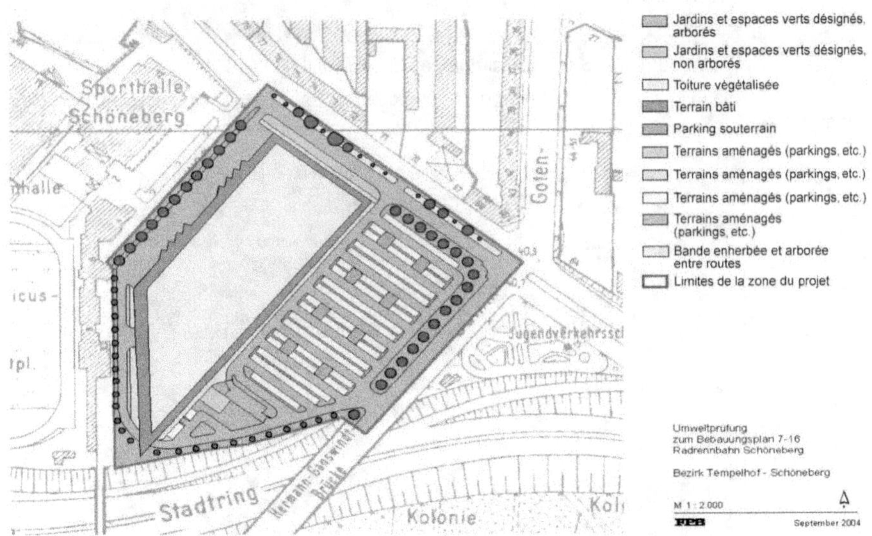

Figure 5.3. Cartographie des habitats après l'impact (source : Freie Planungsgruppe Berlin).

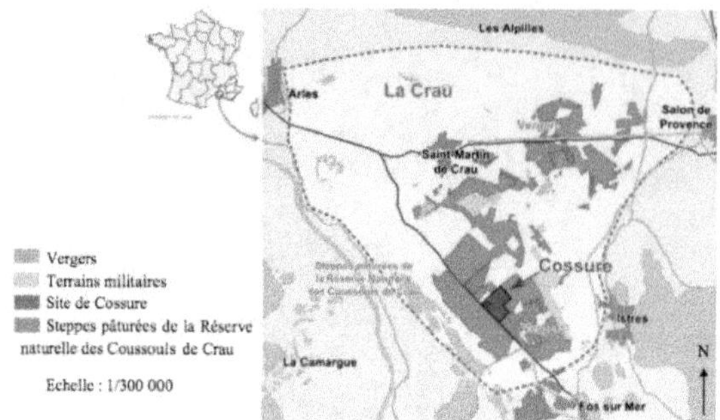

Figure 12.1. Localisation de la RAN de Cossure dans la plaine de Crau (Bouches-du-Rhône, France).

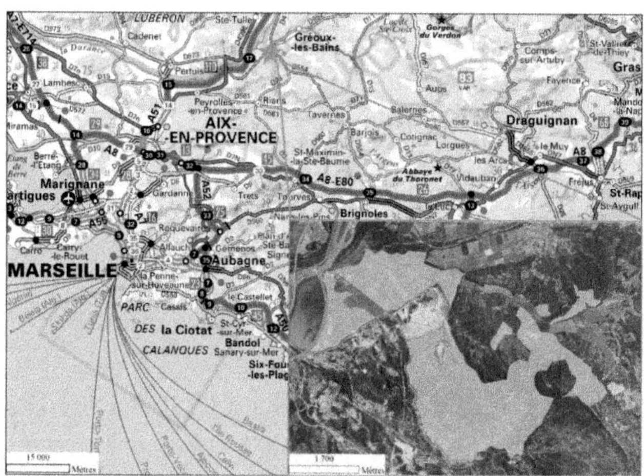

Figure 15.1. Localisation du site principal d'ITER.

En jaune est représentée la zone d'inventaire de 1 200 hectares. En rouge le périmètre d'ITER, à l'est du centre CEA.

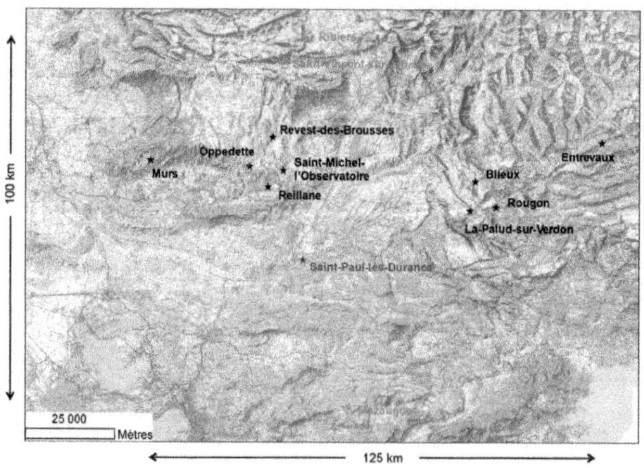

Figure 15.2. Localisation des principaux sites de prospection écologique et foncière.

En rouge sont représentés les sites d'acquisition à la date du 5 décembre 2013 (le site de Mazaugues est en voie d'acquisition).

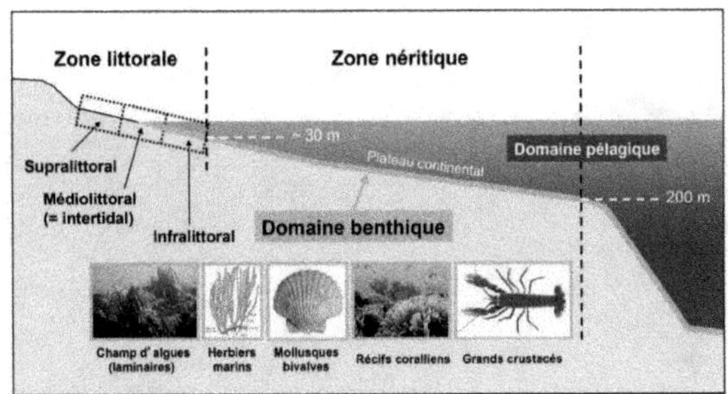

Figure 18.1. Représentation schématique des milieux marins côtiers et de leur subdivision, et principales catégories d'organismes benthiques faisant l'objet de projets de restauration.

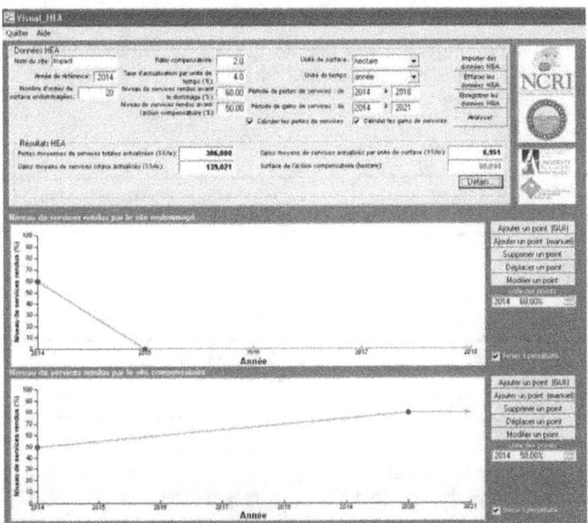

Figure 21.1. Interface du logiciel Visual HEA v2.6 Fr pour l'exemple fictif n° 1.

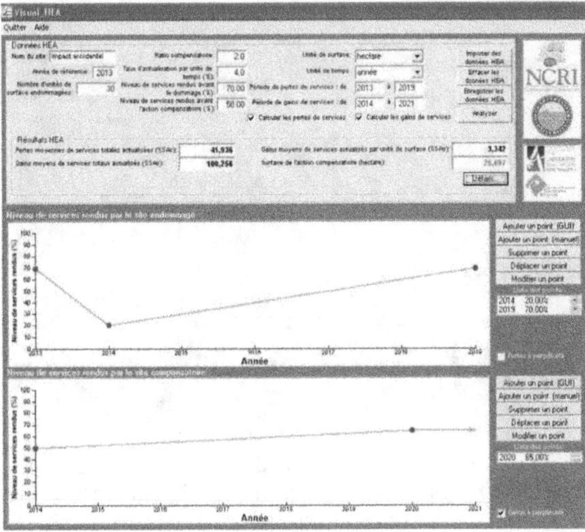

Figure 21.2. Interface du logiciel Visual HEA v2.6 Fr pour l'exemple fictif n° 2.

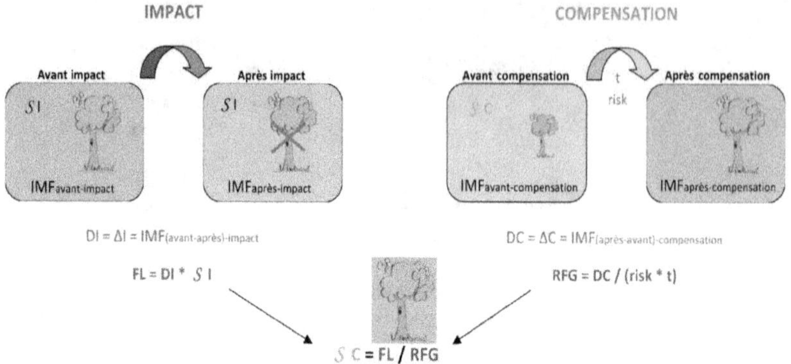

Figure 22.4. Représentation graphique de la démarche globale de dimensionnement d'une compensation par équivalence pertes/gains proposée par l'UMAM (d'après Bigard, 2014).

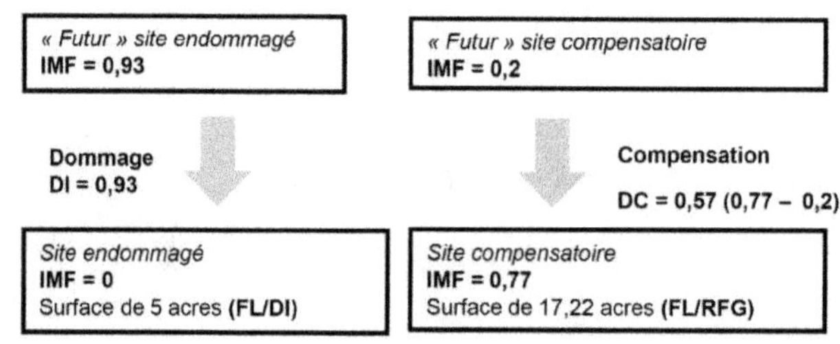

Figure 22.7. Représentation de la variation de l'IMF sur les sites endommagé et compensatoire avant et après le dommage et la compensation (échelles non respectées).

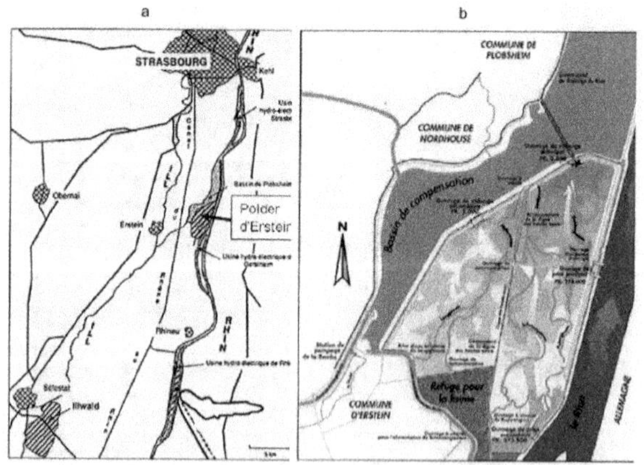

Figure 23.1. (a) Localisation du polder d'Erstein (source : Bouzégahia). **(b)** Les différents aménagements du polder (source : Voies navigables de France dans Mission de suivi scientifique du polder d'Erstein, 2009).

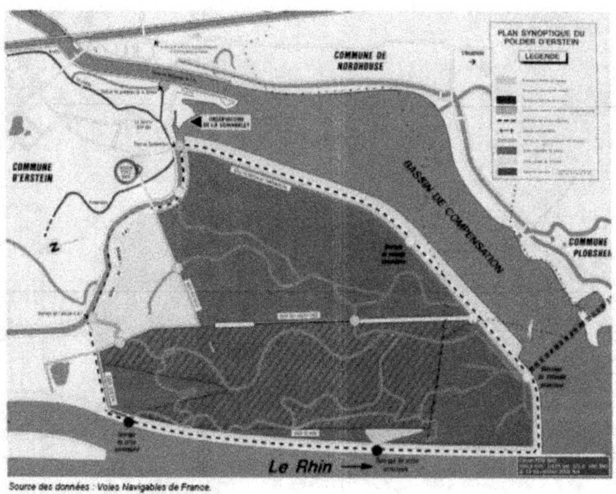

Figure 23.3. Plan synoptique du polder d'Erstein (source : Voies navigables de France).

Attributs	Illustration	Restauration écologique	Equipement collectif	Indemnisations financières	Niveaux
		Type			
Réensemencement de Coquilles Saint-Jacques		X			
Nettoyage des fonds colonisés par la crépidule		X			
Création de zones d'alimentation pour l'avifaune	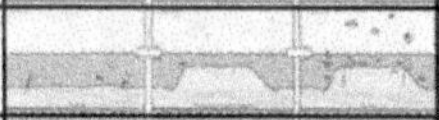	X			
Immersion de récifs artificiels	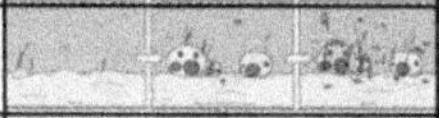	X			- Absence
Equipement pour l'observation de la faune et de la flore			X		- Présence
Equipement pour la pratique de la voile			X		
Financement de viviers réfrigérés à homards	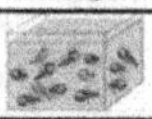		X		
Taxe à destination des communes, comités des pêches et activités de loisirs en mer				X	

Figure 24.3. Attributs définis, actions ciblées et niveaux des attributs.

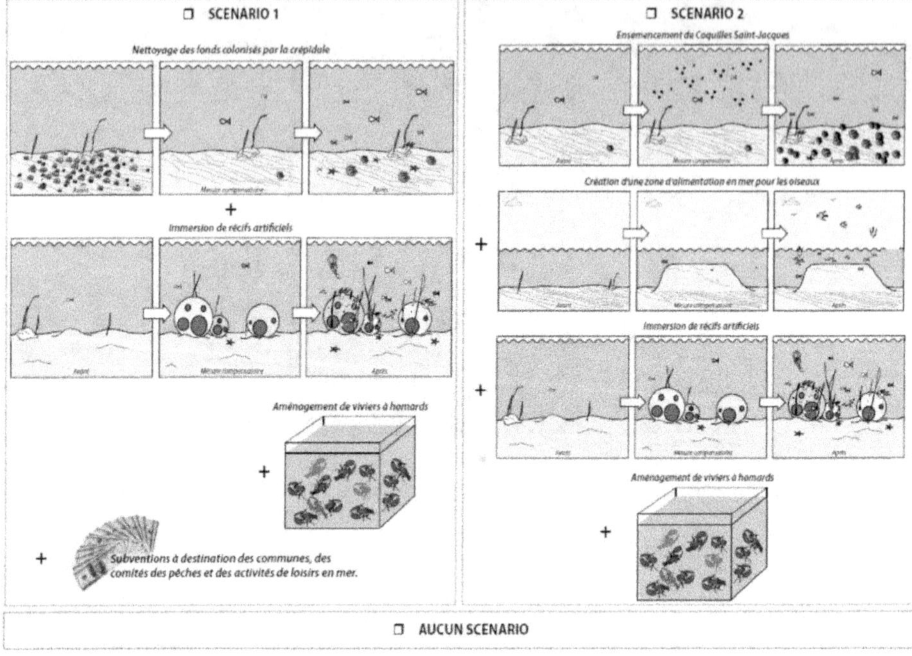

Figure 24.4. Exemple de présentation d'un ensemble de choix.

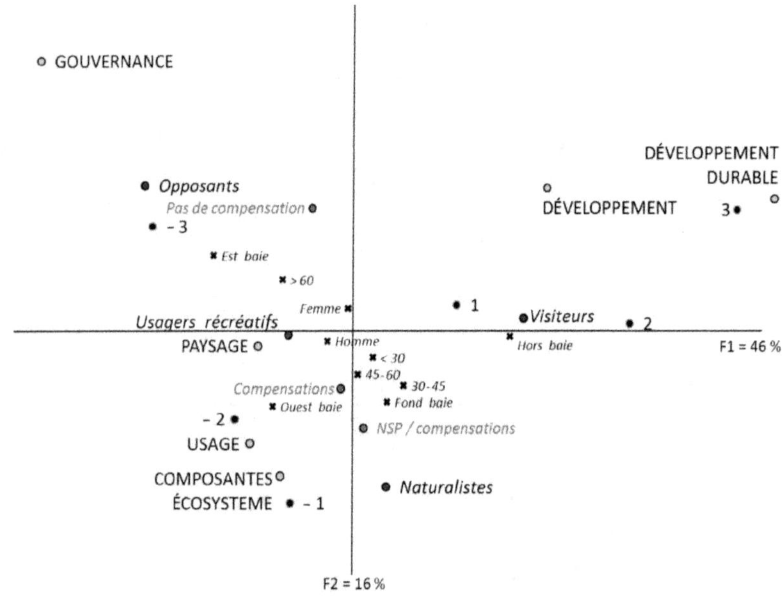

Figure 24.6. Analyse des correspondances multiples à partir des variables réduites.

Partie III

Faisabilité écologique des mesures compensatoires

Chapitre 14

État des lieux sur les actions de restauration écologique

James Aronson, David Moreno-Mateos

▸▸ La restauration écologique

La restauration écologique des écosystèmes dégradés est plus qu'un outil, c'est une stratégie, une philosophie, reconnue comme essentielle dans la lutte pour maintenir ce qu'il reste de la biodiversité planétaire (Young, 2000 ; Suding, 2011). Elle a ainsi pour fonction d'aider à atténuer les perturbations climatiques d'origine anthropique et d'assurer — voire d'augmenter — la qualité et la quantité de services écosystémiques rendus aux sociétés humaines (TEEB, 2010 ; CBD, 2012 ; Clewell et Aronson, 2013a ; 2013b). De ce fait, elle représente une passerelle entre deux objectifs souvent considérés comme étant inévitablement antagonistes : la conservation de la biodiversité et le développement socio-économique, notamment à travers la notion de « restauration du capital naturel » (Aronson *et al.*, 2006 ; 2007 ; Aronson et Blignaut, 2010 ; Aronson *et al.*, 2010b ; Clewell et Aronson, 2010).

La restauration écologique est encore une jeune discipline (Aber et Jordan, 1985). Elle a progressé très rapidement ces dernières années, en renforçant ses bases scientifiques et en développant des méthodes, des théories et des pratiques (Van Andel et Aronson, 2012) de plus en plus en liaison avec ce qu'on appelle l'économie écologique (Neßhöver *et al.*, 2011 ; de Groot *et al.*, 2013 ; Blignaut *et al.*, 2014). Du fait d'une demande sociale et politique de plus en plus marquée autour de la restauration écologique (CBD, 2012), on peut penser que cette discipline continuera à mûrir dans les années à venir, aussi bien dans les secteurs publics que privés.

Au niveau mondial, la restauration écologique est de plus en plus perçue comme une option attractive (Alexander *et al.*, 2011), voire une priorité planétaire (Aronson et Alexander, 2013), qui peut s'avérer l'un des meilleurs investissements possibles pour l'avenir de l'humanité (Neßhöver *et al.*, 2011 ; de Groot *et al.*, 2013)… même si les bénéficiaires ne sont pas forcément ceux qui ont payé la facture de l'investissement. La question de la faisabilité et de l'efficacité d'un projet de restauration doit donc être basée non seulement sur des critères écologiques (Moreno-Mateos *et al.*, 2012 ; voir aussi chapitre 19), mais également sur des critères sociaux, économiques, culturels et politiques (Clewell et Aronson, 2010 ; Van Dover *et al.*, 2014).

Or, si l'on dispose aujourd'hui d'approches et d'outils pour la restauration écologique ayant démontré leur efficacité ou prometteurs (SER, 2013), il reste encore beaucoup à faire. Tout d'abord les concepts de base sont encore souvent mal compris : il ne s'agit pas de « faire revenir à un écosystème initial » — à moins que l'on donne au mot « initial » un sens bien précis. Le but est de ramener un écosystème qui a été endommagé, dégradé, ou même détruit, à sa trajectoire historique, correspondant à un moment ou à une période du passé, choisi collectivement comme pouvant représenter un « écosystème de référence » (SER, 2004), ou « modèle de référence ». À partir de là, le but est de rétablir l'intégrité et la résilience du système grâce au rétablissement d'une continuité historique (Clewell et Aronson, 2013a) qui devra à nouveau permettre au système restauré de répondre aux changements globaux « par lui-même ». Si on ajoute à cela la prise en compte d'enjeux et de stratégies politiques, des questions éthiques et philosophiques, le projet de restauration devient dès lors d'une grande complexité. Cependant, la restauration provoque l'engouement d'un large public. En outre, ce jeune secteur est créateur d'emplois dans l'ingénierie, les politiques publiques, le contrôle… De ce fait, de nombreux bénéfices sociaux, économiques et politiques sont perçus par les acteurs du système, ce qui renforce l'idée que, même à court terme, cela reste un bon investissement.

Dans le contexte des mesures compensatoires, il est possible de réaliser des actions qui ne renvoient pas directement à des actions de restauration *stricto sensu*. Ainsi, on peut très bien adopter des stratégies de translocation, tels le renforcement ou la réintroduction de populations, voire de migration assistée d'une population végétale ou animale, d'une espèce rare et menacée. La création d'un écosystème afin d'augmenter l'habitat disponible pour une population ou une espèce spécifique est également envisageable, grâce à la mise en place d'« écosystèmes dessinés » (*designer ecosystems*), pour utiliser le terme proposé par MacMahon et Holl (2001) pour ce genre d'intervention. Notons cependant que ces pratiques ne sont pas équivalentes à celles visant la restauration d'écosystèmes, pas plus que la création d'écosystèmes de substitution — un des produits de l'ingénierie écologique. Notons également qu'à partir des années 1980 une distinction claire est faite dans le cadre réglementaire de la compensation aux États-Unis, pour les zones humides en particulier, où la restauration écologique est de plus en plus considérée comme une « action de compensation de premier choix » (National Research Council, NRC, 1992).

Par ailleurs, il faut reconnaître que la très grosse majorité du travail de recherche et développement et d'évaluation dans le domaine de la restauration écologique s'est organisée, jusqu'à présent, dans les zones climatiques dites « tempérées ». Dans les autres régions — sous les tropiques et dans les pays en développement —, beaucoup moins de travaux sont disponibles (Holl, 2012). De la même façon, si les problèmes scientifiques et les « solutions » technologiques de la restauration écologique sont souvent plus ou moins bien compris, l'application d'un programme de restauration écologique s'avère souvent difficile à réaliser pour des raisons culturelles, socio-économiques et politiques. C'est d'ailleurs une situation similaire qui est constatée pour la conservation, surtout dans les pays en développement.

Ceci étant dit, l'émergence de nouvelles lois sur les « mesures compensatoires », par exemple au Brésil (Brancalion *et al.*, 2013) et plus récemment en Colombie (Murcia et Guariguata, 2014 ; Murcia *et al.*, 2014 ; 2015), contribuera certainement à un investissement dans des projets de restauration, mais cela peut également mener à une certaine confusion concernant les cadres de décisions dans lesquels ces investissements ont lieu. En effet, les méthodes retenues pour réaliser des compensations environnementales varient selon les lois et incluent :
• la restauration ou réhabilitation écologique (plus ou moins bien définie, ou pas du tout) ;
• l'amélioration des efforts de conservation ou l'augmentation de la superficie des aires protégées (Jacob *et al.*, 2015).

William Mitsch (2012), cofondateur de l'American Ecological Engineering Association, propose d'ailleurs de regrouper restauration et création d'écosystèmes sous la rubrique d'« ingénierie écologique », ce qui peut mener à confusion. Les concepts de « capital naturel », de « services écosystémiques » et de restauration du capital naturel sont d'une grande utilité pour éclairer les options et les opportunités dans ce vaste domaine d'action (Levrel, 2007 ; encadré 14.1). Cependant, une profusion d'usages concernant le concept de services écosystémiques (Lamarque *et al.*, 2011) et son application peuvent aussi créer une certaine confusion. Pour ce concept, comme pour celui de « capital naturel », les débats et les polémiques sont encore très vifs, et pour cause.

Encadré 14.1. Restauration, réhabilitation et restauration du capital naturel : une réponse intégrée à la dégradation des écosystèmes

La restauration écologique est audacieuse. Elle tente d'aider au processus de régénération des écosystèmes qui ont été endommagés, dégradés ou détruits (SER, 2004). Tout comme la restauration, la « réhabilitation écologique » se sert de l'histoire des écosystèmes pour fixer des états de référence, mais les buts et les stratégies des deux activités diffèrent (Aronson *et al.*, 1993 ; Le Floc'h et Aronson, 1995 ; SER, 2004). La réhabilitation insiste sur la réparation et la récupération des fonctions de l'écosystème ciblé, et donc sur sa capacité à procurer des services écosystémiques, tandis que la restauration vise également à rétablir l'intégrité biotique préexistante en matière de composition spécifique et de structure des communautés. Pour certains, la valeur innée ou intrinsèque des espèces non humaines et des écosystèmes eux-mêmes compte autant ou plus encore que l'intérêt de la restauration pour l'homme. Une troisième réponse à la dégradation, voire à la destruction d'un écosystème est la réaffectation (ou création lorsqu'il s'agit d'un projet d'ingénierie écologique, compensatoire ou non) d'un espace à un autre usage pour lequel aucune référence historique n'est requise. Remarquons que ces trois types de réponses à la dégradation — restauration, réhabilitation et réaffectation — peuvent très bien être planifiés et réalisés en même temps, à l'échelle des paysages et d'écorégions (Le Floc'h et Aronson, 1995 ; Aronson, 2010a). De fait, pour les projets de restauration à grande échelle, il faudra probablement recourir à ces trois types d'actions, si possible bien coordonnées dans l'espace et dans le temps. Plus généralement, la « restauration du capital naturel » doit forcément être abordée à des échelles spatiales de paysages, d'écorégions ou de bassin versants, et temporelles intergénérationelles.

Le concept de restauration du capital naturel (Aronson *et al.*, 2007 ; Aronson, 2010b) aide à clarifier et à coordonner les interventions visant à stopper l'érosion de la biodiversité et à inverser la dégradation des écosystèmes. Car il ne suffit pas de traiter les symptômes ; il faut également s'adresser aux causes, à savoir les modes d'exploitation et de gestion, et motiver les acteurs à changer de cap. À l'instar de la restauration écologique, la restauration du capital naturel vise à améliorer la résilience et la résistance des écosystèmes. Cependant, elle répond également, et explicitement, aux attentes socio-économiques de nos sociétés humaines. Elle vise le réapprovisionnement des stocks du capital naturel pour améliorer à long terme le bien-être humain et la santé des écosystèmes, étant entendu que le capital naturel consiste en l'ensemble des écosystèmes (MEA, 2005 ; TEEB, 2010) dont les hommes bénéficient à travers les services que ces derniers produisent et qui contribuent ainsi à améliorer le bien-être humain, et cela souvent sans coûts de production. Ainsi, la restauration du capital naturel comprend :
- la restauration et la réhabilitation des écosystèmes terrestres et aquatiques ;
- l'amélioration écologique et durable des terres et masses d'eau soumises aux pratiques agricoles ou autres activités de production ;
- la promotion de l'utilisation ou de l'extraction durable et moins polluante des ressources biologiques et minérales ;
- la mise en place d'activités, de formations éducatives, et de comportements et réglementations socio-économiques et politiques intégrant des considérations environnementales et la gestion durable du capital naturel.

Jusqu'à présent, le succès des projets de restauration a surtout été évalué sous l'angle des indicateurs écologiques liés à la structure, à la composition biologique et au fonctionnement des écosystèmes ciblés (Aronson *et al.*, 1993 ; Ruiz-Jaen et Aide, 2005). Cependant, un courant de pensée récent met l'accent sur la restauration des processus écologiques, par exemple le retour à un régime naturel d'incendies dans une forêt de zone climatique tempérée longtemps protégée artificiellement de tout incendie (Falk, 2006) ou l'élimination de flux excessifs d'azote et d'autres formes de pollutions dans les cours d'eau d'un bassin versant (Filoso et Palmer, 2011). Cette approche s'inspire en partie du constat des différents états métastables et des trajectoires multiples que certains écosystèmes semblent développer (Milton *et al.*, 1994 ; Suding et Gross, 2006).

Compte tenu de la diversité des dynamiques écologiques, des seuils de durabilité, des services écosystémiques, des échelles spatio-temporelles et des systèmes de valeur sur lesquels ils reposent, il apparaît nécessaire de disposer également d'indicateurs sociopolitiques et économiques (Holl et Howarth, 2000 ; Goldstein *et al.*, 2008 ; Aronson *et al.*, 2007 ; 2010 ; Elliman et Berry, 2007). Ces indicateurs sont particulièrement utiles lors des phases de négociation, de planification, de réalisation, de suivi et d'évaluation de l'efficacité d'un projet de restauration, surtout à moyenne ou à grande échelle. Plusieurs méta-analyses d'articles relatifs à l'évaluation de l'efficacité des actions de restauration écologique ont été publiées ces dernières années (Rey Benayas *et al.*, 2009 ; Aronson *et al.*, 2010 ; Bullock *et al.*, 2011 ; Moreno-Mateos *et al.*, 2012 ; Wortley *et al.*, 2013 ; Jørgensen *et al.*, 2014). Par rapport à l'efficacité de ces actions, aucun consensus clair ni résultat avéré ne peut transparaître, si ce n'est que :
• la restauration écologique est faisable ;
• il faut investir d'avantage dans la science et la technologie de la restauration afin d'améliorer son efficacité pour l'ensemble des types d'écosystèmes ;
• il faut développer des approches pluridisciplinaires et interprofessionnelles (c'est-à-dire scientifiques et non scientifiques), surtout quand il s'agit de projets de longue haleine et à grande échelle (Edwards *et al.*, 2013 ; Melo *et al.*, 2013).

Pour exemple, l'analyse de Rey Benayas *et al.* (2009) montre clairement le grand écart qui existe dans le ratio de récupération d'écosystèmes terrestres en cours de restauration dans des écorégions tempérées avec celui d'écorégions tropicales (figure 14.1).

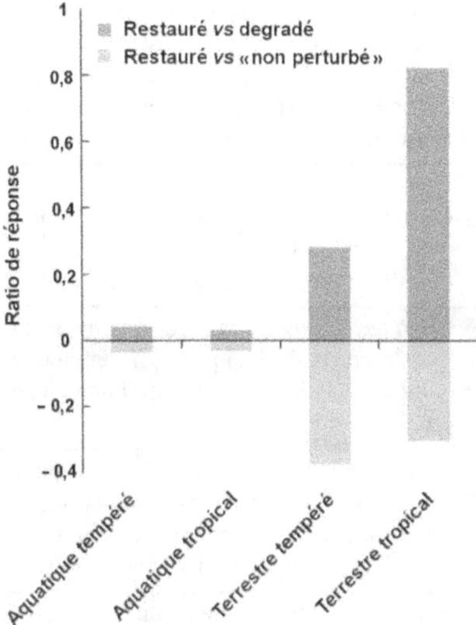

Figure 14.1. Résultats de restauration d'écosystèmes aquatiques et terrestres en cours de restauration *versus* un témoin non traité (« dégradé ») et un écosystème de référence (« non perturbé ») (d'après Rey Benayas *et al.*, 2009).

Dans ce chapitre, nous proposons une synthèse — non exhaustive — à partir d'une revue partielle de la littérature scientifique et professionnelle récente, alimentée par les projets que nous avons pu étudier (visite ou contribution directe).

Par rapport aux notions d'attributs d'espèces et d'écosystèmes utilisées en écologie fondamentale dans le champ de la (jeune) discipline liée à l'écologie de la restauration, nous constatons qu'il serait nécessaire de développer des ensembles d'attributs interdépendants plutôt que de se contenter d'espèces supposées servir de bio-indicateurs (Aronson *et al.*, 1993). Mais l'analyse statistique de ces ensembles est difficile, car les attributs concernent différents niveaux hiérarchiques entraînant une forte complexité des dynamiques écologiques. Il est par ailleurs nécessaire d'adopter une

Tableau 14.1. Attributs écologiques désirés d'un écosystème restauré (d'après Clewell et Aronson, 2013b).

Attributs atteints directement	*Composition spécifique.* L'écosystème restauré abrite un assemblage cohérent d'espèces coadaptées, par rapport à celui de l'écosystème de référence. Des représentants sont présents pour tous les groupes fonctionnels connus. Dans la mesure du possible, les espèces présentes sont autochtones et les organismes invasifs sont absents, ou du moins bien contrôlés.
	Structure de la communauté végétale. Les populations d'espèces sont établies en abondance suffisante et suffisamment distribuées pour faciliter le développement structurel de la communauté biotique.
	Environnement abiotique. L'environnement abiotique a la capacité de supporter la faune et la flore de l'écosystème restauré.
	Connectivité dans le paysage. L'écosystème restauré est convenablement intégré dans la matrice paysagère dans laquelle il interagit avec d'autres écosystèmes à travers des flux et échanges biotiques et abiotiques selon les taux et modalités suggérés par l'écosystème de référence.
Attributs atteints indirectement	*Fonctionnement écologique.* Les processus écologiques de l'écosystème restauré correspondent à ceux qui existaient, dans une gamme historique de variation, pour le stade de développement pertinent du système, et aucun signe de dysfonctionnement n'est présent.
	Continuité historique. L'écosystème restauré a retrouvé sa trajectoire écologique historique précédant l'endommagement provoqué par les activités humaines, de façon qu'il puisse continuer à répondre et à s'adapter à divers changements environnementaux.
	Complexité écologique. L'écosystème restauré maintient et développe des structures écologiques suffisamment complexes pour faciliter la différenciation de niches et d'habitats pour la faune et la flore autochtones.
	Organisation autogénique. L'écosystème restauré maintient et développe des réseaux d'interactions (*feedback loops*) qui augmentent sa capacité à conserver ses réserves et à accroître £son potentiel d'autonomie et de résilience.
	Résilience. L'écosystème restauré est suffisamment résilient pour se régénérer de façon autogénique face à, ou suite à, tout événement de perturbation, sauf les plus extrêmes, et pour bénéficier des facteurs de stress et régimes de perturbations anthropiques ou « naturelles » qui aident à maintenir son intégrité.
	Homéostasie (self-sustainability). L'écosystème restauré se maintient au même degré que l'on trouve dans l'écosystème de référence et a le potentiel de perdurer indéfiniment. Des éléments de sa biodiversité peuvent fluctuer ou se modifier en réponse à des flux internes et des changements environnementaux externes.
	Soutien à la biosphère. L'écosystème restauré génère de l'oxygène atmosphérique, absorbe du gaz carbonique, facilite la réflectance thermique et procure des habitats pour des espèces rares et vulnérables.

perspective historique qui permette de développer un scénario de transformation et de dégradation et de choisir ou de construire un « écosystème de référence ». C'est uniquement au regard de ces choix préalables qu'il sera possible d'évaluer la faisabilité et l'efficacité du programme.

Face à ces réflexions et constats, l'écologie de la restauration s'est progressivement orientée vers l'élaboration d'attributs *désirés* (SER, 2004 ; Clewell et Aronson, 2010). Ceux-ci peuvent être atteints :
• directement avec des indicateurs de richesse spécifique, de structure des communautés biotiques, de diversité de groupes fonctionnels (Gondard *et al.*, 2003) ou de traits fonctionnels (Pywell *et al.*, 2003 ; Lavorel, 2013), de connectivité au sein d'un paysage, etc. ;
• indirectement avec des indicateurs des services écosystémiques rendus ou perçus, comme le stockage de carbone, l'amélioration de la qualité de l'eau dans les nappes phréatiques, la valeur culturelle et esthétique d'un écosystème restauré, etc.

Dans le tableau 14.1, nous présentons une liste générique d'« attributs désirés d'un écosystème restauré », mais de nombreuses adaptations ou variations peuvent être proposées et testées pour chaque type d'écosystème.

Une lacune notoire dans la liste d'attributs présentés dans le tableau 14.1 est l'absence de prise en considération des retombées en matière de services écosystémiques. Cependant, bien avant la formulation du concept de service écosystémique, la plupart des projets de restauration les prenaient implicitement en compte. Pour illustrer cette assertion, nous décrirons deux projets entamés au XIXe siècle — l'un au Brésil et l'autre dans le midi de la France — qui ont été motivés par le besoin évident d'assurer une meilleure qualité et quantité de services écosystémiques rendus aux sociétés, en inversant des processus de dégradation flagrants.

▶▶ Deux projets précurseurs du XIXe siècle

Floresta de la Tijuca, Brésil

Le plus ancien projet brésilien de restauration écologique (Castro Maya, 1967 ; Freitas *et al.*, 2006), et également l'un des plus anciens au monde, a été entrepris dans les bassins versants de collines situées au cœur de la ville de Rio de Janeiro. Depuis le début du XIXe siècle, quand Napoléon Bonaparte avait conquis et annexé le Portugal en exilant l'empereur Dom João VI au Brésil, le défrichement massif des coteaux de Rio s'était accentué en vue de développer des plantations semi-industrielles de caféiers. Ces défrichements ont provoqué une baisse notable d'accès à l'eau potable pour la population croissante de la ville. De 1861 à 1876, sous la direction du petit-fils de Dom João VI, 68 000 plantules d'arbres élevées en pépinière, majoritairement à partir de graines de provenance locale, ont été plantées sur les collines de Tijuca, couvrant environ 180 hectares de terrain (Cézar et Oliveira, 1992 ; Oliveira, 2007). Rapidement, grâce à une mise en défens de ces plantations, des millions de plantules d'arbres et arbustes autochtones sont apparues et ont colonisé les terres dégradées. Aujourd'hui, le résultat est un ensemble forestier de plusieurs milliers d'hectares qui continue à grandir grâce à des achats réguliers et à des plantations additionnelles de la part de la municipalité. Les « services » rendus par cette aire protégée urbaine étaient initialement focalisés sur la production d'eau potable. Mais ils se sont diversifiés en intégrant notamment des dimensions récréatives. La forêt tropicale restaurée a été rebaptisée aujourd'hui « Parc national », et reçoit un très grand nombre de promeneurs et autres visiteurs tout au long de l'année.

Le projet français de « Restauration des terres de montagne »

À la même époque où des travaux innovants ont vu le jour à Rio de Janeiro au Brésil, des ingénieurs forestiers français, mais aussi espagnols et italiens, ont entrepris de grands projets de reboisement dans les montagnes méditerranéennes de leurs pays respectifs. Le but était de stopper l'érosion du sol. En France, aucune préférence n'a été donnée aux espèces autochtones et, bien sûr, aucune approche écosystémique n'a été adoptée. Constatant que l'essence exotique du pin noir d'Autriche (*Pinus nigra* subsp. *nigra*) s'établissait parfaitement sous ce climat particulier, des plantations massives furent réalisées. À court terme, les résultats ont été satisfaisants, mais à plus long terme, beaucoup moins. Dans les Alpes-de-Haute-Provence, Daniel Vallauri a réalisé des études d'évaluation sur un site particulièrement bien documenté de cette restauration des terres de montagne, celui de la vallée de Saignon (Vallauri *et al.*, 2002). En se basant sur trois attributs écologiques associés — l'abondance de deux espèces de lombrics, l'infestation d'un gui (*Viscum album*) sur le pin noir d'Autriche, la régénération spontanée de plants autochtones sous le pin noir —, les chercheurs ont constaté un décalage intéressant. En effet, selon les critères modernes pour l'attribut désiré et affiché qui était de « stopper l'érosion des sols », le travail de Restauration des terres de montagne a bel et bien été efficace… Mais les critères ont changé, et comme aucun système de référence n'a été établi, on peut seulement dire que le projet a réussi en matière de réhabilitation, mais non pas de restauration au sens de la définition du SER (2004) rappelée plus haut. C'est d'ailleurs exactement la même analyse qui peut être faite par rapport au succès du projet réalisé dans la Floresta de la Tijuca, au Brésil, si l'on se réfère au cadre de la définition de la restauration écologique proposée.

▶▶ Un projet phare du XXe siècle

Pour donner un contre-exemple, dans l'ouest australien une compagnie minière multinationale poursuit depuis des décennies une activité d'extraction dans l'un des *hot-spots* mondiaux de biodiversité. Depuis trente-cinq ans, la société Alcoa World Alumina assure 13 % de la production mondiale d'aluminium. Elle détruit chaque année environ 550 hectares (5 500 000 mètres carrés) de forêt à dominance de jarrah, ou eucalyptus (*Eucalyptus marginata*), du sud-ouest australien. Après la fermeture de la mine, les miniers ont pratiqué, dans un premier temps, une politique de réhabilitation, afin de « stabiliser » le site avec des pins et d'autres arbres exotiques à croissance rapide. Par la suite, une décision a été prise pour tenter de réintroduire les espèces d'arbres et d'herbacées du sous-bois sur plus de 6 500 hectares. Au bout de quinze ans d'efforts, la richesse spécifique et la densité du sous-bois étaient tout à fait représentatives, pour ce genre de forêt, d'un bon état écologique. En 2002, vingt-cinq ans après cette politique de réhabilitation muée en un véritable projet de restauration écologique, pas moins de 98 % du site étaient sur la trajectoire successionnelle désirée (Grant, 2006). L'avifaune, des mammifères généralistes et certaines espèces de fourmis avaient déjà constitué des assemblages avec des densités comparables à celles d'une forêt de référence préservée située à proximité du site de restauration. Ces résultats suggèrent que ce type de forêt peut très bien être restauré selon la plupart des critères écologiques et surtout biologiques de référence (Grant et Koch, 2006).

▶▶ Discussion

Si l'on souhaite faire une évaluation de l'efficacité des trois projets cités, la notion « d'écosystème de référence » paraît incontournable. Or, pour certains, cette notion apparaît ambiguë ou dépassée. C'est pourtant justement cet outil et ce concept qui permettent de distinguer la restauration écologique d'autres activités visant par exemple à améliorer tel ou tel service rendu par un site ou un écosystème dégradé (réhabilitation), à renforcer la diversité génétique d'une population menacée, ou à augmenter l'habitat disponible pour une espèce vulnérable (trois des objectifs les plus courants dans les programmes de mesures compensatoires).

Trois éléments importants peuvent permettre de progresser sur le sujet :
• avoir recours à la notion de services écosystémiques, avec ou sans évaluation monétaire ;
• adopter une politique et une jurisprudence plus claires, avec si possible une harmonisation à l'échelle internationale, notamment pour ce qui concerne les « préjudices environnementaux » (Neyret et Martin, 2012) ;
• approfondir les concepts et les pratiques autour de la notion de compensation écologique *via* la restauration plutôt que la création d'écosystèmes de remplacement.

Vu le nombre encourageant de politiques nationales concernant une meilleure prise en compte des préjudices environnementaux ou des mesures compensatoires, des projets d'envergure et des conventions internationales concernant la restauration (CBD, 2010 ; 2012 ; Bullock *et al.*, 2011 ; Jacob *et al.*, 2015), il paraît essentiel de rajouter une série d'« attributs » socio-économiques à la liste des attributs désirés d'un écosystème restauré. Ils permettent une évaluation de l'efficacité — ou du retour sur investissement — d'un programme de restauration à moyen et à long terme.

Pour ce faire, la notion de services écosystémiques paraît être le meilleur outil disponible, avec ses avantages et ses inconvénients (Laurans *et al.*, 2013 ; Levrel, 2007). Cet outil s'est beaucoup développé ces dix dernières années, car il aide dans le choix de critères pertinents pour la prise de décision en ce qui concerne des projets de conservation, de gestion et de restauration d'écosystèmes (Birch *et al.*, 2010). Cependant, les critères ne sont pas aujourd'hui toujours vraiment pris en compte par les porteurs de projets et de programmes d'aménagement (Aronson *et al.*, 2010).

Un contre-exemple nous est donné avec le projet de restauration de Baviaanskloof, en Afrique du Sud, lancé depuis une dizaine d'années, qui identifie clairement le stockage à long terme du carbone dans une forêt tropicale sèche en cours de restauration comme un « service d'approvisionnement » (Mills et Cowlings, 2006 ; Mills *et al.*, 2007 ; 2010). Il peut en outre aider à renforcer l'économie rurale grâce à des revenus liés à des crédits carbone et à des paiements pour services écosystémiques (Mills *et al.*, 2010), comme le célèbre programme sud-africain Working for Water (Turpie *et al.*, 2008) ou d'autres programmes s'en inspirant. Le succès et l'efficacité des projets de restauration (réhabilitation et restauration du capital naturel) dépendent en bonne partie de la prise de conscience, de la part des décideurs, de l'importance des services écosystémiques rendus par des écosystèmes restaurés aux communautés riveraines.

Certes les besoins et les goûts changent, ainsi que les usages des sols tout comme le climat mondial, mais la notion de restauration écologique, telle que nous l'entendons, est basée sur le postulat qu'un écosystème restauré peut retrouver sa trajectoire écologique historique, « à peu près » au même niveau que celle suivie avant les dommages provoqués par les activités humaines, de façon à ce que cet écosystème restauré puisse à nouveau réagir et s'adapter à divers changements environnementaux (Clewell et Aronson, 2013b).

▶▶ Conclusion

En résumé, la restauration écologique, *stricto sensu*, est possible et souhaitable, de tous les points de vue, même si sa rentabilité économique à court terme est souvent sujette à discussion. Mais elle peut être aussi efficace pour des raisons économiques, pour peu que des ressources suffisantes y soient consacrées et que la restauration écologique ne soit pas prise « à l'aveugle » comme une activité à part, mais au contraire qu'elle soit ancrée dans une vision et une démarche intergénérationnelles.

La restauration doit bien être distinguée d'autres mesures compensatoires telles que la création ou l'amélioration. Cela passe par l'inventaire de points ou d'objectifs raisonnables liés à des « attributs vitaux d'un écosystème restauré » et des « services écosystémiques » que, espère-t-on, l'écosystème restauré fournira.

Par ailleurs, le concept d'« écosystème de référence » reste essentiel. Quand une évaluation holistique est appliquée, la notion de « restauration du capital naturel » est d'une grande utilité pour mieux comprendre et combiner les différentes activités pertinentes pour la lutte indispensable contre la perte de biodiversité et la dégradation des écosystèmes. Elle est enfin indispensable également, à notre avis, pour faire valoir le concept de services écosystémiques.

Chapitre 15

Enjeux de mise en œuvre des mesures compensatoires : l'exemple du projet ITER

Baptiste Regnery

À une échelle globale, les politiques environnementales de ces dernières années ont considérablement renforcé les exigences écologiques de la compensation (voir notamment les chapitres 1 et 2). En France, les concepteurs des mesures compensatoires doivent désormais démontrer que les mesures engagées sont faisables et efficaces sur le plan écologique (par exemple MEDDE, 2012a). Ces notions de faisabilité et d'efficacité interrogent les pratiques actuelles et soulèvent le besoin de retours d'expérience sur la mise en œuvre des mesures compensatoires.

En France comme ailleurs, les retours d'expérience demeurent extrêmement rares (Regnery, 2013). Ce manque constitue actuellement un frein dans l'amélioration du processus de compensation, tant au stade de la conception qu'au stade de la réalisation effective des mesures. Le projet ITER (International Thermonuclear Experimental Reactor) est un des rares projets pour lequel il a été possible de rassembler un grand nombre d'informations sur le déroulement des compensations (données d'inventaires, cartographies, comptes rendus de réunions, plans de gestion, etc.).

Dans cet article, nous nous intéresserons aux enjeux de mise en œuvre des mesures compensatoires dans le cadre du projet ITER. Tout d'abord, après une description du contexte du projet, nous présenterons les différentes étapes de la compensation ; nous aborderons ensuite le rôle des différents acteurs impliqués dans l'avancement des mesures compensatoires ; puis nous replacerons les actions réalisées dans le contexte écologique de *no-net-loss*. Enfin, dans une dernière partie, nous essaierons d'apporter quelques perspectives d'amélioration pour de futurs projets d'aménagement.

▸▸ Contexte du projet ITER

ITER est un projet international de recherche visant à montrer la faisabilité technique d'un réacteur nucléaire utilisant le principe de la fusion. Le choix de l'implantation du réacteur expérimental d'ITER a fait l'objet d'une longue procédure de concertation entre les sept partenaires du projet (Europe, Japon, Russie, États-Unis, Chine, Corée du Sud et Inde). Le 28 juin 2005, le site de Cadarache, situé près d'Aix-en-Provence (figure 15.1, voir planche couleur II), a été retenu pour accueillir l'installation ITER. Le choix du site a été largement fondé sur des critères techniques, comme la proximité immédiate de l'actuel centre du Commissariat à l'énergie atomique (CEA) Cadarache, la présence d'un sous-sol calcaire stable, etc. (ECO-MED, 2008).

Suite à l'approbation des modalités de défrichement par le ministère de l'Agriculture et de la Pêche le 19 décembre 2006, les défrichements nécessaires à l'installation des infrastructures se sont déroulés en trois phases : une première phase en janvier-mai 2007 (environ 70 hectares), une deuxième phase allant de fin 2007 à mars 2008 (environ 20 hectares), et une dernière phase en mars 2008 concernant les réseaux hydrauliques à proximité du projet (environ 6 hectares). Ainsi, la surface totale défrichée a été d'environ 96 hectares (figure 15.1).

Plusieurs études environnementales ont révélé de forts enjeux écologiques sur le site d'ITER et ont conduit l'Agence ITER France (AIF) à constituer un dossier de demande de dérogation à l'interdiction de destruction d'espèces protégées auprès du Conseil national de protection de la nature. Sur la base des prescriptions du dossier de dérogation, un arrêté préfectoral est entré en vigueur le 3 mars 2008 (Préfecture des Bouches-du-Rhône, 2008). L'article 3 de l'arrêté préfectoral a défini quatre mesures compensatoires suite aux impacts des défrichements sur 39 espèces protégées et leurs habitats (Préfecture des Bouches-du-Rhône, 2008), dont deux mesures visaient la gestion, l'acquisition et la protection de surfaces forestières (encadré 15.1).

Encadré 15.1. Mesures écologiques définies dans l'article 3 de l'arrêté préfectoral du 3 mars 2008 relatif au défrichement du site d'ITER

« 1 : La préservation durable de surfaces d'habitats naturels de haute valeur biologique (comparable à celle détériorée par le projet ITER) proches ou dans l'enveloppe du site d'ITER et la mise en place d'une gestion conservatoire adéquate :
• réalisation d'inventaires d'espaces naturels dans des secteurs à proximité du site d'ITER (sur une superficie de prospection d'environ 1 200 hectares, essentiellement en forêt domaniale). Ces inventaires doivent aller au-delà des obligations de connaissance d'ores et déjà imposées au titre du régime forestier ;
• définition d'un statut juridique approprié (inaliénabilité) de secteurs pré-identifiés (33 hectares sur le site d'ITER et autres espaces à définir sur la base des inventaires) ;
• élaboration d'un plan de gestion et mise en œuvre des actions retenues sur une durée de vingt ans, comprenant notamment la réhabilitation écologique de la zone de dépôt des matériaux sur le site d'ITER (13 hectares).

Pour un montant prévisionnel minimum de 258 000 euros HT.

2 : L'acquisition foncière en vue de la préservation pérenne et de la gestion conservatoire d'un espace forestier à très haut intérêt patrimonial, présentant des enjeux similaires aux espaces forestiers détruits ; cette mesure comportera les phases suivantes :
• recherches foncières accompagnées d'une première validation scientifique ;
• acquisition foncière de 480 hectares pour un montant prévisionnel de 816 000 euros, d'un espace boisé d'intérêt écologique le plus proche possible des espaces à espèces protégées détruits par le projet ITER, dans un délai maximum de trois ans à compter de la notification du présent arrêté ;
• financement et réalisation des inventaires scientifiques complets ;
• financement du premier plan de gestion et des mises en œuvre des actions sur une durée de vingt ans ;
• élaboration d'un dossier pour la mise en place d'un outil réglementaire visant à garantir la pérennité de la mesure compensatoire sur le très long terme ;
• restitution ou mise à disposition par convention à un organisme habilité en matière de gestion des espaces naturels.

Pour un montant prévisionnel de 816 000 euros HT pour la seule acquisition foncière, le coût prévisionnel des autres mesures auxquelles s'engage l'AIF ne pouvant à ce stade être indiqué. »

Par ailleurs, l'article 4 de l'arrêté préfectoral prescrivait que « le bénéficiaire de la présente autorisation mette en œuvre, avec le concours et sous le contrôle d'un comité de pilotage et de suivi mis en place par l'administration, l'ensemble des mesures compensatoires, de réduction et d'accompagnement ». Le comité de pilotage a regroupé l'AIF, les services de l'État (sous-préfecture des Bouches-du-Rhône, Direction régionale de l'environnement, de l'aménagement et du logement, ou Dreal, Directions départementales des territoires et de la mer), la Société d'aménagement foncier et d'établissement rural (Safer), des experts scientifiques (universités, Conseil scientifique régional du patrimoine naturel, Office national des forêts ou ONF, associations naturalistes, bureaux d'études), des représentants de collectivités locales (parcs naturels régionaux) et des élus.

▶▶ La difficile quête d'un *no-net-loss* : 2008-2013

Depuis l'arrêté préfectoral du 3 mars 2008, l'avancement de la mise en œuvre des mesures compensatoires a été régulièrement présenté au comité de pilotage par l'AIF (en moyenne deux fois par an ; première réunion le 27 juin 2008 ; dernière réunion le 5 décembre 2013). Cette partie vise à retranscrire cet avancement, mais aussi les difficultés rencontrées et les solutions apportées, autour de quatre points majeurs contenus dans l'arrêté : les inventaires et la gestion écologique, les acquisitions foncières, la pérennisation des actions écologiques, et les coûts des mesures compensatoires.

Inventaires et gestion écologique autour d'ITER

Un premier type de mesures compensatoires est la réalisation d'inventaires sur une superficie d'environ 1 200 hectares, suivie de la mise en œuvre d'une gestion écologique.

En 2009, après plusieurs mois de concertation entre les membres du comité, un secteur de 1 223 hectares a été retenu afin de couvrir les forêts domaniales de Cadarache et de Vinon-sur-Verdon, et certains terrains appartenant au CEA. L'année 2009 a mobilisé plusieurs associations et bureaux d'études naturalistes pour réaliser les inventaires biologiques. Deux types d'inventaires ont été réalisés : des inventaires de micro-habitats d'arbres, en suivant un protocole standardisé établi par le Groupe Chiroptères de Provence et l'ONF (ONF, 2009), et des inventaires taxonomiques (qui se sont prolongés après 2009 pour l'identification des insectes). Les inventaires ont progressivement confirmé la grande valeur biologique du secteur de Cadarache. Au fil des prospections, l'ensemble de la zone d'étude est apparu comme très riche en biodiversité, principalement en raison des milieux forestiers à forte maturité (ONF, 2010). Au niveau entomologique, les inventaires ont révélé une grande richesse spécifique, et la présence d'espèces patrimoniales telles que les coléoptères *Pityophagus quercus* (découverte pour la France ; Barnouin *et al.*, 2011), *Nematodes filum*, dont on ne connaissait que quelques stations en France (ONF, 2010), ou encore l'osmoderme (*Osmoderma eremita*, ou scarabée pique-prune), espèce prioritaire de la Directive Habitats. Les prospections ciblées d'osmoderme ont révélé trois arbres possédant des traces récentes (macro-restes, fèces de larves), dont un arbre en phase d'effondrement. D'autres arbres pourraient héberger l'espèce, mais la distance entre les arbres et le creux de génération observé dans les peuplements — c'est-à-dire peuplements très matures et peuplements de moins de 50 ans, mais peu de peuplements d'âge intermédiaire — mettent en doute la viabilité de la population relictuelle (ONF, 2010).

La période de 2010 à 2012 est marquée par la rédaction du plan de gestion. Le plan de gestion va contribuer à améliorer *a posteriori* les connaissances des enjeux écologiques du secteur de Cadarache, en intégrant notamment des données historiques (carte de Cassini, carte de l'État-major).

En 2013, les premières actions de gestion ont été mises en œuvre, dont la taille d'arbres en vue de créer des micro-habitats et des corridors écologiques. Cependant, il faut préciser que la majorité des mesures de gestion seront effectives à partir de 2014 (Comité de pilotage, 2013). Ces mesures consisteront principalement à renforcer les réseaux de vieux arbres et d'arbres à cavités, à entretenir et installer de nouveaux nichoirs artificiels pour les oiseaux et les chiroptères, à sensibiliser les usagers afin de préserver la tranquillité des zones de compensation (pose de panneaux d'informations réglementaires et écologiques) et à conduire des inventaires biologiques sur certains taxons (chiroptères, champignons, insectes) avant d'envisager une gestion écologique ultérieure.

Acquisitions foncières

Un autre type de mesures compensatoires défini dans l'arrêté préfectoral est l'acquisition foncière de 480 hectares de forêts qui devront ensuite être gérés par un organisme de gestion des espaces naturels.

Initialement, le triple objectif du comité de pilotage était d'acquérir 480 hectares d'un seul tenant, à proximité immédiate du site d'ITER, et en vue de couvrir les habitats de l'ensemble des espèces protégées, affectées, et listées dans l'arrêté préfectoral. Cependant, l'objectif s'est rapidement révélé très complexe pour plusieurs raisons :
• au niveau écologique, les prospections ont rapidement montré qu'il serait très difficile de trouver un site à la vente regroupant l'ensemble des espèces protégées affectées par le projet ITER (39 espèces). Par ailleurs, cette obligation d'acquisition a fait surgir plusieurs questions : comment mesurer les correspondances écologiques entre le site détruit et les sites de compensation ? Peut-on compenser un habitat X par un habitat Y si les deux habitats sont favorables à l'espèce visée ? Peut-on morceler les acquisitions ? La protection juridique peut-elle remplacer l'acquisition foncière ?
• au niveau économique, les acquisitions devaient respecter une enveloppe budgétaire d'environ 1 700 euros par hectare, correspondant au prix moyen des espaces forestiers dans la région, ce qui contraignait fortement les capacités d'actions des acquéreurs ;
• au niveau social, l'achat de propriétés était dépendant de plusieurs facteurs tels que la volonté de vente des propriétaires ou la concurrence avec des communes qui pouvaient se porter acquéreurs en cas de terrain disponible.

En 2009, les prospections foncières ont d'abord porté dans un périmètre proche du site d'ITER (jusqu'à une dizaine de kilomètres). Cependant, il s'est avéré impossible de respecter l'ensemble des critères écologiques, économiques et sociaux. Certaines parcelles pouvaient présenter une valeur écologique comparable au site d'ITER mais étaient soit de très petite taille, soit trop chères (notamment parce qu'elles possédaient du bâti qui faisait monter la valeur économique), soit n'étaient pas à vendre. Par ailleurs, la Safer ne pouvait pas mener de « campagne de prospection » trop directe auprès des propriétaires, sans quoi elle aurait pu générer une inflation des prix. Enfin, la recherche d'osmoderme obligeait à prospecter dans un périmètre plus élargi. Face à ces difficultés, le comité a retenu deux critères de recherche pour les terrains à acquérir : une ou deux propriétés de grande surface à proximité du site de Cadarache ; une ou plusieurs propriétés de petite surface avec osmoderme (même trente à quarante arbres ou quelques hectares), à rechercher à l'échelle de toute la région Provence-Alpes-Côte d'Azur (Paca).

En 2010, une opportunité d'achat s'est présentée sur la commune de Ribiers, dans les Hautes-Alpes, située à 65 kilomètres à vol d'oiseau de Cadarache (figure 15.2, voir planche couleur II). Il s'agissait d'une vente dans le cadre d'une succession. L'AIF a pu acheter 110 hectares et s'engager au maintien des pratiques agropastorales en place en signant un bail rural (un fermier pratiquant l'élevage ovin extensif était déjà installé). Le site de Ribiers présentait certaines correspondances avec le site de Cadarache, notamment pour les peuplements matures et l'osmoderme, même si l'influence bioclimatique s'avère nettement plus montagnarde qu'à Cadarache. Des prospections écologiques ont également été lancées sur la commune de Saint-Vincent-sur-Jabron, située à environ 8 kilomètres de Ribiers. Cependant, en raison du retard accumulé pour les acquisitions foncières, un avenant à l'arrêté préfectoral a dû être rédigé afin de permettre un délai supplémentaire pour les acquisitions (Préfecture des Bouches-du-Rhône, 2010). L'arrêté modificatif précisera que « le délai maximum pour réaliser l'acquisition foncière de 480 hectares d'espaces naturels à haute valeur écologique est porté à cinq ans (deux années supplémentaires, soit jusqu'en mars 2013) ».

En 2011, l'acte d'achat des parcelles sur le site de Ribiers a été signé ainsi que le bail rural. Ces parcelles étant dispersées spatialement, l'AIF souhaitait compléter ce premier achat par d'autres acquisitions qui permettraient de réduire le morcellement foncier. Cependant, les populations locales ont fait part de leur interrogation sur le devenir des sites de compensation (quel sera l'usage du site au-delà de l'échéance de vingt ans d'application des mesures compensatoires définie dans l'arrêté ?). Ces interrogations étaient également portées par la commune de Saint-Vincent-sur-Jabron. De plus, avec ce début de reconnaissance de la valeur écologique des propriétés, les propriétaires ont été incités à garder leurs terrains ou à les vendre à un coût très élevé. Afin de maximiser les chances de nouvelles acquisitions, il fut convenu que la Safer listerait en 2012, en liaison avec l'ONF, l'ensemble des terrains à vendre en Paca (dans des milieux similaires à ceux détruits) pour les proposer à l'AIF, qui les ferait expertiser au regard de l'intérêt écologique ciblé par l'arrêté préfectoral.

En 2012, une nouvelle acquisition de 7,48 hectares sur la commune de Ribiers a permis de réduire le morcellement foncier. À Saint-Vincent-sur-Jabron, la situation a évolué favorablement. En effet, une convention cadre a été établie entre l'AIF, l'ONF, le Conservatoire des espaces naturels (CEN), les éleveurs et le Centre d'études et de réalisations pastorales Alpes-Méditerranée, sous l'égide de la Dreal et de la commune de Saint-Vincent-sur-Jabron. De plus, il a été convenu qu'une convention de gestion de site (ONF/AIF/CEN) préciserait le plan de gestion et le régime de protection retenu. Ces nouvelles garanties ont permis à l'AIF d'acheter 130 hectares. Par ailleurs, deux sites ont retenu l'attention du comité pour de possibles futures acquisitions, sur les communes de Mazaugues (Var) et Castellet (Vaucluse). Des critères comparatifs ont été discutés par le comité (similarité écologique, proximité géographique, appropriation locale, aspects fonciers, etc.), et il s'est avéré que les deux sites présentaient des intérêts au regard des exigences de l'arrêté préfectoral.

En 2013, les perspectives d'acquisition se précisèrent sur la commune de Mazaugues. En effet, grâce à une forte volonté communale pour protéger et valoriser le patrimoine naturel, des terrains pourraient être achetés dans un proche avenir pour une surface totale de 92 hectares. À la dernière réunion du comité de pilotage du 5 décembre 2013, la surface totale d'acquisition était de 352 hectares répartis sur trois sites, Mazaugues compris, situés en moyenne à 51,4 kilomètres d'ITER (± 9,1 kilomètres). Il reste donc 138 hectares à acquérir par le maître d'ouvrage.

Pérennisation des actions écologiques

L'arrêté préfectoral du 3 mars 2008 visait également à garantir la pérennité des mesures compensatoires sur le très long terme. Pour cela, un groupe de travail s'est constitué afin de proposer au comité les statuts de protection juridique les plus appropriés.

En mars 2011, la proposition retenue était d'instaurer le régime forestier sur les sites d'acquisition, puis de classer les sites en Réserve biologique forestière dirigée (RBFD), le statut de régime forestier étant une condition préalable au classement en RBFD.

En 2013, le régime forestier était effectif à Ribiers. Les régimes forestiers seront instaurés ultérieurement à Saint-Vincent-sur-Jabron et à Mazaugues, et les RBFD restent à instaurer sur les trois sites. Par ailleurs, une réflexion est initiée pour constituer une « Réserve biologique domaniale » au sein de l'enveloppe des 1 223 hectares autour d'ITER.

Coûts économiques

L'article 3 de l'arrêté préfectoral du 3 mars 2008 prévoyait un coût prévisionnel minimum de 1,174 million d'euros. Afin de pallier les risques de dépassements budgétaires, l'AIF avait annoncé dès 2008 qu'un budget de 2 millions d'euros serait consacré aux mesures compensatoires (soit environ 0,01 % de la valeur totale du projet[108] ; tableau 15.1).

---

108. Le coût de la valeur du projet a été estimé à environ 12,8 milliards d'euros pour la construction du tokamak (la machine destinée à tester la production d'énergie à partir de réactions de fusion), auxquels il faut ajouter environ 6,11 milliards d'euros pour l'exploitation et le démantèlement.

Plusieurs dépenses, qui n'avaient pas été chiffrées initialement, sont venues s'ajouter au fil des ans. Il s'agit notamment des coûts d'inventaires et de réalisation des plans de gestion sur les sites d'acquisition foncière, qui représentent presque un tiers de l'enveloppe budgétaire allouée pour ces sites (231 800 euros). Il s'agit également des coûts de transaction (« Autres dépenses » dans le tableau 15.1) associés au fonctionnement du comité, à la réalisation d'études, à l'assistance à maîtrise d'ouvrage.

Par ailleurs, il faut préciser que le total des dépenses présenté ci-dessous (1,868 million d'euros) n'intègre pas les futurs frais de main-d'œuvre du maître d'ouvrage (estimés à environ 200 000 euros sur les vingt prochaines années), le coût des 138 hectares restant à acquérir, les dépenses de mise en œuvre des plans de gestion sur les sites d'acquisition foncière, ou encore le coût à venir du programme de sensibilisation du public.

Tableau 15.1. Bilan des dépenses engagées cinq ans et demi après l'arrêté préfectoral.

Type d'action	Dépenses (€)
Inventaires/gestion à Cadarache	703 204
dont : inventaires et plan de gestion	616 204
réhabilitation de la zone de dépôt	87 000
Acquisitions foncières/gestion	790 982
dont : inventaires et plan de gestion	231 800
acquisitions foncières	559 182
Autres dépenses[1]	188 941
Mesures d'accompagnement[2]	185 351
Total	1 868 478

[1] Fonctionnement du comité, études, assistance à maîtrise d'ouvrage.
[2] Thèse, programme de sensibilisation du public.

▸▸ Bilan pour la biodiversité

Au-delà des efforts entrepris, il est important de faire le bilan des pertes et gains de biodiversité.

Dans le contexte d'ITER, une difficulté majeure est le fait que les connaissances écologiques de l'état initial restent encore aujourd'hui incomplètes, ce qui limite l'évaluation des pertes écologiques, notamment sur le plan quantitatif. Toutefois, les évaluations environnementales qui ont précédé les défrichements révèlent que le site d'ITER était caractérisé par l'alternance de petites surfaces de pelouse patrimoniale et de peuplements à haut niveau de maturité possédant des arbres pluriséculaires de fort diamètre et riches en micro-habitats (par exemple ONF, 2007 ; ECO-MED, 2008). Sur la base de ces seuls éléments, il est possible d'apporter un premier bilan prospectif sur les compensations par grand type de composante écologique.

Habitats ouverts

Même si les habitats ouverts ne représentaient que de petites surfaces au sein du périmètre d'ITER, certains habitats étaient reconnus comme vulnérables à une échelle nationale (par exemple matorral à genévriers, pelouses sèches ; ECO-MED, 2008). L'ensemble des sites de compensation englobe ces habitats et des mesures de gestion conservatoire devront améliorer leur état de conservation au niveau local (ONF, 2012 ; 2013). Cependant, dans l'hypothèse où les mesures de gestion apporteront bien un gain écologique sur ces milieux, il subsiste un décalage temporel de plusieurs années car les mesures de gestion n'ont pas encore été mises en œuvre, cinq ans et demi après l'arrêté préfectoral (c'est-à-dire six ans et demi après le début des défrichements).

Habitats forestiers

En ce qui concerne la composition, les sites de compensation hébergent principalement des peuplements de chênes verts et de chênes pubescents, proches de ceux qui préexistaient avant l'installation d'ITER. En ce qui concerne la maturité des peuplements, si l'on considère la stratégie de laisser vieillir les peuplements, les sites de compensation présentent pour la plupart des perspectives de gains écologiques (en particulier Ribiers et Mazaugues, qui sont dominés par des peuplements de moins de 50 ans). Cependant, il ne s'agit pas de gains surfaciques car ces forêts existaient déjà. Par ailleurs, les gains de maturité nécessaires pour égaliser les pertes engendrées par les défrichements du site de l'ITER doivent être évalués au minimum sur plusieurs décennies (Regnery, 2013) (figure 15.3). Enfin, une composante essentielle de la valeur écologique des peuplements défrichés était l'ancienneté de l'état boisé. L'ancienneté de l'état boisé fait référence à la continuité forestière assurée depuis plusieurs siècles. Les concepts de forêt mature (« vieille forêt ») et d'ancienneté d'état boisé (« forêt ancienne ») sont complémentaires mais ne renvoient pas exactement aux mêmes propriétés biologiques. Les forêts anciennes possèdent souvent des espèces caractéristiques, à faible capacité de dispersion (Hermy *et al.*, 1999 ; Verheyen *et al.*, 2003), ce qui confère une grande valeur biologique à ces peuplements (Vallauri *et al.*, 2012). L'analyse historique de l'état forestier au sein du périmètre de l'ITER montre qu'il existait une continuité forestière depuis le XVIIIᵉ siècle (carte de Cassini) due aux pratiques sylvopastorales qui ont longtemps préexisté (système couplant pâturage et exploitation du bois ; ONF, 2012). L'égalisation de pertes et gains d'ancienneté nécessiterait de planifier et mettre en œuvre des actions sur des pas de temps de plusieurs siècles, ce qui semble difficilement compatible avec les échelles de vie humaine.

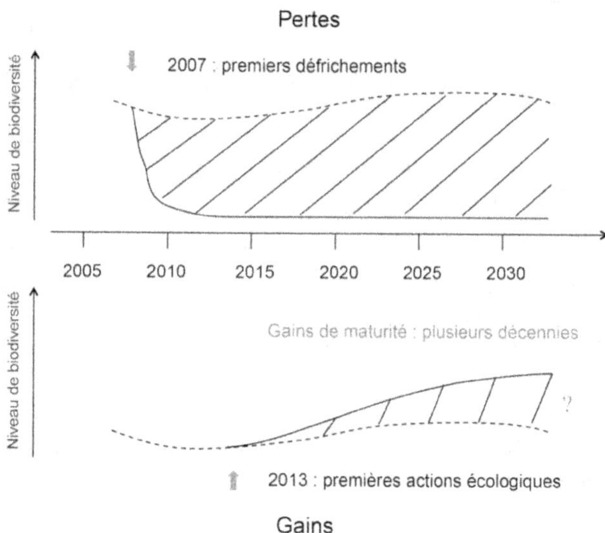

Figure 15.3. Représentation schématique des pertes et gains écologiques du projet ITER selon le critère de maturité forestière.

Les pertes et gains écologiques correspondent à l'aire hachurée entre le niveau de biodiversité après impact/compensation (trait plein) et le niveau de biodiversité en l'absence d'impact/compensation (trait pointillé).

▶▶ Le rôle du comité de pilotage dans la mise en œuvre des compensations

En dépit des impacts résiduels sur la biodiversité, il faut rappeler que le comité de pilotage a joué un rôle essentiel pour accompagner et contrôler la mise en œuvre des mesures compensatoires. Les réunions régulières ont permis de fixer des échéances, de prendre des décisions de manière collective, et de débloquer certaines situations (notamment pour les acquisitions foncières). Les acteurs du comité de pilotage ont eu des contributions complémentaires qu'il convient de souligner.

Les services de l'État ont eu pour rôle principal de veiller à la bonne application des mesures définies dans l'arrêté préfectoral du 3 mars 2008. Ils ont aussi pu apporter des points d'éclairage sur les réglementations et les outils de protection, veiller à la cohérence des mesures compensatoires avec d'autres politiques publiques (sites Natura 2000, sites protégés), ou encore faciliter la mise en œuvre de certaines procédures nécessaires à l'avancement des compensations (par exemple la rédaction de l'arrêté modificatif du 27 septembre 2010).

Les experts scientifiques ont permis de caractériser la valeur écologique des espaces affectés (inventaires biologiques, évaluation de la rareté). Puis, ils ont pu apporter une connaissance progressive des enjeux écologiques du territoire, du fonctionnement des écosystèmes (par exemple dynamique de la biodiversité, rôle des échelles spatiales et temporelles), et ainsi orienter les prospections écologiques et foncières. Ils ont également contribué à développer des indicateurs de biodiversité *via* les micro-habitats d'arbres (ONF, 2009 ; Regnery, 2013).

Les représentants de collectivités locales et les élus ont pu apporter leur connaissance des enjeux socio-économiques et faire part au comité du ressenti des populations (acceptabilité des mesures compensatoires, inquiétudes, rumeurs). De plus, ils ont joué un rôle important d'information et de sensibilisation des habitants vis-à-vis des objectifs de la compensation écologique.

Enfin, la Safer a joué un rôle stratégique dans les acquisitions foncières. En effet, en tant qu'opérateur foncier du milieu rural, la Safer dispose d'un large panel d'outils pour assurer la maîtrise des sites. Dans le contexte des compensations d'ITER, la Safer a mené une animation foncière en vue de faciliter les acquisitions (investigation des volontés de vente, constitution de réserves foncières).

Ainsi, durant les cinq années et demie qui ont fait suite à l'arrêté préfectoral du 3 mars 2008, chacun des acteurs a apporté une contribution importante au déroulement des compensations. De plus, les nombreuses réunions du comité de pilotage ont permis une prise de conscience progressive des multiples enjeux de la compensation. En effet, les objectifs initiaux de compensation, basée sur une protection stricte d'une nature identique, à proximité immédiate du site impacté, ont progressivement évolué vers une recherche de gains écologiques à long terme, intégrant les dynamiques sociales et économiques.

▶▶ Que retenir de l'expérience d'ITER ?

Le projet ITER est un des rares projets en France pour lequel il est aujourd'hui possible d'étudier les différentes étapes de mise en œuvre des compensations, les difficultés rencontrées, ainsi que les solutions qui ont pu être apportées. En dépit des impacts de ce projet sur la biodiversité, ITER est aujourd'hui un cas d'étude qui apporte de nombreux enseignements pour l'avenir. Le projet ITER soulève notamment quatre points qui semblent importants à prendre en compte pour les futurs projets d'aménagement.

Évaluation des pertes écologiques

Le projet ITER contient toujours aujourd'hui une certaine incertitude quant au détail de l'état écologique initial. Par exemple, quelle était la population initiale d'osmodermes avant défrichement ?

Quelle était la viabilité de cette population ? Quels étaient l'âge et la structure des peuplements avant défrichement ? Quel était le rôle des peuplements dans le fonctionnement de la biodiversité à une échelle paysagère ?

L'état écologique avant l'impact et l'état qui aurait perduré en l'absence d'impact (par exemple Quétier et Lavorel, 2011 ; Regnery, 2013) constituent l'état de référence indispensable pour concevoir et mettre en œuvre des compensations. Dans le cas d'ITER, bien que débuté en 2003, soit quatre ans avant les premiers défrichements, l'état de référence reste incomplet, et ne permet pas une évaluation fine des pertes écologiques, tant sur un plan patrimonial que fonctionnel. L'analyse historique de l'état forestier, les inventaires partiels avant défrichement et les inventaires biologiques complets autour du site d'ITER montrent des écosystèmes de haute valeur écologique, mais rendent difficile le calcul d'une équivalence écologique.

Connaissances des enjeux écologiques du territoire

Le projet ITER montre que les prospections foncières et la mise en œuvre des mesures compensatoires sont tributaires de campagnes d'inventaires biologiques pouvant s'étaler sur plusieurs saisons. Ainsi, la recherche de sites de compensation soulève la nécessité de disposer, le plus en amont possible des projets, d'une bonne visibilité sur les enjeux écologiques du territoire concerné. Pour cela, il devient urgent que l'ensemble des acteurs de la compensation puisse s'appuyer sur des connaissances et des indicateurs écologiques. À ce titre, plusieurs pistes de réflexion pourraient être engagées, par exemple sur la mise à disposition des données naturalistes issues d'évaluations environnementales rendues obligatoires (par exemple études d'impact, études d'incidences Natura 2000, plans d'aménagement), ou encore sur le développement d'indicateurs et d'outils d'aide à la décision à des échelles régionales (par exemple cartographie des forêts anciennes ; Vallauri *et al.*, 2012). Ces connaissances et ces indicateurs pourraient potentiellement entraîner des économies financières (raccourcissement des délais de réalisation d'études, réduction de la duplication des données, etc.) et donner des marges de manœuvre budgétaires aux actions de compensation ou au suivi écologique des mesures.

Anticipation des temporalités de pertes et gains

Le projet ITER montre des perspectives de compensation qui varient en fonction des types d'écosystèmes et des composantes écologiques considérées. Les actions sur les écosystèmes forestiers (par exemple vieillissement naturel, taille d'arbre et maintien de bois mort) sont susceptibles d'apporter des gains de maturité mais sur des pas de temps d'au minimum plusieurs décennies. Si l'on considère l'ancienneté de l'état boisé, les gains écologiques s'estiment sur plusieurs siècles.

L'objectif des mesures compensatoires n'est pas seulement de générer des gains écologiques, mais aussi de synchroniser les pertes et gains écologiques dans le temps, de manière à éviter les pertes intermédiaires (Thur, 2007 ; BBOP, 2012). Dans le contexte des forêts d'ITER, il va continuer de subsister des pertes intermédiaires pendant plusieurs décennies (voire plusieurs siècles concernant l'ancienneté de l'état boisé ; voir figure 15.1, planche couleur II). Cependant, il est important de regarder l'avenir, et le projet ITER invite à réfléchir aux prochains projets d'aménagement qui pourraient porter sur des écosystèmes forestiers : comment prendre en compte les pertes intermédiaires ? Peut-on vraiment compenser des forêts anciennes ? Quels outils mettre en place pour pérenniser des compensations sur le très long terme ? D'autres mécanismes de gouvernance semblent nécessaires pour éviter les pertes intermédiaires (voir notamment la partie II sur les banques de compensation). Cependant, leur efficacité écologique concernant les écosystèmes à longue durée de maturation demeure de toute façon très incertaine.

Prise en compte des enjeux socio-économiques

Comme nous avons pu le constater précédemment, le comité de pilotage a joué un rôle essentiel dans l'avancement des mesures compensatoires. En effet, le succès des mesures compensatoires ne dépend pas seulement de la qualité de la conception écologique, mais aussi du contexte social et économique dans lequel devront s'insérer les actions de gestion. Le projet ITER montre que trois paramètres importants doivent être pris en compte pour mettre en œuvre des compensations : le contexte écologique, le contexte foncier (opportunité d'achat, coût) et la volonté communale. Prendre en compte ces trois paramètres prend du temps et nécessite une démarche de concertation active de l'ensemble des acteurs de l'aménagement du territoire.

Une difficulté à laquelle se heurtent les acteurs de la compensation est qu'il peut exister une inadéquation entre la valeur écologique des terrains et leur valeur foncière. Dans ces conditions, le risque est de favoriser des comportements opportunistes orientés par les capacités budgétaires définies dès le début des projets. Afin de mieux orienter les impacts d'aménagements et les acquisitions foncières pour la compensation, une piste d'amélioration pourrait être d'ajuster la valeur foncière des terrains à la valeur écologique de ces espaces de manière à créer un système dissuasif pour les projets à fort impact sur la biodiversité.

En conclusion, le projet ITER montre que l'objectif de *no-net-loss* est un processus complexe tant du point de vue écologique, économique que social. La mise en œuvre des mesures compensatoires est longue et difficile car elle constitue un véritable projet de territoire impliquant de nombreux acteurs. L'expérience d'ITER, comme d'autres projets d'aménagement, mérite d'être partagée afin d'améliorer l'intégration des futurs projets d'aménagement dans l'environnement.

Chapitre 16

Intégrer le facteur climatique dans la compensation écologique

L'exemple des écosystèmes forestiers

Roxane Sansilvestri, Samuel Roturier, Bruno Colas,
Juan Fernandez-Manjarrés, Nathalie Frascaria-Lacoste

Compte tenu du temps nécessaire à leur établissement et à leur évolution, de leur complexité et de la diversité des services écosystémiques qu'ils offrent, les écosystèmes forestiers soulèvent des enjeux importants dans le cadre de la compensation écologique. D'après la FAO (Organisation des Nations unies pour l'alimentation et l'agriculture), les forêts représentent 30 % des surfaces émergées de la planète. Ces écosystèmes abritent une grande biodiversité et rendent de nombreux services écosystémiques aux sociétés humaines comme le stockage de carbone, la filtration de l'eau, la production de bois ou encore des services récréatifs (MEA, 2005). De par leur étendue, ces écosystèmes sont et seront amenés à être dégradés par l'augmentation de l'empreinte humaine. En France, par exemple, 28,6 % du territoire étant recouverts de forêt, soit 16,4 millions d'hectares, il est courant de voir l'expansion de l'urbanisme et les projets d'aménagements altérer ces espaces forestiers. Aujourd'hui, en France, la réglementation ERC (éviter-réduire-compenser) devient de plus en plus contraignante pour les projets d'aménagements. On peut donc s'attendre à ce que les aménageurs soient de plus en plus confrontés à la nécessité de compenser leurs impacts sur les écosystèmes forestiers. Au regard du Code forestier, l'impact d'un projet d'aménagement est un défrichement se chiffrant en hectares et devant être compensé par un reboisement d'une surface équivalente ou de deux à cinq fois supérieure. Cependant, toutes les forêts ne sont pas identiques, ne serait-ce qu'en maturité, en valeur patrimoniale ou en services rendus. En effet, les services rendus par une forêt ne se comptent pas en fonction de la surface occupée par celle-ci mais par les processus d'installation qui ont été nécessaires et la complexification lente des interactions entre les organismes qui la composent. Ces systèmes forestiers complexes sont aujourd'hui encore peu connus. On peut donc se demander si une simple compensation par surface détruite, telle qu'elle pourrait être appliquée aujourd'hui, sera suffisante.

La période actuelle, dominée par des dynamiques de changements globaux, et notamment climatiques, complexifie encore cette question de la temporalité pour ce qui est de la compensation des forêts. En effet, les définitions statiques de la biodiversité, faisant référence à un état antérieur ou actuel figé, ne représentent pas des outils adaptés pour la gestion des écosystèmes à long terme. Il est indispensable que les mesures de compensation réalisées aujourd'hui persistent dans le futur.

Mais l'évolution changeante du climat et la longévité des écosystèmes forestiers posent la question des choix de peuplements lors des actions de compensation. En effet, des peuplements présents aujourd'hui dans un espace ne seront peut-être plus adaptés au climat futur à cette même localité. Compte tenu des connaissances scientifiques actuelles, un habitat favorable sous un climat futur pour une espèce se déplacera plus généralement vers les pôles ou en altitude (Loarie *et al.*, 2009 ; Parmesan, 2006). On peut alors se demander quel rôle l'homme doit jouer dans l'anticipation de ces évolutions. Doit-il privilégier un écosystème qui semble naturel à l'heure actuelle (revenir à un état avant impact) ou doit-il favoriser les déplacements ou, comme appelé dans la littérature scientifique, les migrations assistées d'espèces susceptibles d'être mieux adaptées aux conditions de demain ? C'est à cette question que nous allons tenter de répondre au cours de ce chapitre.

▶▶ Concevoir la compensation écologique des forêts sous un nouvel angle

Aujourd'hui, les mesures compensatoires à mener en cas d'atteintes à des écosystèmes forestiers pourraient proposer quatre grands axes d'actions :
* compensation par « création » d'une nouvelle forêt *de novo* ;
* compensation par réhabilitation d'un site forestier détruit ou transformé ;
* compensation par conventionnement ou acquisition d'une forêt non gérée ;
* compensation par conventionnement ou acquisition d'une forêt « altérée » à restaurer.

La question est de savoir quels types de mesures compensatoires choisir. L'option de « création » d'une forêt semble une option peu réaliste étant donné la complexité d'un tel écosystème. Ceci sans compter que le *no-net-loss* (voir glossaire) et le gain potentiel de biodiversité seraient alors fortement retardés en raison du temps nécessaire à la croissance des arbres. Il reste alors la possibilité d'acquérir une forêt actuellement non gérée afin de la préserver. On peut cependant se demander quel est le gain écologique dans cette démarche, et où se place réellement la compensation des « rendus écologiques » pour ce qui est détruit, étant donné l'existence préalable de cette forêt avant l'impact environnemental. En revanche, les mesures de compensation d'écosystèmes fondées sur la restauration d'écosystèmes altérés, appauvris ou vulnérables semblent une voie intéressante à considérer.

Effectivement, face à la complexité de la mise en place des mesures de compensation et de la durée nécessaire pour obtenir un écosystème forestier mature, prendre comme point de départ un écosystème préexistant peut présenter un certain nombre d'avantages. Premièrement, des avantages socio-économiques, la restauration d'une forêt étant une action moins coûteuse que sa création (Quétier et Lavorel, 2011), et la redynamisation d'une forêt existante pouvant avoir un impact social local non négligeable. Ensuite, dans certains cas la restauration peut être une action plus pertinente d'un point de vue écologique, compte tenu de la complexité de ces écosystèmes et des risques d'échec inhérents à leur établissement (Spieles, 2005). Enfin, dans le contexte changeant actuel, la question de l'utilisation des mesures de compensation prenant en compte l'adaptation d'écosystèmes vulnérables apparaît pertinente compte tenu des menaces que font peser les changements globaux sur ces systèmes.

Ainsi, la destruction d'un écosystème forestier peut-elle être compensée par la restauration anticipative, comme nous l'appellerons ici, d'un autre écosystème forestier dégradé ou vulnérable face au changement climatique ?

Tout d'abord, il convient d'être en mesure de définir l'état de dégradation d'une forêt. À quel moment peut-on considérer qu'une forêt perd ses fonctions ou s'avère dégradée ? Comment classe-t-on une forêt possédant ses arbres d'origine mais vidée de ses animaux par l'excès de chasse, ou au contraire fortement soumise à la pression des herbivores en l'absence de plan de chasse ? Seule une analyse au cas par cas permet de résoudre ce type de questionnement, et la compensation écologique est ici tributaire des références locales sur ce que constitue une forêt en bon état au regard de sa structure, de sa composition et de sa taille.

Dans ce chapitre, nous nous plaçons dans la situation où les mesures d'évitement et de réduction ont été effectuées sur l'écosystème initial, avec ainsi des impacts résiduels à leur minimum. Nous sommes donc dans une situation où il est nécessaire d'avoir recours à des mesures compensatoires.

▸▸ La migration assistée : un nouvel outil face au changement climatique

Dans le contexte de changement climatique actuel, la restauration anticipative reste une option pertinente puisque de nombreux écosystèmes sont soumis au stress climatique et à la fragmentation de l'habitat. Appliquer des mesures compensatoires sur des systèmes altérés ou vulnérables dans ce contexte offre l'opportunité de mettre en place des actions de gestion de la biodiversité portant une double finalité, celle de compenser une perte de biodiversité actuelle et réelle, mais aussi celle de compenser une perte de biodiversité future et potentielle.

D'après la Society for Ecological Restoration (SER), l'art de la restauration des écosystèmes consiste à ramener l'écosystème sur sa trajectoire historique (SER, 2004), alors qu'il suit une trajectoire altérée suite à une perturbation anthropique. L'essence même de la restauration est de permettre au système, après les processus d'assistance mis en place, de devenir autosuffisant. Dans un contexte où les modèles s'accordent sur une profonde modification des conditions climatiques à l'échelle de la génération d'arbres aujourd'hui en place (IPCC, 2013), restaurer un écosystème forestier oblige à prendre en compte les conditions climatiques futures. La restauration doit donc aller plus loin que la réintégration du système sur sa trajectoire historique, et anticiper sa trajectoire future dans de nouvelles conditions environnementales (restauration anticipative). La réussite de la restauration est ainsi basée sur le maintien du fonctionnement du système au temps t, mais également sur le long terme avec la valorisation de la capacité adaptative afin de laisser l'écosystème évoluer quelles que soient les influences externes, et ce, dans diverses trajectoires potentielles futures.

En France aujourd'hui, on observe des dépérissements plus ou moins ponctuels de certaines essences (châtaignier, chêne pédonculé, épicéa commun, etc.) qui sont attribués à certains événements climatiques extrêmes ayant eu lieu ces dernières années (données IFN-IGN). Même s'il est encore trop tôt pour affirmer que le changement climatique est l'unique facteur à l'origine de la mortalité observée, celui-ci semble influer fortement sur la trajectoire évolutive de ces peuplements, l'altérant lentement et de façon constante. Une compensation d'un écosystème forestier détruit, grâce à une restauration « simple » de celui-ci ou à la préservation d'un système forestier « équivalent », ne semble pas totalement pertinente dans ce contexte dynamique et évolutif du changement climatique.

Il existe aujourd'hui des programmes de gestion adaptative visant à maintenir la résilience structurelle et fonctionnelle des écosystèmes forestiers face à des stress et des perturbations. Quand on parle d'adaptation pour la gestion des écosystèmes forestiers, la technique privilégiée est d'augmenter la diversité génétique des peuplements, avec un apport de matériel génétique par sélection et plantation des populations ou espèces robustes, qui proviennent en général de latitudes plus au sud ou d'une altitude peu élevée. Cette technique est aujourd'hui connue sous le nom générique de « migration assistée ».

La migration assistée[109] est devenue un concept générique aux multiples définitions. Nous la définirons ici comme le déplacement volontaire (c'est-à-dire planifié et exécuté par des gestionnaires) d'individus ou de populations d'une espèce d'une région où elle est menacée, vers une région au-delà de son aire de répartition actuelle, et où elle est supposée survivre sous le climat futur (Sansilvestri *et al.*, 2015). La migration assistée a tout d'abord été proposée pour les espèces à faible

---

109. Dans la littérature scientifique, de nombreux synonymes sont utilisés pour qualifier cette pratique, comme *assisted colonization* ou *managed relocation* ; l'idée centrale est la même mais ces concepts diffèrent légèrement dans leur définition (Hoegh-Guldberg *et al.*, 2008 ; Schwartz *et al.*, 2012 ; Seddon, 2010 ; Sainte-marie *et al.*, 2011).

capacité migratoire ou ayant une aire de répartition restreinte, afin de leur permettre d'échapper à une éventuelle mal-adaptation dans leur aire de répartition suite au changement climatique, *a priori* trop rapide pour qu'elles s'y adaptent (Hunter, 2007 ; McLachlan *et al.*, 2007). Cette pratique a suscité de nombreuses controverses, les uns estimant que les migrations assistées présentaient des risques trop importants pour les écosystèmes receveurs, comme le risque d'invasions biologiques ou de pollutions génétiques (Ricciardi et Simberloff, 2009), les autres considérant au contraire que, même si les risques sont réels, le jeu en vaut la chandelle pour de nombreuses espèces menacées (Sax *et al.*, 2009).

Les arbres forestiers, dont les capacités migratoires s'expriment sur de longs pas de temps, peuvent être concernés par la migration assistée dans une problématique de conservation (par exemple *Torreya taxifolia*, Schwartz *et al.*, 2012 ; *Pinus albicaulis*, McLane et Aitken, 2012). Ils peuvent l'être aussi en tant qu'espèces productrices de ressources ligneuses dans une problématique d'exploitation (Pedlar *et al.*, 2012). Enfin, la migration assistée d'arbres forestiers, espèces clés qui structurent profondément les écosystèmes, peut être, et sera probablement souvent dans le futur, envisagée dans une problématique de restauration anticipative ou réparatrice des écosystèmes. La migration assistée semble être un outil intéressant à mobiliser pour l'ingénierie écologique dans le cadre de mesures de compensation. Celles-ci pourraient comporter des constructions de communautés écologiques incluant l'apport d'espèces éventuellement nouvelles, et potentiellement plus robustes face au changement climatique pour la région concernée. Cette pratique n'implique pas le déplacement de communautés entières, mais plutôt de quelques espèces clés de voûte ou « ingénieurs » de l'écosystème sur place avant d'atteindre un fonctionnement autonome et durable (Seddon, 2010).

La migration assistée, dans le cadre de la conservation des espèces menacées, peut être appréhendée à l'échelle de l'espèce, avec des mouvements d'individus très ciblés sur certaines populations, afin d'éviter l'extinction d'une espèce. On peut citer le cas du pin à écorce blanche (*Pinus albicaulis*) en Colombie-Britannique (Canada), où des populations vulnérables ont été déplacées jusqu'à 800 kilomètres vers le nord pour anticiper le réchauffement climatique et les risques sanitaires. Cependant, dans le cadre de la restauration anticipative, il semble plus pertinent de réfléchir à l'échelle de l'écosystème. En s'inspirant des notions définies par Pedlar *et al.* (2012), nous parlerons plus précisément ici d'Ecosystem-Centered Assisted Migration (ECAM) (voir glossaire) afin de souligner l'action de gestion sur la préservation du fonctionnement d'un écosystème, et pas uniquement sur la conservation d'une espèce. Pour les actions d'ECAM, le déplacement n'est pas seulement celui d'une espèce vers une autre région, mais d'un cortège d'espèces, supposées plus robustes, vers l'écosystème altéré pour favoriser son renforcement et anticiper les effets du climat dans le futur. Ce type de gestion, encore à l'état de réflexion et exploratoire, permettrait de créer une diversité inter et intraspécifique au sein de l'écosystème. Cette proposition d'ECAM n'est pas totalement novatrice. Si le terme n'est pas utilisé en France, la sélection (génétique et phénotypique) des peuplements forestiers au sein des forêts ou lors de reforestations a déjà grandement appliqué cette notion dans les plans de gestion des forêts. Seulement la finalité d'adaptation au changement climatique, elle, est nouvelle. En d'autres termes, l'ECAM n'implique pas un changement radical dans les pratiques actuelles mais plutôt un changement de paradigme, et donc de « manière de faire », dans la façon d'aborder la valorisation des espèces et l'évolution des écosystèmes forestiers.

L'ECAM peut être décliné le long d'un gradient d'actions pour tout type d'écosystème, en fonction du degré de gestion apportée à l'écosystème, de la plus douce vers la plus transformatrice du système. En utilisant les systèmes forestiers comme exemple, nous avons :
• un renforcement génétique des populations locales, par l'apport d'un patrimoine génétique nouveau (diversité intraspécifique) avec des populations d'espèces déjà présentes localement et venant de régions proches (ex. : *Fagus sylvatica* de l'Aquitaine introduit en Picardie) ;
• un renforcement avec des espèces alternatives, par l'apport d'espèces proches (diversité interspécifique) mais venant de régions plus éloignées, donc soumises à des conditions environnementales légèrement différentes et ayant développé des adaptations génétiques différentes (ex. : *Quercus lanuginosa pubescens* au lieu de *Q. robur*) ;

• un apport d'espèces néonatives, en remplaçant des espèces locales dépérissantes par des espèces autrefois présentes à une période géologique passée (ex. : *Cedrus atlantica* sur le mont Ventoux) ;
• un apport d'espèces exotiques, en remplaçant des espèces locales par des espèces exotiques totalement différentes et que l'on suppose plus résistantes aux conditions climatiques futures (ex. : *Eucaliptus globulus*).

▸▸ Intérêts et implications de l'ECAM pour la compensation écologique

L'ECAM n'est pas une stratégie de gestion des écosystèmes émanant des réflexions sur la compensation écologique, et n'est donc pas aujourd'hui utilisée dans ce cadre. Parce qu'elle propose le déplacement d'espèces ou un renforcement génétique, l'ECAM soulève, comme nous venons de le voir, des controverses et des questions. Celles-ci ne sont pas étrangères aux interrogations que soulèvent les projets de compensation. L'évaluation du risque pour la biodiversité locale, le déplacement géographique de populations ou de communautés d'espèces, l'évaluation dans le temps de la réussite ou de l'échec, le choix des espèces, des communautés ou même des fonctions qu'elles remplissent sont aujourd'hui des questions au centre des préoccupations des projets de compensation comme ceux de migrations assistées. Si ces questions ne sont pas nouvelles pour la compensation, en proposant l'ECAM comme outil de compensation, elles se posent sous un angle nouveau, notamment en termes de gains de biodiversité et de pertes intermédiaires. En effet, une telle stratégie de compensation offre l'opportunité d'intégrer le facteur climatique — à travers les différents scénarios possibles du changement climatique — sur le site de compensation. On réalise alors, plus qu'une compensation écologique, une compensation climatique. Nous proposons donc de discuter l'intérêt et l'implication de l'ECAM comme mesure compensatoire en nous concentrant sur les dimensions spatio-temporelles, le choix de l'espèce à implanter en fonction de l'adaptation au changement climatique, et enfin l'efficacité de la mesure.

Intégrer les dimensions spatio-temporelles à la compensation écologique

La dimension temporelle

Une des principales questions auxquelles sont confrontés les projets de compensation est celle de la temporalité des mesures compensatoires. Les pertes intermédiaires sont définies comme les pertes dues au décalage temporel entre le début des impacts et l'atteinte des gains écologiques recherchés pour un indicateur donné (Regnery, 2013). La compensation par création totale d'un système entraîne de grands décalages dans le temps et diminue les chances d'obtenir des gains supérieurs de biodiversité (P1, figure 16.1A). La diminution de ces pertes intermédiaires représente un réel enjeu dans les opérations de compensation (Quétier et Lavorel, 2011). Cette question est particulièrement prégnante pour des écosystèmes forestiers dont la structure s'établit au cours d'une succession de plusieurs dizaines, voire centaines d'années. Un des leviers classiques pour minimiser ces pertes intermédiaires est d'anticiper les mesures de compensation. C'est l'avantage que présentent en théorie les systèmes de « compensation par l'offre » (banques de compensation), qui initient des actions de compensation et proposent aux maîtres d'ouvrage désireux de compenser leurs activités de les financer *a posteriori* (voir partie II). Les pertes intermédiaires en sont mécaniquement diminuées (P2, figure 16.1B). De manière similaire, la compensation d'un écosystème forestier par une restauration reposant sur l'ECAM permet de limiter les pertes intermédiaires. En effet, l'écosystème à restaurer aura, au moment du lancement des mesures compensatoires, des niveaux supérieurs de biodiversité, de capacités fonctionnelles et de services écosystémiques comparés à un écosystème créé *ex nihilo*, limitant là aussi les pertes intermédiaires (P3, figure 16.1C) et favorisant une possible plus-value de biodiversité dans l'écosystème.

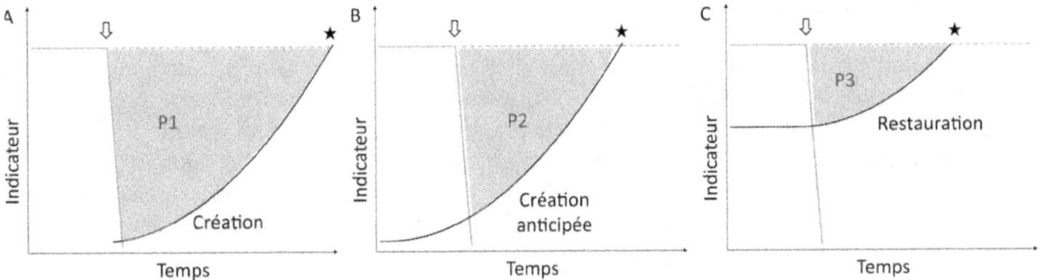

Figure 16.1. Trajectoires de l'écosystème détruit (ligne grise) et de l'écosystème utilisé pour la compensation (ligne noire), pour un indicateur donné.

(**A**) Pertes intermédiaires (P1) entre la destruction (flèche) et sa compensation (étoile) par création d'un écosystème *ex nihilo* ; (**B**) pertes intermédiaires (P2) entre la destruction d'un écosystème et sa compensation par création anticipée d'un écosystème dans le cadre d'une compensation par l'offre ; (**C**) pertes intermédiaires (P3) entre la destruction d'un écosystème et sa compensation par restauration d'un écosystème préexistant.

Le deuxième aspect temporel que permet d'aborder la restauration par l'ECAM est la prise en compte des menaces présentes ou futures que fait peser le changement climatique sur les écosystèmes forestiers. En choisissant un écosystème forestier dont la communauté d'espèces et les fonctions associées sont d'ores et déjà dégradées par le changement climatique, l'ECAM permet un gain plus important dans la durée que s'il s'agit d'un écosystème qui, lui, ne l'est pas (voir différence entre G1 et G2, figure 16.2A et 16.2B). Enfin, un troisième levier renforçant l'intérêt dans le temps de l'ECAM est que cette dernière, par les objectifs qu'elle se donne, doit aboutir à la restauration ou à la réhabilitation d'écosystèmes évolutifs et donc capables de s'adapter aux futures pressions générées par le changement climatique futur, ce qui évitera de voir les gains de la compensation se réduire après une certaine période de temps (G3, figure 16.2C). On peut alors réaliser une ECAM anticipative, comme le renforcement des populations de pin maritime (*Pinus pinaster*) dans le Sud-Ouest, qui ne sont pas encore touchées par le changement climatique mais où les modèles prédisent une augmentation de la mortalité dans le futur (Benito-Garzón *et al.*, 2013). L'intérêt ici, d'un point de vue strictement temporel, est donc d'anticiper, sur la base de la modélisation, une perte probable due au changement climatique en l'absence d'intervention.

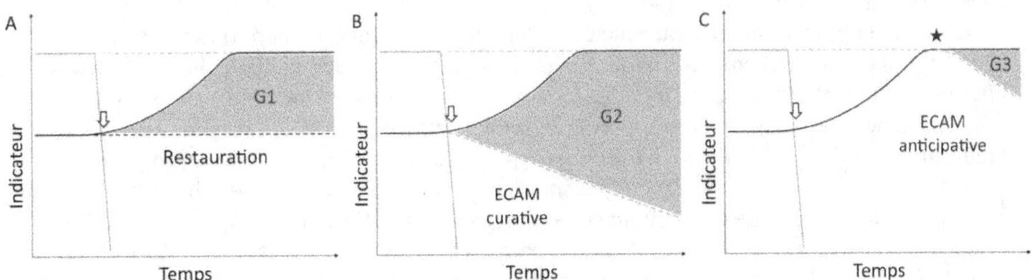

Figure 16.2. Trajectoires de l'écosystème détruit (ligne grise) et de l'écosystème utilisé pour la compensation (ligne noire), pour un indicateur donné.

(**A**) Gains (G1) depuis le début des opérations de compensation (flèche) entre l'écosystème restauré et le même écosystème en l'absence de restauration ; (**B**) gains (G2) depuis le début des opérations de compensation entre l'écosystème restauré par ECAM curative et le même écosystème impacté par le changement climatique (pointillés) ; (**C**) gains (G3) ultérieurs à la compensation (étoile) entre un écosystème restauré par ECAM anticipative et un écosystème restauré sans anticiper les effets du changement climatique.

La dimension spatiale

La dimension spatiale de la compensation est aussi un enjeu majeur de réflexion aujourd'hui. En effet, la compensation de la destruction d'un écosystème par une opération sur un autre site, éloigné et parfois très différent du site altéré, est une pratique commune dans les actions de compensation écologique, notamment en France, où il existe peu de contraintes pour la sélection des sites de compensation et leur équivalence fonctionnelle avec le site détruit. Ainsi, dans le cas du système de compensation dit « par l'offre », l'écosystème créé, préservé ou restauré dans un lieu parfois très éloigné, n'est pas équivalent écologiquement, par la composition taxonomique, la structure ou même les fonctions écologiques qu'il assure, à celui qui a été détruit. Cette approche compensatoire, qui conduit généralement à une restauration *ex situ*, ne fait pas l'unanimité, tant du point de vue de la conservation de la biodiversité que du point de vue éthique (Young, 2000). L'ECAM part du même principe (action *ex situ*) et peut donc être perçue comme moins intéressante dans le cadre d'une restauration locale. Néanmoins, dans un contexte d'adaptation des écosystèmes ayant de longs cycles, comme les forêts face aux menaces du changement climatique, une restauration *ex situ*, plus au nord ou plus en altitude, peut s'imposer d'elle-même en fonction des déplacements attendus et de la qualité des habitats (voir Pedlar, 2012, pour les essences forestières).

Au-delà de la question de la localisation, lorsqu'on parle de dimension spatiale en ce qui concerne la compensation des écosystèmes forestiers, la question de la surface à compenser devient centrale. Les forêts sont en effet des systèmes complexes composés d'espèces nécessitant de grands espaces pour accomplir leur cycle de vie. Par exemple, certaines essences forestières sont capables de disperser leurs graines sur des centaines de mètres *via* les insectes et les oiseaux, élargissant alors grandement leur habitat au fil des ans. De plus, de nombreux animaux dépendants des milieux forestiers ont des territoires de plusieurs kilomètres. Ces éléments permettent de placer les bases pour réfléchir à la question de la taille nécessaire aux forêts pour obtenir une autonomie sur le long terme.

Le choix de l'espèce « ingénieur » pour redynamiser la biodiversité environnante dans un contexte de changement climatique

Le choix de l'espèce à utiliser pour un programme de restauration mobilisant l'ECAM peut entraîner des résultats bien différents *in fine*. Rappelons notamment que dans les cas des forêts, les arbres sont aussi des espèces « ingénieurs de l'écosystème », c'est-à-dire des espèces dont la présence ou l'absence modifie radicalement l'habitat d'un grand nombre d'espèces (Jones *et al.*, 1994) et donc potentiellement la biodiversité du site. Un bel exemple pour illustrer cette vision nous vient d'une étude réalisée aux États-Unis par Whitham *et al.* (2008). Ces auteurs ont travaillé sur deux espèces de peupliers (*Populus angustifolia* et *P. fremontii*) en mesurant la quantité de tanins présente dans les feuilles. Ces espèces sont ripicoles, et peuplent donc les bords des rivières ou des fleuves. Ils ont découvert que *P. fremontii* ne présente pas du tout de tanins dans ses feuilles, alors que *P. angustifolia* en contient une quantité importante. L'originalité de ce travail réside dans la conclusion suivante : la présence de tanins dans les feuilles aurait un effet stimulant sur l'activité de la biodiversité des sols, mais aussi sur le niveau des communautés aquatiques des cours d'eau environnants et même sur la présence des castors. La présence d'une espèce d'arbre ou d'une autre peut donc signifier beaucoup sur l'écosystème dans son ensemble. Au regard de cette information, il est possible d'adopter une démarche de restauration dynamique et non statique, c'est-à-dire de ne pas recréer à l'identique l'écosystème détruit, favorisant la résilience d'un écosystème préexistant (équivalent au niveau des services écosystémiques rendus et non des espèces présentes) *via* la restauration de l'espèce disposant du plus fort potentiel face à la menace du changement climatique, en l'occurrence ici *P. angustifolia*. Cette approche peut permettre de diminuer la tendance actuelle des actions de compensation qui se focalise sur la biodiversité « remarquable » ou sur les espèces protégées, et de s'intéresser également à la biodiversité dite « ordinaire ». Cette biodiversité ordinaire est souvent un élément clé dans le fonctionnement des écosystèmes et reste aujourd'hui majoritairement touchée par les projets d'aménagements, sans qu'aucune mesure compensatoire ne soit prévue pour contrebalancer les pertes de fonctions qu'elle fournit. La compensation ici n'est pas seulement structurelle (du point de vue de la biodiversité), elle est également fonctionnelle : en favorisant une diversité génétique et en sélectionnant les espèces clés, elle permet de maintenir une diversité des fonctions et services rendus par les écosystèmes.

L'après-restauration : risques, incertitudes et devenir du système

La notion d'incertitude dans les mesures compensatoires est double. Il y a bien évidemment, comme pour toute action de restauration ou de gestion du vivant, une incertitude due aux limites des connaissances et techniques sur les chances de succès de l'action elle-même. Aujourd'hui encore, les tentatives de manipulation du vivant comme la restauration ou la création de nouveaux écosystèmes présentent un grand nombre d'échecs, notamment par rapport à l'écosystème de référence (Rey Benayas *et al.*, 2009), et pour retrouver un écosystème forestier fonctionnel il faut attendre au moins cinquante ans (Jones et Schmitz, 2009).

La seconde incertitude vient de l'évolution future des systèmes. Non seulement il existe une incertitude sur les scénarios climatiques, mais il existe également une grande incertitude sur la réponse adaptative de la végétation à ces changements. Ces incertitudes engendrent des risques pour la gestion de la biodiversité (risques de sous-évaluation des pertes ou de surestimations des gains ; Regnery, 2013). Ensuite, les actions de compensation sont basées sur un système socio-économique dépendant des choix sociétaux futurs, eux-mêmes dépendants des changements globaux. À cela s'ajoute le fait que les mesures compensatoires sont exigeantes en matière de financements et reposent donc sur la supposition d'un système économique futur qui créera les conditions nécessaires à la viabilité de l'investissement dans les mesures compensatoires.

Partant du fait que l'élimination totale des incertitudes n'est pas réalisable, il semble important que celles-ci soient prises en compte dans le développement des mesures de compensation pour diminuer les risques associés. En premier lieu, une bonne connaissance du fonctionnement écologique et du *pool* d'espèces présent dans le système à compenser est essentielle afin de mieux comprendre son « histoire » et ainsi pouvoir estimer une trajectoire écologique favorable. Aujourd'hui la forêt est un système complexe encore mal connu, notamment au niveau des relations d'interdépendance entre les espèces et les différentes strates de biodiversité. Il est essentiel de prendre conscience, pour la compensation des systèmes forestiers, que la question de la réussite d'une action de compensation ne se limite pas à la gestion des espèces arborées mais à toute la biodiversité qui leur est associée. Dans notre cas, le choix de compenser par restauration anticipative d'un écosystème altéré mais préexistant permet d'agir sur un système déjà organisé et plus ou moins fonctionnel, et ainsi de minimiser le risque d'échec de la manipulation. À partir de ces connaissances, la gestion doit viser l'augmentation du potentiel évolutif des écosystèmes afin de leur offrir la capacité à suivre une nouvelle trajectoire écologique en fonction de l'évolution des contextes socio-économique et écologique. Cette gestion doit donc permettre une certaine flexibilité. C'est pourquoi il est essentiel d'avoir recours à la gestion adaptative dans les cas de mesures compensatoires (Regnery, 2013). La gestion adaptative a pour particularité d'intégrer l'incertitude dans ses pratiques, avec un retour au processus d'apprentissage continu devant permettre une remise en question et un ajustement des mesures prises sur le terrain en fonction des réponses du système société-nature (Holling, 1978).

▶▶ Discussion conclusive

À l'issue de cette réflexion exploratoire, nous introduisons le concept de compensation climatique, qui ajoute une dimension fondamentale à la compensation écologique forestière et qui, de fait, questionne à nouveau la faisabilité écologique, la notion d'équivalence et surtout ce qu'elle recouvre. Effectivement, si l'on prend en considération le potentiel évolutif des écosystèmes dans le cadre de l'adaptation au changement climatique, alors la question de l'équivalence va se poser nécessairement différemment : il faudra garantir le potentiel adaptatif futur de l'écosystème considéré dans l'action de restauration anticipative, ou ECAM, faisant suite au besoin de compensation écologique. Ce potentiel adaptatif recherché pourra éventuellement passer par un choix différent des populations ou des espèces à implanter sur le site à restaurer pour anticiper les potentiels impacts futurs, et générera probablement davantage de questions, de discussions et de polémiques autour de l'équivalence.

La mise en œuvre effective de l'ECAM et son suivi dans le temps sont possibles et durables pour le cas de la forêt en France compte tenu du fait que les forêts sont gérées soit par l'État, soit par des propriétaires privés organisés en réseaux, ce qui garantit une gestion sur le long terme qui serait difficile à mener par des gestionnaires isolés. Par ailleurs, les acteurs forestiers pourraient signaler rapidement, en amont, les lieux dégradés qui seraient à restaurer, créant de fait des sites prioritaires (de futurs *hot-spots* pour la migration assistée). Des initiatives similaires pourraient alors se créer pour d'autres types de socio-écosystèmes comme les pâturages, l'ostréiculture, etc.

Ainsi, la compensation écologique pour le cas particulier des forêts pose des questions complexes d'approches et de prises de décision liées à la gestion de forêts sur le très long terme en lien avec le changement climatique. Il reste que les pistes proposées ici, au moins pour la compensation des forêts tempérées, sont là d'abord et avant tout pour ouvrir un débat plus large sur l'épineuse mise en pratique d'une réglementation forestière déjà ancienne et qui a du mal à se déployer aujourd'hui pleinement. Ces pistes ouvrent par ailleurs des perspectives nouvelles, qui intéressent plus globalement la question de la compensation, quel que soit le milieu à restaurer, en élargissant le spectre des mesures de restauration et de leurs bénéfices associés.

Chapitre 17

La restauration écologique des zones humides, une longue saga

Geneviève Barnaud

« Le prochain siècle sera, je crois, l'ère de la restauration en écologie. »

Edward Osborne Wilson, 1992

▶▶ Le contexte

De faible superficie totale, 5 à 7 % de l'occupation de la planète Terre (Mitsch *et al.*, 2009), en interface entre des zones terrestres, aquatiques d'eau douce et marines, les marais, les marécages et les tourbières constituent « les zones humides ». Ces milieux sont extrêmement divers, que ce soit par leurs caractéristiques physiques et biologiques, par leur répartition géographique ou par leur hétérogénéité au sein de certaines unités de paysage (Maltby, 2009). Ils font partie des types d'écosystèmes les plus transformés ou détruits à l'échelle mondiale (MEA, 2005a) alors que, paradoxalement, ils fournissent un grand nombre de services écosystémiques (Costanza *et al.*, 1997 ; de Groot *et al.*, 2013).

En réaction à leur destruction à grande échelle, et sur plusieurs continents, avec des effets importants sur les communautés animales et végétales qui en dépendent, ces systèmes écologiques ont servi de test pour développer des stratégies de conservation et de reconquête. Ils sont à l'origine de traités internationaux (Conventions de Ramsar, de Bonn, etc.), de l'élaboration de directives européennes (Oiseaux, Habitats, Directive cadre sur l'Eau) ou encore de politiques nationales (Plans d'action). Au cours du temps, les défis ont évolué de la défense d'espèces d'oiseaux d'eau menacées à la gestion qualitative et quantitative de la ressource en eau (Barnaud et Fustec, 2007).

À noter que nombreux sont les systèmes humides artificiels, créés par l'homme de longue date, qui représentent des images fortes et fausses de « nature sauvage » (Brenne, Dombes, Guérande, Camargue, Marais poitevin). Ces territoires sont maîtrisés par des pratiques de gestion et des usages en pleine évolution. Ils sont au cœur des débats sur l'abandon *versus* l'intensification de l'agriculture, de la pisciculture ou de l'aquaculture, de l'écotourisme… Au moment où les services écosystémiques deviennent l'entrée incontournable des actions de conservation et de programmes de développement durable, les zones humides sont des exemples intéressants.

▸▸ État de l'art

Si l'homme a toujours eu du mal à reconstituer des zones humides « naturelles » qui fonctionnent correctement et développent des fonctions écologiques équivalentes à celles détruites (Moreno-Mateos *et al.*, 2012 ; Borja *et al.*, 2010), il sait, en revanche, orienter les trajectoires de systèmes détériorés (figure 17.1). Les objectifs et les critères d'évaluation du succès ou de l'échec sont diversifiés : la trophie, la succession, la composition ou la structure du système considéré ; mais peu intègrent des suivis à des échelles spatio-temporelles importantes (Wagner *et al.*, 2008).

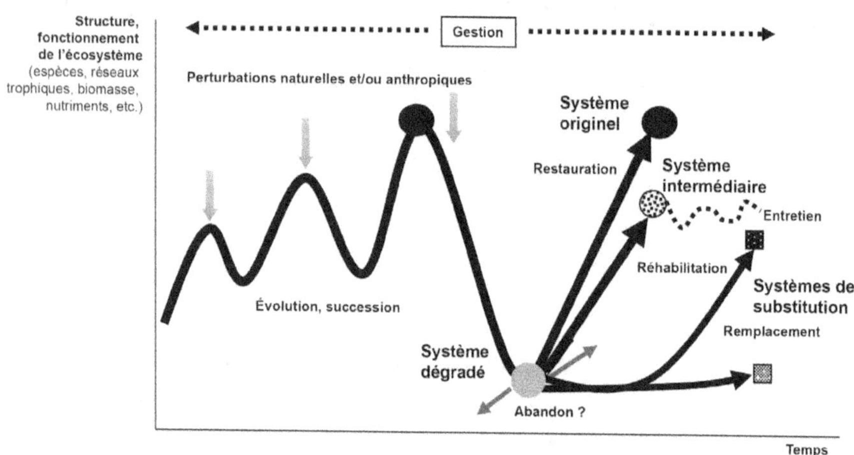

Figure 17.1. Représentation schématique de l'évolution des systèmes écologiques et des options envisageables (selon les objectifs Barnaud et Fustec, 2007).

Les exemples fourmillent et vont de la création et du maintien de marais de chasse dès l'Empire romain, des lieux voués à la production d'anatidés, à la restauration du régime hydrologique du Parc national des Everglades aux États-Unis, en passant par la création de roselières dans le delta du Danube vouées à la production de ressources végétales par l'intensification de la culture du roseau, au détriment, parfois, de la production piscicole et de la diversité d'espèces en place. En France, la distinction entre les termes « gestion » et « restauration » est souvent floue et les cas de figure se multiplient : de la restauration d'un tronçon du Drugeon et de ses tourbières associées en région Franche-Comté à la création de réseaux de mares en régions forestières, ou en compensation d'un aménagement, en passant par la reconnexion de bras-morts sur le Haut-Rhône ou les dépoldérisations accidentelles ou volontaires sur le littoral Manche-Atlantique (baie de Somme, baie des Veys, bassin d'Arcachon, Gironde). Schématiquement, la gestion a pour objectif le maintien d'un système à un stade donné, alors que la restauration vise à reconquérir un état jugé intéressant.

La restauration n'est pas pour autant la solution dans tous les cas de figure en raison :
• du type de zones humides considéré, par exemple les dynamiques temporelles entre des marais tidaux et des tourbières diffèrent largement, les premiers récupérant un fonctionnement écologique « correct » en quelques mois, et les secondes en une, voire plusieurs décennies ;
• de l'existence de grandes incertitudes et de la nécessité d'élaborer des scénarios pour mieux les cerner (Peterson *et al.*, 2003) ;
• d'une sensibilité aux impacts cumulés *versus* une résistance ou une résilience face aux impacts des pressions anthropiques et à leurs effets synergiques difficiles à déterminer (Preston et Bedford, 1988 ; Walker, 1995 ; Gunderson, 2000 ; MEA, 2005b) ;
• des limites, déjà bien cernées, des actions de réhabilitation, de restauration et de création de systèmes écologiques à l'occasion de mesures compensatoires (Race, 1985 ; Harvey et Josselyn, 1986 ; Tischew *et al.*, 2010 ; Maron *et al.*, 2012).

Pour d'autres auteurs, les politiques en faveur de la reconquête d'écosystèmes, notamment les mesures compensatoires, représentent une véritable opportunité pour développer l'écologie de la restauration (Suding, 2011).

▸▸ Quatre principales options de manipulations

Les avancées scientifiques récentes couplées aux connaissances empiriques servent à traiter des problématiques nouvelles induites, entre autres, par des réglementations (espèces, habitats, masses d'eau, hydrosystèmes). Bien cerner les niveaux d'organisation à considérer paraît alors capital pour atteindre les objectifs de protection, de gestion et de restauration de milieux.

L'une des manières d'aider les gestionnaires consiste à appliquer une grille d'analyse permettant de cibler plus précisément le projet (tableau 17.1). Des approches scientifiques et techniques différentes sont alors mobilisées et adaptées aux niveaux d'intervention envisagés, qui peuvent être des populations végétales, des populations animales, des communautés, des écosystèmes, voire des paysages fluviaux. Elles servent à traiter des dysfonctionnements liés à la présence d'espèces menacées ou envahissantes, du rôle d'espèces ingénieurs ou facilitatrices, des questions de réversibilité *versus* d'irréversibilité, d'acceptabilité sociale et d'éthique posées par ces manipulations. Les altérations anthropiques ayant généralement amené l'écosystème à sortir de sa trajectoire écologique, la restauration d'un milieu dégradé reste une opération complexe et chronophage. Sans surprise, les résultats obtenus sont souvent éloignés des objectifs affichés (Barnaud, 2014).

Tableau 17.1. Du *pool* génétique au territoire anthropisé, les approches scientifiques et pratiques pour conserver aux échelles pertinentes (Barnaud et Fustec, 2007).

Recherche fondamentale et appliquée	Des principes…	Transfert des résultats, méthodes et outils	Compréhension de la structure et de la composition des niveaux emboîtés	Premièrement, élimination, contrôle des perturbations	Des actions…	Combinaison des approches / Évaluation des effets des mesures
	Mécanismes menant au déclin à l'extinction Population minimun viable		Espèce, population		Réintroduction, renforcement Création des conditions optimales d'habitat	
	Nature des interactions (compétition, prédation, parasitisme, etc.) Dynamique, succession Résistance aux perturbations		Communauté		Application de perturbations mimant les interactions (fauche, pâturage, feu, etc.) Lutte contre les espèces invasives	
	Processus biogéochimiques Modèle de fonctionnement Évaluation des fonctions Qualification de la résilience		Écosystème		Restauration des conditions hydrologiques, physico-chimiques, biologiques, réhabilitation des flux et échanges	
	Caractérisation de la structure, évaluation des effets de la fragmentation, de la connectivité, du potentiel des zones sources		Paysage		Reconstitution des voies d'échanges (corridors) Favoriser l'hétérogénéité Intégration à la planification	

On se retrouve donc face à une gamme d'interventions, plus ou moins compatibles ou emboîtées, menées au titre de la « restauration » et qui permettent de répondre aux exigences de la compensation.

L'approche « restauration d'une espèce »

Souvent appliquée à des espèces « charismatiques » (grand prédateur, belle plante, etc.), elle a pour avantage de correspondre à un projet ciblé, compréhensible par les populations locales et donc mieux accepté. De manière empirique, l'homme a de longue date modifié les conditions écologiques des zones humides en faveur des espèces qui intéressaient les pêcheurs, les chasseurs, les éleveurs, les exploitants de roseaux, etc. Dans les marais, il s'agit souvent de déterminer puis de maintenir des niveaux d'eau *ad hoc*, de remodeler la microtopographie, de contrôler la compétition ou la prédation en modifiant les interactions spécifiques. C'est par l'analyse d'expériences de ce type que des scientifiques ont mis en évidence les rôles de certaines espèces, dites selon les cas « ombrelles », « clés », « facilitatrices », « ingénieurs »...

Dans certaines circonstances, il s'agit aussi de s'inspirer du principe d'espèces ombrelles en l'élargissant à des préoccupations de conservation. Le cas le plus célèbre concerne la panthère de Floride (*Puma concolor coryi*), espèce en danger dont la sauvegarde nécessite de raisonner à l'échelle de l'ensemble des milieux dont elle dépend, en particulier les marais des Everglades, qui doivent être connectés pour permettre ses déplacements. Un exemple français illustre également cette option, celui du butor étoilé (*Botaurus stellaris*), espèce protégée, symbolique des roselières et inscrite à la Directive Habitats Faune Flore. Le projet LIFE Nature-LPO (2001-2006) avait pour objectif affiché la préservation et la restauration de ses populations, dont les effectifs s'étaient effondrés en France à partir de la fin des années 1960. Le but était de comprendre et de restaurer les conditions favorables à l'oiseau, sachant que les roselières denses et vastes constituent son habitat préférentiel, notamment lorsqu'elles comprennent des phragmitaies de différents âges (Gilbert *et al.*, 2005 ; Poulin *et al.*, 2005). Ces habitats n'étant pas prioritaires au titre de la directive Habitats, le moyen de les préserver et de les restaurer passe par un projet ciblé sur l'une de leurs espèces « phares », ici le butor étoilé.

Les leçons tirées de ce projet sont utiles à des mesures compensatoires « espèces » au cours d'études d'incidence. Ces mesures ciblent avant tout des espèces d'intérêt européen très charismatiques (loutre, vison, Amphibiens, Lépidoptères, Odonates...) dont les besoins écologiques structurent les interventions. Par exemple, pour ces espèces, ce sont des linéaires de cours d'eau qui sont retenus comme unité de compensation pour des aménagements d'infrastructures linéaires (autoroutes, lignes à grande vitesse, etc.) (Quétier *et al.*, 2012).

Les inconvénients de l'approche « espèce », qui recouvre une large gamme d'opérations (translocation d'espèces, réintroduction, contrôle d'organismes proliférants ou éradication d'espèces envahissantes), sont connus. En effet, il existe des incompatibilités d'objectifs d'espèce à espèce, d'habitat à habitat. Selon Mitsch et Gosselink (1993), caler le niveau d'eau de plans d'eau à plus de trente centimètres favorise la diversité en espèces végétales, insectes, poissons ou Amphibiens et le contrôle des espèces invasives, alors qu'à quinze centimètres les oiseaux d'eau sont les gagnants. De même, si l'on choisit de planter ou non des espèces dans les zones humides créées, leur trajectoire peut différer (Mitsch *et al.*, 2005 ; 2012).

L'approche « restauration d'un habitat »

Les scientifiques et les gestionnaires impliqués dans la préservation de réseaux de mares en sont partisans. Structurés en groupes de réflexion nationaux, européens et internationaux, ces spécialistes mènent des opérations visant par exemple à restaurer une population d'une espèce végétale ou d'un Amphibien donné en affichant comme objectif la restauration de l'un ou de plusieurs de leurs habitats clés. Ces actions se multiplient en tant que mesures compensatoires car, apparemment, elles sont faciles à réaliser. Leurs effets sont parfois très positifs (Oertli *et al.*, 2010), mais souvent limités car les conditions nécessaires à la réussite de telles opérations sont multiples, comme le montrent les recherches fondamentales et finalisées menées sur deux zones humides expérimentales dans l'Olentangy River Wetland Research Park par l'université d'État de l'Ohio (Mitsch *et al.*, 2012). L'analyse comparative de leurs résultats obtenus sur quinze années confirme certains principes, mais révèle aussi des surprises très utiles pour concevoir des mesures compensatoires efficaces.

La plupart du temps, si on raisonne au niveau du fonctionnement par métapopulation, la vision reste trop restrictive. Nombreux sont les exemples de mares créées, en compensation d'aménagements divers, dans des lieux inadéquats notamment du fait de caractéristiques hydrologiques contraires à leur mise en eau périodique. Boix *et al.* (2012) insistent sur le besoin d'un cadre scientifique plus rigoureux adapté à la création de mares, en particulier lors de l'évaluation et de la réalisation de mesures compensatoires d'espèces et d'habitats.

Les tentatives, étalées sur trente ans, de restauration de l'habitat d'espèces en danger dans des marais tidaux californiens abondent. Un exemple illustre la complexité de la conception et de la réalisation de projets de compensation de ce type. Il s'agissait de la construction d'une autoroute qui affectait des espèces en danger dans des marais de l'estuaire du Tijuana, parmi lesquelles la petite sterne californienne (*Sterna antillarum browni*), un oiseau migrateur qui se nourrit dans les chenaux estuariens, et le râle gris (*Rallus longirostris*), une espèce résidente (Zedler et Callaway, 2000). Sous le contrôle du Fish and Wildlife Service (FWS), la mise en œuvre des mesures de compensation dans une Réserve nationale débuta en 1984. Elles portaient sur un secteur estuarien fortement perturbé[110] en présence de sites de référence à proximité. Deux étapes peuvent être distinguées :
• la première phase des travaux, amorcée en 1997 et concernant 0,8 hectare, avait pour objectif de reconstituer l'habitat du râle gris, soit des communautés à spartines (*Spartina foliosa*) autorégulées, sans apport d'engrais. Pour ce faire, des prés salés ont été créés et le chenal reconnecté. Les résultats ont été le retour des spartines, de la petite sterne californienne mais pas du râle gris. Cet échec relatif a été attribué au manque de nutriments disponibles et à la texture du sol sableux rapporté ;
• la seconde étape, initiée en 1999, visait à tester l'intérêt de la création de chenaux sur un site comprenant six cellules de 1 hectare, trois avec chenaux, trois sans chenaux. Les cellules se composaient individuellement de trois secteurs : vasière, zone plantée de spartines (avec ou sans compost), zone plantée de cinq autres halophytes (avec traitement du sol et espacement). Les interventions comprenaient l'enlèvement de 2 mètres de sol (soit 135 000 mètres cubes), un modelage du profil et la mise en place de dix-huit stations expérimentales. Sur ces dernières des traitements variés ont été appliqués (dépôt de compost d'algues, labour, contrôle de la végétation). Le site a été recouvert d'eau en 2000 et les résultats obtenus ont été jugés surprenants, avec un effet moindre de la création de chenaux par rapport à l'application de compost, une faible survie des espèces plantées, de même que l'absence du râle gris. L'une des explications retenues concerne l'impossibilité de compenser le stress abiotique, en particulier pédologique, lié à la restauration.

Le problème majeur rencontré était que les spartines n'atteignaient pas la hauteur recherchée par le râle gris. Or, les expérimentations ont montré que l'ajout d'azote augmentait la hauteur des spartines, mais que le substrat sableux provenant d'apports de dragage ne permettait pas l'accumulation de cet élément et, dès que la fertilisation cessait, le couvert de spartines devenait plus ras. En réaction, il a été décidé de tenter d'accélérer la recolonisation végétale par l'application simultanée des techniques précédemment utilisées, tout en prévoyant des structures de rétention des sédiments (Zedler et Callaway, 2000 ; O'Brien et Zedler, 2006 ; Zedler, 2011).

Un suivi précis et des évaluations régulières par le Pacific Estuarine Research Lab (PERL) ont permis de comprendre les causes des échecs enregistrés et de faire admettre au FWS que la restauration d'habitats pour le râle gris était irréalisable dans ce site (Zedler, 2005). Zedler *et al.* (2012) ont repéré trois points à changer aux règles de ce type de projet : l'imprécision des méthodes d'échantillonnage pour le suivi de telles expérimentations, l'absence d'un cadre permettant une

---

110. Par la fragmentation, des excavations, des remblais, des équipements portuaires, une voie ferrée abandonnée, un chenal de contrôle des inondations endigué.

approche adaptative de la restauration en vue de réorienter les actions, la durée trop courte de la période d'évaluation (trois années). Les deux premières lacunes ont été comblées par le PERL qui a proposé des méthodes à la fois de terrain et de télédétection pour améliorer le dispositif. La nécessité d'une évaluation continue des résultats et de la prise de décision a été reconnue par le FWS, le tout conduisant à l'adoption d'une approche adaptative. L'une des particularités de ce projet tient à une mobilisation, bien au-delà des communautés de personnes directement impliquées, de nombreux volontaires s'étant investis sur le terrain. Les résultats des évaluations ont été discutés lors de rencontres annuelles, ce qui a permis la formulation de recommandations et facilité le passage d'une étape à l'autre. Selon Zedler et West (2008), les trente ans de recul et d'expériences de terrain ont mis en évidence :

• la difficulté de rétablir des trajectoires fonctionnelles en milieu intertidal du fait de la complexité topographique, écologique, des effets des marées, etc., et de comprendre les causes réelles des échecs *versus* les succès ;

• la nécessité d'avoir une approche écosystémique holistique, de ne pas se focaliser sur une espèce et d'intervenir sur le bassin versant ;

• le besoin d'intégrer les aléas climatiques, le rôle d'événements climatiques exceptionnels (tempête, inondation, sédimentation, sécheresse) étant capital sur la reprise de trajectoires fonctionnelles en milieu intertidal ;

• la manière de prendre en compte et de répondre à des critères de réussite précis et de connaître le moment où de nouveaux efforts sont nécessaires.

Le cas de Tijuana est présenté comme un exemple à la fois de test des théories écologiques par une restauration écologique (Zedler, 2001) et de l'importance de la précision des opérations sur le terrain et des obligations réglementaires lors de la conception et mise en œuvre de mesures compensatoires (Gardner *et al.*, 2009).

À noter que par ailleurs les phytosociologues ont également développé des démarches de restauration focalisées sur les communautés végétales en zones humides. Ils ont travaillé sur la composition en espèces et sur la structure des peuplements, l'interprétation des données obtenues par ces projets révélant la complexité des facteurs en jeu. Toth et van der Valk (2012) indiquent que les résultats d'une étude comparative sur des communautés végétales de plaine d'inondation, à la suite d'opérations de restauration hydrologique, montrent que l'évolution de l'écosystème peut être influencée par une hydropériodicité, c'est-à-dire une variation des niveaux d'eau moyenne ou des profondeurs d'eau déterminées. Les restaurations de communautés végétales sont en effet souvent perturbées par les espèces exotiques envahissantes, qui « profitent » du remaniement des conditions physico-chimiques des sites pour devenir dominantes par rapport aux espèces autochtones.

En France, la délimitation des zones humides peut se faire à partir de la présence de classes de sols, mais aussi d'habitats Corine Biotopes (système typologique de la Directive Habitat Faune Flore) ou de taxons phytosociologiques. Ceci oriente ensuite la manière dont les mesures compensatoires sont envisagées, surtout lorsqu'elles sont de nature surfacique. La restauration d'habitats (mares, mégaphorbiaies, landes humides) est alors privilégiée.

L'approche « restauration d'un écosystème »

Il s'agit de l'approche la plus satisfaisante intellectuellement (Mitsch et Day, 2004). Elle s'applique en général lorsqu'il est question de la compensation de perte de fonctions écologiques, et que la priorité est donnée au fonctionnement du système (voir chapitre 19).

Nous avons choisi de présenter en exemple la restauration de onze lônes ou bras-morts du Haut-Rhône comme mesure compensatoire à la construction du barrage hydroélectrique de Brégnier-Cordon (Henry *et al.*, 1995 ; Henry et Amoros, 1996). Le projet a bénéficié de dix-sept années de collecte de données dans des bras-morts de référence et des bras restaurés, ainsi que d'expérimentations (curage, ouverture amont…) soutenues par la Compagnie nationale du Rhône. Avant intervention, les lônes étaient en fin de succession végétale, très proches de l'atterrissement et recouvertes de lentilles d'eau. L'objectif central était de draguer les sédiments organiques tout en protégeant les berges et leur hétérogénéité (source de propagules), en restaurant ou en préservant la ripisylve (diversité, ombre, élément nutritif, stabilisation des berges et filtre de nutriments), et en maintenant le bouchon amont (filtre de sédiments en suspension). Partant des principes de variation ou de pulsation d'inondation et de connectivité, il s'agissait d'améliorer les processus actifs par une augmentation de la fréquence des crues éclair et l'approvisionnement en eau souterraine (maintien d'un état autodurable). Le suivi portait sur la structure de la végétation et sur la diversité des communautés végétales. Les fonctions analysées correspondaient aux relations entre eaux de surface et de nappe, au phénomène de gain en habitats terrestres ou terrestrialisation, aux effets du régime d'inondation ainsi qu'au niveau trophique du système (Henry *et al.*, 2002). Le suivi a permis de mettre en évidence une évolution très favorable de la végétation, avec une diversité accrue et l'apparition de nouvelles espèces, les lônes fonctionnant à nouveau comme des bras phréatiques. Grâce à ce suivi scientifique à long terme, ces auteurs ont montré que la restauration des flux d'eau souterraine jouait un rôle clé vis-à-vis de la réduction de l'eutrophisation et des inondations.

Pour leur part, Borja *et al.* (2010) ont réalisé une méta-analyse de cinquante et un projets de restauration d'écosystèmes côtiers et estuariens avec une grande gamme de types de milieux et de régions. Ils ont montré que selon les échelles de temps, la superficie en cause et l'intensité des perturbations anthropiques considérée, le retour le long de la trajectoire historique de l'écosystème peut se faire au travers d'une succession secondaire, être redirigé grâce à une restauration écologique, ou ne peut être atteint. Six groupes de situations relatifs au mode de récupération ont été identifiés selon le type de stress et d'organismes étudiés : la modification des sédiments, la création d'habitat (marais…), les polluants persistants, la décomposition de la matière organique et des nutriments, la surexploitation de la faune et les modifications hydromorphologiques.

Ces auteurs ont constaté que la durée de récupération des écosystèmes côtiers varie de quelques mois pour des communautés d'invertébrés à vingt ans pour des angiospermes, voire vingt-deux ans pour des herbiers et champs d'algues. Ils ont confirmé qu'il existe des différences de trajectoire et d'état entre systèmes restaurés et systèmes originels, et que les interactions spécifiques et écosystémiques jouent un rôle très important dans la vitesse de restauration du système. Ils suggèrent d'avoir des objectifs à long terme et des critères précis pour mesurer les résultats, en allant au-delà d'un indicateur simple (espèce, habitat) pour mesurer le fonctionnement d'un système écologique.

Ces cas de figure montrent ainsi que la restauration complète d'écosystèmes n'est pas garantie ; la plupart du temps, les pertes restent irrémédiables. Il existe des seuils à franchir qui, parfois, constituent des stades de blocage (Suding et Hobbs, 2909).

L'approche restauration à l'échelle d'un paysage ou d'un bassin versant

C'est en principe la plus efficace si on s'intéresse à la reconquête du fonctionnement de systèmes écologiques intégrant la restauration de la qualité d'une entité plus vaste qu'un site pris individuellement. De surcroît, cette approche intéresse des territoires habités et recouvre la prise en compte du patrimoine culturel, en intégrant des politiques à des échelles différentes comme la reconquête de la trame verte et bleue et d'autres connectivités. Il s'agit de raisonner à une échelle pertinente et il est souvent fait référence à une entité géographique qualifiée : hydroécorégion, écorégion…

L'exemple choisi est relatif à la stratégie nationale de restauration de la partie aval d'un fleuve européen, le Skjern au Danemark, rendue possible en raison d'une volonté politique affirmée. Cette dernière s'accompagnait de moyens à la hauteur de l'ambition, de la participation des acteurs locaux à la définition des systèmes cibles, et d'un suivi à long terme permettant des évaluations périodiques des résultats.

Au départ, le projet était axé sur des objectifs environnementaux au sens large : retrouver une bonne qualité des eaux dans le fleuve et son embouchure ainsi que restaurer des paysages agricoles prairiaux. Plus particulièrement, il s'agissait d'obtenir un retour du fleuve régulé et rectiligne à ses anciens méandres, de retrouver de meilleures interactions hydrauliques avec les prairies, et de rétablir d'anciens lacs, tourbières, étangs et marais (Neilsen, 2002). De fait, les méthodes mises au point peuvent servir aux études d'incidence de sites Natura 2000, par exemple.

Si les aménagements hydrauliques à but agricole réalisés de 1962 à 1968 ont coûté 30 millions d'euros[111], la reconstruction d'un lit à méandres, de lacs et de prairies humides a été de 38 millions d'euros (Dubgaard, 2004). La démarche comprenait trois principales étapes :
• les études et la planification (1987-1999) ;
• la négociation, l'acquisition des terrains (sachant que 350 agriculteurs étaient concernés), ainsi que la mise en place de contrats pour la gestion et l'accès du public (1991-2000) ;
• le chantier à proprement parler couvrait 2 200 hectares (1999-2002). Il s'agissait d'excaver le cours du fleuve, avec au total 2,7 millions de mètres cubes de sols déplacés, de démolir digues et diguettes, de combler des canaux, de déconnecter des stations de pompage, de construire des ponts et des chemins (Pedersen *et al.*, 2007a).

À l'automne 2002, l'eau a été relâchée dans le Skjern restauré. Le plan de gestion, avec comme échéance 2020, a été confié au Danish Forest and Nature Agency, et comprend un programme de suivi à hauteur de 1,2 million d'euros.

Les résultats ont été rapides et tangibles (Pedersen *et al.*, 2007b) avec le retour ou le développement d'espèces (poissons, amphibiens, insectes, butor étoilé, etc.) et d'habitats prioritaires (Directives), une remontée des niveaux d'eau souterraine, une amélioration de la qualité de l'eau (turbidité, azote, etc.), et la satisfaction des populations locales quant au contrôle des inondations. Selon Dubgaard (2004), l'intérêt socio-économique du projet se résume à :
• un avis général favorable, recueilli en 2006 auprès des exploitants agricoles et des usagers du site, l'opération étant jugée comme un succès ;
• des évaluations financières positives du chantier lorsque la valeur des services écosystémiques se trouve incluse (épuration, écrêtage des crues, biodiversité). Les principaux profits proviennent des activités de loisirs telles que la pêche et la fréquentation des circuits de découvertes (culture, nature).

Actuellement, l'avenir du site dépend des orientations de la Politique agricole commune. En effet, le pâturage extensif joue un rôle capital pour les oiseaux d'eau, et le gouvernement danois, propriétaire de 2 000 hectares, a des difficultés à maintenir des troupeaux en extensif.

Dans de nombreux pays, la question de la pérennisation des projets de restauration liés à la compensation de perte d'espèces ou d'habitats n'est pour le moment pas réglée au-delà de la durée de la concession pour les gros aménagements, comme en France (voir chapitre 14).

Les interventions au niveau du paysage sont satisfaisantes dans la mesure où elles permettent la prise en compte des emboîtements d'échelles, une vision stratégique, et l'élaboration de scénarios avec les populations locales. D'ailleurs, le découpage en populations, communautés, écosystèmes est un artefact car, comme le souligne Naeem (2006), en prenant une perspective biodiversité-fonctionnement de l'écosystème « la structure du système et la fonction écologique sont inséparables, tout changement dans une communauté ayant des conséquences sur le fonctionnement des écosystèmes, et *vice versa* ».

▶▶ Des enjeux de plus en plus forts

L'un des problèmes majeurs des mesures compensatoires concerne la disponibilité foncière. Les banques de compensation constituent un moyen de répondre à la question par l'anticipation de la demande de crédits de compensation initiés par l'obtention de permis d'aménagement. Les avantages et inconvénients de ces démarches sont répertoriés dans le chapitre 4 de cet ouvrage. En résumé, les compensations sont effectives avant même les premiers travaux sur le chantier de l'aménagement considéré ; elles sont estimées plus viables, puisque déjà appliquées, d'une part,

---

111. Il s'agit d'un endiguement de 20 kilomètres en aval du fleuve, de l'installation de stations de pompage, du drainage de prairies et de la conversion en terres de culture.

sur des superficies intéressantes du point de vue écologique (restauration d'un fonctionnement de systèmes) et, d'autre part, grâce à des pratiques cadrées, des moyens et des suivis plus importants.

Elles pêchent cependant par la fourniture de fonctions écologiques décalées spatialement, la banque de compensation étant souvent localisée dans un autre bassin versant que celui où ont lieu les aménagements.

Afin de pallier ces problèmes, des programmes plus ambitieux de planification de la compensation par un découpage en secteurs des territoires, selon leur capacité potentielle à fournir des services écosystémiques, sont développés. Dans ce contexte, les écosystèmes sont à considérer comme des infrastructures « naturelles » à intégrer aux stratégies d'aménagement du territoire, au même titre que des infrastructures « classiques » (autoroutes, lignes à grande vitesse, stations d'épuration, endiguements, etc.). Dans ce cadre, les stratégies de compensation fondées sur le principe du paiement des services écosystémiques sont envisageables. Des politiques visant à cartographier les écosystèmes et leurs « services », *via* des programmes à l'échelle européenne (Mapping and Assessment of Ecosystems and their Services, MAES) ou nationale (Évaluation nationale des écosystèmes et des services écosystémiques, EFESE-MEDDE), tentent de répondre à la question de la prise en compte de ces niveaux d'approche. Comme le soulignent Maes *et al.* (2012), la mise en œuvre de politiques environnementales (stratégie biodiversité, directives) et la prise de décision en matière d'aménagement doivent se faire en s'appuyant sur un cadre théorique (*The ecosystem services cascade framework*) qui lie, par étapes, biodiversité et écosystèmes au bien-être humain *via* des flux de services écosystémiques. Ceci implique de disposer de données et de cartes pertinentes (Maes *et al.*, 2011).

Ces auteurs ont développé leurs réflexions et propositions en évaluant le service d'épuration de l'eau dans le sud-ouest de la France (bassin Adour-Garonne), avec comme indicateur les concentrations en azote. Ils partent du principe que les conditions hydrologiques et géomorphologiques contrôlent le temps de séjour de l'eau dans les réseaux hydrographiques et donc le temps de traitement de l'azote. Ils utilisent des modèles appliqués à des sous-bassins versants pour calculer l'amélioration de la qualité de l'eau en relation avec la rétention en azote. Les approches fondées sur cette méthode se traduisent par une meilleure exploration des scénarios et des alternatives politiques. Elles peuvent révéler des synergies ou des conflits potentiels ou futurs entre services écosystémiques ou entre services écosystémiques et d'autres objectifs de la politique développée. Ce genre de cartes déclinées pour plusieurs services écosystémiques peut aider à la pré-identification de secteurs à restaurer pour la compensation, comme prévu par le programme européen Restoration Priorization Framework (Maes *et al.*, 2011b).

Plus généralement, la restauration de zones humides reste à haut risque et fournit des résultats partiels. Selon Moreno-Mateos *et al.* (2012), retrouver la structure et le fonctionnement d'écosystèmes « d'origine » est impossible actuellement. Ces auteurs ont réalisé une méta-analyse portant sur 621 projets (restauration, création) en zones humides, menés dans douze pays. Au total, ces projets concernent environ vingt mille hectares traités et une superficie équivalente aux systèmes de référence. Les récupérations de la structure biologique (communautés végétales) et du fonctionnement biogéochimique (stockage du carbone dans les sols) sont en moyenne respectivement inférieures de 26 % et 23 % dans les sites restaurés par rapport aux sites naturels. Les deux principales hypothèses émises sont la faible résilience des systèmes et une évolution postperturbation vers des stades alternatifs différents des systèmes de référence. En substance, les zones humides récupérant le plus rapidement sont celles de grande taille (supérieure à cent hectares), localisées en climat chaud ou influencées par des échanges hydrologiques importants (d'origine fluviale, tidale), ce qui offre des pistes pour ce qui peut être considéré comme compensable ou non compensable en matière d'impact sur les zones humides.

Par ailleurs, il est admis que la mise en œuvre de mesures compensatoires efficaces nécessite, à toutes les étapes, des approches interdisciplinaires. Or, les exemples de reconquête à des échelles importantes avec des suivis physiques, écologiques, biogéochimiques, sociologiques, économiques et politiques, restent rares (Wagner *et al.*, 2008).

▸▸ En guise de conclusion

Il y a plus d'une décennie, Zedler (2000) avait déjà énoncé les causes des échecs et réussites en restauration écologique ainsi que les avantages et limites de ces opérations. Il semble ainsi que l'on sache restaurer dans de nombreux cas lorsque les objectifs sont réalistes et ciblés sur la structure et la composition de communautés. Toutefois, l'exercice reste délicat en toutes circonstances, notamment lorsqu'on souhaite intégrer les questions d'échelles spatio-temporelles ou prendre en compte les changements globaux.

Par ailleurs, les écosystèmes restaurés doivent être généralement assistés car ils sont « sous perfusion ». Ceci se fait grâce à des manipulations, souvent préconisées par des plans de gestion post-restauration, dans le but d'atteindre les objectifs de départ. Cette option n'est pas problématique, mais elle doit être affichée dès le début de la conception d'un projet de restauration et s'inscrire dans une démarche de gestion adaptative.

Il est également reconnu que l'on ne peut pas tout restaurer, notamment pour ce qui concerne les fonctions écologiques. Certaines sont compatibles entre elles et d'autres non. De ce fait, optimiser une fonction, la sédimentation de particules par exemple, se fait au détriment d'une autre, dans cet exemple la capacité à recharger des nappes souterraines (Barnaud et Fustec, 2007).

Le décalage entre le discours de responsables des politiques de compensation et la réalité a été souligné dans le bilan établi par Maron *et al.* (2012), l'incertitude régnant en maître. Ces auteurs révèlent les trois principaux facteurs qui limitent la réussite technique de la compensation : le décalage temporel, l'incertitude et la mesurabilité de la valeur à compenser.

Les leçons tirées des expériences de compensation de la perte de zones humides vont toutes dans le même sens : respecter la séquence éviter-réduire-compenser est primordiale, en mettant l'accent sur les deux premières étapes. Ce principe est d'autant plus pertinent que le système considéré sera difficile à restaurer. Gardner *et al.* (2009) insistent sur les conditions de mise en œuvre sur le terrain des mesures compensatoires et la manière dont elles sont perçues par les différents partenaires impliqués. Ils soulignent qu'il existe une différence fondamentale entre le respect des lois et l'obtention de résultats écologiques de qualité. Satisfaire les normes de permis ne signifie pas que la zone humide restaurée fournira au final les fonctions écologiques souhaitées. Des progrès sont encore à faire dans le domaine de la conception des réglementations et dans celui des actions de terrain, avant de parler de reconquête de ces écosystèmes rares et menacés et d'une théorie en écologie de la restauration qui soit stabilisée.

Chapitre 18

Les actions de restauration des écosystèmes benthiques côtiers

Antoine Carlier

Bien que représentant une infime portion des fonds marins de la planète, les écosystèmes benthiques côtiers assurent un rôle majeur dans le fonctionnement des océans. Cependant, cette étroite bande côtière subit de multiples pressions anthropiques de nature et d'intensité diverses qui menacent sa biodiversité benthique, ses fonctions écologiques et les services qu'elle rend aux populations humaines. La question de la restauration des habitats benthiques les plus dégradés est par conséquent de plus en plus pressante. Il faut donc s'interroger sur le niveau des connaissances fondamentales du fonctionnement des écosystèmes benthiques, qui est un prérequis indispensable à l'intervention de l'homme dans les processus de récupération du milieu naturel. Beaucoup d'inconnues demeurent sur l'importance de la restauration active, sur la manière d'évaluer l'efficacité des méthodes de restauration ou sur les échelles spatio-temporelles à considérer. En dépit de toutes ces incertitudes, on peut tenter de dresser un bilan des principaux types de restauration appliqués aux écosystèmes benthiques côtiers et de leur efficacité.

▶▶ Importance écologique du benthos et des pressions

Le benthos est le compartiment des écosystèmes situé à l'interface entre le fond (le sédiment ou un substrat dur) et la colonne d'eau. C'est donc un espace en deux dimensions mais qui assure des fonctions écologiques majeures. En milieu marin côtier, il est par exemple le siège d'une importante production primaire (notamment grâce aux algues et aux herbiers), contribue grandement au recyclage de la matière organique (reminéralisation), et offre des zones privilégiées de nutrition, de frayère et de nurserie pour de très nombreux poissons (espèces benthiques et démersales). Plus largement, la flore et les invertébrés benthiques fournissent de multiples services aux sociétés humaines. Dans ce chapitre, nous nous limitons aux écosystèmes benthiques côtiers, c'est-à-dire ceux qui s'étendent du trait de côte jusqu'à la limite du plateau continental (à une profondeur d'environ 200 mètres). Dans les faits, les exemples de restauration concernent presque exclusivement la bande très côtière (à des profondeurs inférieures à 30 mètres), c'est-à-dire celle que l'on « connaît » actuellement le mieux (ou le moins mal) (figure 18.1, voir planche couleur III). En effet, très peu d'actions de restauration concrètes ont été entreprises en milieu marin ouvert, c'est-à-dire au large (Elliott *et al.*, 2007).

Si les écosystèmes benthiques côtiers sont très utiles à l'homme, une très large part de ces derniers est impactée par diverses activités anthropiques (Halpern *et al.*, 2008) : des pressions physiques directes sur le fond (ou *via* une modification de l'hydrodynamisme par des aménagements côtiers), des pressions chimiques (pollutions azotées ou organiques) ou encore des pressions biologiques (prélèvement de ressources, impact des espèces invasives). Tout près des côtes, les habitats benthiques sont principalement soumis aux influences continentales d'origine anthropique (agriculture intensive sur les bassins versants, urbanisation excessive, afflux touristiques importants en été). Plus au large, les perturbations majeures proviennent des activités de pêche aux engins traînants, de l'extraction des granulats marins, du clapage ou de l'implantation de structures en mer (exploitation du pétrole, du gaz, et plus récemment des énergies marines renouvelables). Il est à noter que certaines des pressions humaines que nous venons de lister sont peu, voire pas du tout, ciblées par les actions de restauration écologique, soit parce qu'elles sont trop diffuses (l'eutrophisation des côtes, le réchauffement et l'acidification des océans), soit parce que leurs impacts restent largement méconnus (accroissement du bruit sous-marin d'origine anthropique). Pourtant, au-delà d'un certain seuil de tolérance et de résilience, ces pressions peuvent conduire brutalement à des changements écologiques majeurs.

Les besoins de restauration du milieu marin vont donc croissant, principalement dans les pays développés (Amérique du Nord, Europe, Australie), c'est-à-dire ceux qui sont capables de soutenir financièrement ce type d'action et où la législation commence à l'imposer. Par exemple, depuis 2005, la National Oceanographic and Atmospheric Administration américaine a financé huit cents projets de restauration des habitats côtiers (principalement ceux liés à la pêche), à hauteur d'environ cinquante millions de dollars. En Europe, la Directive cadre Stratégie pour le milieu marin (DCSMM) mentionne la restauration écologique parmi les mesures à mettre en œuvre pour parvenir à un bon état écologique des eaux marines (au plus tard pour 2021). Enfin, la restauration des habitats côtiers dégradés occupe également une place importante dans la gestion intégrée des zones côtières telles que définies dans le chapitre 17 de l'Agenda 21 (Sommet de la Terre de 1992).

▶▶ Spécificités du milieu marin côtier

La définition des méthodes de restauration des milieux marins côtiers, et des habitats benthiques en particulier, impose de prendre en compte plusieurs spécificités des systèmes marins par rapport aux systèmes terrestres. Outre la prévalence de l'élément liquide, le milieu marin est marqué par des phénomènes de dispersion plus intense et plus étendue, et cela concerne aussi bien les nutriments et les particules de toutes sortes que les larves d'invertébrés benthiques (Carr *et al.*, 2003). Concernant les caractéristiques du cycle de vie, les organismes marins sont globalement plus féconds que leurs homologues terrestres.

C'est pourquoi les milieux marins côtiers sont *a priori* moins sensibles à la fragmentation des habitats et aux perturbations ponctuelles (à petite échelle spatiale) que leurs homologues terrestres. À titre d'exemple, les habitats benthiques côtiers sont d'autant moins sensibles aux marées noires qu'ils sont situés dans des zones peu confinées, exposées au mouvement des masses d'eau (Dauvin, 1998). Il est donc possible que la restauration écologique exige moins d'intervention humaine en milieu marin côtier que sur les continents (Elliott *et al.*, 2007). Malgré tout, certaines catégories d'habitats benthiques sont lourdement impactées. Par exemple, 30 à 50 % des récifs de coraux d'eau froide de Norvège seraient endommagés par la pêche au chalut (Fosså *et al.*, 2002).

Une autre caractéristique du milieu marin est que les pollutions se diffusent plus facilement dans l'environnement marin. Enfin, on peut souligner que l'exploitation des ressources vivantes porte sur des niveaux trophiques plus élevés en mer que sur terre.

▸▸ Espèces et habitats benthiques ciblés par la restauration écologique

Face à l'immense biodiversité benthique, on constate que les actions de restauration ne ciblent pour l'instant qu'un faible nombre d'habitats et d'espèces, principalement des invertébrés (Verdonschot *et al.*, 2013). Toutefois, en ce qui concerne la préservation ou la restauration, il est toujours difficile de dissocier une espèce benthique de son habitat physique ou de la communauté d'organismes dont elle fait partie. Par conséquent, même lorsqu'une action de restauration se focalise sur une espèce en particulier (ce qui est le cas le plus fréquent en milieu marin), l'initiative, si elle réussit, peut aussi bénéficier à l'habitat benthique concerné.

Parmi les actions de restauration qui ciblent une espèce benthique, on trouve des espèces clés de l'écosystème qui jouent un rôle écologique important et qui doivent être préservées, et en particulier des espèces dites « ingénieurs » (c'est-à-dire celles qui constituent elles-mêmes un habitat à part entière et créent une multitude de niches écologiques). Dans cette catégorie, les exemples de restauration concernent souvent des espèces qui forment les herbiers marins (zostères, posidonies), les récifs de coraux tropicaux ou les récifs de mollusques bivalves (huîtres). Ces espèces ingénieurs sont souvent à l'origine d'habitats dits remarquables (ou sensibles), ce qui explique en partie qu'elles fassent fréquemment l'objet de tentatives de restauration. Dans ce cas, les projets reviennent à restaurer un habitat benthique puisque ces espèces abritent un large cortège d'autres espèces, en interactions. À ce jour, le volet le plus documenté concerne sans doute les coraux tropicaux (ceux qui vivent à de faibles profondeurs, en association symbiotique avec les zooxanthelles), pour lesquels les coûts de restauration se chiffrent à plusieurs centaines de milliers de dollars par hectare (voire parfois plusieurs millions de dollars par hectare) (de Groot *et al.*, 2013).

La restauration écologique porte également sur des espèces clés de substrats meubles, qui favorisent le maintien d'une communauté d'invertébrés. Par exemple, une espèce de coque a fait l'objet de mesures de restauration en Nouvelle-Zélande en milieux intertidaux (Hewitt et Cummings, 2013). Les espèces exploitées sont aussi concernées, et en particulier les mollusques bivalves (Tettelbach *et al.*, 2013). Par exemple, suite à une chute brutale des débarquements de coquilles Saint-Jacques en rade de Brest, après un hiver 1962-1963 particulièrement rigoureux, l'élevage en écloserie et l'ensemencement de juvéniles a été mis en place (le captage naturel se révélant inefficace) (Dao *et al.*, 1985). Enfin, il faut signaler que des espèces *a priori* plus communes font aussi l'objet de restaurations. On peut citer la réintroduction de la patelle *Patella ferruginea* à Port-Cros, dans le Var (Laborel-Deguen et Laborel, 1991), et de la grande nacre (*Pinna nobilis*) sur le littoral méditerranéen français.

Les actions de restauration ciblant une espèce portent aussi sur le contrôle, voire l'élimination, d'une espèce perturbatrice, parmi lesquelles on trouve les espèces invasives, qu'elles soient introduites ou non. Parmi les cas de prolifération d'espèces indigènes, on peut citer l'exemple spectaculaire de l'étoile de mer prédatrice de coraux, *Acanthaster planci*, qui a très sévèrement endommagé les récifs coralliens de l'île de Moorea en réduisant la biodiversité associée à ces récifs (Leray *et al.*, 2012). Les causes de ce phénomène restent débattues, mais l'eutrophisation (et l'augmentation du phytoplancton qui en découle) et la surpêche des prédateurs de juvéniles de *A. planci* sont souvent avancés. Les tentatives de contrôle de cette espèce se sont toutes révélées infructueuses car trop chères et menées à trop petite échelle (Yamaguchi, 1986).

Les projets de restauration qui ciblent un habitat benthique dans son ensemble portent principalement sur les zones humides, souvent à l'interface entre eaux douces et eaux salées (marécages, prés salés, mangroves ; voir chapitre 17), les eaux de transition (estuaires, lagunes saumâtres), et, de fait, les habitats marins côtiers cités plus haut (herbiers, récifs de coraux, récifs d'huître). Les principaux critères de sélection des écosystèmes ou habitats à restaurer sont la présence d'une forte biodiversité, un rôle écologique important (zones de reproduction, de nourricerie, de migration) et, de façon plus pragmatique, une grande facilité d'accès (pour le suivi écologique et les interventions de restauration). En France par exemple, d'importants programmes de restauration écologique sont menés sur les lagunes saumâtres méditerranéennes, car elles remplissent tous ces critères (Gaertner-Mazouni et De Wit, 2012).

▶▶ Les méthodes de restauration pour les écosystèmes benthiques

La terminologie employée pour désigner les actions de restauration est parfois complexe (restauration, réhabilitation, remédiation, etc.). Quoi qu'il en soit, en milieu marin comme ailleurs, la restauration écologique peut être définie comme le procédé par lequel on accompagne le rétablissement d'un écosystème qui a été dégradé ou détruit. Il s'agit de favoriser, voire d'accélérer ce rétablissement de manière à ce que l'état écologique de l'écosystème se rapproche de l'état écologique initial. Plus exactement, comme un écosystème n'est jamais figé dans le temps, il s'agit de faire tendre l'évolution de l'écosystème en cours de restauration vers sa trajectoire d'évolution initiale, ou celle choisie comme référence (Clewell et Aronson, 2013b). En ce sens, restaurer un écosystème historique reste utopique car il est illusoire d'imaginer retrouver une réplique statique du passé (Duarte *et al.*, 2009).

Cette trajectoire sert de base aux objectifs de restauration, et on distingue classiquement trois types d'évolution possibles du système (Borja *et al.*, 2010) :
• les trajectoires de restauration naturelles, après contrôle des pressions anthropiques. L'écosystème se rétablit, selon le modèle dit de « succession secondaire », par exemple après la mise en place d'une réserve marine fermée à toute activité humaine ;
• les trajectoires de restauration redirigées artificiellement vers un état écologique proche de l'état initial, grâce à des interventions humaines, par exemple *via* la réintroduction d'espèces ;
• le non-retour vers l'état écologique initial, qui signifie que la perturbation a causé des changements irréversibles.

La restauration passive renvoie le plus souvent au concept d'aire marine protégée, c'est-à-dire un espace au sein duquel les activités humaines impactantes sont régulées, voire totalement exclues. Le contrôle ou l'arrêt d'une pression sur le benthos induit naturellement une trajectoire vers une amélioration. Dans cette catégorie de restauration, on met principalement en œuvre les mesures suivantes (Borja *et al.*, 2010) :
• l'arrêt des modifications de la morphologie et de la biodiversité des fonds (dues par exemple à la pêche aux engins traînants) ;
• l'élimination des aménagements limitant les processus écologiques clés comme l'hydrodynamique sédimentaire ou les connexions hydrologiques ;
• l'accélération des processus de dégradation de la matière organique (dans les zones où elle est présente en excès) ;
• l'arrêt des émissions de polluants dans le milieu marin. Il est à noter cependant que des polluants persistants peuvent rester en place de façon durable dans les sédiments marins ;
• la limitation, voire l'arrêt, des prélèvements de ressources biologiques dans les zones où ils sont excessifs (techniques pêche non durable). Beaucoup de travaux concernent la création de zones protégées pour restaurer les stocks d'espèces benthiques animales exploitées tels que les grands crustacés (langoustes, homards).

Une limite importante cependant est qu'aucune de ces mesures n'offre de garanties face aux pressions qui s'exercent à l'extérieur des zones « protégées ».

La restauration active est mise en œuvre sur des milieux dont on juge qu'ils ne peuvent se rétablir spontanément, même si la perturbation est stoppée. On considère alors qu'ils ont franchi un seuil d'irréversibilité (voire plusieurs seuils successifs), et qu'une intervention humaine active s'avère nécessaire. Il faut souligner que l'existence de ces seuils empêche parfois les praticiens de l'éco-ingénierie de ramener un écosystème détérioré à son stade antérieur et exige alors que la

restauration soit redéfinie pour atteindre un autre stade écologique. Parmi les stratégies employées pour restaurer activement les écosystèmes benthiques côtiers, on peut citer :
• la réintroduction d'espèces (animales ou végétales). De nombreuses actions portent sur la réimplantation de coraux, d'herbiers marins et de grandes algues, et peuvent nécessiter en amont une phase de développement en pépinières avant de les transplanter en milieu naturel (écosystèmes lagunaires par exemple), ou l'utilisation de récifs artificiels conçus pour favoriser la fixation et le développement des laminaires, des coraux ou des huîtres ;
• la biomanipulation des réseaux trophiques. Elle se développe souvent en restaurant des champs de macroalgues qui initient de nouvelles chaînes alimentaires, par exemple sur les côtes de Corée du Sud ;
• l'utilisation d'outils d'aide à la gestion du milieu en cours de restauration.

Dans le domaine de la restauration des fonds marins, l'utilisation de récifs artificiels peut représenter une catégorie intermédiaire entre la restauration passive et la restauration active, lorsqu'elle implique l'immersion de structures conçues par l'homme pour limiter une pression anthropique (pêche aux engins traînants) qui perturbe le milieu. Après avoir été employés pendant des siècles pour augmenter la productivité de certaines espèces marines puis, plus récemment, pour des usages récréatifs, les récifs artificiels sont désormais utilisés (depuis les années 2000) pour favoriser la restauration d'habitats benthiques d'intérêt, et les espèces de poissons qui en dépendent, en les protégeant physiquement (Seaman, 2007).

Sur le plan méthodologique, de récents groupes de travail et conférences organisés sur le thème de la restauration ont révélé toute une série de questions importantes pour mener à bien un projet de restauration, dont plusieurs restent encore en suspens.

Avant tout, il apparaît nécessaire de mener un raisonnement holistique sur la nécessité de restaurer un milieu dégradé. Il est important de rappeler ici que théoriquement, toute opération de restauration suppose au préalable d'avoir une bonne connaissance de l'écosystème benthique endommagé, des activités humaines qui s'y développent, de son fonctionnement naturel et des mécanismes conduisant aux impacts observés. Or, la compréhension de l'écologie des milieux marins côtiers accuse un certain retard par rapport à celle des milieux terrestres. Si certains aspects commencent à être bien appréhendés — comme la composition faunistique des habitats littoraux, les paramètres environnementaux qui conditionnent la structure des communautés benthiques ou les liens trophiques entre les espèces —, d'autres restent très mal compris — comme le degré de substituabilité de la fonction écologique des espèces et le degré de résilience des écosystèmes ou le niveau de services écosystémiques qu'ils procurent à la société. Il y a donc un certain nombre de cas où la restauration active peut s'avérer prématurée, faute de connaissances fondamentales suffisantes. Ce manque de recul ne va pas forcément de pair avec l'éloignement à la côte puisque des habitats remarquables comme les herbiers de phanérogames marines (sur l'estran ou en zone peu profonde) sont encore très difficiles à réhabiliter (voir ci-dessous). Autant que possible, la restauration doit être une approche globale incluant un maximum de composantes physiques (eau, substrat), chimiques (nutriments) et biologiques (organismes marins). En outre, même si ce chapitre traite du benthos, il faut garder à l'esprit qu'une action de restauration n'aura pas uniquement un effet sur le benthos, car il existe un couplage fort avec les processus qui ont lieu dans la colonne d'eau, tous les compartiments d'un écosystème marin étant en étroite interaction.

Il faut donc se poser la question de savoir s'il est toujours pertinent de tenter de restaurer un habitat benthique. La restauration peut s'avérer impossible dans certains cas, comme après la destruction intégrale d'herbiers marins (González-Correa *et al.*, 2005) ou de récifs coralliens (Williams *et al.*, 2010). Certaines actions de l'homme sur le milieu, même si elles occasionnent des changements écologiques importants à court terme (moins de dix ans), peuvent conduire à un nouvel équilibre écologique durable, qu'une action de restauration tardive pourrait à nouveau perturber. Par exemple, le barrage hydroélectrique de la Rance, même s'il a perturbé l'écosystème estuarien initial pendant une dizaine d'années après sa construction, a ensuite conduit à un nouvel état écologique avec sa dynamique propre, qui a perduré sur le long terme (Retière et Desroy, 2002). Par ailleurs, les phénomènes d'invasion d'espèces introduites n'engendrent pas uniquement des impacts négatifs pour l'écosystème ; ces derniers peuvent être en partie contrebalancés par des impacts positifs, du point de vue de la société humaine (Thieltges *et al.*, 2006 ; Wonham *et al.*, 2005). Enfin, on peut se demander s'il est légitime de restaurer un écosystème dont les dégradations sont uniquement dues à des phénomènes naturels, par exemple des récifs coralliens endommagés par des événements climatiques extrêmes, comme les ouragans et les cyclones.

D'autre part, il est nécessaire de prioriser les actions de restaurations à mettre en œuvre. Pour cela, une méthode consiste à croiser deux critères importants : le niveau de menace qui pèse sur une espèce ou un habitat benthique (ou vulnérabilité) et la capacité intrinsèque de résilience de cette espèce ou cet habitat (ou sensibilité) (Hiscock *et al.*, 2013). En effet, pour une meilleure efficacité de conservation, à vulnérabilité égale, la restauration de l'espèce présentant la plus grande résilience devra être privilégiée. Le problème est que l'on a encore peu de recul scientifique sur les capacités de résilience des espèces et communautés benthiques.

Le choix d'un écosystème ou d'un habitat benthique de référence doit guider la planification, la réalisation, le suivi et l'évaluation d'un projet de restauration. Cependant, la notion d'état de référence revêt un caractère subjectif, y compris en milieu marin. On peut en effet se demander s'il existe encore des sites totalement épargnés par les pressions anthropiques, car la majeure partie, sinon la totalité, des écosystèmes benthiques côtiers est impactée directement ou indirectement par les activités humaines (Halpern *et al.*, 2008). On peut aussi se demander de quand date la dernière situation écologique « naturelle ». Pour entrevoir les caractéristiques environnementales des écosystèmes réellement non impactés par l'homme, on ne dispose que de très rares séries temporelles à long terme (plus de cent ans) ou de données paléo-écologiques. Ces dernières révèlent parfois une succession d'impacts anthropiques qui ont affecté graduellement les écosystèmes côtiers, y compris à des périodes où l'on a longtemps considéré que les impacts anthropiques n'existaient pas (Jackson *et al.*, 2001). L'évolution des herbiers marins sur le long terme illustre aussi la difficulté à appréhender cette problématique temporelle. L'abondance des phanérogames marines peut fluctuer dans l'espace et sur une échelle de temps plus longue que celle de la perception humaine, si bien que certains usagers de la mer les considèrent comme envahissantes lorsqu'elles réinvestissent des habitats où elles avaient été naturellement présentes autrefois. Cela implique que pour beaucoup de projets de restauration, il est pratiquement impossible de considérer un état de référence reflétant des conditions strictement naturelles. C'est pourquoi, en pratique, on prend simplement en compte une zone de référence qui ne se trouve pas sous l'influence de la pression que l'on souhaite éliminer sur le site de restauration.

Le problème de la durée du suivi des actions de restauration est également crucial. On ne peut prétendre évaluer l'efficacité des actions de restauration que si l'on est en mesure de comparer, dans une période de temps compatible avec la perception humaine, un état dégradé, un état restauré et un état de référence. Or, dans les cas extrêmes, les effets de la restauration de certains écosystèmes benthiques marins ne sont appréciables que sur des périodes de temps de plusieurs centaines, voire plusieurs milliers d'années (par exemple, l'interdiction d'engins traînants sur les récifs de coraux d'eau froide très peu résilients). Plus près des côtes, certains habitats benthiques sont caractérisés par un temps de renouvellement très long, tels les récifs de coraux à zooxanthelles en milieux tropicaux ou les herbiers de posidonie et encorbellements (ou « trottoirs ») à *Lithophyllum* en Méditerranée. Les stratégies et les planifications budgétaires pour un maintien à long terme de l'écosystème restauré font souvent défaut dans les programmes de restauration, ce qui empêche de valider définitivement l'option de restauration choisie. Pour les milieux estuariens et côtiers, plus de la moitié des suivis durent moins de cinq ans, alors que l'on estime que la récupération complète des compartiments biologiques est atteinte au bout de quatorze à vingt-deux ans pour les macroalgues, deux à vingt ans pour les herbiers marins, quelques mois à vingt ans pour les invertébrés (Borja *et al.*, 2010 ; Verdonschot *et al.*, 2013). Or il est primordial de savoir si une espèce transplantée se maintient, si une espèce invasive supprimée ne revient pas, si une communauté benthique est capable de se maintenir sur le long terme malgré les fluctuations interannuelles des paramètres du milieu (y compris les événements extrêmes tels que les tempêtes).

Le rétablissement d'un écosystème ou d'une espèce benthique exige un certain nombre de précautions. Pour ce qui concerne la réintroduction d'une espèce, en premier lieu, les prélèvements dans les populations voisines (d'origine) ne doivent pas mettre en danger ces dernières. Ensuite, il faut vérifier que par le passé l'espèce a bien existé dans la zone où on envisage de la réintroduire — il faut d'ailleurs aussi s'assurer que l'espèce a réellement disparu de la région où on envisage de la réintroduire. La disparition de l'espèce doit être effectivement due à l'action de l'homme. Enfin, la population-source de la réintroduction doit être génétiquement proche de celle qui s'est éteinte.

Les mêmes précautions doivent être prises pour contrôler une espèce perturbatrice. Les prélèvements ne doivent pas mettre en danger les espèces indigènes de la communauté impactée. Dans le cas des espèces exotiques, il faut vérifier qu'elles n'ont jamais existé sur le site de restauration ; et dans le cas des espèces proliférantes, qu'elles n'ont jamais atteint de telles densités, même sur des échelles de temps supérieures au temps d'une génération humaine. Il faut s'assurer que l'espèce est réellement en train de proliférer, et que ce n'est pas un pic d'abondance passager correspondant aux fluctuations naturelles de cette population.

Pour certains types de dégradations des fonds marins, il existe une multitude de moyens de lutte ou de contrôle de la pression. C'est le cas par exemple des espèces invasives qui colonisent le compartiment benthique. Pour lutter contre le gastéropode marin invasif *Crepidula fornicata* (la crépidule) qui a colonisé de nombreux secteurs de la côte nord-bretonne, diverses méthodes ont été tentées comme les rejets en mer (à grande profondeur, avec ou sans broyage préalable, ou encore après cuisson), l'extraction (suivie d'une mise en remblai, en décharge ou d'un enfouissement) ou l'exploitation à des fins de valorisation (dans l'agroalimentaire pour la chair ou comme épandage calcaire pour la coquille) (Soulas *et al.*, 2001). Aucune de ces tentatives ne s'est avérée concluante pour limiter la prolifération et restaurer les fonds colonisés. Des travaux scientifiques se sont attachés à évaluer la pertinence des moyens de lutte contre les espèces marines invasives, et certains concluent que la meilleure des méthodes jugées acceptables consiste à ne rien faire (Thresher et Kuris, 2004) ! Certaines méthodes sont considérées comme inacceptables, telle l'introduction de prédateurs ou de virus exotiques pour éliminer l'espèce invasive. C'est pourquoi il paraît également nécessaire de considérer des stratégies de correction à appliquer, si besoin, au cours de l'entreprise de restauration. Lorsque l'utilisation de récifs artificiels est envisagée par exemple, dans un but de restauration, il convient de procéder préalablement à des expérimentations à petite échelle pour s'assurer de l'efficacité de la méthode (Seaman, 2007).

Plusieurs indicateurs écologiques doivent être considérés conjointement pour renseigner sur le fonctionnement du système restauré. Dans la pratique, cela pose une difficulté majeure car on ne peut évidemment pas suivre tous les paramètres d'un écosystème benthique, et multiplier les paramètres de suivi s'avère rapidement extrêmement coûteux en moyens humains et financiers. Il est donc nécessaire de cibler les indicateurs les plus intégrateurs de l'ensemble des paramètres que l'on souhaite voir restaurés. Le suivi écologique de l'efficacité de la restauration doit se faire en lien étroit avec le milieu de la recherche scientifique en écologie marine, pour laquelle la définition des méthodes d'évaluation de la qualité écologique des écosystèmes marins en général, et du domaine côtier en particulier, reste une problématique essentielle (parfois en lien étroit avec la Directive cadre sur l'Eau et la DCSMM).

La capacité des actions de restauration à soutenir un état écologique acceptable, sur les plans structurel (l'intégrité physique des habitats et la biodiversité benthique associée), fonctionnel (le rôle écologique de ces habitats et espèces benthiques) et sociétal (les bénéfices retirés par les usagers de la zone), n'est pas suffisamment évaluée. De façon plus globale, leur capacité à maintenir un niveau de services écosystémiques acceptable pour la société est rarement examinée.

Le retour à un état écologique proche de l'état initial ne peut être apprécié qu'au moyen d'indicateurs structurels, fonctionnels et socio-économiques, qui chacun peuvent ou non se rapprocher de leur niveau initial. Malheureusement, il n'existe pas d'indicateur idéal permettant d'analyser l'impact de n'importe quel type de perturbation sur n'importe quel type d'habitat benthique. Il y a probablement autant d'indicateurs pertinents qu'il y a d'habitats et de contextes socio-économiques différents.

Lorsqu'on cible une espèce benthique, l'objectif est de mettre en place une population capable de se maintenir sur le long terme. Une question fondamentale est alors de définir précisément ce qu'est une population viable. Concrètement, quelle densité d'individus et quelle surface minimale doit-on respecter pour restaurer un récif d'huîtres natives afin qu'il remplisse à la fois son rôle d'épuration de l'eau et de soutien du réseau trophique ? Comment ces critères évoluent-ils en fonction du temps de résidence de la zone marine considérée (c'est-à-dire en fonction de la taille d'une baie ou d'une lagune et du temps de renouvellement de leur masse d'eau) ? De même, lorsqu'on fait de la restauration passive, la taille de la zone protégée est un critère important qui conditionne grandement l'efficacité de la mesure.

Pour qu'un projet de restauration puisse être évalué, des protocoles de suivi doivent être élaborés ainsi que des métriques permettant de mesurer explicitement l'efficacité des mesures mises en œuvre. Les indices biologiques de qualité du milieu peuvent être utilisés dans cet objectif et peuvent permettre d'apprécier l'amélioration de la diversité spécifique, de l'abondance d'espèces indicatrices sensibles, de la structure de la communauté benthique. Grâce à ces protocoles, des signes d'amélioration ont par exemple pu être relevés dès trois ans après la création d'une aire marine protégée sur une zone chalutée de la côte anglaise (Sheehan *et al.*, 2013).

▶▶ La restauration écologique du benthos marin est-elle efficace ?

L'efficacité des actions de restauration menées sur le benthos dépend vraisemblablement d'une multitude de facteurs, intrinsèques au milieu ciblé ou liés à la méthode. Concernant la restauration passive, de nombreux exemples, en particulier liés aux pollutions organiques et aux destructions des fonds, attestent que l'état écologique d'habitats benthiques dégradés s'améliore après le contrôle des pressions anthropiques en cause (Worm *et al.*, 2006), bien que lentement. Le rétablissement complet des écosystèmes marins côtiers et estuariens prend généralement dix à vingt-cinq ans là où diverses activités humaines ont exercé un siècle de perturbations (Jones et Schmitz, 2009 ; Borja *et al.*, 2010), cinq à dix ans pour les communautés benthiques endommagées par la pêche aux engins traînants (Collie *et al.*, 1997). La récupération peut toutefois s'étaler sur plusieurs dizaines d'années pour les espèces benthiques à croissance très lente, comme les récifs coralliens ou les bancs de maërl. Les écosystèmes benthiques peuvent aussi se stabiliser à des états écologiques intermédiaires et ainsi ne jamais atteindre l'état écologique recherché (celui de l'état initial), notamment du fait des changements globaux qui modifient les conditions environnementales à l'échelle des océans (Duarte *et al.*, 2009). Enfin, certains écosystèmes subissent une perturbation d'une telle intensité que les impacts sont irréversibles. Par exemple, des herbiers de phanérogames peuvent disparaître définitivement suite à une eutrophisation trop forte qui affecte la luminosité et l'oxygénation à l'interface eau-sédiment (Cardoso *et al.*, 2004).

D'autre part, toutes les composantes (structurelles et fonctionnelles) de l'écosystème ne se rétablissent pas avec la même rapidité. Il est donc difficile d'affirmer qu'un écosystème se régénère globalement puisque sa dynamique dépend de variables qui évoluent selon des échelles de temps très différentes. Des variables physiques comme l'oxygène peuvent évoluer rapidement, alors que la dynamique de population d'espèces benthiques longévives s'appréhende sur plusieurs années, voire plusieurs dizaines d'années. L'évaluation des actions de restauration actives doit par conséquent intégrer cette hétérogénéité de temps de récupération.

L'efficacité de la restauration dépend fortement du référentiel choisi pour mesurer l'amélioration de l'état écologique, et les résultats sont toujours moins satisfaisants lorsqu'une zone « contrôle » non impactée est prise comme référence. Une compilation récente de 89 travaux scientifiques (concernant les milieux terrestres, aquatiques, tropicaux et tempérés) révèle que les systèmes dégradés puis restaurés atteignent en moyenne 86 % du niveau de biodiversité et 80 % du niveau de services écosystémiques (chiffres médians) des systèmes équivalents qui n'ont pas été perturbés (Benayas *et al.*, 2009). Cependant, en considérant uniquement les milieux aquatiques tempérés, si l'amélioration des écosystèmes restaurés est jugée significative pour les paramètres de biodiversité

(60 variables mesurées), elle n'apparaît pas significative pour ce qui est du niveau de services écosystémiques (75 variables mesurées). Globalement, cette méta-analyse révèle malgré tout que même si les écosystèmes restaurés n'atteignent pas l'état écologique de référence espéré, ils engendrent en moyenne plus de biodiversité (+ 44 %) et fournissent plus de services écosystémiques (+ 25 %) que lorsqu'ils étaient à leur niveau le plus dégradé. Une autre compilation récente de 240 études scientifiques indépendantes (excluant les actions ne ciblant qu'une seule espèce) tire des conclusions très contrastées sur l'efficacité de la restauration passive et active (Jones et Schmitz, 2009). Pour les 49 études qui concernent le benthos marin, elle montre que le niveau de récupération dépend étroitement du type de perturbation et de la variable écologique mesurée ; parmi toutes les variables choisies, des proportions équivalentes de résultats positifs et négatifs sont obtenues quant à l'amélioration de la qualité écologique des milieux dégradés. Elle révèle toutefois que parmi sept grandes catégories d'écosystèmes, le benthos marin est celui qui se rétablit en moyenne le plus rapidement (environ cinq ans), toutes perturbations confondues. D'autres études récentes révèlent que certaines fonctions des écosystèmes benthiques restaurés, comme le transfert de la matière au sein du réseau trophique associé à ces habitats (champs de grandes macroalgues par exemple), peuvent être retrouvées à court terme (Kang *et al.*, 2008).

La réussite des projets de restauration d'écosystèmes benthiques marins semble dépendre fortement du milieu ciblé et du contexte écologique plus global (figure 18.2). La plupart des actions entreprises sur les mangroves sont délicates, et celles qui atteignent leur objectif au bout de trois à cinq ans ne parviennent pas à rétablir toutes les fonctionnalités de la mangrove d'origine (Lewis et Gilmore, 2007). Les échecs sont dus le plus souvent à une méconnaissance de l'hydrologie de la zone (qui peut être très complexe dans les mangroves), et au fait que l'on se contente trop souvent de planter les essences d'arbres en pensant que le reste de l'écosystème se mettra en place tout seul. Lors d'un récent groupe de travail sur la restauration des herbiers marins, il est apparu qu'aucun des participants n'était parvenu à mener à bien un programme de restauration ces dix dernières années (Cunha *et al.*, 2012). Cette discipline souffre en effet d'un manque de recul puisque la majorité des suivis sont menés sur des périodes trop courtes (moins de un an). Les tentatives sont si peu efficaces que certains scientifiques suggèrent de porter l'effort sur la compréhension des conditions de la restauration naturelle (passive) et l'accompagnement du processus naturel de colonisation. À l'inverse, les projets de restauration active (transplantation) ne sont plus envisagés qu'en dernier recours, en tant que mesures compensatoires (mises en place pour contrebalancer les impacts résiduels inévitables).

L'exemple de la lutte contre la caulerpe (*Caulerpa taxifolia*) en Méditerranée ou contre la crépidule sur les côtes bretonnes montre à quel point il est difficile de restaurer les habitats benthiques modifiés durablement par la prolifération massive d'espèces invasives. Les actions menées sur la crépidule ont été bien trop limitées en ce qui concerne l'effort de prélèvement pour prétendre contrôler son expansion. Désormais, les initiatives d'« exploitation » et de « valorisation » de ce gastéropode prévalent sur les tentatives de restauration. En outre, certaines méthodes de contrôle pourraient être plus impactantes encore dans la mesure où l'habitat créé par la crépidule héberge souvent une forte biodiversité benthique.

Les récifs coralliens sont peut-être l'habitat benthique pour lequel la discipline semble avoir le plus de recul — bien que certains considèrent qu'elle n'en est encore qu'à ses balbutiements. Ainsi, des progrès considérables ont été accomplis depuis les premières tentatives de restauration, au début des années 1980. Ces projets sont menés aussi bien sur les côtes des pays développés que sur celles des pays en développement (qui concentrent l'essentiel des coraux tropicaux de la planète). Même si la plupart des actions portent sur de petites surfaces (quelques centaines à quelques milliers de mètres carrés), il est désormais techniquement possible de produire en nurserie assez de transplants pour réhabiliter plusieurs hectares de récifs dégradés (Edwards, 2010). Sur le plan temporel en revanche, les suivis dépassent rarement cinq ans, c'est-à-dire bien moins que la dizaine d'années nécessaires pour qu'un récif corallien atteigne son climax (Lotze *et al.*, 2011).

D'autre part, il apparaît que l'efficacité d'une action de restauration en milieu marin dépend étroitement du contexte écologique plus large dans lequel elle s'inscrit (Hewitt et Cummings, 2013).

En particulier, elle est liée au degré de connectivité (fragmentation) des espèces considérées avec les populations voisines et aux facteurs plus locaux du lieu de restauration (biodiversité présente, qualité des eaux, etc.). Comme souvent en écologie, les effets de synergies ont une influence sur l'efficacité d'une action de restauration. Par exemple, il a été démontré que la récupération de récifs coralliens protégés dans une réserve marine est d'autant plus efficace que cette réserve est proche de sites de reproduction de poissons herbivores, qui empêchent la prolifération d'algues marines, lesquelles entrent en compétition avec les coraux (Olds *et al.*, 2012).

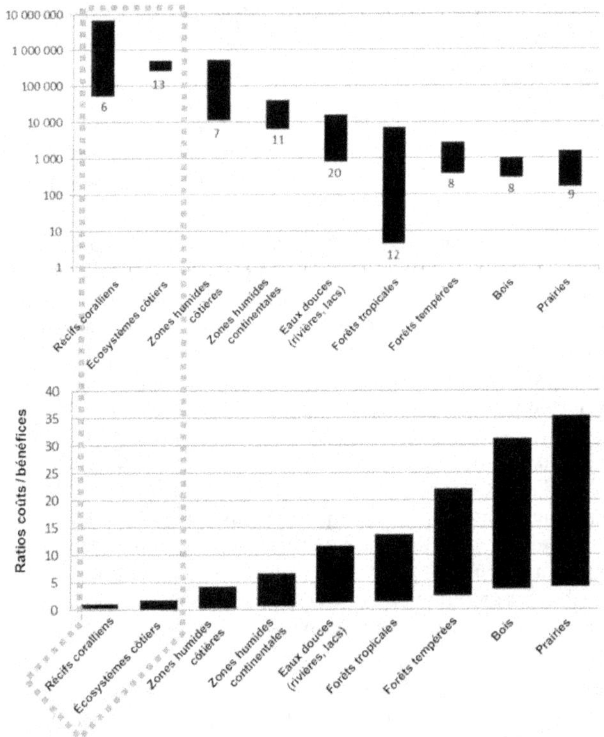

Figure 18.2. En haut : coûts estimés (en dollars/hectare restauré) de la restauration des écosystèmes marins côtiers et des récifs coralliens en particulier (pointillés gris), par comparaison avec ceux de sept autres types d'écosystèmes. En bas : ratios coûts/bénéfices de la restauration pour les mêmes catégories d'écosystèmes (d'après De Groot *et al.*, 2013).

Concernant la restauration active, si certains succès sont enregistrés pour les écosystèmes terrestres ou marins semi-fermés (lagunes, habitats marins frangeants), l'approche s'avère beaucoup moins pertinente pour les milieux côtiers plus ouverts (Elliott *et al.*, 2007). Le temps de récupération des écosystèmes benthiques marins semble globalement plus rapide que celui des systèmes terrestres (Jones et Schmitz, 2009), et la meilleure option reste probablement de contrôler ou supprimer les pressions qui causent les dégradations. Au-delà des limites d'intervention en plongée, il est de toute façon techniquement difficile d'entreprendre autre chose qu'une gestion efficace des activités humaines les plus impactantes (restauration passive).

Une part de subjectivité subsiste dans l'appréciation de l'efficacité des mesures de restauration. Par exemple, la faible résilience observée est parfois considérée comme biaisée par le fait que beaucoup d'études sont menées sur un temps trop court pour espérer enregistrer un retour à l'équilibre (Jones et Schmitz, 2009). Le même argument sert à justifier le fait que l'efficacité réelle de la restauration n'est que rarement démontrée. Quoi qu'il en soit, une revue de la littérature fait clairement apparaître un manque de données, tant par le nombre d'études indépendantes que par la durée de suivi. La mise à disposition des résultats de projets de restauration dans la littérature scientifique ou dans la littérature grise est donc primordiale.

▶▶ Conclusion

À ce jour, il existe peu d'exemples de restauration écologique active appliquée aux fonds marins. Les connaissances parcellaires du fonctionnement des écosystèmes benthiques et des interactions complexes qui s'y établissent, les difficultés techniques d'intervention et les coûts associés font que la restauration de ces systèmes se limite la plupart du temps à leur protection par la régulation des activités humaines potentiellement impactantes. La mise en place de ces sanctuaires marins est certes efficace, mais très limitée dans l'espace marin, et le rétablissement écologique complet y est lent.

La restauration écologique active des écosystèmes benthiques marins peut être un outil pertinent lorsqu'elle respecte la logique de réduction des impacts écologiques éviter-réduire-compenser et que les connaissances scientifiques sur les processus écologiques ciblés sont suffisantes. Or, on a souvent recours hâtivement aux projets de restauration en tant que mesures compensatoires pour un projet aux effets dommageables pour l'environnement marin, et les suivis ne sont que rarement planifiés sur le long terme. En outre, les résultats de ces suivis ne sont pratiquement jamais publiés. En milieu marin ouvert, il est probable que la restauration active s'avère moins efficace que des mesures de régulation des pressions, moins spectaculaires mais considérées sur le long terme. Bien que les entreprises de restauration écologique permettent d'améliorer les efforts de conservation, cela restera toujours une option secondaire de moindre valeur que la préservation des habitats originaux. Éviter plutôt que compenser semble être actuellement parole de sagesse en mer.

Chapitre 19

Pertes écologiques potentielles associées aux actions compensatoires de la restauration écologique

David Moreno-Mateos, James Aronson

En 1985, huit années seulement après l'adoption par le Congrès américain du Clean Water Act (voir chapitre 4), l'écologiste Margaret Race tenait les propos suivants : « Il est nécessaire de poursuivre des recherches à l'échelon régional pour améliorer les techniques de création de zones marécageuses à partir de techniques éprouvées. Entre-temps, les politiques qui encouragent ou favorisent des échanges de zones humides naturelles avec des substituts créés par l'homme doivent faire preuve de prudence. » (Race, 1985) Trente ans plus tard, cette affirmation demeure toujours pertinente pour les politiques d'atténuation actuelles, aux États-Unis et ailleurs.

Suivant la hiérarchie reconnue des mesures d'atténuation, éviter-réduire-compenser, la restauration et la création d'écosystèmes constituent deux des principaux outils disponibles pour compenser la perte d'habitat et atteindre l'objectif de « non-perte nette ». Tout le monde reconnaît l'urgence de convertir les résultats des recherches sur la conservation et la restauration en actions réelles visant à réduire la perte d'espèces et d'habitats et la dégradation des écosystèmes (Arlettaz *et al.*, 2010), et de contribuer aux initiatives mondiales en faveur de la non-perte nette écologique. Cependant, en règle générale, les politiques de compensation sont axées essentiellement sur les espèces, en dépit des appels répétés à inclure aussi la fonctionnalité et les services écosystémiques (Cadotte *et al.*, 2011 ; Bull *et al.*, 2013). De façon générale, la valeur socio-économique potentielle de la restauration écologique est élevée, et les bénéfices de la restauration semblent dépasser le plus souvent ses coûts (Bullock *et al.*, 2011). Ces bénéfices peuvent donc être considérés de fait comme des investissements très profitables au regard de la diversité et de la quantité des services écosystémiques fournis à la société (de Groot *et al.*, 2013). Il est particulièrement intéressant de souligner que dans la plupart des méta-analyses entreprises à ce jour (de Groot *et al.*, 2013), ce sont les actions de restauration des zones humides côtières et continentales qui semblent présenter le plus grand retour sur investissement. Toutefois, pour ce qui est de la faisabilité et de l'efficacité de la restauration (voir chapitre 14) ou de la création d'écosystèmes, des travaux beaucoup plus détaillés s'imposent.

Les programmes de compensation accroissent la demande pour des actions de restauration et de création d'écosystèmes, plus particulièrement pour les zones humides. Les politiques de compensation exigent que la restauration et la création contrebalancent les dommages et les pertes d'écosystèmes provoqués par l'activité humaine (par exemple, transformation et développement de terres pour l'agriculture, réseaux de transport, etc.). Les premières politiques de compensation, axées spécifiquement sur les zones humides, sont apparues aux États-Unis dans les années 1970 (loi du Clean Water Act de 1977 mentionnée ci-dessus). Néanmoins, en 2009, la non-perte nette réelle de zones humides n'a toujours pas été atteinte, plus de trente ans après l'adoption de la loi (Dahl, 2011). À vrai dire, plus de cinq mille hectares de zones humides relativement non perturbées sont encore perdus chaque année rien qu'aux États-Unis (Dahl, 2011).

Malgré de graves problèmes de perception, de conception et de mise en place des politiques de compensation aux États-Unis et ailleurs (Bull *et al.*, 2013), l'adoption de réglementations contraignantes sur la compensation des pertes de biodiversité est aujourd'hui engagée dans quarante-cinq pays (y compris en France, par exemple grâce au programme actif de la CDC Biodiversité) et en cours dans vingt-sept autres (Madsen *et al.*, 2011). Les compensations volontaires sont également fréquemment privilégiées par des entreprises et maîtres d'ouvrage (Neßhöver *et al.*, 2011).

Aujourd'hui, les principaux défis que doivent relever les politiques de compensation sont le non-respect des mesures de compensation requises, la difficulté de mesurer et d'assurer le suivi des résultats écologiques, et la grande incertitude inhérente à l'ensemble du processus de compensation (par exemple, mesure des progrès accomplis, trajectoires imprévisibles des écosystèmes, prévisions erronées, langage utilisé, normes requises, perception de la réussite par différentes parties prenantes) (Bull *et al.*, 2013).

En parallèle, les résultats de la création et de la restauration d'écosystèmes ne concordent pas avec la biodiversité et la fonctionnalité existantes dans l'état antérieur à la perturbation. Par exemple, plusieurs études sur des écosystèmes humides restaurés et créés, de par le monde, montrent que la biodiversité et la fonctionnalité biogéochimique n'ont été récupérées qu'à hauteur de 75 %, même cinquante à cent ans après le démarrage des travaux et interventions (Moreno-Mateos *et al.*, 2012).

▶▶ Limites de la création et de la restauration d'écosystèmes

La science et la pratique de la restauration et de la création de zones humides, toutes deux inscrites selon Mitsch (2012) dans l'ingénierie écologique au sens large, continuent d'évoluer, et leur capacité à régénérer la biodiversité et les fonctions écologiques est actuellement restreinte (Ballantine et Schneider, 2009 ; Moreno-Mateos *et al.*, 2012 ; Kovalenko *et al.*, 2013). Partout dans le monde, les divers types de milieux humides restaurés et créés (notamment lagunes permanentes non côtières, *depressional wetlands*, lagunes ripariennes, et celles soumises aux marées, *tidal wetlands*) tendent à avoir près de 25 % de biodiversité et de fonctionnalité en moins que les systèmes de référence à l'état initial de préperturbation, et ce même des décennies et des siècles après le début de la restauration ou de la création (figure 19.1) (Moreno-Mateos *et al.*, 2012).

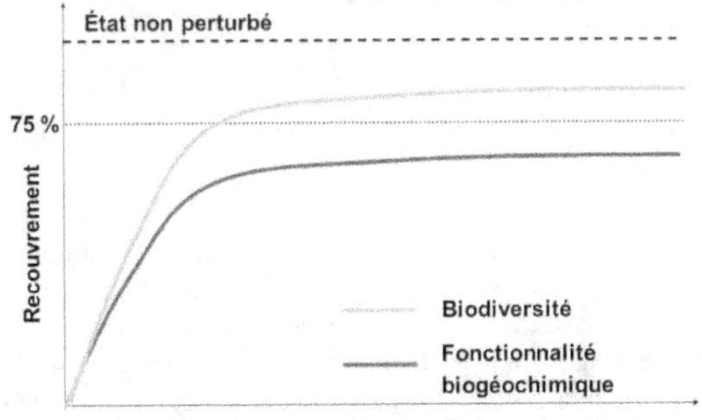

Figure 19.1. Trajectoires de récupération des zones humides restaurées ou créées. Les restaurations actuelles d'écosystèmes et les créations artificielles de zones humides entraînent près de 20 à 30 % de « dette de restauration ». La restauration des écosystèmes et la régénération autogénique peuvent prendre des siècles (d'après Moreno-Mateos *et al.*, 2012).

Le taux de rétablissement des zones humides est clairement affecté par la taille et le contexte environnemental. À titre d'exemple, les grandes zones humides (en particulier celles supérieures à cent hectares) se sont régénérées plus rapidement que les petites, et les zones humides restaurées ou créées dans des climats tempérés se sont régénérées plus rapidement que celles des climats froids (Moreno-Mateos *et al.* 2012). Ainsi, bien que la capacité de stockage du carbone des sols humides se renouvelle après plusieurs années, le rétablissement de la quantité de carbone stockée dans les sols et les cycles complets du carbone et de l'azote peuvent durer plusieurs décennies (Craft *et al.*, 2003). Ballantine et Schneider (2009) ont également observé que, dans les zones humides artificielles de l'État de New York, seulement 50 % des matières organiques existant dans les zones de référence concernées ont été récupérées au bout de cinquante-cinq ans. Une autre conséquence importante, mais peu étudiée, de ce décalage est que, durant les longues périodes de régénération de la biodiversité et de la fonctionnalité des zones humides en cours de récupération, on constate une baisse de leurs impacts positifs sur d'autres écosystèmes et sur les services écosystémiques rendus. Ce phénomène, connu sous le nom de « décalage temporel », est souvent associé à des « coefficients multiplicateurs », qui augmentent la quantité de zones humides ou de terres nécessaires pour compenser la perte provisoire de biodiversité et de fonctionnalité (Bull *et al.*, 2013). Plus encore, ces zones additionnelles allouées à la restauration ou à la création souffriront elles aussi d'un « décalage temporel ».

Pour améliorer l'efficacité de la restauration et de la création de zones humides, il est également important de comprendre comment les outils pratiques et les savoir-faire actuellement disponibles contribuent — ou non — à renforcer la biodiversité et la fonctionnalité. Des études montrent que la réponse de l'écosystème à des modes d'intervention différents, dans des conditions similaires à la fois d'habitat et environnementales, peut être extrêmement contrastée (Suding, 2011 ; Grman *et al.*, 2013). Par exemple, de nombreux auteurs font état du besoin de revégétalisation (comme Klimkowska *et al.*, 2007 ; Kiehl *et al.*, 2010) dans les efforts visant à restaurer ou à créer des écosystèmes de zones humides, comme des marais salants (Morzaria-Luna et Zedler, 2007 ; Garbutt et Wolters, 2008) ou des mangroves (Bosire *et al.*, 2003 ; Kamali et Hashim, 2011). Pour autant, d'autres études démontrent que la revégétalisation n'est pas nécessaire (Wolters *et al.*, 2008 ; Kamali et Hashim, 2011), ou que la valeur de son utilisation est incertaine (Zedler et West, 2008 ; Matthews et Spyreas, 2010). L'absence de réponses tranchées de l'écosystème à ces manipulations fondamentales et apparemment positives traduit à la fois un manque de savoir-faire et la nécessité de mettre en place une approche adaptée, au cas par cas. Dans de nombreux exemples, quelle que soit l'approche de restauration ou de création adoptée, des facteurs environnementaux, tels qu'une invasion biologique ou un événement climatique extrême, sont susceptibles d'induire des trajectoires de rétablissements convergents qui résulteraient, sur des périodes courtes (une dizaine d'années), en une homogénéisation biologique des assemblages résultants (Collinge et Ray, 2009). En d'autres termes, différentes conjugaisons de facteurs écologiques et anthropogéniques peuvent limiter la réussite, ou allonger de manière significative le délai nécessaire de la régénération d'écosystèmes restaurés ou créés.

▶▶ Une double perte

À la lumière de ces récentes conclusions, nous risquons de subir une perte double si nous nous fions à nos connaissances actuelles pour restaurer des écosystèmes altérés ou en créer de nouveaux — en vue de compenser la perte d'écosystèmes « non perturbés » ou relativement non perturbés. La première perte résultera du décalage temporel de la récupération — en général de plusieurs décennies à plusieurs siècles — ou de la non-récupération des conditions initiales à l'état de préperturbation ou « de référence » (voir glossaire). En d'autres termes, la perte chronique de biodiversité et de fonctionnalité causée par une nouvelle dégradation, altération ou destruction d'écosystèmes non perturbés, ne sera pas compensée, y compris après un ou plusieurs siècles, constituant de ce fait une perte à long terme ou permanente de biodiversité et de fonctionnalité.

Une seconde perte éventuelle vient du fait que les politiques actuelles de mesures compensatoires ne sont guère respectées et ne rajoutent donc pas beaucoup à la recherche d'un maintien de la biodiversité, même si l'efficacité des méthodes de restauration et de création d'écosystèmes s'améliore progressivement (Quigley et Harper, 2006 ; Dahl, 2011). Cette seconde perte s'additionne à la première. La majorité des projets liés à des zones humides et figurant dans les études indiquant une non-régénération structurelle et fonctionnelle totale pendant des décennies ou des siècles ne proviennent pas de projets de compensation. Au contraire, ils relèvent de programmes de restauration spécifiques qui impliquent habituellement des actions visant à régénérer la biodiversité. Inversement, la qualité des actions entreprises pour restaurer ou créer des sites de compensation est souvent moins bonne et la récupération fonctionnelle est rarement atteinte (Hossler *et al.*, 2011).

Les pertes ci-dessus mentionnées peuvent en partie se traduire par une perte de services écosystémiques rendus à la société. Par exemple, Gutrich et Hitzhusen (2004) ont calculé, en moyenne, que 49 % des coûts totaux correspondent à une perte quantitative de services écosystémiques rendus pendant la période de récupération de l'écosystème en voie de restauration (figure 19.2).

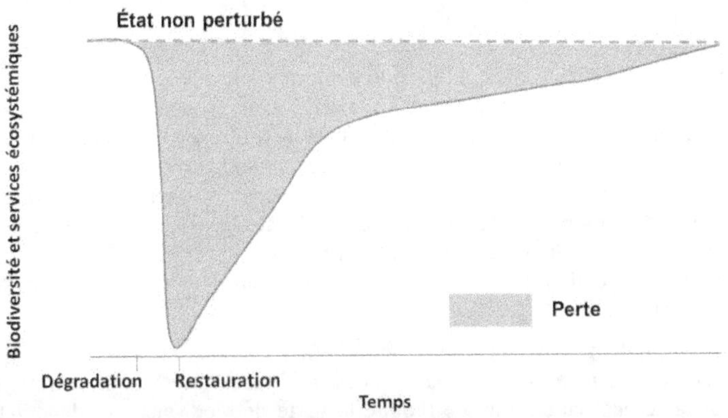

Figure 19.2. Perte provisoire de biodiversité et de fonctions et services écosystémiques durant le processus de récupération de l'écosystème après le début de la restauration ou de la création.

Cela signifie que la perte économique temporaire des bénéfices sociaux issus des zones humides restaurées correspond à peu près à la moitié de l'investissement initial réalisé dans les actions de restauration. Pour autant, cette étude utilisait un ensemble limité d'indicateurs de récupération basés sur des caractéristiques floristiques et la couleur des sols, qui montraient une récupération totale après treize à trente-trois ans. Cela laisse à penser que la récupération structurelle et fonctionnelle totale n'a pas été réellement mesurée. Si un ensemble complet d'indicateurs de biodiversité et de fonctionnalité était mesuré, le coût du décalage temporel serait probablement plus élevé. Ces conclusions suggèrent que la société s'expose actuellement à des pertes de bénéfices dues aux décalages temporels entre les pertes associées aux sites impactés et les gains associés aux sites de compensation.

▶▶ Éviter de nouvelles pertes

La première mesure à prendre afin d'éviter la perte de biodiversité et de fonctions et services écosystémiques est de stopper la perte d'habitat, c'est-à-dire de ne pas dégrader, altérer ou détruire davantage d'habitats non perturbés. Si cette première mesure n'est pas appliquée, les politiques d'atténuation risquent d'être utilisées comme un autre « droit à détruire » par les maîtres d'ouvrage et les industries peu soucieux de l'environnement. À titre exceptionnel, certains projets présentant des gains sociétaux exceptionnellement élevés (par exemple la construction d'un hôpital) sont à considérer. Dans ce cas de figure, la dégradation d'habitats non perturbés peut être acceptée par une société à condition de fournir des efforts adéquats pour compenser réellement avec des gains de biodiversité et de fonctionnalité équivalents. Cependant, comme indiqué plus haut, dans un cadre de compensation pour des dommages environnementaux, l'élargissement de la zone à restaurer ne garantit pas l'équivalence fonctionnelle si toutes les zones restaurées ne se régénèrent que partiellement (Levrel *et al.*, 2012).

Il est également possible d'augmenter l'équivalence entre les écosystèmes restaurés ou créés et les écosystèmes de référence en améliorant la performance actuelle, très imparfaite, des pratiques de restauration et de création de zones humides. Cela peut se faire en imposant aux maîtres d'ouvrage ou à l'industrie extractive le dépôt d'une caution de performance avec intérêts courus pénalisant la création ou la restauration infructueuse (Gutrich et Hitzhusen, 2004). Pour mesurer la performance, une série complète d'attributs liés aux paramètres structurels et fonctionnels doit être utilisée (Bull *et al.*, 2013), au strict minimum. La caution de performance doit s'étendre au-delà des exigences de suivi des projets d'atténuation traditionnels, dont la durée moyenne est généralement de cinq ans, jusqu'à une période minimale de vingt-cinq à cinquante ans. C'est le temps minimum requis pour que des projets de restauration ou de création de zones humides atteignent une régénération structurelle et fonctionnelle (Moreno-Mateos *et al.*, 2012). Des durées similaires (cinquante à soixante-quinze ans) ont été également proposées en tant que délais minimaux à respecter pour atteindre la compensation, en se basant sur un taux d'escompte positif (Lipton *et al.*, 2008). Si nous continuons à adapter le dimensionnement de la restauration de l'écosystème à la dynamique économique à court terme (Doak *et al.*, 2013), les pertes écologiques évoquées ci-dessus continueront à s'additionner. Pour renforcer une faible performance de restauration et de création, il est également possible de renforcer et d'affiner les normes légales prescrites dans les réglementations sur la compensation. Des normes plus strictes accroîtront les chances de renforcer la performance de la restauration et la création sur la durée et, ce faisant, réduiront les risques de sanctions venant des cautions de performance.

Enfin, si la société souhaite réellement augmenter l'efficacité de la restauration et de la création d'écosystèmes, et, ce faisant, accroître l'efficacité des politiques d'atténuation, y compris des réglementations sur la compensation, afin de réduire la perte de biodiversité et d'habitat durant ce processus, nous devons apprendre comment atteindre une restauration réussie. Comme démontré précédemment, les pratiques actuelles ne garantissent pas à 100 % la récupération structurelle et fonctionnelle en l'espace de plusieurs décennies ou de plusieurs siècles. Pour inverser cette tendance, nous devons mieux comprendre les processus de restauration et de développement des écosystèmes, et trouver ou élaborer des outils et des indicateurs de mesure spécifiques qui permettent d'accélérer la régénération. Pour ce faire, il est urgent d'accroître les investissements actuels dans la science de la restauration et la création des écosystèmes.

▶▶ Conclusion

Les politiques de compensation actuelles doivent relever de nombreux défis pour atteindre une non-perte nette de biodiversité, de fonctionnalité écologique, mais aussi de services écosystémiques. De façon générale, les sites d'atténuation servant à compenser la perte d'habitat ou de biodiversité ont une biodiversité et une fonctionnalité inférieures à celles des sites de référence initiaux durant plusieurs décennies au moins (75 % de récupération). La restauration et la création d'écosystèmes, considérées souvent comme les outils essentiels des programmes de compensation, sont actuellement limitées dans leur capacité à rétablir la biodiversité et la fonctionnalité et peuvent en partie expliquer cette tendance. Au vu des limites connues de notre capacité à restaurer ou à créer des écosystèmes, une nouvelle conversion ou dégradation d'habitats « naturels », supposément justifiée et compensée par les politiques de compensation, ne doit être autorisée que dans des circonstances exceptionnelles, par exemple si la vie humaine est menacée, ou si des bénéfices sont censés affecter l'ensemble de la société et non pas seulement des acteurs locaux. Clairement, il faut se baser strictement sur les gains de l'ensemble de la société, et non sur le seul intérêt économique à court terme de quelques-uns. Avant toute mise en place des politiques de compensation, nous devons nous assurer que nous sommes capables de restaurer et de créer des écosystèmes dans un délai suffisamment court pour éviter, ou réduire au minimum, la perte provisoire (voir figure 19.2), contrairement à ce qui arrive actuellement. Si tel n'est pas le cas, les politiques de compensation comprises dans les programmes d'atténuation compensatoires seront utilisées comme des « droits à détruire » et contourneront les réglementations existantes sur la préservation.

Partie IV

Outils d'évaluation de l'atteinte de l'équivalence écologique

Chapitre 20

Méthodes de dimensionnement des mesures compensatoires pour les zones humides

Sylvain Pioch, Geneviève Barnaud, Bastien Coïc

La liste proposée ci-après, modifiée et complétée de Barnaud et Coïc (2011) et de Fennessy *et al.* (2007), n'est pas exhaustive. Elle détaille vingt-quatre méthodes de dimensionnement des mesures compensatoires pour des milieux aquatiques, répertoriées à partir d'articles scientifiques et de documents issus d'agences publiques[112]. Ces méthodes sont très majoritairement issues des États-Unis (Fenessy *et al.*, 2004). Elles proviennent principalement de deux documents. Premièrement, le *Compendium of Ecological Assessment Methods*, inventaire réalisé en 2004 par le National Park Service qui répertoriait quatre-vingt-douze méthodes d'évaluation écologique. Mais toutes les méthodes présentées dans ce rapport ne sont pas comparables, si l'on considère leur mise en œuvre (coût, temps), la qualité des résultats obtenus ou, tout simplement, leur obsolescence par rapport aux avancées de nos connaissances du fonctionnement des écosystèmes aquatiques (l'inventaire datant de 2004). Deuxièmement, le programme Ecosystem Management Restoration Information System (EMRIS), piloté par l'US Army Corps of Engineers (USACE), actualisé en mars 2012 et hébergé par la plateforme de données Watershed Connect. Il propose une sélection de quarante méthodes (Wetland Procedure Descriptions) pour leur « intérêt scientifique, leur rapidité, leur faible coût et leur côté innovant » (Barnaud et Coïc, 2011). Le tableau 20.1 présente une sélection de vingt-quatre méthodes d'après des critères liés à la rapidité de mise en œuvre, les compétences requises (utilisation sur site, mesure quantitative) et la pertinence de la méthode elle-même. L'objectif est avant tout d'offrir une vision sur la diversité des méthodes, les compétences requises pour les mettre en œuvre et une indication du temps nécessaire pour les implémenter (hors temps de formation aux méthodes). Une rapide analyse des méthodes présentées permet de noter que celles élaborées dans les années 1990 nécessitent l'intervention d'experts en zone humide alors que celles élaborées dans les années 2000 nécessitent l'intervention d'experts pluridisciplinaires (zones humides, botanique, pédologie, etc.). En outre, on observe une diminution des temps passés sur le terrain pour l'utilisation des méthodes les plus récentes développées depuis les années 2000, qui nécessitent en moyenne moins de 4 heures (CRAM, NovaWET, ORWAP), contre 4 à 8 heures ou

---

112. Excepté pour la méthode WATER, développée par la société Florida Power and Light (Maus et Hearing, 1995).

plus pour celles antérieures aux années 2000. On peut remarquer également que le temps passé sur le terrain est en lien avec les compétences des agents :
- les méthodes qui demandent en moyenne moins d'une demi-journée sont réalisées par des experts en zone humide ;
- celles qui demandent en moyenne une journée sont réalisées par des experts pluridisciplinaires ;
- celles qui demandent en moyenne plus d'une journée sont réalisées par des non-experts.

Cette liste permet également d'apprécier l'effort très important qui a été réalisé sur le territoire américain pour le développement de ces méthodes, et qui correspond à un renforcement des exigences réglementaires depuis une quinzaine d'années (principe de *no-net-loss*, renforcement de la section 404 du Clean Water Act, organisation d'un « marché » de la compensation contrôlé). Elles peuvent être regroupées en trois grandes catégories : les méthodes comparatives (ex. : UMAM, WATER), les méthodes « référentielles » ou *via* un index (ex. : HEP/REP) et les méthodes analytiques (ex. : HGM). Enfin, elles sont également souvent rattachées à un État (Oregon, Floride, Californie, etc.) et tiennent logiquement compte des spécificités tant écologiques (faune, flore, habitat, bassin versant/hydrogéomorphologie) qu'administratives (recommandations méthodologiques des agences de régulation, découpages des aires de service, etc.) ou socio-économiques (paysages, usages des terres, activités humaines, etc.) de ces derniers. Ce qui tendrait à accepter une diversité méthodologique bénéfique aux différences territoriales : environnementales, administratives et socio-économiques ou culturelles.

Liste des acronymes

AMNEW Automated Assessment Method for Northeastern Wetlands

CRAM California Rapid Assessment Method

EPW Evaluation for Planned Wetlands

FAP Functional Assessment Procedures

HEA/REA Habitat Equivalency Analysis

HEP Habitat Evaluation Procedure

HGM HydroGeoMorphic Assessment

InVEST Integrated valuation of Environmental Services and Tradeoffs

MiRAM Michigan Rapid Assessment Method for Wetlands

MWAM Montana Wetland Assessment Method

N Carolina WAM North Carolina Wetland Assessment Method

NCDENR North Carolina Department of Environmental and Natural Resources

NC Guidance North Carolina Guidance for Rating the Values of Wetlands

NovaWET Nova Scotia Wetland Evaluation Technique

ORAM Ohio Rapid Assessment Method

OFWAM Oregon Freshwater Wetland Assessment Methodology

ORWAP Oregon Rapid Wetland Assessment Protocol

RAMOTF Rapid Assessment Method for Oregon Tidal Fringe Wetlands

RFWAM Remote Functional Wetland Assessment Model

UMAM Uniform Mitigation Assessment Method

WAP Wetland Assessment Procedure

WATER Wetland Assessment Technique for Environmental Review

WET Wetland Evaluation Technique

WFV Wetland Functions and Values

WSWRS-west Wetland Rating System for Western Washington

Tableau 20.1. Liste de vingt-quatre méthodes d'évaluation rapide utilisées pour le dimensionnement des mesures compensatoires en zones humides (adapté et complété de Barnaud et Coïc, 2011, et de Fenessy *et al.*, 2007).

Acronyme	Date	Pays	Type d'habitat (zone humide)	Compétences requises	Temps estimé	Référence
AMNEW	2000	États-Unis	Tous	Connaissances en zones humides + SIG[1]	Pas de terrain : peu de temps	Cedfeldt *et al.*, 2000
CRAM	2006	États-Unis	6 types de zones humides : riveraine, lacustre, dépression, de pente, de plage, estuarienne	Experts pluridisciplinaires	4 h terrain + 1 j. prép.	Collins *et al.*, 2004
EPW	1994	États-Unis	Tous	Connaissances sur les zones humides	1-2 h/0,4 ha	Bartoldus *et al.*, 1994, *in* EMRIS-USACE
FAP	2009	Europe	Alluviales et lacustres	Applicable par des non-experts et indique si nécessité d'un expert ponctuel	> 24 h	Maltby, 2009
HEA	1994, actualisé en 2006	États-Unis	Tous types de milieu + terrestre	Applicable par des non-experts + référentiel identification proxy	1/2 j. ou +	Dunford *et al.*, 1994
HEP	1980	États-Unis	Tous + milieux terrestres	Experts naturalistes : relation espèce/habitat	1 j.	US Fish and Wildlife Service, 1980
HGM	1993	États-Unis	Tous	Experts + hydrogéomorphologue	1/2 j.	Brinson, 1993
InVEST	2007	/	Tous types de milieux	Expert + compétences SIG	1 j.	Tallis *et al.*, 2007
MiRAM	2010	États-Unis	Tous	Expert en écologie, botanique, ichtyologie	1 h à plusieurs h	Michigan Department of Natural Resources and Environment, 2010
MWAM	1989	États-Unis	Tous types de zones humides	Expert naturaliste	1 j.	Berglund, 1999
N Carolina WAM	2003, actualisé en 2010	États-Unis	16 types de zones humides	Experts pédologie, hydrologie + entraînement à la méthode nécessaire	1,5 h pour une pers. experte	NCWFAT, 2010
NCDENR	1995, actualisé en 1998	États-Unis	Eau douce	Experts en sciences de l'environnement	4 h/0,4 ha	NCDENR, 1995

NovaWET	Dernière modification 2011	Canada	Tous	Experts en zones humides et paysage + SIG	1/2 j.	Nova Scotia Environment, 2011
OFWAM	1996	États-Unis	Eau douce	Applicable par des non-experts + formation à la méthode nécessaire	10-26 h/0,4 ha	Roth *et al.*, 1996
ORAM	Dernière modification 2001	États-Unis	Tous	Expert naturaliste	1 h/plusieurs h	Mack, 2001
ORWAP	2009	États-Unis	Tous	Experts en botanique, hydrologie et pédologie	3-6 h	Adamus *et al.*, 2009
RAMOTF	2005, actualisé en 2007	États-Unis	Marais tidaux, eaux libres tidales	Experts en zones humides, botanique, pédologie	Moins d'1/2 j. (~ 2 semaines en plus pour le modèle)	Adamus, 2006
RFWAM	2003	États-Unis	5 types de zones humides : dépression, riverain, plate, côtier, pente	Expert en zones humides + SIG	1 j. à +	Stallman *et al.*, 2005
UMAM	2004	États-Unis	Tous types de zones humides et zones émergées (*up-lands*)	Expert naturaliste ou bonne connaissance du milieu	1/2 j.	Florida Department of Environmental Protection (UDEP), 2004
WAP	1995, actualisé en 2005	États-Unis	Zones humides isolées uniquement	Connaissances en botanique + entraînement à la méthode nécessaire	Non renseigné	Wetland Assessment Procedure, 2004
WATER	1995	États-Unis	Tous types de zones humides	Expert naturaliste	1 j. à +	Maus et Hearing, 1995
WET	1987	États-Unis	Tous	Experts en biologie ou en écologie + expérience sur zones humides	14 à 42 h/0,4 ha	Adamus *et al.*, 1987
WFV	1995	États-Unis	Tous	Experts interdisciplinaires	2 h zone humide	William et Gosselink, 1993, *in* National Science Foundation, 1995
WSWRS-west	1993	États-Unis	Tous	Connaissances en identification des caractéristiques des zones humides : botanique, hydrologie	3 h max indicateur : 1/2 j.	WSDE, 1993, *in* Fennessy *et al.*, 2004

[1] Système d'information géographique (cartes, géoréférencement et analyses de cartes).

Chapitre 21

Habitat Equivalency Analysis

Estimation de l'équivalence écologique sur la base des services et ressources rendus par l'habitat

Adeline Bas, Pascal Gastineau, Julien Hay, Sylvain Pioch

Utilisée à la fois dans le cadre d'impacts environnementaux accidentels et d'impacts anticipés lors de projets d'aménagement, la méthode Habitat Equivalency Analysis (HEA) est un outil d'analyse fondé sur des données de nature écologique et économique, permettant de dimensionner les mesures compensatoires dans le temps et dans l'espace. Elle a pour objet d'évaluer le niveau de compensation à partir des services et ressources naturels rendus par l'habitat. Depuis sa création dans les années 1990, la méthode HEA a rencontré un vif succès aux États-Unis en raison de sa simplicité de mise en œuvre et de son applicabilité à tout type de milieu (encadré 21.1). Elle commence tout juste à se faire connaître en Europe *via* son introduction dans la Directive européenne sur la responsabilité environnementale[113], qui vise à appliquer le principe « pollueur-payeur » dans le cadre d'impacts environnementaux liés à des accidents industriels.

Le présent chapitre a pour objet la présentation de la méthode HEA à travers deux exemples fictifs d'application. Une discussion sur les hypothèses retenues par HEA ainsi que sur les atouts et les limites de cet outil viendra compléter cette description.

▸▸ Méthodologie

Cette première partie vise à présenter le fonctionnement de la méthode HEA : les concepts et les étapes de la mise en œuvre seront définis, puis les paramètres et les données nécessaires à la réalisation de la méthode seront identifiés. Afin de faciliter la compréhension de l'outil HEA, deux exemples d'application fictifs seront ensuite présentés : le premier concernera un impact anticipé dans le cadre d'un projet d'extension de port (destruction d'un marais salé) et le second portera sur un impact accidentel à la suite d'une pollution par hydrocarbures (dégradation d'une zone dunaire).

---

113. La Directive 2004/34/CE préconise l'utilisation de l'approche service-service (c'est-à-dire la méthode HEA) pour compenser un impact environnemental *via* une restauration du milieu naturel.

Définitions

Équivalence

La méthode HEA est une méthode dite d'équivalence car elle vise à dimensionner un projet de restauration de manière à ce que les gains environnementaux issus de la restauration soient équivalents en qualité et en quantité aux pertes environnementales générées par le dommage. Avec la méthode HEA, l'équivalence est fondée sur l'habitat à travers une relation entre la surface dégradée ou détruite et celle à restaurer.

Services et ressources naturels

La méthode HEA porte sur une évaluation à la fois des pertes et gains de services et de ressources naturels. Les « services naturels » se définissent comme étant les fonctions écologiques rendues par l'habitat au bénéfice d'autres ressources naturelles et les services écosystémiques produits par l'habitat au bénéfice de l'homme (NOAA, 1997). Cette définition particulière des « services » est spécifique au contexte américain et ne se restreint donc pas aux seuls services écosystémiques au sens du Millenium Ecosystem Assessment (MEA). Les « ressources naturelles » englobent, quant à elles, les espèces animales et végétales ainsi que les habitats naturels terrestres et côtiers (NOAA, 2006).

Encadré 21.1. Bref historique de la méthode HEA

La méthode HEA a été créée en 1995 aux États-Unis par la National Oceanic and Atmospheric Administration (NOAA), puis révisée en 2000 et en 2006 (NOAA, 2006). Les administrations américaines ont mis au point cette méthode pour déterminer une compensation de dommages environnementaux plus équitable et moins onéreuse que celles évaluées dans les années 1980 et 1990. L'élément déclencheur a été la procédure judiciaire de l'*Exxon Valdez* faisant suite à une pollution par hydrocarbures en Alaska en 1989. La procédure judiciaire a duré près de vingt ans, à l'issue de laquelle a été accordé 1,15 milliard de dollars (en année 1991) au titre du dommage environnemental. Cette somme a été en partie évaluée sur la base des résultats de la méthode d'évaluation contingente, méthode qui vise à estimer monétairement les pertes de valeur de non-usage qui ont résulté de la marée noire. Pour éviter les biais d'évaluation liés à ce type de méthode et une déconnexion de l'indemnisation monétaire de l'impact environnemental, les administrations américaines ont mis en place, par l'intermédiaire de la loi cadre The 1980 Oil Pollution Act (OPA) et par la modification d'une autre loi cadre, The 1980 Comprehensive Environmental Response, Compensation, and Liability Act (CERCLA ou Superfund), une procédure standardisée à suivre : le Natural Resource Damage Assessment (NRDA). L'objectif du NRDA est de fournir le détail de la séquence à suivre pour compenser en unités biophysiques, *via* un projet de restauration, le milieu naturel dégradé suite à une pollution par hydrocarbures ou par substances chimiques. La méthode HEA a donc été développée pour dimensionner les projets de restauration de manière à compenser directement les pertes du milieu dégradé et indirectement les pertes de bien-être subies par les individus. Malgré sa nouveauté, elle a servi de base à une décision d'une cour de justice américaine quelques années seulement après sa création (United States of America v. Melvin A. Fisher, 1997) et est devenue rapidement la norme dans le domaine (Thompson, 2002).

Par ailleurs, HEA est également utilisée pour compenser des impacts environnementaux résultant de projets d'aménagement comme les lois cadres National Environmental Policy Act (NEPA) et Clean Water Act.

Pour faciliter la mise en œuvre des calculs de la méthode aux entités susceptibles de l'utiliser (porteur de projet, administration, responsable de pollution), un logiciel libre, le Visual HEA, a été développé en 2006 par le National Coral Reef Institute et la Nova Southeastern University Oceanographic Center en Floride (Kohler et Dodge, 2006).

Valeur et qualité d'un habitat

Le principe de la méthode HEA est de comparer la valeur et la qualité des pertes et gains de services et ressources naturels rendus par un habitat. La « valeur » a un sens bien particulier dans le cadre théorique de HEA, puisqu'elle fait référence à la valeur à la fois écologique et économique d'un habitat (NOAA, 1997 ; Unsworth et Bishop, 1994). La valeur écologique est approchée par le niveau physique de services et de ressources rendus par l'habitat. Autrement dit, cette valeur écologique dépend de la « qualité » de l'habitat : l'ensemble de ses caractéristiques permet la production d'un niveau de ressources et de services donné. La valeur économique, quant à elle, se définit comme étant la valeur accordée par les individus aux services et ressources naturels. Cette valeur est mesurée par le niveau de satisfaction (c'est-à-dire de bien-être) que les individus retirent de la nature (par exemple la satisfaction retirée de la pratique d'activités de loisirs de plein air). La méthode HEA s'inscrit ainsi dans le courant de l'économie du bien-être (Mazzotta *et al.*, 1994).

Étapes de mise en œuvre de la méthode

La mise en œuvre de HEA nécessite la réalisation de trois étapes : évaluation des pertes de services et ressources par la surface de l'habitat endommagé ou détruit ; évaluation des gains de services et de ressources apportés par le projet de compensation sur une unité de surface ; détermination de la surface à restaurer.

Paramètres de la méthode

L'objectif de la méthode HEA est d'aboutir à une équivalence entre les pertes et les gains de services et de ressources au travers de la détermination de l'ampleur de la restauration sur la base de l'équation suivante :

$$Vi\,Ai \sum_{t=1}^{Ti} (1+r)^{-t}\,It = Vr\,Ar \sum_{t=1}^{Tr} (1+r)^{-t}\,Rt \qquad (1)$$

L'équation (1) nous indique ainsi que les pertes de services et de ressources doivent être égales aux gains. Les paramètres à déterminer pour réaliser une HEA sont détaillés dans le tableau 21.1. À partir de l'équation (1), la surface compensatoire se détermine par :

$$Ar = \frac{Vi}{Vr}\ \frac{Ai \sum_{t=1}^{Ti} (1+r)^{-t}\,It}{\sum_{t=1}^{Tr} (1+r)^{-t}\,Rt} \qquad (2)$$

Un choix déterminant : l'indicateur

L'évaluation des pertes et des gains s'effectue au moyen d'un indicateur biologique. Ce dernier permet d'approcher le niveau global de services et ressources rendus par l'habitat endommagé en captant les différences de qualité et de quantité au niveau des services et des ressources rendus par l'habitat dégradé et restauré (Fonseca *et al.*, 2000).

L'indicateur est une espèce représentative de l'habitat endommagé et restauré, ou une espèce formant l'habitat, par exemple la posidonie (*Posidonia oceanica*) pour l'habitat « herbier ». La métrique de cet indicateur peut être de diverses natures : biomasse, taux de couverture, production primaire ou secondaire, facteur de reproduction, nombre de juvéniles, etc. Dans le cas de la posidonie, la métrique peut être la croissance annuelle des pieds. Un indicateur composite (défini à partir de plusieurs espèces) peut également être utilisé lorsqu'il est difficile d'identifier une seule espèce représentative ou lorsque les données nécessaires pour quantifier l'espèce représentative sont absentes. Néanmoins, la pratique de la méthode HEA montre que le recours à un indicateur composite est rare. Enfin, l'indicateur doit avoir une dimension spatiale (par exemple, couverture d'un milieu) puisque HEA vise à dimensionner une surface à restaurer.

Grâce à un indicateur « espèce », la méthode HEA évalue le niveau de compensation requis pour que la fonction « habitat » rendue par la zone concernée ne subisse pas de perte nette. D'autre part, lorsque les espèces sont en premier lieu visées par l'impact et non l'habitat, une méthode semblable à HEA sur le plan conceptuel peut être utilisée : la méthode Resource Equivalency Analysis (REA). La différence porte sur l'évaluation des pertes et des gains qui s'effectue non plus du point de vue de la surface, mais de celui des individus morts et restaurés (Zafonte et Hampton, 2005).

Tableau 21.1. Paramètres de la méthode HEA.

Paramètres	Signification
Ai	Surface endommagée
Ar	Surface restaurée
I	Niveau des pertes de services et de ressources par rapport au niveau avant impact
R	Niveau des gains de services et de ressources rendus par l'action de compensation
Ti	Durée de l'impact
Tr	Durée des gains de restauration
r	Taux d'actualisation, fixé à 3 % aux États-Unis (NOAA, 1999) et à 4 % en France (Commissariat général du plan, 2005)
Vi	Valeur des services et des ressources rendus par unité de surface d'habitat avant impact
Vr	Valeur des services et des ressources rendus par unité de surface d'habitat restauré

Unités d'équivalence entre les pertes et les gains : les DSAYs, ou hectares-années

Les pertes et les gains de services et ressources sont exprimés en une unité particulière qui lie le pourcentage de services et ressources perdus ou gagnés à une surface et à une période de temps donnée. Cette unité de compte est l'unité « service[114]-surface-année », qui mesure, pour chaque année (ou encore pour chaque trimestre ou semestre, selon le pas de temps choisi) et pour un hectare ou une acre, le niveau de services et de ressources perdus ou gagnés. Le résultat obtenu est ensuite actualisé pour aboutir à l'unité « service-actualisé-surface-années » (ou *discounted service acre-years*, DSAYs). À noter que les documents produits par le ministère français de l'Écologie, du Développement durable et de l'Énergie (MEDDE) relatifs à la méthode HEA utilisent les termes « hectares-années » au lieu de DSAYs (Monnery *et al.*, 2011 ; Gaubert et Hubert, 2012 ; Pioch et Berger, 2012). Ainsi, les pertes exprimées en hectares-années correspondent au pourcentage actualisé de services et de ressources perdus pour une surface donnée en une année. De même, les gains exprimés en hectares-années correspondent au pourcentage actualisé de services et de ressources gagnés par unité de surface restaurée en une année (Levrel, 2012a ; Bas et Gaubert, 2010). Pour évaluer la totalité des hectares-années perdus et gagnés par l'impact et par l'action de restauration, il suffit de les additionner pour la période correspondant au nombre d'années pendant lesquelles

---

114. Le terme « service » utilisé pour nommer l'unité de mesure « service-actualisé-surface-années » fait également référence aux fonctions écologiques et aux ressources naturelles, comme nous l'avons souligné plus haut (conformément à la définition américaine du terme « service »). Dans un objectif de simplification d'écriture, le terme « service » englobe à la fois les services et les ressources naturels.

les effets du dommage ou de la restauration se font sentir. Ce dernier point donne un rôle prépondérant à l'échelle de temps sur laquelle les dynamiques biologiques vont s'exprimer et sur l'indicateur qui va être retenu pour établir l'équivalence en hectares-années.

Actualisation

Le recours à l'économie apparaît explicitement dans la méthode HEA à travers l'utilisation d'un taux d'actualisation. C'est, en effet, le seul paramètre non biologique de la méthode. HEA est l'une des seules méthodes à tenir compte explicitement des délais[115] de mise en œuvre de la restauration et du rythme de production des gains (Quétier et Lavorel, 2011). C'est pourquoi les pertes et les gains sont évalués sur une base annuelle (ou mensuelle, trimestrielle, semestrielle selon le pas de temps retenu). L'outil économique d'actualisation est alors utilisé pour comparer et ramener sur une même base temporelle ces pertes et gains qui surviennent à des périodes de temps différentes.

D'un point de vue théorique, le taux d'actualisation traduit la préférence des individus pour le présent. En effet, les individus accordent une plus grande valeur aux ressources et services disponibles immédiatement par rapport à ceux disponibles dans le futur (pour davantage de précisions sur le taux d'actualisation, voir Hardelin et Marical, 2011).

Actuellement, le choix du taux d'actualisation n'est pas consensuel et varie d'un pays à l'autre. Le taux d'actualisation utilisé est très souvent celui recommandé pour les investissements publics. Il est par exemple fixé à 3 % aux États-Unis alors que la France a fait le choix d'un taux constant de 4 % sur les trente premières années, puis d'un taux décroissant pour atteindre 3 % à l'horizon de cent ans et 2 % à l'horizon de cinq cents ans (Commissariat général du plan, 2005).

Ratio compensatoire

Le ratio (Vi/Vr) permet de prendre en compte les différences de valeur et de qualité entre l'habitat endommagé et restauré. Étant donné les difficultés à évaluer ces valeurs et qualités, le cadre théorique de la méthode HEA suppose par défaut qu'il existe une équivalence parfaite entre les services et les ressources dégradés et restaurés : ceux-ci sont supposés être de même type, de même qualité et de même valeur. Le ratio est donc constant et égal à 1 dans l'équation présentée plus haut. Il y a ainsi une substituabilité parfaite du point de vue économique entre les services et les ressources endommagés et restaurés.

Or, en pratique, cette hypothèse est relâchée car jugée trop restrictive et souvent peu réaliste. Les valeurs Vi et Vr étant cependant difficiles à évaluer, comme nous l'avons dit précédemment, le ratio est calculé à partir des caractéristiques fonctionnelles ou structurelles des habitats (par exemple différence de densité d'une espèce ou de productivité secondaire des habitats) ou à partir de la modélisation des attributs des habitats (Dunford *et al.*, 2004). Ainsi, le ratio compensatoire peut faire office de variable d'ajustement lorsque les habitats restaurés et dégradés présentent des caractéristiques différentes (Fonseca *et al.*, 2000 ; English *et al.*, 2009).

Le ratio compensatoire permet également de tenir compte du fait que l'homme est incapable de faire mieux que la nature et qu'il n'a pas les connaissances nécessaires pour recréer à l'identique ce qu'il a détruit par ailleurs. Il y a donc une incertitude sur la réussite de la restauration. La valeur du ratio est donc croissante à mesure que l'incertitude sur le succès de la restauration augmente (Vaissière *et al.*, 2013). Toutefois, la détermination du ratio d'équivalence fait tout de même largement appel aux jugements d'experts et repose donc sur une subjectivité importante (Dunford *et al.*, 2004).

---

115. Seules quelques méthodes tiennent compte de ces délais, la plupart se contentant d'augmenter la taille de la surface compensatoire lorsque des délais longs sont prévus.

▶▶ Exemples théoriques

Afin de clarifier la mise en œuvre de la méthode HEA, deux exemples vont être développés : le cas d'un impact environnemental autorisé (*ex ante*) et le cas d'un impact environnemental accidentel (*ex post*).

Exemple fictif n°1 : compensation d'un impact autorisé

Nous nous appuierons sur le logiciel Visual HEA v2.6 Fr pour appliquer la méthode HEA à notre exemple fictif. De par son interface, ce logiciel développé aux États-Unis et récemment traduit en français facilite les calculs de la méthode HEA. En effet, il suffit de remplir les champs proposés pour obtenir la surface compensatoire. Il est ainsi plus rapide d'évaluer différents scénarios de compensation.

Supposons un marais salé de 20 hectares détruit par l'extension d'un port en 2014. Le niveau global de services et de ressources rendus par cet habitat était de 60 %[116] avant le projet et tombe à 0 % une fois l'extension réalisée. Les pertes sont infinies puisqu'il y a remplacement d'un habitat naturel par une structure anthropique supposée permanente. Le taux d'actualisation est fixé à 4 % conformément au taux retenu par le Commissariat général du plan (2005). Contrairement aux préconisations de ce rapport, nous supposons ce taux constant dans le temps, et non décroissant après la trentième année[117].

Tableau 21.2. Pertes de services et de ressources rendus par le site endommagé.

Année	Pertes intermédiaires de services (%)			Pertes moyennes (hectare-année) (2) = (1) × 20 ha	Actualisation (3)	Pertes moyennes actualisées (hectare-année) (4) = (2) × (3)
	Début	Fin	Moyenne *(1)*			
2014	0	60	30	6	1	6
2015	60	60	60	12	0,962	11,538
2016	60	60	60	12	0,925	11,095
2017	60	60	60	12	0,889	10,668
2018	60	60	60	12	0,855	10,258
Au-delà						256,441
Pertes moyennes totales de services et de ressources actualisés (hectare-année)						306

Commentaire. Pour chaque année, le niveau moyen de pertes de services et de ressources est calculé en fonction des niveaux de pertes estimées en début et en fin de chaque année. Par exemple, pour l'année 2014, il n'y a pas de pertes de services au début de l'année (le projet d'extension de port ayant lieu courant 2014) et 60 % de pertes fin 2014. Ainsi, le niveau moyen de pertes estimées sur le marais salé est de 30 % pour l'année 2014. Le niveau des pertes est ensuite exprimé en hectares-années en multipliant le niveau moyen de pertes de l'année 2014 (soit 30 %) par la surface endommagée (soit 20 hectares) et le taux d'actualisation (soit 1 pour l'année 2014). Pour l'année 2014, les pertes s'élèvent à 306 hectares-années.

Imaginons un projet compensatoire visant à restaurer un marais salé situé à proximité de celui endommagé. Le niveau de services et de ressources rendu par ce marais avant le projet de compensation est de 50 %. Le projet permettra d'atteindre un niveau de 80 % — il est utopique d'envisager d'atteindre un niveau de 100 % ou même de 90 % étant donné nos connaissances très partielles en

---

116. Sachant qu'un niveau de services et de ressources de 100 % correspond au niveau maximal qu'un habitat peut atteindre.

117. À l'heure actuelle, le logiciel Visual HEA v2.6 Fr ne permet pas de tenir compte de cette subtilité française.

matière de fonctionnement des écosystèmes et d'ingénierie écologique. Le projet compensatoire débutera en 2014 et atteindra son objectif en six ans (en supposant une croissance linéaire des gains de restauration). Les gains de services sont supposés définitifs et vont donc perdurer dans le temps. Le ratio compensatoire sera de 2 pour 1 (c'est-à-dire 2 hectares restaurés pour 1 hectare détruit), car les deux habitats sont similaires sur le plan structurel mais diffèrent sur le plan de la qualité des fonctions et des services rendus.

L'interface proposée par le logiciel Visual HEA v2.6 Fr permet de calculer la surface compensatoire après avoir rempli les différents champs (figure 21.1, voir planche couleur III) : année de l'impact, surface endommagée, ratio compensatoire, taux d'actualisation, niveau de services rendus par le site avant impact, niveau de services rendus par le site compensatoire avant la réalisation du projet de restauration, unité de surface, durée des pertes et des gains en précisant s'ils ont un caractère perpétuel ou non.

Dans notre exemple, on obtient ainsi des pertes de services et de ressources estimées à 306 hectares-années (tableaux 21.2 et 21.3). Le projet de compensation apportera un gain de services et de ressources d'environ 6,9 hectares-années. Il sera ainsi nécessaire de réaliser le projet de compensation sur une surface d'environ 88 hectares pour que les pertes soient intégralement compensées. Le coût de la compensation, à la charge du porteur de projet de l'extension du port, peut ensuite être évalué en calculant le coût de mise en œuvre des actions de restauration.

Tableau 21.3. Gains de services et de ressources issus de l'action compensatoire.

Année	Gains de services (%)			Gains moyens (hectare-année) $(2) = (1) \times 20\,ha$	Actualisation (3)	Gains moyens actualisés (hectare-année) $(4) = (2) \times (3)$
	Début	Fin	Moyenne (1)			
2014	50	55	2,5	0,5	1	0,5
2015	55	60	7,5	1,5	0,962	1,442
2016	60	65	12,5	2,5	0,925	2,311
2017	65	70	17,50	3,5	0,889	3,111
2018	70	75	22,50	4,5	0,855	3,847
2019	75	80	27,50	5,5	0,822	4,521
2020	80	80	30	6	0,790	4,742
2021	80	80	30	6	0,760	4,560
Au-delà						113,988
Gains moyens totaux de services et de ressources actualisés (hectare-année)						139,021
Gains moyens de services et de ressources actualisés par unité de surface (hectare-année)						6,951
Surface de l'action compensatoire (hectare) : 2,00 × 306/6,951						88,04

Commentaire. Pour chaque année, le niveau moyen de gains de services et de ressources est calculé en fonction des niveaux de gains estimés en début et en fin de chaque année. Par exemple, au début de l'année 2014, le niveau de services rendus par le site avant le projet de restauration est de 50 %. Fin 2014, le projet de compensation aura permis au site d'atteindre un niveau de services de 55 %. Ainsi, en moyenne sur l'année 2014, le site compensatoire fournira un niveau de services de 52,5 %. Il y a donc un gain de services de 2,5 % par rapport à la situation sans projet de restauration (55 % – 52,5 %). Ce gain de services est ensuite exprimé en hectares-années en multipliant ce gain par la surface endommagée et le taux d'actualisation (2,5 × 20 × 1). Pour l'année 2014, le gain par hectare s'élève à 0,5 hectare-année.

L'obtention de la surface compensatoire s'obtient en divisant les pertes par les gains à l'hectare : 306/6,951 = 44,02. Le ratio compensatoire étant fixé à 2:1, la surface à compenser est d'environ 88 hectares (44,02 × 2).

Exemple fictif n° 2 : compensation d'un impact accidentel

Un impact accidentel peut être réversible : le milieu naturel possède la faculté de se régénérer plus ou moins complètement selon la gravité de l'atteinte (phénomène de résilience). Cette situation diffère de la compensation d'un impact anticipé puisque la réalisation d'un projet d'aménagement détruit de manière définitive un habitat. Il est important de noter que dans le cas d'un impact accidentel avec un retour complet du milieu à son état initial, les pertes temporaires doivent être compensées *via* un projet de restauration.

Tableau 21.4. Pertes de services et de ressources rendus par le site endommagé.

Année	Pertes intermédiaires de services (%)			Pertes moyennes (hectare-année) (2) = (1) × 30 ha	Actualisation (3)	Pertes moyennes actualisées (hectare-année) (4) = (2) × (3)
	Début	Fin	Moyenne (1)			
2013	0	50	25	7,5	1	7,5
2014	50	40	45	13,5	0,962	12,981
2015	40	30	35	10,5	0,925	9,708
2016	30	20	25	7,5	0,889	6,667
2017	20	10	15	4,5	0,855	3,847
2018	10	0	5	1,5	0,822	1,233
2019	0	0	0	0	0,790	0
Pertes moyennes totales de services et de ressources actualisées (hectare-année)						41,936

Tableau 21.5. Gains de services et de ressources issus de l'action compensatoire.

Année	Gains de services (%)			Gains moyens (hectare-année) (2) = (1) × 30 ha	Actualisation (3)	Gains moyens actualisés (hectare-année) (4) = (2) × (3)
	Début	Fin	Moyenne (1)			
2014	50	52,5	1,25	0,375	0,962	0,361
2015	52,5	55	3,75	1,125	0,925	1,04
2016	55	57,5	6,25	1,875	0,889	1,667
2017	57,5	60	8,75	2,625	0,855	2,244
2018	60	62,5	11,25	3,375	0,822	2,774
2019	62,5	65	13,75	4,125	0,790	3,260
2020	65	65	15	4,5	0,760	3,420
2021	65	65	15	4,5	0,731	3,288
Au-delà						82,203
Gains moyens totaux de services et de ressources actualisés (hectare-année)						100,256
Gains moyens de services et de ressources actualisés par unité de surface (hectare-année)						3,342
Surface de l'action compensatoire (hectare) : 2 × 41,936/3,342						25,097

Imaginons une zone dunaire de 30 hectares dégradée par une pollution par hydrocarbures en 2013. Le niveau global de services et de ressources rendus par cet habitat était de 70 % avant la pollution pour chuter à 20 % après l'accident. La régénération naturelle, supposée linéaire dans le temps, permet un retour à l'état initial du milieu en six ans. Le taux d'actualisation est fixé constant à 4 %.

Le projet de compensation vise à améliorer la fonctionnalité d'une zone dunaire proche géographiquement de celle dégradée. L'objectif de restauration est d'atteindre 65 % de services et de ressources, sachant que l'habitat à restaurer en produisait 50 % initialement. Six années seront nécessaires pour atteindre cet objectif, en supposant une croissance linéaire des gains de restauration. Le projet de restauration débutera en 2014 et les bénéfices de la restauration sont supposés définitifs. Un ratio compensatoire de 2 pour 1 sera appliqué car les habitats restauré et dégradé sont similaires mais non parfaitement identiques.

Les résultats obtenus à l'aide de Visual HEA v2.6 Fr sont illustrés par les tableaux 21.4, 21.5 et la figure 21.2 (voir planche couleur III). Le calcul des pertes et des gains s'effectue sur le même principe que dans l'exemple précédent.

Les pertes de services et de ressources s'élèvent donc à environ 41 hectares-années. Elles seront compensées par une surface d'environ 25 hectares. Il est intéressant de remarquer que, selon l'ampleur et la durée des pertes temporelles et des gains, la surface compensatoire peut être inférieure à la surface dégradée.

Le dommage environnemental peut ensuite être évalué par le coût des actions de restauration écologique.

▸▸ Discussion des hypothèses principales de la méthode

La méthode HEA repose sur un certain nombre d'hypothèses dont les principales sont rappelées et discutées ci-après.

Substituabilité entre les ressources et services dégradés et restaurés

Une des hypothèses fortes de la méthode HEA porte sur la substituabilité entre les services et les ressources endommagés et restaurés. Le recours à la compensation suppose, en effet, que l'on juge acceptable de remplacer un habitat par un autre. Le degré de substituabilité varie selon les exigences que l'on se fixe. À l'origine, la méthode HEA était fondée sur l'hypothèse de substituabilité parfaite : les ressources et services restaurés étaient strictement identiques aux ressources et services dégradés, les individus accordaient donc une valeur identique à ces deux types de ressources et services (Dunford *et al.*, 2004). Une restauration conduite sous cette hypothèse est dite *in-kind* puisqu'elle consiste à restaurer, dans une zone géographique proche de la zone de l'impact, des habitats, des fonctionnalités, des services écosystémiques ou des espèces identiques à ceux endommagés (Zafonte et Hampton, 2005). Pour rendre la méthode plus réaliste, une substituabilité imparfaite est néanmoins tolérée aujourd'hui : les services et les ressources restaurés et dégradés sont équivalents à un coefficient près, c'est-à-dire à un ratio compensatoire près. Ce ratio reflète les différences de qualité et de quantité (Dunford *et al.*, 2004). On parle alors de restauration *out-of-kind* (Zafonte et Hampton, 2005).

L'hypothèse de substituabilité entre des habitats et des ressources est inhérente au principe de la compensation, mais dans les faits il existe un grand nombre de contraintes associées à la conception et à la réalisation d'un projet de compensation. Les techniques d'ingénierie écologique disponibles limitent en effet les possibilités de restauration. C'est pourquoi le recours à la restauration d'habitats et de ressources d'une nature différente à ceux dégradés est un moyen d'ouvrir le champ des possibles en matière de compensation. Néanmoins, accepter une substituabilité forte nous éloigne de l'atteinte de l'objectif de *no-net-loss*. En effet, réaliser un projet de restauration favorisant une espèce différente de celle touchée par l'impact conduit nécessairement à une perte nette d'espèces.

Par ailleurs, la pratique de l'HEA aux États-Unis montre une dérive dans l'utilisation du ratio compensatoire. On observe notamment une augmentation de la valeur des ratios dans les cas où l'efficacité des actions de compensation est limitée. On aboutit alors à une situation surprenante dans laquelle des surfaces compensatoires relativement peu efficaces sont augmentées pour contre-balancer ce manque d'efficacité (Levrel *et al.*, 2012a). Toutefois, cette pratique incite les porteurs de projets d'aménagement et les responsables de pollution à choisir des mesures de compensation effi-caces pour éviter de voir le coût de la compensation s'alourdir (plus la surface à compenser augmente, plus le coût de la compensation augmente). Face à des techniques compensatoires peu efficaces et donc à des ratios importants, les porteurs de projet sont également incités à concevoir leur projet de manière à privilégier l'évitement et la réduction de leurs impacts (Levrel *et al.*, 2012b).

Indicateurs écologiques

La méthode HEA repose sur un seul indicateur capable en théorie de représenter les services et ressources rendus par l'habitat. Cette hypothèse réduit considérablement la complexité d'un écosystème et ne permet pas de tenir compte des interrelations entre les ressources et les services (Vaissière *et al.*, 2013).

La pratique de la compensation aux États-Unis, *via* la méthode HEA, est généralement une compensation de court terme dans le sens où les indicateurs choisis sont très souvent des espèces à cycle de vie court, alors que les dynamiques des écosystèmes peuvent être très lentes (Levrel *et al.*, 2012b ; Strange *et al.*, 2002).

Logiquement, la surface compensatoire produite par la méthode HEA est fortement dépendante de l'indicateur retenu. Comme le montre le tableau 21.6, on observe une grande variabilité des résultats en fonction de l'indicateur sélectionné (Strange *et al.*, 2002). Le choix de l'indicateur influence également les durées de régénération naturelle et de l'atteinte de l'objectif de restaura-tion, c'est pourquoi un soin particulier doit y être porté.

Tableau 21.6. Comparaison des résultats d'un calcul HEA selon le choix de l'indicateur pour carac-tériser un marais salé (Strange *et al.*, 2002).

Variables du modèle HEA	Production primaire	Habitabilité	Chaîne alimentaire	Production secondaire
Indicateur écologique	Densité de tiges	Structure de la canopée	Endofaune	Densité et biomasse de poissons
Années nécessaires pour que la compensation soit complète	3	10	15	3
Services initiaux récupérés à la fin de la restauration compensatoire (en %)	100	75	100	50
Surface compensatoire (en hectares)	10,1	15,5	13,4	20,2

Constance dans le temps des valeurs des ressources et services dégradés et restaurés

La méthode HEA suppose que les valeurs des services et des ressources dégradés et restaurés ne varient pas dans le temps (Dunford *et al.*, 2004 ; Unsworth et Bishop, 1994). Cette hypothèse permet de contourner notre difficulté à prévoir l'évolution future de ces valeurs mais elle a le défaut de ne pas être réaliste : une espèce ou un habitat aujourd'hui abondant peut se raréfier dans le futur et voir ainsi sa valeur augmentée. De la même manière, la perception de l'utilité de certaines composantes de la biodiversité peut changer très rapidement, du fait de l'émergence de nouvelles technologies ou de nouvelles activités de loisirs qui sont relativement imprévisibles.

Actualisation

Le principe de l'actualisation est régulièrement critiqué lorsqu'il est utilisé dans des problématiques qui touchent à l'environnement. En effet, il tend à écraser les pertes et les gains qui interviennent dans un futur très lointain. Au-delà de cinquante ans, les pertes et les gains deviennent négligeables. Or, en pratique, les espèces à cycle de vie long peuvent souffrir d'un impact ou offrir des bénéfices durant des décennies, voire des centaines d'années. L'actualisation ne favorise donc pas ce type d'espèces. Toutefois, l'écrasement des pertes et des gains peut être en partie limité par la prise en compte de l'évolution à la hausse des prix relatifs des ressources naturelles et des services par rapport aux autres biens de consommation, puisque les biens et services environnementaux sont amenés à se raréfier et donc à voir leur valeur relative augmenter (Hardelin et Marical, 2011).

Malgré les limites de l'actualisation, son utilisation est un moyen d'inciter les porteurs de projet ou les responsables de pollution à mettre rapidement en œuvre la compensation une fois l'impact constaté ou anticipé. Plus le projet de compensation est mis en place tôt, plus vite il procure des gains et moins il sera coûteux à mettre en œuvre.

▶▶ Atouts et limites de la méthode

Face à la difficulté de définir l'équivalence écologique entre les ressources et les services dégradés et restaurés, l'intérêt premier de la méthode HEA est de fournir un outil opérationnel aux développeurs de projet et aux responsables de pollution pour les aider à dimensionner leur projet de compensation, en partenariat avec des acteurs publics et de la société civile. C'est une méthode s'appuyant sur les données existantes et qui permet de discriminer les scénarios de compensation en fonction des paramètres retenus. Il est en effet important de réaliser des analyses de sensibilité des paramètres puisque la méthode HEA est fortement dépendante des hypothèses choisies. Ainsi, la surface compensatoire varie notamment en fonction des types de services et de ressources retenus à l'état initial et après l'impact, du taux d'actualisation, des courbes de régénération naturelle et de la réponse écologique aux actions de restauration (Monnery *et al.*, 2011).

La méthode HEA est certes un outil pragmatique, mais qu'en est-il de son efficacité sur les plans écologique et économique ?

La méthode HEA est souvent attaquée sur le plan de l'efficacité écologique des actions de compensation auxquelles elle permet d'aboutir. Les hypothèses qui sous-tendent la méthode, notamment celle sur le choix de l'indicateur, réduisent en effet la complexité d'un écosystème à une espèce, ce qui conduit à douter de l'équivalence écologique entre ce qui a été perdu et ce qui a été restauré. Néanmoins, Dunford *et al.* (2004) montrent que la méthode HEA obtient de bons résultats lorsque les conditions suivantes sont réunies :
• la période d'impact est limitée dans le temps ;
• la période de restauration est courte ;
• la caractérisation de l'état initial est possible car les données sont disponibles en quantité suffisante ;
• un seul service ou une seule ressource est dégradé ;
• le service ou la ressource dégradé peut être restauré sur un site proche de celui endommagé.

Évidemment, tout cela est très restrictif…

Du point de vue économique, une série d'auteurs ont remis en cause la présupposée compensation des pertes de bien-être par le projet de restauration dimensionné à l'aide de l'HEA. Jones et Pease (1997) et Flores et Thacher (2002) montrent que, sur le plan théorique, une compensation en unités biophysiques ne signifie pas nécessairement une compensation de la valeur (du point du vue du bien-être) des pertes de ressources et de services. Il peut y avoir sur ou sous-compensation du public car la compensation définie en termes biophysiques tend à ignorer les aspects humains, sociaux et culturels de l'environnement. Néanmoins, d'après Zafonte et Hampton (2007), les résultats obtenus par l'HEA respectent les principes de la théorie du bien-être en prenant en compte au final l'ensemble des « petites » pertes d'utilité[118] qui n'auraient pas donné lieu à une réparation financière et qui de fait seront indirectement prises en compte par la réparation en nature générée par l'action de compensation. Toutefois, un effort peut être fait pour s'assurer *a minima* de la compensation des pertes de bien-être des individus en utilisant les méthodes économiques de révélation des préférences (méthode des choix expérimentaux ou évaluation contingente par exemple) pour apporter un critère supplémentaire au processus de sélection du projet de restauration (Jones et Pease, 1997 ; Flores et Thacher, 2002 ; Shaw et Wlodarz, 2012 ; chapitre 24).

En définitive, la méthode HEA est une approche combinant des éléments écologiques et économiques sans toutefois respecter les canons académiques de chaque discipline. C'est finalement une approche pragmatique permettant d'évaluer une surface compensatoire qui servira de base à une négociation entre les différentes parties prenantes du processus de compensation : l'HEA doit donc être vue comme un outil de négociation au service des acteurs concernés directement ou indirectement par les dommages environnementaux accidentels ou autorisés et les mesures compensatoires associées.

---

118. On peut penser par exemple au pêcheur à pied récréatif qui va ramasser des coquillages au moment des grandes marées et qui, suite à une marée noire, se trouve privé de cet usage. La perte d'utilité générée ne conduit cependant pas l'individu à entreprendre un recours en justice et conduit *in fine* à ce que cet impact sur le bien-être humain ne donne pas lieu à réparation. Cet exemple est représentatif de nombreux impacts individuels associés à des dommages accidentels ou autorisés.

Chapitre 22

L'Uniform Mitigation Assessment Method

Une méthode intégrée de notation des fonctions écologiques

Sylvain Pioch, Céline Jacob, Adeline Bas

▸▸ Objectif et historique

L'objectif de la méthode uniforme d'évaluation de la compensation (Uniform Mitigation Assessment Method, UMAM) est d'évaluer les fonctions délivrées par les zones humides terrestres et marines côtières (Chapter 62-345, Florida, Administrative Code). Cette méthode biophysique, développée en Floride (encadré 22.1), fait partie des méthodes dites d'évaluation rapide des fonctions écologiques rendues par les zones humides (Wetland Rapid Assessment Methods), dont certaines permettent de quantifier les effets d'un projet sur le milieu naturel afin de définir une compensation équivalente[119] (Fennessy *et al.*, 2004). Les deux concepts clés guidant cette méthode sont les principes de *no-net-loss* (pas de pertes nettes de fonctionnalités grâce à l'équivalence écologique) et du *one-to-one* (un hectare compensé pour un hectare impacté au minimum, avec une marge de sécurité adaptée). La méthode propose de déterminer s'il existe une équivalence fonctionnelle entre les pertes de la zone d'accueil du projet d'aménagement et les gains produits par la zone compensatoire[120].

L'UMAM formalise un cadre d'évaluation faisant l'objet d'une *soft preference*[121] par les services instructeurs américains qui permet, d'une part, de faciliter le contrôle ou la validation durant la procédure de demande de permis (instruction/suivi), et, d'autre part, de préciser et partager les techniques et la démarche, pour noter à partir d'indicateurs donnés les fonctions délivrées par un milieu aquatique (marin ou zone humide).

---

119. Il existe une vingtaine de méthodes d'évaluation des fonctions, les deux recommandées par l'État de Floride étant l'UMAM et le WRAP (Miller et Gunsalus, 1997).

120. Selon un sondage datant de janvier 2014 réalisé par le Florida Department of Environmental Protection (F-DEP) de Floride, 74,5 % des 61 personnes interrogées ayant utilisé l'UMAM sont satisfaites de la méthode, contre 19,2 % non satisfaites (6,4 % ne se prononcent pas). En outre, 89,4 % considèrent l'UMAM comme appropriée pour son objectif, contre 8,5 % la jugeant non scientifique et 2,1 % non applicable. Enfin, cette méthode représente pour 87,3 % des sondés un bon compromis au niveau de l'investissement en temps, moyens et connaissances, par rapport aux autres méthodes d'évaluation environnementales de terrain disponibles.

121. Équivalent à une « circulaire » en tant que norme infra-législative.

Elle évalue les impacts fonctionnels directs et indirects[122] (également appelés primaires et secondaires) sur divers écosystèmes aquatiques, dont les milieux d'eau douce (lacs, rivières, étangs) et les milieux marins : mangroves (eaux salées ou saumâtres), herbiers, estuaires, fonds rocheux côtiers (milieu marin ouvert) et communautés benthiques.

Encadré 22.1. Bref rappel historique de la méthode UMAM

L'UMAM a été développée entre 2000 et 2005 par l'État de Floride[1] pour améliorer la compensation des pertes de zones humides. En effet, l'Office of Program Policy Analysis and Government Accountability[2] (OPPAGA) n'était pas satisfait des taux de compensation (ratio compensatoire) lors des bilans d'expertises menés sur le rapport entre les pertes et les gains de services pour les zones humides présentant un risque avéré de « perte nette » (Weems et Canter, 1995). Ces faiblesses étaient principalement dues au fait que l'évaluation ne tenait pas compte d'indicateurs de plusieurs fonctions délivrées par l'écosystème telles que la qualité de l'eau, la filtration des sédiments, le paysage, la fourniture d'habitats pour les communautés animales et végétales. En outre, les méthodes proposées par les bureaux d'études étaient jugées trop complexes, donc fastidieuses à contrôler pour les services instructeurs ou les organisations non gouvernementales (ONG).

Pour répondre à ces limites, l'État de Floride, le F-DEP et le South Florida Water Management District (SFWMD) furent chargés de développer « une méthode pratique et fonctionnelle d'évaluation des fonctions ». Elle devait offrir un outil d'évaluation rapide (une journée pour un évaluateur formé) et standardisé (dossiers et données similaires, même issus de différents maîtres d'ouvrage). Durant quatre ans, de 2000 à 2004, le public — usagers, gestionnaires, associations, bureaux d'études — a été associé par consultation à la construction de cet outil et des règles d'usage en vue d'améliorer l'acceptation sociale de la méthode. Ce point avait pour objectif d'apporter des réponses à la critique selon laquelle les méthodes d'évaluation antérieures menées par des experts ne prenaient pas en compte les attentes des usagers. Il est intéressant de noter que cette démarche se poursuit et qu'en 2013-2014 une enquête a été menée par le F-DEP avec le SFWMD et le CORPS pour prendre l'avis des usagers et continuer à affiner la méthode[3].

Par décision du F-DEP, l'UMAM a été validée et est devenue opposable[4] : Rule 62 62-345 FAC/62-345, State of Florida DEP, pour application dès février 2004.

[1] Pilotage assuré par le F-DEP en coordination avec le SFWMD, en collaboration avec l'US Corps of Engineer (USACE).
[2] Établissement fournissant des données, des études et des analyses pour assister les délibérations sur les budgets et les politiques du pouvoir législatif de l'État de Floride.
[3] UMAM Comments and Suggestions, Submerged Lands and Environmental Resources Coordination program), <http://floridadep.umam-comments.sgizmo.com/s3/>.
[4] Opposable en référence au terme français. Aux États-Unis, le terme « opposable » signifie que la méthode est valablement utilisée par les *trustees* et est reconnue en cas de litige par les cours de jugement.

Les études réalisées selon la méthode UMAM décrivent l'environnement des sites étudiés en déterminant : l'état initial écologique (62-345.500 (6), FAC) ; le paysage hydrologique (62-345.400 (1) (d), FAC) ; des éléments spécifiques au milieu concerné (62-345.400 (1) (f), FAC) ; la délimitation spatiale (62-345.400 (1) and 62-345.500 (7), FAC) ; les fonctions écologiques de l'habitat (62-345.400 (1) (h), FAC).

La procédure de dimensionnement de la compensation équivalente aux pertes se déroule en deux étapes.

---

122. Impact direct : conséquences spatio-temporelles immédiates du projet. Impact indirect : résulte d'une relation de cause à effet ayant à l'origine un effet direct (effets en chaîne : la disparition d'une espèce prédateur liée au projet qui entraîne une augmentation de ses proies, qui entraîne des campagnes d'éradication).

▸▸ Partie 1 de la méthode : étude qualitative et descriptive

Véritable état initial, elle est réalisée à partir des plans du projet, des limites de la zone de projet et d'informations environnementales préliminaires fournies par le maître d'ouvrage. Elle permet de définir les caractéristiques qualitatives du site (écologiques et localisation) avant l'impact. Elle se compose des éléments suivants :
* informations administratives ;
* communautés animales et végétales présentes et couverture territoriale ;
* superficie de la zone du projet ;
* cartographie écologique du bassin versant, zone aquatique ;
* qualité et classification des masses d'eau ;
* cartes et photos aériennes de la zone suivie et des environs ;
* liste faunistique et floristique des zones humides « affectées » ;
* connexion géographique ou hydrologique avec d'autres zones humides, eaux superficielles, plateaux ;
* éléments de description autres que ceux déjà listés de la zone évaluée ;
* historique des usages du site ;
* facteurs additionnels pertinents (autres projets locaux, changements d'usages récents, etc.).

Cette étude qualitative se veut pratique (terrain et bureau) et relativement rapide (une demi-journée). Dans cet objectif, des fiches à renseigner sont proposées[123] (figure 22.1).

Les données nécessitant une investigation complémentaire de terrain, afin d'affiner et de vérifier les informations, sont les suivantes :
* observation de la faune sauvage ou des indices de son activité : liste d'espèces directement obser-vées ou révélées par des traces, déchets, nids, etc. ;
* remarques au sujet d'éléments pouvant influencer la qualité des données de l'état initial (partie 1) : corrections après la visite de terrain (ex. : changement de vocation des terres adjacentes), ou projets locaux à venir, à mentionner d'après les collectivités locales ou les administrations.

Le but est de définir précisément les caractéristiques qualitatives (écologiques et localisation du site) avant l'impact. Cette partie est en général fournie par l'étude d'impact.

▸▸ Partie 2 de la méthode : indicateurs et étude quantitative

Description des indicateurs

C'est une évaluation chiffrée (*scoring*) des fonctions de l'écosystème à partir de trente-sept indica-teurs standard, c'est-à-dire qu'ils sont utilisables dans la plupart milieux aquatiques de Floride, mais qu'ils peuvent être changés selon les spécificités des zones étudiées (méthode souple et adaptable). Ces indicateurs sont classés en trois groupes : paysage (site et habitats), hydrologie (environnement aquatique) et structure des communautés. Chacun des trois groupes comprend plusieurs indica-teurs (« attributs ») des fonctions écologiques principales délivrées par un écosystème aquatique.

Indicateurs liés au paysage (site et habitats)

Huit indicateurs concernent le fonctionnement écologique du milieu, selon les quatre thématiques suivantes : position et connectivité avec les habitats en dehors du projet de site (réseau, trame) ; usages des terres adjacentes ; accessibilité par la faune et la flore sauvages à d'autres habitats (capa-cité de redéploiement de la faune) ; importance dans le cycle de vie des espèces.

---

123. Les éléments nécessaires à cette évaluation sont compilés dans un système appelé « ERA Tools » : guide de reconnaissance des écosystèmes.

PARTIE I – Description qualitative de la zone évaluée (endommagée ou compensée)
(Voir Section 62-345.400, F.A.C.)

Nom du site / projet		Numéro de demande	Nom ou numéro de la zone évaluée
Code de classification de l'usage et du type de couverture du sol (similaire à la classification Corine Land Cover)	Autre classification (optionnelle)	Site endommagé ou compensé	Taille du site évalué

Numéro du bassin hydrographique / versant	Classe du bassin versant affecté	Statut de protection de la zone	
Relation géographique et connection hydrographique avec des zones humides, d'autres masses d'eau superficielles			
Description de la zone évaluée			

Caractéristiques des zones adjacentes à la zone d'étude	Evaluation de la rareté des habitats / espèces de la zone d'étude par rapport à la zone biogéographique
Fonctions écologiques assurées par les habitats de la zone d'étude vis-à-vis des espèces animales abritées	Indiquer si la zone d'étude a déjà fait l'objet de mesures compensatoires
Espèces suseptibles d'être présentes à partir d'éléments bibliographiques	Espèces faisant l'objet d'un statut de protection susceptibles d'être présentes

Toutes les espèces (faune/flore) rencontrées sur la zone d'étude
Eléments de caractérisation de la zone d'étude et des zones adjacentes non mentionnés précédemment

Nom de l'organisation en charge de l'étude (bureau d'étude, association, université, etc.)	Date de réalisation de l'étude (période d'inventaires, etc)

Form 62-345.900(1), F.A.C. [effective date 02-04-2004]

Figure 22.1. Fiche de renseignements de la partie 1 de la méthode UMAM (d'après UMAM, 2014).

Indicateurs liés à l'hydrologie

Douze indicateurs concernent le milieu aquatique selon les huit thématiques suivantes : calendrier hydrologique (étiages, hautes eaux), fréquence, durée des périodes d'inondation ; réseau hydrologique et indicateurs du niveau des eaux ; effets de la qualité des eaux pour les poissons et l'habitat de la faune sauvage ; humidité du sol ; stress hydriques ; hydrodynamisme (marées, force des vagues, courants, etc.) ; érosion ou accrétion ; flux trophiques (nutriments).

Indicateurs liés à la structure des communautés végétales ou benthiques

Les fonctions écologiques sont évaluées au regard des performances en ce qui concerne l'abondance, la diversité et les habitats pour les poissons, la faune et la flore sauvages, les espèces sensibles, etc. Elles incluent les fonctions liées aux zones d'abris, de protection, de ponte, de nourricerie, de reproduction, aussi bien pour les phases juvéniles qu'adultes, et les corridors de déplacement de la faune sauvage, les cycles alimentaires au bénéfice des poissons et de la faune et la flore sauvages, mais également le stockage d'eau, les zones tampons d'inondation et participant à l'amélioration de la qualité de l'eau, etc.

Suivant si le milieu présente ou non une couverture végétale, on utilise respectivement des indicateurs relatifs à la qualité des fonctions délivrées par la végétation ou aux communautés benthiques[124].

Végétation et habitat physique

Ce groupe se compose de dix indicateurs, selon les six thématiques suivantes : espèces et distribution (âge, taille), végétation indigène, structure verticale (importance), qualité sanitaire, taux de renouvellement ou de recrutement, topographie du milieu (implantation).

Benthos et herbiers marins

Ce groupe se compose de sept indicateurs concernant les communautés benthiques sessiles ou les herbiers marins (lagunes, estuaires, petits fonds côtiers), selon les six thématiques suivantes : espèces et abondance des organismes benthiques ; localisation des herbiers marins côtiers en eau peu profonde ; benthos incluant les communautés marines (sans couverture d'herbier) ; taux de renouvellement ou de recrutement ; habitats caractéristiques liés à la reproduction et à la ponte ; inventaires associés aux projets portuaires et marinas.

Types d'actions de compensation envisageables

La compensation peut être un projet de restauration, de création, d'amélioration ou de préservation. Selon le type de mesure choisi un ratio compensatoire plus ou moins fort est appliqué au résultat final. Il augmente ou réduit la surface à restaurer selon le choix de la méthode utilisée : restauration-amélioration < création < préservation. Cette hiérarchie suit le concept de *no-net-loss*, car elle valorise les projets de restauration-amélioration qui apportent de « nouveaux » gains en compensation des pertes et traitent avec plus de précaution les projets de création et de préservation, qui correspondent pour le premier à des mesures plus risquées écologiquement, pour le second à de simples actions de conservation d'écosystèmes préexistants. Les crédits écologiques compensatoires représentent la valeur écologique créée pour compenser par équivalence les dettes écologiques liées aux pertes[125].

Notation des fonctions délivrées par l'écosystème

La notation des fonctions délivrées par l'écosystème s'effectue *via* le renseignement d'une fiche unique et standardisée d'une liste d'indicateurs basés sur des critères de performance écologique (tableau 22.1).

---

124. Ce dernier groupe d'indicateurs a été ajouté en 2011, après un audit réalisé en 2010 par l'EPA (Environmental Protection Agency) montrant la complexité de la prise en compte des communautés benthiques, notamment marines. Un deuxième audit réalisé depuis confirme cette difficulté persistante, c'est d'ailleurs l'objectif prioritaire du 3e Wetland Program Plan 2013-2016.

125. Sous réserve d'accepter les hypothèses principales inhérentes à ces méthodes, présentées au chapitre 21 : de substituabilité et de constance dans le temps des valeurs des ressources et services perdus ou gagnés.

La notation des indicateurs se déroule uniquement sur le terrain, en utilisant une démarche définie par le Standardized Field Protocol (SFP) qui précise les impacts directs et indirects. C'est une procédure de qualité et de contrôle qui préconise, par exemple, la stratégie d'échantillonnage (voir tableau 22.1). Il est d'ailleurs régulièrement révisé, étude après étude (auto-amélioration de la méthode). On peut rapprocher cet outil d'une démarche de normalisation de type ISO. Le SFP a pour but de préciser un effort minimal technique requis.

Tableau 22.1. Proportionnalité de l'effort d'échantillonnage pour quatre classes de surface (UMAM, 2014).

Surface	Effort d'échantillonnage
1-2 acres	100 % du périmètre et un minimum de 2 transects de 30 mètres, en fonction de l'homogénéité du site
> 2 et < 5 acres	100 % du périmètre et un minimum de 4 transects de 30 mètres, en fonction de l'homogénéité du site
> 5 et < 20 acres	100 % du périmètre et un minimum de 6 transects de 30 mètres, en fonction de l'homogénéité du site
> 20 acres	100 % du périmètre et un minimum de 10 transects de 30 mètres, en fonction de l'homogénéité du site

L'échelle relative de notation (l'unité) est comprise entre 0 et 10, suivant la qualité (le niveau) ou la présence de l'indicateur. On distingue quatre niveaux de performance selon les qualités du milieu (tableau 22.2).

Tableau 22.2. Notes et qualités des fonctions écologiques du milieu noté (traduction d'après UMAM, 2014).

Quatre niveaux de performance	Qualités du milieu
Optimal (10)	Condition optimale, assure complètement les fonctions d'un écosystème aquatique
Modéré (7)	Condition moins qu'optimale mais suffisante pour maintenir la plupart des fonctions d'un écosystème aquatique
Minimal (4)	Niveau minimal de fonctions assuré par un écosystème aquatique
Absence (0)	Condition insuffisante pour assurer les fonctions d'un écosystème aquatique

Les valeurs attribuées aux indicateurs de chaque groupe sont moyennées pour obtenir une valeur unique pour chaque groupe d'indicateurs. Puis les moyennes de chaque groupe sont elles-mêmes moyennées pour obtenir l'indice moyen de la valeur des fonctions (IMF) délivrées par l'écosystème.

Cet indice est compris entre 0 et 1. Cette simplification permet de produire pour les acteurs « non écologues » une notation reflétant en quelque sorte un « niveau de performance » du milieu naturel (paysage, hydrologie et structure des communautés) à partir de trois groupes d'indicateurs (tableau 22.3).

Tableau 22.3. Indicateurs organisés en trois groupes distincts.

Paysage (8 indicateurs)	Hydrologie (12 indicateurs)	Structure des communautés (7 ou 10 indicateurs)
Indicateur 1 = $x_1/10$ Indicateur 8 = $x_8/10$	Indicateur 1 = $y_1/10$ Indicateur 12 = $y_{12}/10$	Indicateur 1 = $z_1/10$ Indicateur 7 ou 10 = z_7 ou 10/10
Moyenne X = $x_i/8$	Moyenne Y = $y_i/12$	Moyenne Z = $z_i/7$ ou z/10
Indice moyen de la valeur des fonctions délivrées par l'écosystème (IMF) = $[(X + Y + Z)/3]/10$		

PARTIE II – Description quantitative de la zone évaluée (endommagée et compensée)
(Voir Sections 62-345.500 et .600, F.A.C.)

| Nom du site / projet | Numéro de la demande | Nom ou numéro de la zone évaluée |
| Site endommagé ou compensé | Nom de l'organisation en charge de l'étude (bureau d'étude, association, université, etc.) | Date de réalisation de l'étude (période d'inventaires, etc) |

Recommandation sur la notation	Optimale (10)	Modérée (7)	Minimale (4)	Non présent (0)
La notation de chaque indicateur est basée sur ce qui serait approprié pour ce type de zone humide ou de masse d'eau superficielle évalué	Conditions optimales et permettant à la zone humide ou à la masse d'eau superficielle de maintenir pleinement ses fonctionalités	Conditions moins qu'optimales mais permettant à la zone humide ou à la masse d'eau superficielle de maintenir la plupart de ses fonctionalités	Conditions permettant à la zone humide ou à la masse d'eau superficielle de maintenir ses fonctionalités à un niveau minimal	Conditions insuffisantes pour permettre le maintien des fonctionnalités de la zone humide ou de la masse d'eau superficielle

.500(6)(a) Paysage

Note avant impact ou avant la réalisation de la mesure compensatoire "Current"

Note après impact ou après réalisation de la mesure compensatoire "With"

.500(6)(b) Hydrologie

Note avant impact ou avant la réalisation de la mesure compensatoire "Current"

Note après impact ou après réalisation de la mesure compensatoire "With"

.500(6)(c) Structure des communautés

1. Végétation et/ou

2. Communauté benthique

Note avant impact ou avant la réalisation de la mesure compensatoire "Current"

Note après impact ou après réalisation de la mesure compensatoire "With"

Note = somme des notes ci-dessus/30

Avant impact ou avant la réalisation de la mesure compensatoire "Current"

Après impact ou après réalisation de la mesure compensatoire "With"

Dans le cas où la mesure compensatoire est une mesure de préservation :

Facteur d'ajustement pour la préservation =

Delta compensation ajusté =

Pour les zones endommagées

FL = delta x acres =

Delta = ["With"-"Current"]

Facteur temps (t) =

Facteur risque (risk) =

Pour les zones compensées

RFG = delta/(t x risk) =

Form 62-345.900(2), F.A.C. [effective date 02-04-2004]

Figure 22.2. Fiche de renseignement de la partie 2 de la méthode UMAM (d'après UMAM, 2014).

Si un site présente à la fois une couverture végétale et une communauté benthique submergée, il convient d'utiliser les deux listes d'indicateurs du groupe « structure des communautés » (végétation, habitat physique et benthos, herbiers marins) et de calculer la moyenne de toutes leurs valeurs pour obtenir une valeur unique pour ce groupe. Pour les habitats situés le long des cours d'eau (*uplands*), les indicateurs du groupe « hydrologie » ne sont pas utilisés et l'indice moyen de la valeur des fonctions délivrées par l'écosystème est calculé de la façon suivante : IMF = [(X + Z)/2]/10.

Sur la base du principe des méthodes biophysiques par équivalence, l'évaluation des fonctions est réalisée sur chaque site (sur le site endommagé et sur le site compensatoire, avant et après les projets) et la comparaison des pertes et des gains est ensuite effectuée. Pour chacun des sites, le site détruit et le site compensatoire, une fiche est remplie (figure 22.2).

La note attribuée à chaque groupe d'indicateurs est reportée dans les cases « actuel » (*current*) et « futur » (*with*) :
- « actuel » (*current*) : la valeur des fonctions du site en fonctionnement (IMF site endommagé) à l'état initial, avant le dommage, *et* la valeur des fonctions du site compensatoire proposé avant la compensation ;
- « futur » (*with*) : la valeur des fonctions du site endommagé (IMF site compensatoire) afin de chiffrer la perte de valeur des fonctions, *et* la valeur des fonctions du site compensatoire après les actions menées de manière à chiffrer le gain des fonctions généré par ces actions.

La note globale des groupes d'indicateurs (dernière case en bas à gauche) est divisée par 30 pour obtenir une note comprise entre 0 et 1. La différence entre *with* et *current*, appelée delta, doit donc être positive pour que le principe de *no-net-loss* de fonctions soit respecté.

Calcul des pertes et des gains

Calcul de delta compensatoire et delta impact

La valeur réelle des pertes et des gains est exprimée par :
- Delta impact (DI) sur le site endommagé : différence entre l'indice moyen de la valeur des fonctions délivrées (IMF avant dommage) par le site à l'état actuel et l'indice moyen futur (IMF après dommage) de la valeur des fonctions délivrées par le site après dommage (s'il en reste, dans le cas d'une destruction seulement partielle du site) :

DI = IMF site endommagé avant dommage – IMF site endommagé après dommage

- Delta compensatoire (DC) sur le site compensatoire : différence entre l'indice moyen de la valeur des fonctions délivrées par le site à l'état actuel et l'indice moyen futur de la valeur des fonctions délivrées par le site après restauration, amélioration, création ou préservation. Dans le cas d'un projet de préservation, un « facteur d'ajustement[126] pour préservation » (ou FAP) peut augmenter la valeur du delta (car par définition les projets de préservation bénéficient de delta très faibles).

DC = (IMF site compensatoire après compensation – IMF site compensatoire avant compensation) + FAP

Calcul de la valeur des pertes et des gains de fonctions écologiques

Les pertes de fonctions (FL = *functional loss*) sont exprimées en unités fonctionnelles (ou unités d'équivalence). Elles représentent la valeur des fonctions de l'écosystème endommagé (delta impact) pour la totalité de la surface endommagée[127].

Pertes de fonctions (FL) = delta impact (DI) × surface endommagée (acres)

---

126. Le facteur d'ajustement compris entre 0 (*no preservation value*) et 1 (*optimal preservation value*) varie par pas de 1/10. Il permet de valoriser un projet de préservation présentant donc un delta compensatoire faible si la localisation présente un enjeu stratégique plus ou moins majeur, en « augmentant » sa note (ex. : corridors, réservoirs).
127. Moyenne des notes par groupe, divisée par 30 (moyenne des 3 groupes divisée par 10), pour obtenir un chiffre compris entre 0 et 1 (indice).

Pour le site compensatoire, les gains de fonctions relatifs (RFG, ou *relative functionnal gain*) sont exprimés en unités fonctionnelles (ou unités d'équivalence), représentant la valeur des fonctions de l'écosystème compensatoire par unité de surface (acre) compensée. Ils sont obtenus en divisant la valeur des fonctions créées par des taux correctifs : le temps (t) et le facteur risque (*risk*).

Gains relatifs des fonctions compensées (RFG) = delta compensatoire (DC)/($t \times risk$)

Rappel : le DC peut être ajusté lorsqu'il s'agit d'un projet de préservation.

Le premier taux correctif est le facteur temps (t) écoulé entre le moment où les fonctions sont perdues et le moment où sont atteintes les fonctions attendues sur le site compensatoire. Plus celui-ci est long, plus (t) sera important. L'USACE a retenu un taux de 3 % par an. Mais il est de 7 % pour le F-DEP, ce qui a des conséquences importantes sur la valeur des gains (tableau 22.4).

Tableau 22.4. *Taux correctifs liés à la prise en compte du temps de réponse écologique aux actions de compensation (FLUCCS 62-345.600).*

Approche de l'USACE pour la zone de Jacksonville (Floride)		Approche de la F-DEP	
Nombre moyen d'années nécessaires au remplacement des fonctions de l'écosystème (*time lag*)	**Taux correctif lié au temps** (t) **3 %**	**Nombre moyen d'années nécessaires au remplacement des fonctions de l'écosystème** (*time lag*)	**Taux correctif lié au temps** (t) **7 %**
< ou = 1	1	< ou = 1	1
2	1,03	2	1,07
3	1,07	3	1,14
4	1,1	4	1,23
5	1,14	5	1,31
6 à 10	1,25		
11 à 15	1,46		
16 à 20	1,68		
21 à 25	1,92		
26 à 30	2,18		
31 à 35	2,45	De 6 à 55 ans	Incrémentation moyenne de 7 %
36 à 40	2,73		
41 à 45	3,03		
46 à 50	3,34		
51 à 55	3,65		
> 55	3,91		

Il est intéressant de noter que si les pleines fonctions écologiques d'un milieu sont retrouvées avant le dommage prévisible « futur », il n'y a pas de temps de latence et le facteur temps (t) est égal à 1. La surface à compenser est minimale pour un facteur temps égal à 1, ce qui entraîne une préférence pour de la compensation anticipée, avant tout impact.

Le facteur risque est l'autre taux appliqué en fonction des risques liés à la complexité et à l'incertitude du complet recouvrement des fonctions écologiques par la technique de restauration choisie. Il varie de 1 à 3, par pas de 0,25 en fonction des moyennes issues des études de cas de projets antérieurs réalisés (% d'échecs), ou à dire d'experts, selon :
• le taux correctif lié au risque de 1. Fonctions simples : faible risque de ne pas atteindre un objectif de recouvrement des fonctions pour l'écosystème compensé ;
• le taux correctif lié au risque de 3. Fonctions complexes : chances de réussite du projet extrêmement faibles (haut risque).

Si des cas antérieurs ne peuvent pas suffisamment renseigner le taux correctif associé au risque, alors les taux appliqués (ici dans le cas de la Floride ; tableau 22.5) dépendront du type de projet de compensation écologique choisi (Clewell *et al.*, 2000).

Tableau 22.5. Taux correctifs liés au risque associé à l'option de projet compensatoire choisie (FLUCCS 62-345.600).

Type de compensation	Taux correctif lié au risque
Préservation	1 à 1,25
Amélioration	1,25 à 1,75
Restauration	1,75 à 2,5
Création	2 à 2,5

D'autres taux correctifs peuvent faire varier le dimensionnement (ratio) en fonction d'éléments liés à la gestion environnementale territoriale (rareté, position, etc., voir plus loin « Exemple d'application de la méthode UMAM »). Le calcul de la surface et des crédits compensatoires est indiqué dans la figure 22.3.

La figure 22.4 (voir planche couleur IV) permet de comprendre l'approche globale de la méthode UMAM basée sur une équivalence en nature (biophysique) entre les pertes et les gains d'un projet.

▶▶ Exemple d'application de la méthode UMAM

Un exemple de calcul (extrait de Bain, 2014) et une notation commentée sont proposés en application de la méthode UMAM. Pour faciliter la compréhension de cet exemple, il est nécessaire de remplir les feuilles de calculs proposées ci-dessus, nous en recommandons donc l'impression. À noter l'association entre l'évaluation fonctionnelle et la contextualisation du projet pour arriver à un dimensionnement d'abord basé sur une équivalence écologique (1 perdu pour 1 gagné), mais également contextualisé grâce à des taux correctifs selon les territoires (situation-enjeux, évolution du paysage, etc.) et les choix techniques (risque, temps). Cela fait de cette méthode un outil d'orientation de l'aménagement en appui et au service des politiques territoriales désirées (orientation vers une restauration des friches urbaines, vers des zones corridors, etc.).

Dans le cas d'une restauration *ex situ*, on cherche à calculer l'indice moyen de la valeur des fonctions (IMF) délivrées par :
• le site endommagé :
  – avant le dommage (IMF site endommagé avant dommage),
  – après le dommage (IMF site endommagé après dommage) ;
• le site compensatoire (restauré) :
  – avant la restauration (IMF site compensatoire avant restauration),
  – après la restauration (IMF site compensatoire après restauration).

Les étapes sont décomposées dans l'encadré 22.2, le schéma proposé par la figure 22.7 (voir planche couleur IV) présente la logique globale de la démarche pertes = gains × facteurs correctifs.

Détermination des formules de compensation
(Voir Section 62-345.600(3), F.A.C.)

Pour chaque site endommagé :
      (FL)   Perte de fonction = Delta Impact (DI) x surface endommagée (ou surface d'impac

Pour chaque site compensé :
      (RFG)   Gains Relatifs des Fonctions compensées (RFG) = Delta Compensatoire (DC) /

Si la surface compensée proposée est connue :
      (FG)   Gains de fonctions (FG) = Gains Relatifs des Fonctions compensées (RFG) x
                      surface compensatoire

(a) Détermination des crédits d'une banque de compensation

La banque de compensation est composée de plusieurs sites compensatoires. Le total des crédits potentiels pour la banque de compensation est la somme des crédits pour chaque site évalué. Le crédit d'un site compensatoire est égal au RFG multiplié par la surface (exprimée en "acres" aux Etats Unis) du site considéré.

Crédits accordés à chaque site compensatoire
composant la banque de compensation   RFG   X   Surface   =   Crédits

Exemple
site compensatoire 1
site compensatoire 2
total

(b) Recours à une banque de compensation pour la compensation des impacts

Le nombre de crédits nécessaires issus de la banque de compensation est égal à la somme des pertes fonctionnelles calculées pour chaque site endommagé

Site endommagé   Crédits
                                  FL   =   nécessaires

exemple
site endommagé 1
site endommagé 2
total

(c) Non recours à une banque de compensation pour compenser les impacts

La surface compensatoire est déterminée en divisant les pertes fonctionnelles par les gains relatifs des fonctions compensées (FL/RFG = surface à compenser)

                                             Surface à
                      FL   /   RFG   = compenser

exemple
site endommagé

Si plusieurs sites endommagés et / ou plusieurs sites compensés sont utilisés pour compenser ces impacts, ou si la surface compensée est donnée, alors la somme des gains fonctionnels doit être égale ou plus grande que la somme des pertes fonctionnelles respectives

                      exemple   FL   <   FG
impact   site endommagé 1
                           site endommagé 2
                           site endommagé 3
compensation   site compensatoire 1
                         site compensatoire 2
somme

Form 62-345.900(3) [effective date 09-12-2007]

Figure 22.3. Fiche synthétique de calcul de la mesure compensatoire (FWMD, 2011).

Encadré 22.2. Exemple d'application de la méthode UMAM par étapes chronologiques

---

1) Caractérisation du site endommagé

– Surface endommagée : 5 acres détruites (20,234 ha)
– Type de milieu endommagé : marais (forêt alluviale marécageuse)

Figure 22.5. Ci-dessus, Ocala National Forest, zone humide floridienne remarquable. Ci-dessous, le programme résidentiel The Village, développé sur la partie ouest de la zone (photos : H. Means).

Indice moyen de la valeur des fonctions délivrées par le site endommagé avant le dommage (*current*)
– Paysage : 10 / 10
– Hydrologie : 9 / 10
– Structure des communautés : 9 / 10
IMF site endommagé avant dommage [(10 + 9 + 9)/3]/10 = 0,93
Indice moyen de la valeur des fonctions délivrées par le site endommagé après le dommage (*with*)
Le dommage détruira 100 % des fonctions (*with*) (c'est-à-dire que l'indice moyen de la valeur des fonctions post-dommage (Paysage – 0 / 10, Hydrologie – 0 / 10, Structure des communautés – 0 / 10), le delta entre les fonctions actuelles et les fonctions perdues est :
IMF site endommagé après dommage = 0
Delta impact (DI) = IMF site endommagé avant dommage – IMF site endommagé après dommage
= 0,93 – 0
Delta impact (DI) = 0,93
On peut alors calculer les fonctions perdues de la zone endommagée :
Fonctions perdues (FL) = DI × surface = 0,93 × 5
FL = 4,65 unités fonctionnelles détruites

...

...

2) Caractérisation du site compensatoire

Figure 22.6. Site candidat pour la restauration compensatoire (photo : S. Pioch).

Indice moyen de la valeur des fonctions fournies par le site compensatoire avant restauration *(current)* :
– **site compensatoire** : situé à proximité et constitué d'une forêt marécageuse
– la notation par groupes d'indicateurs de la valeur des fonctions du site compensatoire (état initial) :
– Paysage : 3 / 10
– Hydrologie : 2 / 10
– Structure des communautés : 1 / 10
– IMF site compensatoire avant restauration = [(3 + 2 + 1)/3]/10 = 0,2
Indice moyen de la valeur des fonctions fournies par le site compensatoire après restauration *(with)* :
– type de projet compensatoire choisi : il s'agit, pour ce projet, d'une **restauration** de marais boisé
– la notation par groupes d'indicateurs de la valeur des fonctions du site compensatoire (état après restauration) :
– Paysage : 8 / 10
– Hydrologie : 6 / 10
– Structure des communautés : 9 / 10
– IMF site compensatoire après restauration = [(6 + 4 + 4)/3]/10 = 0,77
La valeur de la production nette de fonction, liée au projet de restauration, est égale au delta entre les valeurs des fonctions après la restauration et celles actuelles du site marécageux, le delta compensatoire est donc égal à :
Delta compensatoire (DC) = IMF site compensatoire après restauration – IMF site compensatoire avant restauration = 0,77 – 0,2
Delta compensatoire (DC) = 0,57
Calcul des taux correctifs à appliquer : facteurs temps et de risque
– La restauration de ce type de marais présente un facteur risque moyen à fort. Mais en prenant en compte le fait qu'il existe de nombreux projets antérieurs avec ce type de marais restaurés présentant un bon taux de réussite, le facteur risque retenu est proche de 1. À dire d'expert, toutefois, les caractéristiques hydrologiques ont une note faible de 6/10 et on ajoute donc 0,25 au facteur risque : 1,25.
– Le facteur temps, pour que le projet de restauration de ce marais atteigne ses objectifs fonctionnels, est évalué à 16-20 ans. Le *t* est fixé à 1,68 (tranche 16-20 ans) pour un taux à 3 %.
– Il s'agit pour ce projet d'une restauration. Il n'y a donc pas de facteur d'ajustement lié à la préservation à prendre en compte = 0.
Risque moyen, *risk* = 1,5
Temps moyen, *t* compris entre 16-20 ans = 1,68
Le calcul du gain de fonction relatif (RFG) est donc de :
RFG = DC/(*risk* × t) = 0,57/(1,25 × 1,68)
RFG = 0,27 unité fonctionnelle gagnée par acre compensé

3) Calcul de la surface de la mesure compensatoire requise

Le calcul de la **surface compensatoire** requise est de :
Surface compensatoire = FL/RFG = 4,65/0,27
SC (restauration d'un marais) = 17,22 acres

...

...

4) Calcul du nombre de crédits compensatoires à obtenir

Nombre de **crédits compensatoires** à obtenir = FL = 4,65 **crédits compensatoires**

5) Calcul du nombre de crédits compensatoires produits par la mesure compensatoire

Gains de fonctions (FG) = RFG × surface compensatoire = 0,27 × 17,2 = **4,65 crédits compensatoires**
Ce dernier calcul est à titre indicatif car nous sommes dans le cas d'un projet ayant un dommage sur un milieu naturel, et non dans le cas d'un projet de restauration d'une zone naturelle pour vente de crédits (banque de compensation).

Au final, les fonctions qui ont été perdues par la destruction de 5 acres (20,234 hectares) de marais peuvent donc être compensées :
• par l'achat de 4,65 crédits compensatoires à une banque de compensation, disposant du même type d'habitat, dans le bassin versant considéré (voir partie II) ;

ou

• par la restauration d'un marais de 17,22 acres (69,858 hectares) sur un site constitué d'une forêt marécageuse en mauvais état, à proximité du site endommagé[128]. Cela signifie que pour la surface de 17,22 acres (69,858 hectares) du site compensatoire, il faut augmenter la valeur (IMF) de chaque acre de 0,57, pour atteindre un IMF final de 0,77/acre.

On remarque que les gains de fonctions (FG) sur le site compensatoire sont bien égaux aux pertes de fonctions (FL) sur le site endommagé, c'est-à-dire équivalent à 4,65 unités fonctionnelles ou crédits compensatoires.

▶▶ Conclusion et discussion

En résumé, la méthode UMAM a pour objectif de quantifier la valeur des pertes de fonction d'un écosystème aquatique impacté, et de dimensionner la compensation équivalente à ces pertes en prenant en compte également le type de mesure compensatoire ainsi que des facteurs d'ajustement de cette équivalence spécifique au projet retenu (temps, risque, etc.). En se basant sur divers indicateurs aisés à identifier et simples à mesurer (coûts et faisabilité raisonnables) des fonctions délivrées par les sites endommagé et compensatoire, l'UMAM permet de déterminer rapidement (moins d'une journée) :
• le nombre de fonctions écologiques générées par une action de destruction et une autre de compensation ;
• l'équivalence entre les fonctions détruites sur un site endommagé et les fonctions gagnées sur un site compensé ;
• la surface de la mesure compensatoire à mettre en œuvre pour obtenir une équivalence en fonction des spécificités du projet compensatoire (prise en compte des pertes intermédiaires avant production des fonctions, du risque, de la dynamique spatiale locale, etc.).

C'est une approche fonctionnelle qui prend également en compte le paysage écologique et sa dynamique. Elle repose sur une notation à dire d'expert mais guidée par des critères et indicateurs encadrés afin de confronter les avis (services instructeurs, maître d'ouvrage) et de reproduire la notation (contre-expertise). Les indicateurs proposés exigent un niveau d'expertise rapide à acquérir. La méthode nécessite une certaine réflexion en amont sur le choix d'indicateurs pertinents à proposer en complément de ceux proposés (adaptation et souplesse de la méthode), le périmètre d'étude à retenir, la compensation à réaliser, les inventaires du milieu disponibles. Afin de mieux s'adapter aux contextes difficilement évaluables par des indicateurs *ad hoc*, les résultats sont modulés par des

---

128. Dans le cas d'une restauration *in situ*, IMF site endommagé après dommage = IMF site compensatoire avant restauration.

coefficients de correction (facteur temps, risque, priorité de conservation, etc.). C'est d'ailleurs ce dernier point qui en fait une nouveauté intéressante dans le paysage des outils de calcul des pertes et des gains écologiques (ex. : HGM ou autres Rapid Assessment Methods présentées dans cet ouvrage au chapitre 20), pour proposer une « juste » compensation (Gobert, 2010), basée certes sur l'évaluation d'une équivalence « stricte » écologique, mais dont le dimensionnement (donc l'intérêt à faire ou non la compensation !) varie selon la mise en œuvre et le contexte de la compensation plus acceptable, et que Gobert appelle « socio-environnementale ».

En revanche, la méthode UMAM ne permet pas de :
• juger de la meilleure adéquation des mesures compensatoires avec le projet ;
• tenir compte du type de site de compensation proposé ;
• calculer les impacts cumulés ;
• évaluer la compensation d'impacts secondaires ou indirects ;
• prendre en compte les pertes de fonctions évitées ou réduites par d'éventuelles adaptations des projets d'aménagement (ces points peuvent être évalués en amont, dans l'étude d'impact).

En outre, la méthode, en additionnant les scores de chaque fonction, permet d'obtenir une note fonctionnelle globale pour la zone humide, ce qui ramène automatiquement les éléments du paysage, de l'hydrologie et de la structure des communautés au même niveau et génère une possibilité de substitution entre ces notes qui peut être tout à fait discutable (Berger, 2012). Subsiste également une part de subjectivité dépendant de l'évaluateur, mais qui peut être encadrée par la proposition d'une liste d'indicateurs structurée par score et un jugement scientifique « raisonnable » (sans écart trop fort avec des jugements similaires antérieurs, par exemple). Les territoires environnants, le site endommagé et le site compensatoire sont pris en compte par la note fonctionnelle qui évalue les effets liés au paysage (proximité avec une zone urbaine ou non, etc.). Cette note fonctionnelle est adaptée en fonction des taux correctifs appliqués au ratio surfacique final.

De nombreuses imperfections restent à corriger (voir le futur Florida Wetland Program Plan 2013-2016, F-DEP, 2013, et Hallwood, 2007). Les rapports critiques relatifs à ces méthodes (Beever *et al.*, 2013) et la perte nette de fonction écologique liée à des projets de restauration compensatoire restent des faits indiscutables, nous obligeant à rappeler que la meilleure compensation est celle qui n'a pas lieu ou qui est « réellement » évitée. En 2013, le F-DEP a pointé plusieurs priorités pour l'amélioration de la méthode UMAM, dont :
• une meilleure prise en compte des habitats benthiques ;
• une amélioration de la compréhension et de la diffusion des règles, surtout pour les projets faisant l'objet de permis individuels (le maître d'ouvrage assure lui-même la compensation des dommages autorisés qu'il va occasionner) ;
• une amélioration de la prise en compte de zones à enjeux forts en repensant le facteur d'ajustement.

Il apparaît évident que l'UMAM présente des innovations tant d'un point de vue méthodologique que par son mode d'application simple, pratique et très accessible techniquement. Il propose en effet un cadre organisationnel précis (fiches standardisées, encadrement de l'évaluation des experts), mais également adaptable aux milieux étudiés en laissant une certaine souplesse aux bureaux d'études dans l'élaboration du détail de la notation (moyenne de notes). La force de cet outil intégré tient également dans la prouesse des services instructeurs qui ont choisi d'harmoniser les méthodes d'évaluation de la compensation des projets dommageables pour l'environnement, en recommandant l'UMAM aux maîtres d'ouvrage, aux banques de compensation et à leurs partenaires (bureaux d'études, ONG, agents immobiliers, avocats, etc.). Enfin, de notre point de vue, c'est sa transposition dans le cadre certes écologique (espèces protégées, inventaires, protocoles et métriques standardisées, prise en compte du temps, etc.), mais surtout institutionnel et socio-culturel français qui posera de nombreuses questions. Autant de défis à relever pour mobiliser cette démarche et les apports pratiques de l'outil aux exigences de notre société, de plus en plus soucieuse d'une juste défense de son environnement.

Chapitre 23

La méthode Habitat Evaluation Procedure adaptée

Un outil d'évaluation non monétaire

Nathalie Tavernier-Dumax, Anne Rozan

La méthode Habitat Evaluation Procedure (HEP) « adaptée » est inspirée d'une méthode américaine développée par l'US Fish and Wildlife Service (USFWS, 1980a ; voir aussi chapitres 1 et 2 concernant la situation relative aux questions institutionnelles des mesures compensatoires et des banques de compensation). Cette procédure aide à déterminer le degré d'équivalence entre les zones impactées et les zones de compensation. Il s'agit d'une méthode d'évaluation par équivalence qui, en fonction de la taille et de la qualité des milieux détruits d'un côté, et de la taille et de la qualité des zones de compensation de l'autre, détermine *ex ante* la taille optimale des mesures compensatoires devant être mises en œuvre afin de compenser entièrement l'impact d'un aménagement sur une zone humide donnée. La dimension « adaptée » va permettre d'aller au-delà de ce simple outil d'équivalence en vue d'estimer le coût environnemental d'un projet, d'améliorer la façon dont la compensation est mise en œuvre à l'heure actuelle et de valoriser les mesures de restauration. Nous commençons ainsi par une description de la méthode HEP pour ensuite nous concentrer sur la méthode HEP adaptée, pour laquelle un exemple d'application est présenté.

▶▶ L'Habitat Evaluation Procedure

La méthode HEP est une méthode d'évaluation écologique par équivalence basée sur l'hypothèse fondamentale que la qualité et la quantité des habitats peuvent être décrites numériquement. La quantité est représentée par la surface de l'habitat tandis que sa qualité est incarnée par un indice appelé Habitat Suitability Index (HSI). Cet indice numérique représente la capacité d'un habitat donné à soutenir une espèce sélectionnée de poissons, de faune ou de flore (USFWS, 1980b). Cette valeur, comprise entre 0 et 1, est multipliée par la taille de l'habitat disponible afin d'obtenir la valeur écologique de l'écosystème détruit ou restauré évalué en « unités d'habitat ». De type espèce-habitat, la méthode HEP peut être utilisée afin d'obtenir des informations quant à la qualité et à la quantité d'un habitat disponible pour une faune ou une flore donnée. Il est ainsi possible de connaître la valeur relative de différents milieux à un même point du temps, ou la valeur relative d'un même milieu à différents points du temps. Une combinaison de ces deux informations permet ensuite de quantifier l'impact d'une variation prévue dans l'utilisation de l'habitat considéré.

Le principe de la méthode HEP est celui d'une double utilisation d'une même méthode d'évaluation, c'est-à-dire d'une même séquence d'étapes : une première fois pour estimer l'impact environnemental net du projet puis, une seconde fois, pour déterminer la taille des mesures compensatoires permettant de compenser entièrement cet impact. L'équivalence entre les deux estimations est obtenue *via* l'utilisation d'une métrique unique non monétaire, l'unité d'habitat, qui croise l'indice HSI et la surface d'habitat. Cette unité est mesurée par le produit de la taille de l'habitat des espèces utilisées pour l'évaluation et de l'indice de la qualité de cet habitat (indice HSI). Aussi la méthode HEP va-t-elle au-delà de la simple utilisation d'un ratio de taille entre les zones endommagées et les zones de compensation. Tout d'abord, l'impact environnemental net du projet évalué est mesuré en calculant la différence entre le nombre d'unités d'habitat attribuables à la zone impactée avant la mise en œuvre du projet (état initial) et le nombre d'unités d'habitat restant sur cette même zone une fois le projet réalisé (état final). Ensuite, il convient d'identifier les mesures permettant de compenser ces pertes non évitables en unités d'habitat. Pour ce faire, des mesures de gestion particulière (création, amélioration, restauration, conservation) sont appliquées à un habitat existant, de même type que celui dégradé par le projet, de sorte à créer des unités d'habitat sur le site de compensation. Comme pour l'estimation de l'impact net, les unités d'habitat créées grâce aux mesures de gestion sont estimées en comparant les unités d'habitat attribuables à la zone de compensation avec et sans mesures de gestion. L'évaluation de l'accroissement d'unités d'habitat estimée permet de calculer la taille de la zone de compensation nécessaire pour compenser entièrement les pertes résiduelles du projet d'aménagement.

▶▶ La méthode Habitat Evaluation Procedure adaptée

Principe

Le point de départ qui fonde l'intérêt d'une méthode HEP adaptée (Dumax, 2009 ; Dumax et Rozan, 2011) est le constat que les pertes de services écosystémiques de régulation générées par un projet d'aménagement ont des répercussions indirectes sur le bien-être humain qui ne sont pas aisées à percevoir pour la population. Dès lors, le recours à des méthodes de révélation des préférences comme la méthode d'évaluation contingente[129] ne donne pas de résultats probants pour estimer l'équivalence entre le dommage et la compensation pour respecter un principe d'absence de perte nette de bien-être. C'est pourquoi une évaluation fondée sur l'impact écologique paraît particulièrement pertinente. Pour cette raison, nous avons mobilisé la méthode HEP en l'adaptant de manière à pouvoir prendre en compte les services écosystémiques de régulation générés par les habitats naturels.

Méthodologie

Le principe de la méthode HEP adaptée, dans le cadre d'une valorisation de bénéfices écologiques, consiste à utiliser une métrique non monétaire, l'unité d'habitat, pour mesurer le différentiel existant entre la situation avant et après intervention. L'hypothèse de la méthode HEP selon laquelle la qualité et la quantité des habitats peuvent être décrites numériquement *via* l'indice de qualité HSI, mentionné plus haut, est conservée. Cet indice est composé du rapport entre la mesure d'un ou plusieurs indicateurs de qualité des milieux effectuée sur le site d'étude et la mesure optimale de ces mêmes indicateurs. Par exemple, pour l'indicateur « abondance et diversité des amphibiens »

---

129. Il s'agit d'une méthode d'évaluation reposant sur la réalisation d'une enquête au cours de laquelle on cherche à apprécier le montant que chacun serait prêt à payer (consentement à payer) pour la préservation ou la restauration d'un bien environnemental.

employé dans l'exemple présenté dans la section suivante, une des mesures possibles est le nombre total d'espèces. L'indice HSI correspond alors au rapport entre le nombre d'espèces présentes sur le site d'étude et le nombre d'espèces qu'on devrait retrouver si le site était de très bonne qualité (ce qui représente la valeur optimale). Cette valeur est ensuite multipliée par la taille du milieu concerné afin d'obtenir les unités d'habitat. Tout comme la méthode d'origine, la méthode HEP adaptée s'appuie sur une double application, sur le milieu impacté et sur le milieu restauré, d'un même processus d'évaluation, de façon à mesurer le différentiel de qualité en nature entre l'état initial et l'état final. La méthodologie peut être utilisée *ex post* ou *ex ante* (avant ou après la mise en œuvre des projets de développement ou de compensation).

La mise en œuvre de la méthode HEP adaptée pour un site restauré s'effectue en plusieurs étapes, divisées en deux parties.

La première partie consiste à décrire l'état initial et les mesures de restauration en suivant deux phases distinctes. La première phase permet de définir les limites du projet, ce qui correspond ici à l'état initial de la zone d'étude. Celle-ci doit être délimitée, les différents milieux présents sont identifiés et mesurés, de même que les services écosystémiques rendus par ces milieux. La seconde phase consiste à décrire les mesures de restauration et à identifier les milieux présents ainsi que les services écosystémiques rendus par ces milieux sur le site d'étude, une fois la restauration effectuée.

La seconde étape a pour but d'estimer le bénéfice net de la restauration. Là encore, deux phases se succèdent. Tout d'abord, les indices HSI doivent être mesurés. Pour ce faire, nous identifions des indicateurs de qualité pour chaque service écosystémique, puis nous prenons la mesure de ces indicateurs à l'état initial comme à l'état final. Enfin, la dernière phase utilise l'ensemble des éléments réunis au cours des phases précédentes pour mesurer les unités d'habitat et ainsi le bénéfice net attribuable aux mesures de restauration.

▶▶ Un exemple d'application : le polder d'Erstein

Le polder d'Erstein[130] (figure 23.1a, voir planche couleur IV) est une portion de la forêt alluviale rhénane d'environ 600 hectares, située à 20 kilomètres au sud de Strasbourg. Ce polder est complètement isolé des inondations du Rhin et de l'Ill par des digues depuis la réalisation de l'usine hydroélectrique de Strasbourg en 1970 et l'aménagement du bief[131] amont correspondant. À la suite de la convention franco-allemande du 6 décembre 1982 concernant la protection contre les inondations, cette zone a été affectée à la rétention des crues du Rhin. Pour cela, les digues existantes ont été renforcées, de nouvelles digues ont été réalisées pour fermer le site au sud, et des ouvrages d'entrée et de sortie d'eau ont été aménagés. Ce polder a été conçu initialement pour l'écrêtement de crues du Rhin, avec une capacité maximale de rétention de 7,8 millions de mètres cubes. L'objectif était de retrouver, avec l'ensemble des aménagements prévus sur le Rhin supérieur, une protection contre des crues bicentennales en aval.

En 2003, suite à une prise de conscience de la valeur écologique de la forêt alluviale rhénane, le mode de fonctionnement de ces zones de rétention a été revu. Des inondations annuelles supplémentaires, dites « inondations écologiques », ont ainsi été intégrées dans la gestion du polder grâce à des prises d'eau sur le Rhin. Le but est de restaurer, dans la mesure du possible, la structure et le fonctionnement de ces zones humides à productivité biologique et à richesse spécifique élevées, et en conséquence de réhabituer la faune et la flore aux inondations.

---

130. Les éléments relatifs au polder d'Erstein et à son aménagement sont extraits du document Voies navigables de France relatif à l'État initial (Mission de suivi scientifique du polder d'Erstein, 2004).

131. Le bief (ou bisse) est un canal à pente faible utilisant la gravité pour acheminer l'eau en un lieu précis. Il désigne la partie d'un cours d'eau, entre deux chutes, d'un canal de navigation ou d'une rivière canalisée entre deux écluses.

Le maître d'ouvrage du polder, Voies navigables de France/Service de la navigation de Strasbourg, a assuré un suivi scientifique de l'impact de la remise en eau sur les différents compartiments du polder. Ce suivi a concerné le sol, les eaux de surface et souterraines, la faune et la flore tant au niveau qualitatif[132] que quantitatif. Le suivi scientifique a débuté en janvier 2003 et s'est déroulé en deux phases sur une période de cinq ans. La première phase a consisté en la caractérisation de l'état initial avant remise en eau, puis le suivi proprement dit, impliquant des études annuelles de certains compartiments (eau souterraine et superficielle) ainsi que des évaluations finales au bout de cinq ans (sol, végétation). Cette phase a permis de faire un bilan écologique de la restauration de la forêt alluviale après cinq ans d'inondations (Mission de suivi scientifique du polder d'Erstein, 2009).

L'objectif était d'améliorer le fonctionnement alluvial de ce site, en tentant d'atteindre le niveau de fonctionnement du Rhin de l'époque de Tulla[133]. Les objectifs du suivi s'énumèrent comme suit :
• cerner les risques de pollution de la nappe liés au transfert des eaux d'inondation d'origine rhénane vers la nappe, ce qui nécessite un contrôle et un suivi des polluants susceptibles d'être apportés par le Rhin ;
• préciser l'impact des inondations sur les habitats, la flore et la faune au travers d'indicateurs faunistiques et floristiques pertinents avec l'aide de spécialistes écologues ;
• analyser la capacité du système polder à restaurer certaines fonctions originelles ou spécifiques des zones alluviales inondables. Il s'agit du travail de synthèse mené à l'issue des cinq premières années de suivi.

L'objectif de la présente étude consiste à estimer les bénéfices issus de cette remise en eau *via* l'utilisation de la méthode HEP adaptée.

Évaluation des bénéfices de la remise en eau de la forêt alluviale du polder d'Erstein

Première partie : décrire l'état initial et les mesures de restauration

Phase 1. Définir les limites de l'étude

Les limites de l'étude sont définies par trois éléments : la délimitation de la zone d'étude, c'est-à-dire l'ensemble des terrains impactés par le projet de restauration, la délimitation des milieux présents sur cette zone et l'identification des services écosystémiques rendus par ces milieux.

Étape 1a. Délimiter la zone d'étude

Résultat. La zone d'étude est composée du polder d'Erstein hors zone refuge pour les animaux (figure 23.1b, voir planche couleur IV). Cette zone recouvre l'ensemble des zones qui seront affectées par les inondations écologiques. La zone refuge a été exclue car, par définition, elle se situe en hauteur afin de donner aux espèces non aquatiques un habitat vers lequel elles pourront se réfugier en cas d'inondation. Il est difficile, dans cet exemple, d'identifier exactement quelles seront les zones affectées directement ou indirectement car cela dépend des hauteurs d'eau atteintes lors des différentes inondations. Aussi toutes les zones susceptibles d'être inondées ont-elles été incluses (figure 23.2).

---

132. Présence de micropolluants, niveau d'eutrophisation, qualité hydrobiologique, peuplement pisciaire et d'amphibiens, diversité floristique.
133. La correction du Rhin planifiée par Tulla est menée de 1840 à 1860. Les travaux réalisés enchâssent le fleuve entre des digues de correction. Les berges ne sont plus submergées que par les crues importantes, et le débordement est limité mais encore existant pour des crues d'une fréquence de retour supérieure à deux cents ans.

Figure 23.2. Délimitation (en blanc) de la zone d'étude (source : Google Earth, 2014).

Étape 1b. Identifier et mesurer les milieux présents sur le site

Résultat. La taille totale de la surface restaurée a été mesurée, elle est de 600 hectares. Comme nous pouvons le voir sur la figure 23.3 (voir planche couleur V) qui constitue une représentation graphique de la zone d'étude, deux types de milieux ont été identifiés lors de l'état initial : les milieux boisés (forêt alluviale), d'une surface de 570 hectares (95 %), et les milieux aquatiques (mares et Giessen), d'une surface de 30 hectares (5 %).

Étape 1c. Identifier les services écosystémiques rendus à l'état initial

Résultat. Les deux milieux identifiés sont les milieux aquatiques (mares et Giessen) et la forêt alluviale rhénane qui n'est plus inondée. Pour identifier les services écosystémiques rendus par ces milieux, nous utilisons les éléments fournis par la mission de suivi scientifique du polder d'Erstein (Mission de suivi scientifique du polder d'Erstein, 2004) ainsi que les articles de référence sur le sujet (TEEB, 2010). Rappelons que nous souhaitons mesurer un différentiel de qualité pour la zone d'étude entre l'état initial et l'état actuel. D'après les objectifs cités au préalable, il s'agit d'identifier l'impact des inondations écologiques sur les services écosystémiques rendus par les milieux concernés.

Les services écosystémiques retenus, à partir des objectifs du projet associés au polder d'Erstein, sont détaillés dans le tableau 23.1.

Tableau 23.1. Services écosystémiques retenus en fonction des objectifs de l'étude.

Objectifs	Services écosystémiques
Cerner les risques de pollution	Contrôle de la pollution
Impact des inondations sur les habitats, la faune et la flore	Fourniture d'habitats pour la biodiversité
Restauration de fonctions de zones alluviales	Régulation et approvisionnement en eau (écoulements, géomorphologie)

Les milieux boisés et aquatiques contribuent tous deux, bien que de manière différente, aux trois services identifiés. Il n'y a donc pas lieu de distinguer à ce stade les services rendus en fonction du milieu étudié. Nous tiendrons compte des spécificités de chaque milieu au moment du choix des indicateurs de qualité. Ceux-ci seront sélectionnés pour chaque service associé de façon distincte à chaque milieu.

Phase 2. Décrire les mesures de restauration

Il s'agit de spécifier les mesures de gestion utilisées pour créer des unités d'habitat sur la zone d'étude, de mesurer l'évolution de la taille des milieux et de sélectionner les services écosystémiques rendus sur ces milieux.

Étape 2a. Décrire les mesures de restauration effectuées

Résultat. Les travaux ont consisté en la construction de prises d'eau et d'ouvrages de vidange afin de permettre une mise en eau contrôlée du polder. Le réseau de drainage a été retracé et les digues en partie consolidées (des digues au sud du polder ont également été réalisées pour « boucler » le site du polder). Les prises d'eau ont un débit cumulé de 250 m³/s alors que l'ouvrage de vidange principal permet d'évacuer (en trois à quatre jours) 15 m³/s vers un contre-canal avant de rejoindre le Rhin quelques kilomètres en aval. Un second ouvrage de vidange permettant d'évacuer jusqu'à 80 m³/s directement dans le plan d'eau de Plobsheim a également été réalisé : cet ouvrage ne sert cependant que lorsque le polder est totalement en eau et uniquement pendant quelques heures au début de la vidange. Des mesures ont été prises pour éviter les risques d'inondations dans les zones à enjeux entourant le polder, notamment en redéfinissant localement des réseaux de drainage. Parallèlement à ces aménagements hydrauliques, des mesures écologiques ont été appliquées. Elles ont consisté à recréer le réseau hydrographique interne du polder, à restaurer ainsi les anciennes annexes fluviales[134] (Giessen) et à créer des mares et zones humides. Enfin, des îlots ont été créés pour servir de refuges à la grande faune (sangliers, chevreuils, etc.) lors des mises en eau du polder.

Étape 2b. Identifier et mesurer les milieux présents sur le site

Résultat. La taille des milieux après restauration n'est pas modifiée par rapport à la situation initiale (600 hectares). La seule différence est que les zones boisées deviennent des zones boisées inondables : milieux boisés inondables (forêt alluviale), d'une surface de 570 hectares (95 %), et milieux aquatiques (mares et Giessen), d'une surface de 30 hectares (5 %).

Étape 2c. Identifier les services écosystémiques rendus sur le site post-restauration

Il convient de sélectionner, pour chaque milieu identifié, les services écosystémiques auxquels il contribue.

Résultat. Les deux milieux identifiés sont les milieux aquatiques (mares et Giessen) et la forêt alluviale rhénane qui est à nouveau inondée de temps à autre. Les services écosystémiques retenus pour l'état initial, à partir des objectifs du projet associés au polder d'Erstein, sont conservés pour l'analyse de l'état final : contrôle de la pollution, provision d'habitat et biodiversité, régulation et approvisionnement en eau.

Deuxième partie : estimer le bénéfice net

Nous sélectionnons les indicateurs de qualité et mesurons les indices HSI puis les unités d'habitat en parallèle pour l'état initial (2003) et pour l'état final (2008), afin d'obtenir directement une estimation du bénéfice net en unités d'habitat.

---

134. Zones humides en relation permanente ou temporaire avec le milieu courant par des connexions superficielles ou souterraines (bras morts, prairies inondables, forêts inondables, ripisylves, rivières phréatiques, etc.).

Phase 3. Mesurer les indices HSI

Pour mesurer les indices HSI, il est tout d'abord nécessaire de sélectionner des indicateurs qui permettront de suivre l'évolution de la qualité de ces services écosystémiques au cours du temps. Nous mesurons ensuite la taille du milieu disponible pour chaque indicateur puis les indices HSI pour chaque service écosystémique de façon distincte, pour les deux milieux étudiés.

Phase 3a. Identifier les indicateurs de qualité et mesurer la taille du milieu disponible pour chaque service

Résultat. Identification, par service, des indicateurs de qualité. Ces derniers sont sélectionnés à partir de l'ensemble des indicateurs utilisés lors de l'étude (tableau 23.2).

Tableau 23.2. Taille des milieux disponibles et indicateurs de qualité sélectionnés pour chaque service écosystémique.

Services écosystémiques	Indicateurs de qualité	Milieux disponibles (ha)
Contrôle de la pollution	Micropolluants des sols	570
	Micropolluants des sédiments	570
	Micropolluants minéraux (nappe)	30
	Micropolluants organiques (nappe)	30
	Micropolluants (eaux de surface)	30
Provision d'habitat et biodiversité	Richesse floristique et types d'espèces	570
	Caractérisation des espèces végétales	570
	Observation sanitaire des espèces ligneuses	570
	Grande faune	570
	Abondance des populations d'amphibiens	30
	Importance des populations d'amphibiens	30
	Peuplement piscaire	30
Régulation et approvisionnement en eau	Hydromorphie des sols	570
	Bio-indication du niveau d'eutrophisation	30
	SEQ-Eau potentialités biologiques générales (nappe)	30
	SEQ-Eau production d'eau potable (nappe)	30
	SEQ-Eau potentialités biologiques générales (eaux de surface)	30
	SEQ-Eau production d'eau potable (eaux de surface)	30
	Qualité hydrobiologique	30

SEQ : Système d'évaluation de la qualité de l'eau (SEQ-Eau), outil pour caractériser l'état physico-chimique des cours d'eau, utilisé par les services de l'État et les collectivités pour évaluer la qualité des eaux (de surface ou souterraines) en France.

Phase 3b. Mesurer les indicateurs à l'état initial et à l'état final

Résultat. Le tableau 23.3 associe à chaque indicateur de qualité soit une unité de mesure, soit une mesure relevée sur le terrain tout au long du processus de suivi.

Tableau 23.3. Mesure des indicateurs de qualité utilisés.

Milieux	Services écosystémiques	Indicateurs de qualité	Mesures
Zones boisées	Contrôle de la pollution	Micropolluants des sols	Chrome, cadmium, plomb, mercure et HAP[1]
		Micropolluants des sédiments	Chrome, cadmium, plomb, mercure, op DDD, op DDE, op DDT, pp DDD, pp DDE, pp DDT[2]
	Provision d'habitat et biodiversité	Richesse floristique et types d'espèces	127 espèces, 48 ligneux et 79 herbacées
		Caractérisation des espèces (végétales)	Indicateurs rhénans / Espèces déalpines[3] / Indicateurs ellans[4]
		Observation sanitaire des espèces ligneuses	Strate arborescente / Strate arbustive
		Grande faune	145 chevreuils, 120 sangliers
	Régulation et approvisionnement en eau	Caractéristiques morphologiques et chimiques des sols	Hydromorphie
Zones aquatiques	Contrôle de la pollution	Micropolluants minéraux (nappe)	Chrome, plomb, cadmium, mercure
		Micropolluants organiques (nappe)	Hexachlorobutadiène, hexachlorocyclohexane, atrazine, déséthylatrazine et HAP
		Micropolluants (eaux de surface)	Chrome, hexachlorobutadiène, atrazine, déséthylatrazine et HAP
	Provision d'habitat et biodiversité	Importance et diversité des populations d'amphibiens	Nombre d'espèces / Effectifs / Indice de Shannon
		Peuplement piscaire	Nombre d'espèces / Biomasse / Pourcentage d'anguilles dans le peuplement piscaire total
	Régulation et approvisionnement en eau	Bio-indication du niveau d'eutrophisation	Eutrophisation des cours d'eau
		SEQ-Eau Potentialités biologiques générales (nappe)	Température, pH, oxygène dissous, ammonium, dioxyde d'azote, nitrate, phosphate, carbone organique dissous, phosphore total
		SEQ-Eau Production d'eau potable (nappe)	Conductivité électrique / Titre hydrométrique, Mg, Na
		SEQ-Eau Potentialités biologiques générales (eaux de surface)	Température, pH, oxygène dissous, MES[5], DCO[6], DBO_5[7], azote, ammonium, dioxyde d'azote, nitrate, phosphate, carbone organique dissous, phosphore total
		SEQ-Eau Production d'eau potable (eaux de surface)	Conductivité électrique, magnésium, sodium
		Qualité hydrobiologique	IBGN[8] des eaux de surface

[1] HAP : hydrocarbure aromatique polycyclique. [2] Pesticides organochlorés. [3] Espèces d'altitude dont les populations sont régulièrement réalimentées par le flux des graines amenées par les crues. [4] Espèces apportées par les inondations hivernales de l'Ill. [5] Matières en suspension. [6] Demande chimique en oxygène. [7] Demande biologique en oxygène sous cinq jours. [8] Indice biologique global normalisé.

Phase 3c. Mesurer les indices HSI

Résultat. Les indices HSI ont été mesurés, tant pour l'état initial de 2003 que pour l'état final de 2008, grâce à différents tableaux dont un exemple est représenté dans le tableau 23.4 pour le service « contrôle de la pollution » des milieux boisés et l'indicateur « micropolluants des sols ».

Tableau 23.4. Exemple de calcul de mesures de qualité pour différents indicateurs de micropolluants (en ppm).

Chrome		Plomb		Cadmium		Mercure	
0-50	3	0-20	5	0,0-0,5	4	0,0-0,2	5
50-100	2	20-40	4	0,5-1,0	3	0,2-0,4	4
100-150	1	40-60	3	1,0-1,5	2	0,4-0,6	3
> 150	0	60-80	2	1,5-2,0	1	0,6-0,8	2
		80-100	1	> 2,0	0	0,8-1,0	1
		> 100	0			> 1,0	0

1 ppm = 1 μg/kg de matière sèche.

Ce tableau se lit de la façon suivante : pour une quantité de chrome située entre 100 et 150 ppm, l'indice est de faible qualité (niveau 1), tandis qu'un milieu de bonne qualité devrait avoir une quantité située entre 0 et 50 ppm, ce qui correspond à notre niveau optimal (3). Le calcul des indices HSI à partir de ces mesures de qualité est détaillé dans le tableau 23.5.

Tableau 23.5. Exemple de détail des calculs de l'HSI pour le service écosystémique « contrôle de la pollution » produit par les milieux boisés, extrait du tableau de calcul global.

Milieux	Services écosystémiques	Indicateurs de qualité	Sur le site en 2003			Optimales	HSI 2003
Milieux boisés	Contrôle de la pollution	Micropolluants des sols	Zone 1[1]	Cr (ppm)	3	3	1
				Pb (ppm)	5	5	1
				Cd (ppm)	4	4	1
				Hg (ppm)	4,5	5	0,9
			Zone 2	Cr (ppm)	3	3	1
				Pb (ppm)	4,5	5	0,9
				Cd (ppm)	4	4	1
				Hg (ppm)	4,5	5	0,9
			Zone 3	Cr (ppm)	3	3	1
				Pb (ppm)	5	5	1
				Cd (ppm)	4	4	1
				Hg (ppm)	4,5	5	0,9
			Zone 4	Cr (ppm)	3	3	1
				Pb (ppm)	4,5	5	0,9
				Cd (ppm)	4	4	1
				Hg (ppm)	3	5	0,6
			Zone 5	Cr (ppm)	3	3	1
				Pb (ppm)	4	5	0,8
				Cd (ppm)	4	4	1
				Hg (ppm)	2	5	0,4

[1] Ici, les « zones » correspondent à différentes stations écologiques appelées « unités » par les écologues.

Phase 4. Mesurer les unités d'habitat et estimer le bénéfice net

Étape 4a. Calculer les unités d'habitat pour chaque service

Résultat. Nous obtenons un tableau de synthèse présentant les unités d'habitat en 2003 et 2008. Le tableau 23.6 offre un extrait du tableau de synthèse qui correspond à l'exemple présenté ci-dessus, à savoir le service « contrôle de la pollution » des milieux boisés et l'indicateur « micro-polluants des sols ».

Tableau 23.6. Détail des unités d'habitat pour le service de contrôle des micropolluants des sols.

Service écosystémique	Indicateur de qualité	Milieux disponibles (ha)	Indices HSI 2003	Unités habitat 2003	Indices HSI 2008	Unités habitat 2008
Contrôle de la pollution	Micropolluants des sols	570	1,000	570	1,000	570
			1,000	570	0,766	436,62
			1,000	570	1,000	570
			0,900	513	0,732	417,24
			1,000	570	1,000	570
			0,900	513	0,966	550,62
			1,000	570	1,000	570
			0,900	513	0,966	550,62
			1,000	570	1,000	570
			1,000	570	0,966	550,62
			1,000	570	1,000	570
			0,900	513	0,932	531,24
			1,000	570	1,000	570
			0,900	513	0,950	541,5
			1,000	570	1,000	570
			0,600	342	1,000	570
			1,000	570	1,000	570
			0,800	456	0,932	531,24
			1,000	570	1,000	570
			0,400	228	1,000	570

Phase 4b. Estimer le bénéfice net en unités d'habitat

D'après les résultats obtenus dans le tableau précédent, nous pouvons estimer le bénéfice net de la restauration effectuée, pour l'année 2008, en soustrayant les unités d'habitat existant à l'état initial aux unités d'habitat existant après la restauration. Ainsi, le bénéfice environnemental net est-il de 22 029,60 – 21 508,55 = 521,05 unités d'habitat.

Analyse des résultats

Étant donné le nombre d'indicateurs suivis pour effectuer les mesures d'unités d'habitat, nous pouvons considérer que l'amélioration de la qualité du site est assez faible au regard des 22 000 unités d'habitat qui lui sont attribuables si l'on prend en compte l'ensemble du site. Cela coïncide avec les résultats attendus puisque les mesures en question concernent la cinquième année de suivi après remise en eau du polder, ce qui est très court pour que les bénéfices se fassent réellement sentir. Il ne s'agit pour le moment probablement que des prémisses d'évolutions futures plus importantes, à condition que les remises en eau se poursuivent correctement à un niveau suffisant. Nous pouvons d'ores et déjà noter que les variations dans les indices de qualité HSI et, de fait, dans les unités d'habitat, correspondent globalement aux résultats soulignés par le comité de suivi scientifique du polder d'Erstein. Ajoutons que le comité scientifique s'est basé sur les mêmes indicateurs que ceux utilisés par la méthode HEP adaptée, mais leurs conclusions ont été obtenues dans le cadre d'un suivi écologique classique (mesures quantitatives directes).

▸▸ Discussion et conclusion

La méthode HEP adaptée est une méthode d'évaluation économique utilisant des données écologiques. Elle constitue une méthode d'évaluation innovante pour mesurer les bénéfices économiques non monétaires attribuables à des actions positives menées en faveur de l'environnement, en s'appuyant sur les services écosystémiques fournis par les habitats. Elle propose une évaluation quantifiée sur la base d'une équivalence en unités d'habitat. Une telle évaluation a pour objet de valoriser ces actions en mettant en relief les bénéfices écologiques générés, souvent non perçus par la population.

L'un des intérêts de cette méthode est que non seulement elle permet de tenir compte des milieux existants avant la mise en œuvre des mesures de création ou de restauration, qui fournissent leurs propres services écosystémiques, mais, en plus, elle tient compte de l'évolution de la qualité des milieux au cours du temps et du fait que les bénéfices écologiques sont rarement immédiats.

Une fois la méthode HEP adaptée appliquée à un site donné, nous connaissons le nombre d'unités d'habitat attribuables à la création ou à la restauration de ce site. Ces unités correspondent au bénéfice environnemental découlant d'un approvisionnement supplémentaire en services écosystémiques. Toutefois, la présence d'un site naturel est susceptible d'être également source de bénéfices sociaux, par exemple des services écosystémiques récréatifs, qui s'appuient sur des indicateurs de qualité autres que les indicateurs biophysiques mentionnés dans ce chapitre. Ceux-ci, mieux perçus par la population, peuvent être mesurés grâce à l'utilisation d'une méthode d'évaluation plus classique de type évaluation contingente ou méthode des choix expérimentaux. Il conviendrait alors d'étudier la complémentarité de la méthode HEP avec les méthodes par préférences déclarées et d'identifier les risques et opportunités potentiels inhérents à une double évaluation.

Enfin, la méthode utilise des données écologiques pour les indicateurs de qualité et la mesure des indices HSI qui en découle. Un recours à des avis d'experts écologues ou naturalistes pour identifier les indicateurs et les mesures pertinentes est donc nécessaire. Il convient ainsi de privilégier, dans l'application de cette méthode, un travail collaboratif interdisciplinaire.

Chapitre 24

Évaluer les perceptions et les préférences des acteurs du territoire

Des outils au service de la compensation

Charlène Kermagoret, Harold Levrel, Antoine Carlier

Alors que la compensation écologique tend à s'imposer comme l'outil dominant pour la prise en compte de l'environnement dans les projets d'aménagement, les conditions de sa réalisation demeurent dépendantes d'une demande sociale et définies sur la base de négociations entre administrations en charge de l'environnement et aménageurs. En partant de ce constat, il est possible d'appréhender la compensation sous un cadre plus large que celui d'une simple application d'une politique environnementale en s'intéressant à la notion de compensation territoriale, où équité sociale et équité environnementale sont à considérer simultanément à l'échelle du territoire dans lequel le projet d'aménagement et les compensations associées se situent. La compensation territoriale prend la forme d'un schéma compensatoire qui intègre les enjeux du territoire dans ses multiples dimensions et vise ainsi à ancrer l'infrastructure dans un espace ayant des dimensions sociales et écologiques (Gobert, 2010). Elle permet ainsi de dépasser la seule expertise écologique, qui ne peut pas prendre en compte les impacts sur le bien-être des populations et les actions qui peuvent contrebalancer ces derniers. Cette approche de la compensation pose néanmoins la question de la perception des pertes et des gains associés à un tel projet ainsi que celle de l'équivalence entre impacts et compensations.

Deux outils d'analyse des perceptions sont présentés dans cette section : la cartographie cognitive floue et la méthode des choix expérimentaux. La cartographie cognitive floue est employée dans un premier temps pour rendre compte des impacts et des bénéfices qui émanent d'un projet déclaré d'utilité publique. Cette analyse qualitative préliminaire vient nourrir, dans un second temps, la méthode des choix expérimentaux, qui permet de révéler les préférences des acteurs locaux quant à la nature des compensations attendues pour atteindre un *no-net-loss* de bien-être.

▸▸ La cartographie cognitive floue comme outil d'évaluation des impacts perçus

La méthode de cartographie cognitive floue permet d'obtenir un modèle qualitatif qui décrit, à partir d'une représentation graphique, le fonctionnement d'un système à un instant donné (Özesmi et Özesmi, 2004). Elle constitue un outil pour identifier et explorer les interactions entre des facteurs qui renvoient à des perceptions individuelles, des normes sociales, des attitudes ou encore des motivations (encadré 24.1).

Encadré 24.1. Bref historique des cartes cognitives

Les cartes cognitives sont des graphes orientés et trouvent leur origine en mathématiques à travers la théorie des graphes. Des disciplines variées telles que la psychologie, l'anthropologie ou encore l'écologie ont fait l'emploi des graphes orientés comme outils de représentation de systèmes et d'interactions. Axelrod (1976) propose la construction de graphes orientés à partir de variables définies directement par des individus et non pas par des scientifiques. Il définit par là même le principe de cartographie cognitive. L'ajout du qualificatif « flou » à la méthode de cartographie cognitive reflète l'ajout de fonctions causales floues définies à partir de nombres réels et permettant de préciser le degré de relations entre les variables (Kosko, 1992). Aujourd'hui, la cartographie cognitive floue est utilisée dans de nombreux domaines, notamment dans celui de l'environnement à travers la modélisation systémique, la gestion des ressources ou encore les sciences participatives. Kontogianni *et al.* (2012) préconisent l'utilisation de la méthode en amont d'une évaluation économique de l'environnement.

La méthode est utilisée ici pour identifier les impacts positifs et négatifs générés par un projet d'aménagement en partant des perceptions des acteurs locaux. La cartographie cognitive floue est construite dans le cadre d'un travail d'enquêtes au cours desquelles les participants sont invités à représenter graphiquement une situation ou un problème *via* des concepts interconnectés par des flèches, en y adjoignant une direction et un degré d'influence, c'est-à-dire le lien de causalité (figure 24.1). Elle permet à chaque enquêté de lister toutes les notions relatives à l'objet ou au problème en question, de formaliser ses représentations, d'organiser son discours, et par là même de hiérarchiser ses points de vue. L'analyse des données issues de l'agrégation des cartes cognitives nous renseigne sur la distribution des perceptions au sein de l'échantillon d'individus enquêtés.

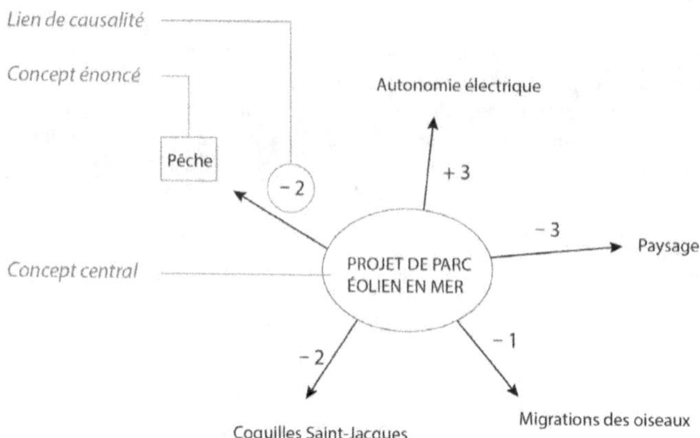

Figure 24.1. Exemple et structure d'une carte cognitive floue.

Ainsi, lors de l'enquête, chaque personne interrogée dessine sa propre carte cognitive qui constitue le support de réponse à la question suivante : « Quels sont les effets, tant positifs que négatifs, qui vont être générés par le projet d'aménagement X sur votre activité, sur l'environnement, et plus généralement sur le territoire ? » Prenons l'exemple d'un projet d'aménagement de parc éolien en mer, comme décrit dans la figure 24.1. L'enquêté a alors à sa disposition une feuille sur laquelle apparaît uniquement le concept de « projet de parc éolien en mer », placé au centre de la feuille. Il revient à l'enquêté de compléter cette feuille en décrivant sous forme de mots ou de groupes de mots les effets qu'il se représente du projet. Nous les nommerons les « variables exprimées ». Chaque variable exprimée est connectée au concept central par une relation causale, représentée sous forme de flèche. Une relation causale de type A → B signifie que le concept A a un effet sur le concept B. La relation peut être positive (l'effet est perçu comme un avantage) ou négative (l'effet est perçu comme néfaste) et indiquée respectivement par les signes + et − au-dessus de chaque flèche. Le poids relatif de l'interaction est également indiqué (1 : peu important ; 2 : important ; 3 : très important) (figure 24.1). Ces liens de causalité vont permettre une analyse semi-quantitative des données issues de la cartographie cognitive.

La cartographie cognitive floue implique des contraintes méthodologiques à prendre en compte :
• *échantillonnage.* Pour avoir une bonne représentativité de la population cible, et donc des représentations de cette dernière, il est nécessaire d'intégrer un maximum de facteurs susceptibles d'influencer les perceptions dans le plan d'échantillonnage (âge, sexe, lieu de résidence, activités pratiquées, etc.) ;
• *préparation de l'enquête.* Des questions sont posées en amont de l'exercice de cartographie cognitive floue de manière à « mettre en situation » le répondant et à alimenter la représentation cartographique. Idéalement, il est préférable d'avoir un seul et même enquêteur pour réaliser les entretiens, de manière à éviter un biais associé à un « effet enquêteur » ;
• *construction de la carte cognitive.* Lors de l'entretien, la personne interrogée dessine elle-même sa représentation personnelle du système en réponse à la question préalablement formulée ;
• *regroupement des concepts.* Pour comparer des cartes, il est nécessaire de regrouper les « variables exprimées », très nombreuses, qui traduisent la même idée au sein des différentes cartes, en ayant recours à ce que l'on peut appeler des « variables réduites » qui sont identifiées selon un critère de proximité sémantique (figure 24.2). À titre d'exemple, certaines personnes vont parler de « paysage » et d'autres d'« impact visuel » pour exprimer des perceptions proches ;
• *analyse des données.* Il existe une grande diversité de méthodes pour analyser des données issues de la cartographie cognitive (statistique descriptive, théorie des graphes, etc.). Nous proposons ici l'utilisation d'une analyse des correspondances multiples (ACM) pour décrire la répartition des effets potentiels associés à l'aménagement, tels qu'ils ont été perçus par les individus enquêtés. L'ACM est une méthode qui permet d'étudier l'association entre au moins deux variables qualitatives. Elle permet d'aboutir à des diagrammes à deux dimensions sur lesquelles on peut visuellement observer les proximités entre les catégories des variables qualitatives et les observations. Les variables prises en compte dans l'ACM sont les suivantes : variables réduites obtenues par regroupement des concepts énoncés, liens de causalité exprimés pour chaque concept énoncé, critères sociodémographiques des enquêtés.

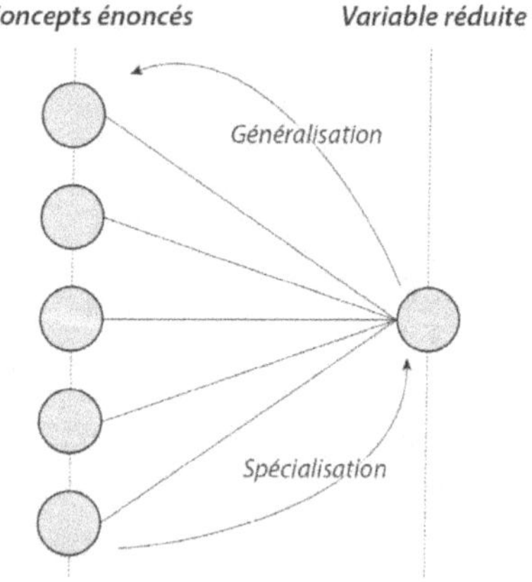

Figure 24.2. Regroupement de concepts (d'après Poignonec, 2006).

►► La méthode des choix expérimentaux comme outil d'évaluation des gains de bien-être par la compensation

La méthode des choix expérimentaux (encadré 24.2) est une méthode d'évaluation économique fondée sur la décomposition en « attributs » de l'objet que l'on cherche à évaluer (Louvière et Woodworth, 1983). À titre d'exemple, il est possible de considérer un arbre non pas comme un bien homogène mais comme un objet qui a pour attributs de générer de l'ombre, de produire des fruits, de fournir du bois, un habitat pour des oiseaux, etc. Toutes ces caractéristiques sont autant d'attributs économiques que l'on peut associer à l'objet « arbre ». Ce raisonnement peut être étendu à tout objet social ou physique. La méthode des choix expérimentaux va permettre de discriminer les attributs qui sont les plus importants pour les personnes enquêtées et ainsi d'estimer la valeur relative de ces derniers. La mise en œuvre de la méthode des choix expérimentaux implique deux étapes de travail :
• une procédure de construction de différents scénarios, qui sont ensuite soumis au choix d'un échantillon de personnes qui pourront exprimer leurs préférences concernant les attributs d'un objet particulier ;
• une analyse statistique visant à estimer la contribution de chaque attribut à l'utilité (équivalent économique du bien-être) des personnes enquêtées.

Encadré 24.2. Bref historique de la méthode des choix expérimentaux

La méthode des choix expérimentaux a été développée en économie et en marketing pour déterminer les préférences de consommateurs pour des biens multi-attributs et expliquer par là même le comportement humain de choix (Louvière et Woodworth, 1983). La méthode se fonde sur la théorie de l'utilité aléatoire de McFadden (1974) ainsi que sur la théorie de Lancaster (1966). La première vise à fournir une explication du comportement humain dans la façon dont les individus effectuent des choix. La théorie de l'utilité aléatoire suppose que les préférences peuvent être résumées en deux composantes : une composante systématique ou explicable ; une composante aléatoire ou inexplicable.

La dimension aléatoire implique que les scientifiques peuvent prédire la probabilité qu'un individu *n* choisisse l'alternative A pour maximiser son utilité, mais pas la solution exacte que chaque individu va choisir. La théorie de Lancaster repose sur le principe que l'utilité procurée par un bien ou un service est égale à la somme des utilités procurées par les différents attributs et caractéristiques de ce bien ou service.

L'apparition de la méthode des choix expérimentaux dans le domaine de l'environnement et de la gestion des ressources naturelles a pour origine le besoin de prendre en compte simultanément les valeurs d'usage et les valeurs de non-usage (Adamowicz *et al.*, 1994). Elle est désormais de plus en plus utilisée pour mesurer les effets *ex ante* d'un aménagement ou d'une politique sur un territoire et son environnement.

La méthode des choix expérimentaux permet de prendre en compte les relations de complémentarité et de substitution entre ces attributs et de prévoir comment évoluera la demande suite à des changements de une ou de plusieurs propriétés de l'objet soumis à évaluation (Rambonilaza, 2004). Dans le cadre d'un projet d'aménagement, il existe des relations de complémentarité et de substitution entre les pertes associées aux impacts du projet et les gains issus de la compensation. Cependant, on suppose que la forme de compensation proposée — indemnisations financières, investissement dans des biens collectifs, restauration écologique — agit directement sur ces relations. On suppose, par là même, que les enquêtés vont valoriser différemment ces mesures de compensation suivant la capacité de ces dernières à apporter une réponse appropriée aux impacts du projet. Ainsi, ces caractéristiques de la compensation seront affectées par les différentes mesures qui vont être mises en œuvre ou non au sein des scénarios et affecteront à leur tour la satisfaction des usagers.

Des scénarios sont construits par combinaison d'attributs, chaque attribut possédant un ou plusieurs niveaux. Le choix de ces attributs traduit donc une volonté d'intégrer des compensations de natures différentes (figure 24.3, voir planche couleur V) :
• des compensations écologiques, avec une distinction entre des actions de restauration d'habitats écologiques et de création d'habitats écologiques (voir glossaire) ;
• l'investissement dans des biens collectifs, avec une distinction entre la mise en place de nouveaux aménagements et le financement d'équipements collectifs ;
• des indemnisations financières mises en œuvre sous forme de subventions.

Les scénarios sont regroupés par paires au sein d'ensembles de choix (figure 24.4, voir planche couleur VI). Au cours de l'enquête, chaque individu est invité à choisir le scénario qu'il préfère au sein de l'ensemble de choix. Plusieurs ensembles de choix sont présentés au répondant au cours de l'enquête, afin d'analyser les compromis qu'il effectue entre les différents attributs. Cette méthode d'évaluation basée sur la décomposition du programme de compensation en attributs renvoie à deux hypothèses implicites :
• un individu confronté à plusieurs choix va favoriser l'option qui maximise son utilité ;
• les attributs de choix jouent un rôle explicatif important dans la constitution de l'utilité et donc de la décision.

Les données recueillies sont codées avant d'être analysées par modélisation économique. Les modèles de choix discrets, utilisés dans le cadre de la méthode des choix expérimentaux, cherchent à calculer la probabilité de choix d'une alternative et donc à prévoir le comportement des agents. Ces modèles estiment la contribution des attributs à l'utilité des répondants. Ainsi, les préférences pour les différents types de mesures de compensation sont révélées et peuvent être interprétées selon leur nature (compensation écologique, compensation financière, mesure d'accompagnement) et les impacts auxquels elles renvoient. Les résultats peuvent également être interprétés à travers le prisme des caractères sociodémographiques pertinents pour le modèle.

Pour être pertinente, la méthode des choix expérimentaux implique des contraintes méthodologiques à prendre en compte (d'après Dachary-Bernard, 2004 ; Marre et Pascal, 2012).
• *Définition des attributs et de leurs niveaux.* La construction des scénarios utilisés dans une expérience de choix nécessite une définition précise de l'objet que l'on cherche à évaluer, ainsi que des attributs et des niveaux qui seront utilisés. La sélection des attributs doit être guidée par la volonté de choisir des attributs qui, d'une part, orientent les choix des individus et qui, d'autre part, sont pertinents d'un point de vue politique. La définition des attributs traduit une volonté de mettre en balance différents types d'actions autour des mesures de compensation, telles que des mesures financières, des mesures environnementales ou encore des mesures d'accompagnement. Elle peut également traduire un ciblage des mesures vers certaines sources de bien-être (paysage, faune, etc.). Des niveaux exprimés quantitativement ou qualitativement doivent ensuite être assignés à chaque attribut. Ils doivent être choisis afin de représenter la gamme de variation pertinente au vu de la situation présente ou future à laquelle on s'intéresse. La définition des niveaux peut également traduire un caractère binaire de l'attribut comme la présence *versus* l'absence de celui-ci. Lors de l'enquête, ces attributs et ces niveaux seront explicités sous forme de mots ou de groupes de mots, mais une communication visuelle sous forme de photos ou de dessins présente l'avantage de conduire à une perception plus homogène des situations de la part des enquêtés (figure 24.4, voir planche couleur VI).
• *Choix et génération du plan d'expérience.* La théorie statistique est utilisée pour combiner les différents niveaux des attributs au sein d'un nombre fini de scénarios à présenter aux enquêtés. Supposons a attributs possédant n niveaux chacun, on obtient alors n^a = nombre de scénarios possibles. Ce nombre est généralement beaucoup trop élevé pour en présenter la totalité aux enquêtés. Un plan factoriel fractionnaire (Kuhfeld, 2005) doit être implémenté à l'aide de logiciels particuliers afin de ne garder qu'un nombre restreint de scénarios parmi cet ensemble des possibles. Les scénarios retenus permettent néanmoins d'optimiser la diversité de combinaisons possibles. Lors de ce processus, le format de l'enquête est défini par l'analyste :
  − le nombre de scénarios contenus dans une expérience de choix est défini, il s'agit généralement d'une paire de scénarios ;

– le nombre d'expériences de choix par enquête doit être suffisamment grand pour identifier un maximum d'interactions entre attributs, mais pas trop élevé pour éviter un effet de complexité associé à la fatigue ou à l'apprentissage de l'enquêté face à l'exercice ;

– une option de *statu quo* dans laquelle chaque attribut prend le niveau nul, ou une option de ne rien choisir, peut être ajoutée dans chaque ensemble de choix. Les avantages de ces options sont nombreux et leur utilisation est fortement recommandée (Louvière *et al.*, 2000).

Ainsi, dans l'exemple présenté à travers la figure 24.3, un ensemble de choix se compose de deux scénarios et d'une option de ne rien choisir. Au cours d'une même enquête, le répondant est soumis à plusieurs ensembles de choix.

• *Échantillonnage.* Pour avoir une image représentative des points de vue, un maximum de facteurs susceptibles d'influencer les préférences individuelles doit être pris en considération dans le plan d'échantillonnage (âge, sexe, lieu de résidence, activités pratiquées, etc.).

• *Recueil des données.* Plusieurs modes d'administration des questionnaires peuvent être envisagés (face-à-face, courrier, courrier électronique, etc.). Alors que l'enquête en face à face peut conduire à réduire la taille de l'échantillon que l'on souhaite interroger, faute de temps ou de moyen humain, elle permet néanmoins d'obtenir un taux de réponses important et de porter une attention particulière à la compréhension de l'exercice par le répondant. Le questionnaire doit proposer une introduction claire permettant de montrer l'intérêt de l'enquête et de contextualiser cette dernière. Diverses questions doivent permettre d'éclairer le cadre général de l'enquête, et de recueillir des informations supplémentaires qui permettront de préciser les résultats issus de l'analyse des choix expérimentaux. À titre d'exemple, l'opinion générale du répondant vis-à-vis de l'aménagement en question, ou encore vis-à-vis du principe de compensation, peut faire l'objet de questions. La dernière partie du questionnaire s'intéresse aux caractéristiques sociodémographiques des individus ainsi qu'à leur opinion vis-à-vis du principe de compensation au sens large.

• *Analyse des données par modélisation économique.* Plusieurs modèles de choix discrets existent et diffèrent suivant le type d'hypothèses posées quant à la distribution statistique suivie par les composantes aléatoires (Hoyos, 2010). Le choix des modèles à privilégier doit être guidé par la volonté de raffinement et de meilleur ajustement au regard des hypothèses posées par le jeu de données et des hypothèses posées par les différents modèles.

▶▶ Un exemple d'application : le projet de parc éolien en mer de la baie de Saint-Brieuc

La baie de Saint-Brieuc constitue l'un des quatre sites retenus pour l'implantation de parcs éoliens en mer, suite à la publication d'un premier appel d'offres par l'État en juillet 2011. Ce projet prévoit l'installation de cent éoliennes réparties sur une surface équivalente à 77 kilomètres carrés et dont l'éolienne la plus proche de la côte serait située à 16,2 kilomètres (figure 24.5). Bien que ce projet s'inscrive dans une logique de développement durable, des impacts sur les écosystèmes, les activités ou encore le paysage sont envisagés. Les compensations semblent l'instrument privilégié par le cahier des charges de l'appel d'offres pour répondre aux impacts et garantir, par là même, le maintien d'un état écologique de référence et l'acceptabilité sociale du projet. La question de l'évaluation *ex ante* des impacts du projet sur le territoire d'accueil est néanmoins posée, dans le but de définir des mesures de compensation appropriées[135].

On cherche, à travers ce terrain d'étude, à rendre compte des impacts et des bénéfices qui émanent de ce projet à travers les perceptions des acteurs du territoire, puis à révéler les préférences de ces derniers quant à la nature des compensations territoriales attendues pour atteindre un *no-net-loss* de bien-être.

---

135. Les résultats de cette étude, menée indépendamment des réflexions conduites par les opérateurs, restent sans incidence sur le processus décisionnel du projet, dont les négociations et l'étude d'impact environnemental sont actuellement en cours.

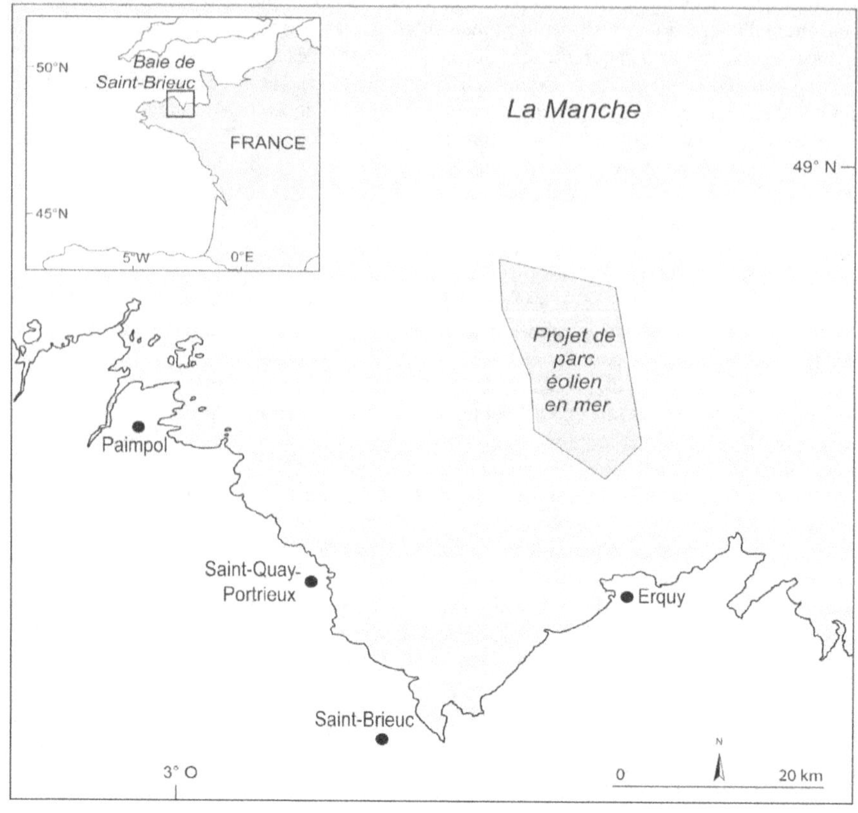

Figure 24.5. Localisation du projet de parc éolien en mer de la baie de Saint-Brieuc.

Méthode de cartographie cognitive

Échantillonnage

Soixante-treize enquêtes ont été réalisées en face à face sur des sites d'activités ou sur la base de rendez-vous (tableau 24.1). Les individus ont été ciblés à partir de leur principale activité réalisée en baie de Saint-Brieuc, préalablement identifiée comme une activité potentiellement affectée par le projet de parc éolien en mer de la baie de Saint-Brieuc.

Préparation de l'enquête

Chaque entretien s'organise autour de trois points : le degré de connaissance et l'implication de la personne enquêtée dans le projet ; les impacts potentiels (négatifs et positifs) perçus et représentés sous forme de cartes cognitives ; l'expression d'une attente de compensation ou non pour contrebalancer les impacts négatifs perçus. Ainsi, au cours de chaque entretien, les participants sont invités à dessiner des cartes cognitives représentant les effets positifs et négatifs du projet de parc éolien *offshore* sur le système écologique, social et économique de la baie de Saint-Brieuc. Les concepts énoncés sont représentés sous forme de variables qualitatives reliées par une flèche au concept central « parc éolien en mer de la baie de Saint-Brieuc » qui constitue notre objet d'étude.

Tableau 24.1. Caractéristiques sociodémographiques de l'échantillon.

		N = 73	%
Type de pratiquants	Usagers récréatifs	16	21,9
	Naturalistes	17	23,3
	Opposants	12	16,4
	Visiteurs	28	38,4
		73	**100**
Lieu de résidence	Ouest de la baie	10	13,7
	Est de la baie	19	26,0
	Fond de la baie	15	20,5
	Hors de la baie	29	39,7
		73	**100**
Sexe	Femme	25	34,2
	Homme	48	65,8
		73	100
Âge	< 30 ans	8	11,0
	31-45 ans	21	28,8
	46-60 ans	22	30,1
	> 61 ans	22	30,1
		73	**100**

Construction de la carte cognitive

Soixante-treize cartes cognitives ont été obtenues (voir figure 24.1) et 410 variables, définies sous forme de mots ou de groupes de mots, ont été mentionnées au sein des 73 cartes. En moyenne, 5,6 variables ont été exprimées par carte avec un minimum et un maximum de respectivement 1 et 14 variables.

Regroupement des variables

Les 410 variables identifiées ont été regroupées en 6 variables réduites (tableau 24.2). À titre d'exemple, la variable réduite « Usages » recouvre, entre autres, les variables exprimées « pêcheurs professionnels », « la pêche en baie de Saint-Brieuc », « les plaisanciers ».

Tableau 24.2. Variables réduites et fréquence de citations.

Variables réduites	Nombre de citations
Développement durable	51
Développement	56
Gouvernance	44
Usages	78
Paysage	50
Composantes de l'écosystème	131

Analyse des données

Les variables réduites (tableau 24.2), les liens de causalités (voir figure 24.1), les critères socio-démographiques des individus (voir tableau 24.1) et l'expression d'une attente de compensation (compensations, pas de compensation, ne se prononce pas) constituent les variables de notre jeu de données. La distribution des variables au sein de ce jeu de données est présentée dans la figure 24.6 à partir d'une ACM (voir planche couleur VI).

L'axe F1 du diagramme discrimine les causalités de valeurs négatives à gauche et les causalités de valeurs positives à droite. On peut donc l'interpréter comme l'axe d'opposition entre les perceptions positives et négatives des impacts générés par le projet d'éoliennes *offshore*. L'axe F2 est interprété comme l'axe d'opposition entre le refus de compensation et l'attente potentielle de mesures de compensation. L'observation du graphique nous permet également de discriminer les variables associées à des composantes de l'écosystème, des usages et des modalités de gouvernance. La diversité de perceptions associée à la nature et à l'intensité des impacts semble corrélée aux activités et lieux de résidence des usagers enquêtés. Le tableau 24.3 propose une interprétation du diagramme (figure 24.6) à partir de la description de quatre groupes d'usagers.

Tableau 24.3. Interprétation de l'analyse.

Groupe	Perception globale des impacts	Nature des impacts	Attente de compensation
Visiteurs	+	Développement durable, développement du territoire	Non
Naturalistes	0	Composantes de l'écosystème, usages	Ne se prononcent pas
Usagers récréatifs	–	Paysage, usages	Oui
Opposants	– –	Enjeux de gouvernance	Non

Méthode des choix expérimentaux

Nous nous focalisons, dans un second temps, sur le groupe des usagers récréatifs et celui des naturalistes de la baie, pour lesquels la demande de compensation se révèle *a priori* pertinente et non clairement définie (tableau 24.3).

Définition des attributs et de leurs niveaux

Les huit attributs qui ont été retenus sont résumés dans le tableau 24.4. Ils correspondent pour la plupart à des mesures compensatoires réellement envisagées dans le cadre du projet. Ces attributs traduisent une volonté de mettre en balance des compensations de natures différentes : compensations financières, investissements dans des biens publics, actions de restauration écologique (voir figure 24.3, planche couleur V). Ils ciblent également différentes sources de bien-être (paysage, faune, etc.), identifiées comme potentiellement affectées par les usagers enquêtés lors de l'étape précédente (tableau 24.3). La définition des niveaux traduit ici un caractère binaire de l'attribut, à savoir la présence *versus* l'absence de celui-ci.

Tableau 24.4. Attributs et niveaux définis.

Attributs	Niveaux
Nettoyage des fonds colonisés par la crépidule[1]	
Réensemencement de coquilles Saint-Jacques[2]	
Création d'une zone d'alimentation pour les oiseaux	
Mise en place de récifs artificiels	Réalisé ou non réalisé
Matériels pour la voile	
Équipements pour l'observation de la faune et de la flore	
Aménagement de viviers réfrigérés à homards	
Taxe pour les communes, les comités des pêches et les activités de loisirs	

[1] La crépidule, *Crepidula fornicata*, est un mollusque gastéropode invasif, originaire des côtes nord-atlantiques de l'Amérique et introduit accidentellement en Europe dans les années 1870 avec l'importation de l'huître américaine, *Crassostrea virginica*.

[2] La coquille Saint-Jacques, *Pecten maximus*, est une espèce halieutique à forte valeur ajoutée qui représente environ 50 % du chiffre d'affaires annuel pour le secteur de la pêche en baie de Saint-Brieuc (Augris et Hamon, 1996). Elle possède également une forte valeur patrimoniale en baie de Saint-Brieuc, comme en témoignent les nombreux logos et événements associés à cette espèce sur le territoire.

Choix et génération du plan d'expérience

Au sein de chaque expérience de choix, l'enquêté a la possibilité de choisir entre trois options :
• deux scénarios compensatoires, qui reflètent la mise en place de certaines mesures compensatoires ; l'enquêté devra ainsi choisir entre deux options proposant des schémas compensatoires différents ;
• une option de « ne pas choisir », qui permet à l'enquêté de refuser de choisir et de justifier ce choix : refus du projet et donc refus de compensation(s), refus du principe de compensation, refus des attributs proposés, impossibilité de choisir entre les deux scénarios.

Un exemple d'ensemble de choix est présenté en figure 24.4 (voir planche couleur VI). Chaque enquêté est soumis à six ensembles de choix au cours d'une même enquête.

Échantillonnage et recueil des données

Au total, 351 enquêtes ont été réalisées en face à face, sur des sites d'activités ou sur la base de rendez-vous. Les individus ont été ciblés à partir de leur principale activité réalisée en baie de Saint-Brieuc, activité qui avait été identifiée par la méthode de cartographie cognitive comme potentiellement affectée par le projet de parc éolien en mer et impliquant donc une attente potentielle de compensations (tableau 24.3). Sur cet échantillon initial, 205 individus perçoivent des effets négatifs à la mise en place du projet et ont été soumis à la méthode des choix expérimentaux. Ainsi, la modélisation des choix discrets s'applique aux choix de ces 205 individus. Les caractéristiques sociodémographiques — activité, âge, sexe, lieu de résidence, revenu — de cet échantillon restreint sont présentées dans le tableau 24.5. On remarque que les hommes sont surreprésentés dans ces échantillons, ce qui constitue un phénomène déjà observé dans la littérature s'intéressant au suivi des activités récréatives en mer (Herfaut *et al.*, 2013). Des variables relatives à la perception des individus vis-à-vis du projet et des technologies d'énergies marines renouvelables ont également été prises en considération puisque nous supposons qu'elles influencent les préférences des enquêtés.

Tableau 24.5. Statistiques descriptives de l'échantillon interrogé.

Variables	Description	% (N = 205)
Activité	Observations naturalistes	23,9
	Pêche à pied récréative	34,1
	Pêche embarquée	21,5
	Pêche sous-marine	14,1
	Plaisance à voile	17,6
	Plaisance moteur	31,7
	Plongée sous-marine	17,6
	Promenade	49,8
Âge	< 30 ans	14,6
	31-45 ans	22,9
	46-60 ans	31,2
	> 61 ans	31,2
Sexe	Femme	29,3
	Homme	70,7
Lieu de résidence	Ouest de la baie	17,6
	Sud de la baie	27,8
	Est de la baie	23,9
	Hors de la baie	28,3
Revenu	< 1 000	8,8
(net en €, mensuel)	1 001 à 1 500	12,2
	1 501 à 3 000	25,9
	3 001 à 4 000	21,0
	> 4 001	16,1

Constante spécifique à l'option de non-choix

Au cours de l'enquête, un quart des répondants (N = 51) a systématiquement choisi l'option de « non-choix ». Ce phénomène de « protestation » est fréquemment relevé dans la littérature relative à la méthode des choix expérimentaux (Brouwer et Martín-Ortega, 2012). Il révèle dans cette étude un rejet de la compensation telle que proposée à travers les scénarios. Afin de prendre en compte cet effet de non-choix, nous introduisons dans notre modèle une constante spécifique à l'alternative correspondant au non-choix (ASC_nc), comme cela est proposé dans la littérature (Jaeck et Lifran, 2009). C'est une variable binaire égale à 1 quand le répondant opte pour le non-choix, et à 0 lorsqu'un scénario est choisi. Cette ASC_nc permet en outre d'intégrer dans le processus de modélisation les caractéristiques individuelles des enquêtés en les croisant avec la variable correspondant à l'ASC_nc. Ainsi, les vecteurs des coefficients estimés pour les caractéristiques individuelles nous permettront d'expliquer ce phénomène de protestation.

Analyse des données

Les données obtenues à partir des questionnaires sont analysées au moyen d'un modèle logit multinomial (McFadden, 1974). Ce dernier repose sur l'hypothèse que les paramètres du modèle sont constants entre les enquêtés, ce qui renvoie à une analyse de préférence moyenne des individus. Le modèle logit multinomial analyse les choix des répondants en fonction des attributs du choix et des caractéristiques individuelles des répondants. Les résultats de l'estimation du modèle logit multinomial sont présentés dans le tableau 24.6. Seules les variables individuelles significatives dans le modèle sont présentées dans le tableau des résultats.

Tableau 24.6. Résultats des estimations du modèle logit multinomial.

Variables	Coefficients
Réensemencement de coquilles Saint-Jacques	0,25 (0,05)***
Nettoyage des fonds colonisés par la crépidule	0,09 (0,05)*
Création d'une zone d'alimentation pour les oiseaux	0,00 (0,05)
Mise en place de récifs artificiels	− 0,04 (0,06)
Équipements pour l'observation de la faune et de la flore	0,11 (0,05)**
Matériels pour la voile	− 0,08 (0,06)
Aménagement de viviers réfrigérés à homards	0,06 (0,05)
Taxe pour les communes, les comités des pêches et les activités de loisirs	− 0,11 (0,06)*
Constante spécifique à l'option de non-choix (ASC_nc)	− 1,21 (0,27)***
Activité	
ASC_nc*Observations naturalistes	1,31 (0,19)***
ASC_nc*Plaisance à voile	− 0,81 (0,18)***
ASC_nc*Plaisance moteur	− 0,59 (0,23)***
ASC_nc*Pêche embarquée	− 0,60 (0,20)***
ASC_nc*Promenade	− 0,37 (0,15)**
Lieu de résidence	
ASC_nc*Est de la baie	0,50 (0,18)***
ASC_nc*Hors baie	− 0,46 (0,19)**

Significativité aux seuils 1 % (***), 5 % (**), 10 % (*).

Seuls les paramètres significatifs (exprimés en nombre de « * ») peuvent faire l'objet d'une interprétation. Dans un premier temps, nos résultats nous amènent à étudier la contribution des attributs, c'est-à-dire les mesures compensatoires, dans le choix des schémas compensatoires. Certaines mesures sont positivement valorisées par les individus, d'autres sont négativement valorisées et, enfin, certaines ne sont pas significatives.

Compensations financières

La mise en place d'une compensation financière est le seul paramètre significatif qui possède une valeur négative ($\beta = - 0,11 \pm 0,06$). Les usagers récréatifs de la baie de Saint-Brieuc semblent ainsi défavorables à la mise en place de mesures financières. Ce constat est appuyé par un résultat supplémentaire issu de l'analyse des questionnaires : une large minorité des répondants (13,7 %) consent à bénéficier d'une mesure d'indemnisation financière individuelle en réponse aux impacts subis. Ces éléments vont dans le sens d'hypothèses formulées par Frey *et al.* (1996) sur des effets de corruption et d'éviction de la motivation intrinsèque associés à ce type de mesures.

Investissements dans des biens publics

L'aménagement pour l'observation de la faune et de la flore possède un paramètre estimé positif ($\beta = 0,11 \pm 0,05$) et significatif. En revanche, le financement de viviers réfrigérés à homards et l'équipement pour la pratique de la voile présentent des paramètres non significatifs soulignant le fait que ces mesures compensatoires ne semblent pas contribuer à l'utilité retirée du choix d'un scénario compensatoire. Ainsi, les préférences pour les actions d'investissement dans des biens collectifs semblent moins marquées. Néanmoins, l'équipement pour l'observation de la faune et de la flore concerne un bien collectif, défini dans un sens plus strict que les deux autres mesures (financement de viviers réfrigérés à homards et équipement pour la pratique de la voile). En effet, ces dernières font davantage référence à des biens de club puisque les viviers profiteraient essentiellement aux pêcheurs professionnels de la baie et les équipements pour la pratique de la voile bénéficieraient en premier lieu aux associations et clubs de voile. Ainsi, les enquêtés valoriseraient davantage la compensation lorsqu'elle profite au bien-être collectif, sous forme d'investissements dans des biens publics.

Actions de restauration écologique

Le réensemencement de coquilles Saint-Jacques et le nettoyage des fonds colonisés par la crépidule sont des attributs qui possèdent un paramètre significatif et une valeur positive ($\beta = 0,25 \pm 0,05$ et $\beta = 0,09 \pm 0,05$). Ces valeurs étant positives, on peut dire que ces mesures compensatoires influent positivement sur le choix des usagers récréatifs et donc sur leur utilité. Ainsi, les usagers récréatifs de la baie de Saint-Brieuc choisissent de manière préférentielle les scénarios dans lesquels apparaissent les actions de restauration écologique.

Option de non-choix

Dans un deuxième temps, en regardant plus particulièrement les paramètres estimés pour l'ASC_nc et pour les caractéristiques individuelles, nous pouvons affiner les logiques qui sous-tendent au choix de l'option de non-choix. L'intérêt de se focaliser sur l'effet de non-choix vient du fait que un quart de notre échantillon a systématiquement choisi cette option de non-choix. La constante étant significativement négative, cela signifie qu'il y a un coût marginal à ne pas choisir de mesures compensatoires, mais ce coût dépend du type d'individu. Ainsi, au regard des caractéristiques individuelles significatives dans le modèle, on peut identifier les profils plus ou moins enclins à choisir l'option de non-choix. Certaines spécificités individuelles, aux paramètres significativement négatifs, dégageraient ainsi une utilité encore plus négative (que la seule constante) à ne pas choisir de schéma compensatoire, alors que certaines caractéristiques individuelles aux paramètres positifs influencent positivement le niveau d'utilité retiré du non-choix.

• Cinq paramètres associés aux activités récréatives sont significatifs. Ainsi, les répondants qui pratiquent des activités naturalistes ($\lambda = 1,31 \pm 0,19$) préfèrent l'option de non-choix, alors que ceux qui pratiquent la plaisance, la pêche de loisir embarquée et la promenade sur les sentiers du littoral de la baie seraient favorables à la mise en place de mesures compensatoires telles que proposées dans les scénarios ($\lambda = -0,81 \pm 0,18$; $-0,59 \pm 0,23$; $-0,60 \pm 0,20$; $-0,37 \pm 0,15$). Plusieurs réponses apportées à des questions de suivi dans le questionnaire nous permettent d'expliquer le non-choix des naturalistes. Les compensations proposées dans les scénarios ne correspondent pas aux attentes de ces derniers. Certains enquêtés se sentent illégitimes pour se prononcer sur la question de la compensation qui doit uniquement découler des impacts avérés du projet, ou découler du cadre réglementaire de l'étude d'impact environnemental. D'autres rejettent complètement le principe de compensation perçu, suivant les mesures proposées, le taxant d'outil d'artificialisation de l'environnement ou de moyen de corruption.

• Deux paramètres de localisation résidentielle des enquêtés sont significatifs. Ainsi, les répondants qui résident du côté est de la baie ($\lambda = 0,50 \pm 0,18$) préfèrent l'option de non-choix, alors que ceux qui résident en dehors de la baie seraient favorables à la mise en place de mesures compensatoires ($\lambda = -0,46 \pm 0,19$). Ces observations de non-choix de la part de ceux qui résident du côté est de la baie sont motivées par le refus du projet de parc éolien en mer des enquêtés. Dans ce cas, les individus ne s'expriment pas sur le principe de compensation dans la mesure où la question de la compensation constitue l'étape qui suit l'acceptabilité du projet, ce qui n'est pas leur cas.

▸▸ Conclusion

Cette enquête réalisée auprès des usagers de la baie de Saint-Brieuc nous a permis d'affiner notre compréhension des impacts engendrés par le projet à partir de l'analyse des représentations sociales de ces groupes. La méthode des choix expérimentaux nous a permis, dans un second temps, d'explorer les préférences des usagers pour différents types de mesures compensatoires associées au projet de parc éolien en mer de la baie de Saint-Brieuc, ainsi que les profils des individus exprimant une protestation vis-à-vis des scénarios proposés.

Le cadre méthodologique présenté à travers l'utilisation successive de la cartographie cognitive floue et de la méthode des choix expérimentaux se révèle pertinent à différents égards :
• les résultats issus de ces méthodes mettent en scène des intérêts territoriaux qui ne peuvent être pris en compte par les méthodes de dimensionnement de la compensation basées sur le principe d'équivalence écologique. Ces méthodes mettent ainsi en lumière d'autres facettes de la compensation d'un projet d'aménagement, plus en accord avec la prise en considération des revendications des populations locales (Jobert, 1998). Elles s'inscrivent directement dans une logique d'acceptabilité sociale du projet, à l'échelle locale ;
• ces méthodes viennent nourrir les réflexions autour des choix de compensations, en s'appuyant sur la perception des populations affectées par un projet. Cette démarche ne se substitue en aucun cas à l'expertise écologique et, par son caractère anthropocentré, ne suffit pas à une évaluation des impacts et des compensations, mais peut être préconisée en complément de l'utilisation d'un outil basé sur le principe d'équivalence écologique (réglementaire) ;
• ces méthodes mettent également en lumière l'existence de situations pour lesquelles la compensation ne correspond pas à l'outil approprié de réponses aux impacts du projet. C'est le cas lorsque les individus refusent complètement le projet, ou encore lorsqu'ils ne se sentent pas directement concernés par ce dernier.

La cartographie cognitive est un outil pertinent pour répondre aux objectifs de concertation au sein du projet, en définissant les principaux enjeux et les priorités à partir de la prise en compte des perceptions des acteurs locaux. Ainsi, elle semble pertinente pour que les usagers du territoire puissent s'exprimer sur la question des éoliennes et des compensations en utilisant un support simple et flexible. Cela peut aider notamment à la reconnaissance mutuelle de la diversité des perceptions sur ces sujets et à une meilleure prise en compte des craintes exprimées quant aux effets générés par le projet. Elle offre ainsi l'opportunité de comparer les opinions de différents groupes d'acteurs. Les limites de la méthode résident dans la dimension subjective des concepts et des liens de causalité exprimés, ainsi que dans la compréhension que chacun se fait de l'exercice, qui peuvent entraîner des biais dans l'interprétation des résultats (Méliadou *et al.*, 2012). On peut noter que Kontogianni *et al.* (2012) recommandent l'utilisation de la cartographie cognitive floue en économie de l'environnement pour les évaluations de type « non monétaire » ou en amont d'une enquête basée sur la méthode des choix expérimentaux (ce qui est la démarche que nous avons suivie).

La méthode des choix expérimentaux, telle que définie dans cette section, s'inscrit dans les méthodes d'évaluation « non monétaires » de l'environnement. Elle permet de nourrir les discussions autour de la définition des mesures de compensation en cherchant à évaluer les préférences des acteurs du territoire pour certaines formes de compensation. Cette méthode cherche à mettre en balance différents attributs associés à des mesures de compensation, définies à partir du rôle que ces derniers jouent sur le bien-être des individus, et ainsi à aller au-delà d'une analyse des ressources ou des habitats écologiques. Le format de l'enquête et la possibilité de recourir à des supports illustrés permettent de bien mettre en contexte le répondant et de rendre concrets les scénarios proposés. Quelques limites doivent cependant être mentionnées (Hoyos, 2010) :
• le processus de choix que doit réaliser à plusieurs reprises l'enquêté peut être considéré comme complexe et nécessite un effort cognitif particulier ;
• cet effort cognitif sera d'autant plus important que l'enquête fera appel à des termes peu familiers du répondant ;

• enfin, une limite importante réside dans les contraintes imposées par certains modèles de choix discrets. Ainsi, les hypothèses qui sous-tendent le modèle logit multinomial que nous utilisons ici stipulent que le ratio des probabilités de choix pour deux alternatives, et pour une observation particulière, n'est pas influencé systématiquement par les autres. On dit que le modèle logit multinomial vérifie l'hypothèse d'indépendance vis-à-vis des alternatives non pertinentes. Cette propriété peut être considérée soit comme une restriction imposée par le modèle, soit comme le résultat naturel d'un modèle bien spécifié qui capte toutes les sources de corrélation entre alternatives. De manière générale, le chercheur est incapable de capturer toutes les sources de corrélation, de sorte que les parties non observées de l'utilité sont corrélées et que l'hypothèse d'indépendance vis-à-vis des alternatives non pertinentes ne tient pas. Dans ce cas, un modèle plus général que le modèle logit multinomial est nécessaire.

Ces deux types d'outils peuvent être très utiles pour les maîtres d'ouvrage dans les phases d'évaluation et de concertation. En effet, ils permettent de mieux définir les craintes ou les opportunités perçues concernant les impacts de leurs projets, et d'identifier quelles seront les meilleures compensations pour contrebalancer ceux-ci. Ceci nous amène à recommander de bien construire le plan d'échantillonnage (clé de répartition des métiers, données Insee locales, etc.) de manière à obtenir des résultats représentatifs des perceptions de la population cible dans son ensemble.

Conclusion

▶▶ Compensation, substitution et durabilité

La question de la compensation est intrinsèquement liée à celle de la substitution. Qui dit compensation suppose l'existence d'une possibilité de substitution de quelque chose qui a disparu par quelque chose de nouveau et qui vaut équivalence.

Pendant des années, ce principe a été envisagé implicitement sous l'angle du critère de bien-être social, légitimant la destruction de « bouts de nature » au motif que ces sacrifices étaient plus que contrebalancés par la croissance économique qu'ils alimentaient. La forme la plus commune de compensation était la réparation monétaire et consistait, dans les rares hypothèses où le droit l'exigeait, à indemniser des acteurs qui subissaient des préjudices consécutivement à des dommages environnementaux. L'apparente absence de prise en compte de la « nature » dans ce raisonnement était justifiée par des idées maintenant largement remises en cause : existence d'une nature fournissant des ressources en quantités illimitées, absence de limites biophysiques au développement, progrès techniques permettant de surmonter les problèmes sociétaux comme les contraintes environnementales.

Aujourd'hui, le débat sur la compensation associée aux dommages environnementaux est théoriquement envisagé en des termes nouveaux, biophysiques, du fait de la reconnaissance par de nombreux textes de loi, en France et à l'étranger, d'un besoin de limiter le phénomène d'érosion de la biodiversité issu de notre mode de développement. Ce changement, initié en France par la loi sur la protection de la nature de 1976, mais réellement reconnu comme un outil de politique publique depuis quelques années, peut être perçu comme une avancée en matière de politique environnementale.

Il peut en effet représenter un moyen supplémentaire d'instituer un développement économique plus respectueux des enjeux écologiques. Ce nouveau paradigme consacre le fait que l'on ne peut plus seulement cautionner une destruction de la nature en justifiant que les bénéfices sociaux couvrent les pertes écologiques, mais qu'il est nécessaire de restaurer ailleurs ce que l'on a détruit ici. Cependant, comme nous l'avons vu dans la partie sur la faisabilité écologique, réaliser ce type d'action n'a rien d'aisé.

Pour comprendre les soubassements théoriques de la mise en œuvre de la compensation biophysique, il est intéressant de faire un détour par ce qui est qualifié de principe de durabilité faible et de principe de durabilité forte. La durabilité faible suppose que les différentes formes de capitaux (naturel, manufacturé, humain, social) sont substituables entre elles et qu'une substitution (par exemple diminuer le capital naturel pour augmenter le capital manufacturé) est acceptable dès lors que cette transformation accroît le niveau de richesse globale (évalué à l'aune de l'agrégation de la valeur économique de toutes les formes de capitaux), que ce soit pour des raisons économiques, de « support » à toutes les formes de capitaux, ou simplement des principes éthiques. La durabilité forte repose, au contraire, sur l'idée que les différentes formes de capitaux sont complémentaires. Elle affirme, par conséquent, qu'il est central de conserver un niveau donné de capital naturel, quand bien même une diminution de ce dernier pourrait générer des gains sur d'autres plans.

En termes non économiques, cela implique qu'il n'est plus admissible d'un point de vue sociétal de perdre de la biodiversité et qu'il faut renoncer à certains projets ou, quand cela est écologiquement faisable, mettre en œuvre des compensations biophysiques pour atteindre ce que l'on appelle une absence de perte nette de biodiversité. Évidemment, la portée d'une telle affirmation est fortement liée à ce que l'on considère comme une « absence de perte nette »[136].

La notion de compensation écologique correspond à une vision opérationnelle du principe de durabilité forte, si l'on admet que l'objectif final d'absence de perte nette de biodiversité peut être réalisé *via* ce mécanisme. En effet, qui dit absence de perte nette dit arrêt, en valeur absolue, de la dégradation de la biodiversité, en considérant que ce qui est gagné par des actions de restauration permet de contrebalancer (au moins) ce qui est perdu par des projets qui ont des conséquences négatives sur la biodiversité.

Pour autant, le décalage entre l'objectif que sous-tend le principe de compensation écologique et les résultats obtenus par la mise en œuvre de la politique environnementale qui fonde le respect de ce dernier peut être grand, voire très grand… D'un principe qui s'inscrit dans un schéma de durabilité forte en créant un cadre contraignant pour notre modèle de développement, on peut insidieusement tendre à la mise en place d'un outil réglementaire supplémentaire permettant d'obtenir des droits à détruire des espaces naturels si les outils de cadrage, de contrôle et de régulation sont insuffisants.

Cet ouvrage a cherché à évaluer l'écart existant entre le principe qui fonde les mesures de compensation et la réalité de leur mise en œuvre.

▸▸ Quatre parties pour répondre à quatre questions sur l'usage des mesures compensatoires écologiques

La première partie nous a permis de souligner qu'il existe aujourd'hui une grande diversité de contextes institutionnels (réglementaires ou volontaires, pour des dommages autorisés ou accidentels) dans lesquels la notion de compensation écologique est mobilisée, explicitement ou non. À chaque contexte peut s'attacher une histoire faite de crises et d'innovations. Un élément central est apparu au fil de cette partie : il tient au rôle clé de la volonté politique sans laquelle l'effectivité de la mise en œuvre de cet outil de politique publique demeure très faible. Le cadre français en est une illustration saisissante : la volonté d'appliquer les dispositions du Code de l'environnement relatives à la compensation écologique a été jusqu'à présent faible, pour ne pas écrire inexistante. Cela peut être mis en parallèle avec l'histoire des mesures compensatoires écologiques aux États-Unis. Celle-ci met en évidence le rôle des crises institutionnelles qui ont conduit à améliorer le système de mise en œuvre des politiques publiques associées, comme ce fut le cas suite au rapport de la Cour des comptes américaine de 2005 sur l'inapplication de la séquence éviter-réduire-compenser pour les dommages autorisés. Ces crises ont le plus souvent pour origine l'incapacité de l'administration à faire respecter la loi et nécessitent des réformes institutionnelles et organisationnelles profondes en vue d'améliorer l'effectivité des mesures compensatoires écologiques. Cette partie a par ailleurs permis de souligner que la compensation écologique était avant tout un outil visant à l'acceptation sociale de projets d'aménagement et qu'elle était perçue de manières très diverses, selon la nature du projet en question. Il s'agit ainsi d'un outil qui est mobilisé dans des contextes conflictuels et qui doit être questionné au regard d'enjeux de justice sociale et de compromis territorial.

---

136. On peut aussi mentionner qu'il existe un critère de durabilité « très forte » qui interdit toute destruction de l'environnement naturel et donc toute logique de compensation. Ce critère apparaît cependant assez compliqué à utiliser dans des territoires où la biodiversité a été façonnée par des siècles d'interactions entre activités humaines et dynamiques écologiques (le bon état de la biodiversité dépendant souvent en partie d'usages anthropiques), ainsi que dans des contextes de forte croissance démographique.

Dans la deuxième partie, nous avons étudié plus particulièrement l'innovation organisationnelle que représente le système des banques de compensation. Il apparaît que ce système génère deux éléments qui semblent importants pour améliorer la mise en œuvre des mesures compensatoires : la taille des projets de compensation augmente, ce qui accroît l'efficacité des actions de restauration écologique ; la concentration des responsabilités de mise en œuvre des mesures compensatoires facilite les contrôles par les administrations, ce qui conduit à une plus grande effectivité des actions engagées. Si des effets positifs ont pu être identifiés, ce n'est cependant pas par un simple recours au marché, mais par la mise en place d'un système de régulation exigeant et complexe, articulant des objectifs et des contraintes de nature réglementaire avec des logiques incitatives de nature marchande. La conséquence en a été l'émergence d'un « système hybride », très encadré, fondé sur des investissements dans des actions de restauration ambitieuses, guidées par l'histoire des destructions qu'ont connu les territoires concernés. Le cas américain doit être mis en parallèle, là encore, avec le contexte français, qui semble encore loin de pouvoir fournir un cadre réglementaire permettant de faire émerger un système de banque de compensation générant des gains écologiques et économiques réels.

La principale limite du système des banques de compensation est qu'il génère une logique de séparation entre les zones de restauration et les zones de développement, même si les distances peuvent rester relativement faibles (autour de trente kilomètres aux États-Unis par exemple). Les impacts négatifs n'apparaissent pas tant du point de vue écologique (respect de contrainte hydrologique précise dans le cas des zones humides par exemple) que du point de vue social, avec des inégalités d'accès aux espaces naturels qui soulèvent des questions de justice à l'échelle de territoires spécifiques. La seconde limite de ce mécanisme est que ce système ne peut pas être adapté aux impacts sur des écosystèmes très spécifiques, puisque le principe même de la banque de compensation est la mutualisation d'actions de restauration pour compenser des impacts sur des habitats de même nature. En France, où la réglementation est fondée principalement sur les espèces, on peut donc s'interroger sur la pertinence de cette forme organisationnelle.

Le propos de la troisième partie a justement été d'essayer de préciser ce qui était compensable et ce qui ne l'était pas. En effet, la principale contrainte à la compensation environnementale reste avant tout la faisabilité écologique. Ainsi, s'il est acquis que l'on sait restaurer un certain nombre de composantes de la biodiversité aujourd'hui, notamment pour les zones humides, il est tout autant acquis qu'il existe des limites très strictes aux connaissances et aux techniques dans le domaine de la restauration écologique. C'est sans doute la principale conclusion de cette troisième partie : le besoin de prendre en compte l'état de l'art en écologie de la restauration dans les projets de compensation. Il a ainsi été montré que la faisabilité écologique de la restauration des zones humides dépendait des types d'écosystèmes, de la taille des projets, des latitudes, des niveaux de connectivité et évidemment de la complexité des interactions qui sont liées à une histoire longue, voire très longue.

Il semble par ailleurs opportun d'envisager les actions de restauration en anticipant les changements à venir, notamment pour les forêts qui ont des dynamiques de long terme et qui vont donc atteindre des niveaux de maturité à des dates où le réchauffement climatique se fera pleinement sentir. Anticiper cela par une projection du devenir des milieux peut être une piste de travail. Par ailleurs, d'autres écosystèmes semblent ne pas avoir besoin d'actions de restauration et doivent avant tout être protégés. Il en va ainsi en particulier des écosystèmes marins, au sein desquels il existe un tel niveau de connectivité que les actions de restauration devraient avoir principalement pour objectif de créer les conditions pour que les habitats puissent se renouveler de manière endogène. Dans ces hypothèses, en cas d'accident, la compensation doit plutôt prendre la forme d'actions de protection contre d'autres sources de perturbation.

En définitive, la difficulté est, en toutes circonstances, de démontrer que les gains écologiques ont bien eu lieu et que ces gains correspondent aux impacts qui ont été mesurés par ailleurs.

C'est sur les différentes manières de mesurer l'équivalence que la quatrième partie nous renseigne, en décrivant les principales méthodes existantes aujourd'hui. Les outils de calcul des équivalences doivent permettre d'objectiver et de démontrer l'atteinte de l'objectif de *no-net-loss* revendiqué par toutes les politiques mobilisant le principe de compensation écologique. La difficulté est de trouver un juste équilibre entre le niveau de description, qui doit être le plus précis possible, et l'opérationnalité de l'outil, qui dépend largement de l'appropriation de ce dernier par les acteurs du territoire. C'est pourquoi il est nécessaire d'évaluer le coût de mise en œuvre de l'outil, notamment en ce qui concerne les données nécessaires, et le niveau de connaissance ou de compétence requis pour pouvoir l'utiliser. S'il est trop complexe, il apparaîtra comme un outil technocratique créant une barrière supplémentaire entre l'expert et les acteurs des territoires dans lesquels ces mesures compensatoires sont réalisées. S'il est trop simple, il ne pourra pas être reconnu comme un outil de preuve suffisamment robuste sur le plan écologique pour être perçu comme légitime par toutes les parties. Il ne faut pas ignorer non plus le rôle pédagogique de ces outils qui pourraient favoriser des discussions entre les aménageurs et le reste de la société autour de projets territoriaux.

▸▸ La compensation environnementale pour réconcilier les enjeux de développement et de conservation de la biodiversité en France ?

Enfin, il nous semble important de revenir sur ce que nous mentionnions dans l'introduction, à savoir que la compensation environnementale se fixe pour objectif de réconcilier les enjeux de développement économique et de conservation de la biodiversité.

Le constat que font les contributeurs de cet ouvrage est que les mesures compensatoires environnementales, telles qu'elles sont appliquées en France, ont bien peu de chances de permettre cette réconciliation.

Certes on commence à observer des mesures de compensation relativement ambitieuses, fondées sur l'acquisition et la restauration de terres dégradées. À l'échelle du territoire français, on peut cependant considérer qu'elles ne représentent qu'une goutte d'eau face au problème de l'artificialisation qui, rappelons-le, affecte l'équivalent d'un département tous les sept ans sur la période 2000-2009, selon le ministère de l'Agriculture. Si nous faisons ce constat d'échec, c'est pour trois raisons.

La première est que les impacts sur les espèces ou les habitats classés sont compensés encore aujourd'hui sur la base d'actions qui ne produisent, dans la plupart des cas, aucun gain écologique réel. En effet, des mesures compensatoires fondées sur l'acquisition foncière d'espaces naturels déjà en bon état de conservation, ou l'adoption de mesures de protection réglementaires additionnelles, sont la règle plutôt que l'exception en France. Or ce type de mesures ne génère évidemment aucun gain écologique susceptible de compenser les dommages écologiques pour lesquels elles ont été adoptées et débouchent sur un *net-loss* de biodiversité.

La deuxième raison est qu'il n'existe aucune mesure compensatoire pour une grande part de la biodiversité dite « ordinaire ».

La troisième est que la plupart des impacts générés par les dynamiques de mitage urbain, souvent liées aux stratégies de court terme des élus locaux, ne sont tout simplement pas correctement identifiés, pas suffisamment mesurés et encore moins contrôlés. Ce mitage urbain, associé au développement de zones d'aménagement concerté et de lotissements pavillonnaires, représente la « part inconnue » de l'artificialisation quotidienne et ne semble donner lieu, la plupart du temps, à aucun contrôle des compensations, y compris quand la loi l'exige.

La responsabilité de l'État dans cet échec est patente. Plusieurs exemples contemporains à la parution de cet ouvrage en témoignent : la mise en place de mesures expérimentales autour de la création de banques de compensation (appelées réserves d'actifs naturels) sans direction claire ni stratégie sérieuse en termes d'objectifs écologiques ou de modèle économique, alors qu'un tel encadrement est nécessaire pour permettre aux opérateurs de se positionner et pour éviter les risques d'effets d'aubaine de tels projets ; la possibilité de modification par ordonnance du droit de l'environnement pour faciliter les projets de développement urbain en réduisant les temps de procédure administrative pour les études d'impact environnemental à travers la loi dite Macron de 2015 ; le caractère imprécis des dispositions relatives aux mesures compensatoires dans le Projet de loi pour la reconquête de la biodiversité, de la nature et des paysages, notamment quant à l'évaluation de l'équivalence écologique et à la pérennisation des actions menées. Tout cela témoigne du peu d'importance qu'accorde encore aujourd'hui l'État français à la lutte contre l'artificialisation des sols, et contre la dégradation quotidienne de notre environnement. Afin que ce constat ne puisse plus être fait à l'avenir, les coordinateurs de cet ouvrage plaident pour un changement majeur dans la gouvernance environnementale des compensations écologiques de manière à ce que ces dernières puissent réellement permettre d'atténuer les impacts du développement sur la biodiversité, remarquable comme ordinaire.

Glossaire*

Action de compensation : voir « compensation environnementale ».

Actions positives : toutes les actions qui conduisent à la production de « bénéfices » écologiques et qui ne sont pas engagées au titre de mesures compensatoires. À la différence des mesures compensatoires qui sont évaluées à partir d'une équivalence du dommage, les actions positives sont évaluées à partir de leurs bénéfices environnementaux.

Aire de service : zone géographique au sein de laquelle peuvent s'échanger les crédits de compensation entre la banque de compensation et les développeurs.

Amélioration : l'amélioration des fonctions écologiques d'un site existant est réalisée à partir de la manipulation des caractéristiques physiques, chimiques ou biologiques d'une ressource aquatique pour augmenter, intensifier ou améliorer une ou plusieurs fonctions aquatiques spécifiques.

Atténuation/*mitigation* : *mitigation* peut se traduire par « atténuation ». Il correspond à l'ensemble de la séquence éviter-réduire-compenser (ERC). Il désigne les opérations de restauration compensatoires lorsqu'il est associé avec le mot *compensatory* selon la terminologie *compensatory mitigation*.

Auto-maintenu : écosystème auto-organisé qui persiste indéfiniment, avec des transformations en réponse à sa dynamique interne, aux flux environnementaux et aux changements à plus long terme des conditions environnementales internes (Clewell et Aronson, 2010, p. 293).

Auto-organisé : se dit d'un écosystème qui se développe et fonctionne en réponse à ses processus internes (Clewell et Aronson, 2010, p. 293).

Banque de compensation (*mitigation banking* dans le cadre américain) : il s'agit d'« un site, ou un ensemble de sites, où des ressources naturelles (zones humides, ruisseaux, zones riveraines) sont restaurées, créées, améliorées, et/ou préservées dans le but de compenser des impacts autorisés dans le cadre de permis. La gestion et l'utilisation d'une banque de compensation sont régies par un contrat encadré par la loi et appelé Instrument de banque de compensation ». ("Compensatory Mitigation for Losses of Aquatic Resources: Final Rule", *Federal Register*, Vol. 73, No. 70, April 10, 2008 [désormais la Règle finale], § 230.92).

Banque de compensation (définition générale) : ensemble d'actions menées sur un site générant des gains environnementaux pouvant faire l'objet de transactions avec des développeurs devant compenser leurs impacts autorisés. Ces gains environnementaux sont centralisés et gérés par un tiers (appelé « opérateur » en France), et résultent d'actions de compensation. Dans le cadre français, les banques de compensation sont mentionnées sous la dénomination de « réserve d'actifs naturels » et « d'offre de compensation ».

Bénéfice : augmentation du bien-être humain induite par la satisfaction d'un besoin ou d'un désir (TEEB, 2010). Voir « bien-être humain ».

Bien-être humain (définition économique) : dans son acception économique la plus restrictive, le bien-être humain renvoie à l'approche utilitariste. Le bien-être humain intègre dans ce contexte les plaisirs et les peines que peuvent éprouver les agents économiques dans les choix qu'ils ont à effectuer. La poursuite du bien-être devient un élément normatif. Chaque agent économique est supposé rationnel dans le sens où il choisit, en principe, l'alternative qui lui procure la plus grande satisfaction (également appelée bénéfice) au regard des peines encourues (appelées coût). D'autres

* James Aronson, Nathalie Frascaria, Julien Hay, Harold Levrel, Sylvain Pioch, Pierre Scemama, Anne-Charlotte Vaissière

définitions plus « ouvertes » existent telles que celle d'Amartya Sen (1985), qui définit le bien-être d'une personne à partir de la capacité dont elle dispose pour avoir une vie digne d'être vécue. L'unité de référence n'est pas l'utilité apportée par la biodiversité, mais la liberté — entendue dans un sens non commensurable — que cette dernière offre à l'homme. Cette seconde définition est celle retenue dans le Millennium Ecosystem Assessment (MEA).

Capital naturel : métaphore économique renvoyant à des « stocks » limités de ressources naturelles physiques et biologiques qui génèrent des flux de biens et services environnementaux. Le capital naturel renouvelable consiste en un ensemble d'espèces vivantes (biodiversité) et d'écosystèmes de toute sorte. Il permet de fournir des services écosystémiques aux sociétés. Il existe trois autres catégories de capital naturel : non renouvelable (le pétrole, les diamants, etc.), réapprovisionnable (l'atmosphère, l'eau potable, les sols fertiles, etc.) et cultivé (les cultures, les plantations forestières, etc.).

Compensation environnementale (ou écologique) : la compensation environnementale consiste à engager des actions ayant pour objectif de créer un gain environnemental équivalent à un dommage environnemental observé par ailleurs, généralement dans un objectif affiché de neutralité écologique (*no-net-loss*). Les mesures compensatoires peuvent être mises en place à partir de quatre types d'actions différentes : *préservation* et *amélioration* de l'état d'un écosystème, *restauration* d'un écosystème endommagé, dégradé ou détruit, ou *création* d'un nouvel écosystème. Les équivalences peuvent être évaluées en termes de populations animales ou végétales, d'habitats, de ressources, de fonctions écologiques, de services écosystémiques.

Compensation (au sens de l'analyse économique) : en économie, la compensation renvoie au principe de Kaldor-Hicks. Il s'agit d'un critère normatif d'efficacité économique qui permet de considérer qu'un choix collectif (par exemple d'aménagement d'une infrastructure générant des impacts sur la biodiversité) est légitime du point de vue du bien-être social à partir du moment où il y a un bénéfice social net, c'est-à-dire que les gains que certaines personnes vont pouvoir retirer de ce choix sont plus élevés que les pertes des éventuelles parties lésées. Dans ces conditions, il est théoriquement possible, bien que nullement nécessaire, d'accompagner cette décision de la mise en œuvre de compensations, c'est-à-dire de dédommagements monétaires forfaitaires par lesquels les gagnants compenseraient les perdants au-delà de leurs pertes, conduisant *in fine* à une amélioration de la situation de l'ensemble des parties prenantes.

Compensation à la demande : voir « permis individuel ».

Compensation par l'offre : voir « banque de compensation ».

Conditions de référence : conditions structurelles et fonctionnelles observées ou constituées à partir de plusieurs sources d'information, incluant des écosystèmes à la fois anciens ou existants, proches ou éloignés, qui ne sont pas et n'ont pas été sévèrement perturbés par l'activité humaine au moment ou à la période où le modèle de référence est sélectionné ou construit (White et Walker, 1997).

Coûts de maintien du capital naturel : dépenses réelles qu'un système socio-économique consent à payer pour maintenir un niveau de capital naturel permettant la production d'un certain niveau de services écosystémiques.

Coûts de transaction : coûts de fonctionnement du système économique (Williamson, 1985), tels que les coûts liés à la contractualisation, à la coordination des actions individuelles, à l'organisation des échanges ou à la définition et à la bonne marche des institutions. Ces coûts ne sont pas exclusivement financiers. Ils comportent également des éléments non marchands, comme les efforts à mettre en œuvre, le temps passé.

Création d'un écosystème : fabrication d'un écosystème dans un but utile, ou remplacement intentionnel d'un écosystème par un autre type d'écosystème supposé être de plus grande valeur sur le site en question (Clewell et Aronson, 2010, p. 295).

Crédit de compensation : désigne une unité standardisée qui mesure le gain écologique résultant des actions de restauration, d'amélioration, de préservation ou de création.

Dégradation : détérioration progressive et graduelle d'un écosystème, causée par des événements de stress ou des perturbations qui ont lieu avec une fréquence telle que le rétablissement ne peut pas se faire (Clewell et Aronson, 2010, p. 295).

Développeur ou aménageur ou maître d'ouvrage : dans cet ouvrage, ce terme est attribué aux acteurs ayant provoqué un impact et devant répondre à l'obligation de compensation environnementale.

Dommage environnemental : voir « préjudice causé à l'environnement ».

Écologie de la restauration : science sur laquelle se base la pratique de la restauration écologique et qui fournit les concepts, les modèles et des informations techniques à partir desquelles travaillent les praticiens (Clewell et Aronson, 2010, p. 295).

Écosystème : complexe formé par les organismes vivants et l'environnement abiotique avec lequel ils interagissent à un endroit donné.

Ecosystem-Centered Assisted Migration (ECAM) : action de renforcement d'un écosystème cible grâce à des populations plus robustes pour limiter les impacts du changement climatique et favoriser l'adaptation dudit écosystème. Il s'agit d'un type de restauration anticipative réalisée avec une technique de migration assistée.

Fidélité historique : se dit d'un écosystème restauré doté d'une certaine similarité avec un écosystème ou une communauté qui se trouvait sur le même lieu auparavant (Clewell et Aronson, 2010, p. 296).

Fonctions écologiques : interactions entre des organismes et l'environnement physique qui contribuent à l'autopréservation d'un écosystème, par exemple production de biomasse, cycle du carbone, transport des éléments nutritifs (voir aussi « processus écologique »).

Habitat : le lieu où vit une population animale ou végétale ou une communauté biologique. Il inclut les différents milieux utilisés aux différents stades de développement et d'activités des populations animales et végétales.

Impact (écologique) : voir « dommage environnemental ».

Ingénierie écologique : manipulation et usage d'organismes vivants ou autres matériels d'origine biologique, voire de l'eau et de la terre, pour résoudre des problèmes socio-économiques. Comme dans toute activité d'ingénierie, une attention toute particulière est apportée à l'efficacité du travail réalisé, en termes économiques. Discipline voisine mais distincte de la restauration écologique.

In-kind/out-of-kind : il s'agit d'un critère qualifiant la compensation qui peut être construite sur la base d'écosystèmes de même type (*in-kind*) ou de types différents (*out-of-kind*) de ceux altérés et dont on cherche à compenser les atteintes.

Mesures compensatoires : voir « compensation environnementale ».

***No-net-loss* (absence de perte nette)** : objectif fixé par les politiques de conservation visant à une absence de perte nette (ou résiduelle) de biodiversité — et de services rendus par cette dernière — après la mise en œuvre des mesures compensatoires.

On-site/off-site : localisation d'une mesure compensatoire qui peut être mise en place sur la même parcelle ou sur une parcelle adjacente à celle de l'impact (*on-site*) ou être mise en place sur une autre parcelle (*off-site*).

Opérateur : en France, l'opérateur est la personne ou le groupe de personnes en charge de la réalisation et de la gestion de la banque de compensation.

Permis individuel (*permittee responsible mitigation*) : la compensation environnementale est opérée directement par les développeurs ayant provoqué un impact autorisé. Dans le cadre français, on parle aussi de compensation à la demande.

Perturbation : événement naturel ou anthropique changeant la structure, le contenu ou le fonctionnement d'un écosystème, en général de manière substantielle (Clewell et Aronson, 2010, p. 300).

Préjudices causés à l'environnement : « Ensemble des atteintes causées aux écosystèmes dans leur composition, leurs structures et/ou leur fonctionnement. Ces préjudices se manifestent par une atteinte aux éléments et/ou aux fonctions des écosystèmes, au-delà et indépendamment de leurs répercussions sur les intérêts humains. » (Neyret et Martin, 2012, p. 15)

Préjudices causés à l'homme : « Ensemble des préjudices collectifs et individuels résultant pour l'homme d'un dommage environnemental ou de la menace imminente d'un dommage environnemental. » (Neyret et Martin, 2012, p. 17)

Préservation : action visant à protéger un écosystème par des mesures légales (servitude environnementale, réserve naturelle, etc.) et physiques (limitation physique de l'accès à des zones protégées).

Processus écologique : interactions complexes entre des composantes biotiques et abiotiques d'écosystèmes qui conduisent à des dynamiques écologiques générant des flux de matière et d'énergie.

Ratio de compensation : il s'agit du résultat du calcul de l'équivalence entre impact et mesure compensatoire, il correspond à un facteur qui détermine la surface de la mesure compensatoire en fonction de la surface dégradée. Des coefficients de pondération, basés sur des critères écologiques (risque écologique, temps avant action compensatoire…) ou sociaux (stratégies d'aménagement du territoire, règlements d'urbanisme…), peuvent influer sur le dimensionnement final.

Régulateur : dans cet ouvrage, il s'agit de l'acteur public en charge du respect de la mise en œuvre de la politique de compensation environnementale.

Réintroduction : déplacement intentionnel d'individus d'espèces animales ou végétales dans un lieu où elles étaient historiquement présentes. C'est une des stratégies mises en œuvre par la restauration écologique et l'écologie de la conservation.

Référence écologique : un ou plusieurs écosystèmes réels (appelés « sites de référence ») ou descriptions écrites d'écosystèmes, sur lesquels est basé un plan de restauration (ou des projets de réhabilitation), et pouvant servir de base pour l'évaluation d'un projet finalisé.

Réhabilitation : processus d'assistance au rétablissement des fonctions et du fonctionnement d'un écosystème endommagé, en tenant moins compte des espèces indigènes présentes dans le modèle de référence que dans le cas de véritables projets de restauration. Le but est généralement de rétablir la productivité ou, plus généralement, de fournir des services écosystémiques (Clewell et Aronson, 2010, p. 300).

Rémunération de remplacement (*in-lieu fee mitigation*) : il s'agit de fonds financiers récoltés auprès d'un ou plusieurs développeurs ayant provoqué des impacts autorisés, pour la réalisation de mesures compensatoires (souvent par la restauration écologique), gérés par un acteur public ou une organisation non gouvernementale.

Réserve d'actifs naturels : voir « banque de compensation ».

Résilience : capacité d'un écosystème à tolérer des perturbations et à se rétablir de façon autonome par régénération naturelle, sans passer par un autre stade contrôlé par d'autres processus (Hollings, 1973). Westman (1978) a proposé une définition plus simple et plus appropriée de la résilience, soit la capacité d'un écosystème à se rétablir d'une perturbation sans intervention humaine. Selon une définition alternative (voir Brand et Jax, 2007), qui sous-entend plus ou moins la notion de résistance (*sensu* Westman, 1978), un écosystème résilient peut résister aux chocs et se reconstruire ou persister selon une trajectoire de développement donnée ou dans une configuration d'états donnés — un régime — dans des systèmes où les régimes multiples sont possibles (Walker et Salt, 2006).

Restauration écologique (définition SER) : processus qui vise à faciliter le rétablissement ou la réparation d'un écosystème endommagé. Plus précisément, le processus d'accompagner et d'assister le rétablissement d'un écosystème qui a été dégradé, endommagé ou détruit (Society for Ecological Restoration, 2004 ; Clewell et Aronson, 2010, p. 300).

Restauration du capital naturel : investissement dans les stocks de capital naturel pour améliorer les fonctions à la fois des écosystèmes naturels et de ceux qui sont gérés par les hommes, tout en contribuant au bien-être socio-économique des populations locales. La restauration du capital naturel inclut la restauration écologique ou la réhabilitation d'aires naturelles, les améliorations écologiques des terres gérées en systèmes de production, les améliorations des usages des ressources biologiques et l'augmentation de la prise de conscience du public et de l'appréciation du capital naturel (Clewell et Aronson, 2010, p. 300).

Séquence ERC (*mitigation*) : éviter-réduire-compenser. Séquence visant à éviter « au maximum », réduire « au maximum », puis compenser les impacts résiduels en vue d'obtenir en théorie un impact écologique neutre des projets de développement.

Services écosystémiques : flux directs et indirects de biens et services procurés aux sociétés humaines grâce aux processus, structures et fonctions d'un écosystème. Voir aussi « capital naturel ». Dans le cadre des modèles d'équivalence présentés dans l'ouvrage, la notion de service écosystémique est assez englobante et renvoie à un potentiel de services écosystémiques offerts par les habitats naturels. Cette définition est plus proche de la notion de fonctions écologiques, même si c'est le terme « service écosystémique » qui a été retenu.

Servitude environnementale (*conservation easement*) : dans le cadre américain seulement pour le moment. Il s'agit d'un démembrement de propriété qui confère au bénéficiaire — en général un *trust* comme une organisation non gouvernementale — tous les droits nécessaires à la conservation du milieu, tout en interdisant tout projet générant des impacts sur la biodiversité, de manière à protéger le terrain à perpétuité.

Transaction (échange) de crédits : il s'agit de la vente d'un crédit de compensation par une banque de compensation à un développeur. L'objet de la transaction, c'est-à-dire le type et la quantité de crédits, est validé par le régulateur. Dans le cadre américain, les termes de la transaction, c'est-à-dire les montants monétaires échangés, sont négociés entre la banque de compensation et le développeur, sans intervention du régulateur.

Unité de mesure, métrique : unité de référence rendant compte des attributs écologiques du site.

Références bibliographiques des articles scientifiques

Aber J.D., Jordan III W.R., 1985. Restoration ecology: an environmental middle ground. *BioScience*, 35 (7), 399.

Adamowicz W., Louviere J., Williams M., 1994. Combining revealed and stated preference methods for valuing environmental amenities. *Journal of Environmental Economics and Management*, (26), 271-292.

Albrecht J., Schumacher J., Wende W., 2014. The German impact mitigation regulation: a model for the EU's no-net-loss strategy and biodiversity offsets? *Environmental Policy and Law*, 44 (3), 317-325.

Alexander S., Nelson C., Aronson J., Lamb D., Martinez D., Harris J., Higgs E., Lewis R.R. III, Finlayson M., Erwin K., Hobbs R., Covington W., Murcia C., Kumar M., Cliquet A., de Groot R., 2011. Opportunities and challenges for ecological restoration within REDD+. *Restoration Ecology*, 19, 683-689.

Alignan J.F., Debras J.F., Dutoit T., 2013. Quelles places pour les coléoptères et les orthoptères dans la restauration écologique de la plaine de Crau (Bouches-du-Rhône, France). *Symbioses*, 31, 9-15.

Alignan J.F., Debras J.F., Dutoit T., 2014. Effects of ecological restoration on Orthoptera assemblages in a Mediterranean steppe rangeland. *Journal of Insect Conservation*, 18, 1073-1085.

Allen P.D., Chapman D.J., Lane D., 2005. Scaling environmental restoration to offset injury using Habitat Equivalency Analysis. *In: Economics and Ecological Risk Assessment. Applications to Watershed Management* (R.F. Bruins, M.T. Herberling, eds), Baton Rouge, LA, CRC Press, Chapter 8.

Andreen W.L., 2003a. The evolution of water pollution control in the United States: State, local, and federal efforts, 1789-1972: Part I. *Stanford Environmental Law Journal*, 22 (1), 145-200.

Andreen W.L., 2003b. The evolution of water pollution control in the United States: State, local, and federal efforts, 1789-1972: Part II, *Stanford Environmental Law Journal*, 22 (2), 215-294.

Arlettaz R., Schaub M., Fournier J., Reichlin T.S., Sierro A., Watson J.E.M., Braunisch V., 2010. From publications to public actions: when conservation biologists bridge the Gap between research and implementation. *BioScience*, 60, 835-842.

Aronson J., 2010a. La restauration du capital naturel, un enjeu humain, culturel, économique et écologique. *Espaces Naturels*, 29, 33.

Aronson J., 2010b. Restauration, réhabilitation, réaffectation. Ce que cachent les mots. *Espaces naturels*, 29, 22-23.

Aronson J., Alexander S., 2013. Ecosystem restoration is now a global priority: time to roll up our sleeves. *Restoration Ecology*, 21, 293-296.

Aronson J., Blignaut J.N., 2010. La restauration du capital naturel : un outil clé dans la quête d'un futur durable. *In : Aux origines de l'environnement* (P.H. Gouyon, H. Leriche, eds), Paris, Fayard, 374-384.

Aronson J., Van Andel J., 2012. Restoration ecology and the path to sustainability. *In: Restoration Ecology: The New Frontier* (J. Van Andel, J. Aronson, eds), Wiley-Blackwell, Oxford, 2nd ed., 293-304.

Aronson J., Clewell A.F., Blignaut J.N., Milton S.J., 2006. Ecological restoration: a new frontier for conservation and economics. *Journal for Nature Conservation*, 14, 135-139.

Aronson J., Floret C., Le Floc'h E., Ovalle C., Pontanier R., 1993. Restoration and rehabilitation of degraded ecosystems. I. A view from the South. *Restoration Ecology*, 1, 8-17.

Aronson J., Blignaut J.N., Milton S.J., le Maitre D., Esler K., Limouzin A., Fontaine C., de Wit M.P., Mugido W., Prinsloo P., van der Elst L., Lederer N., 2010. Are socio-economic benefits of restoration adequately quantified? A meta-analysis of recent papers (2000-2008) in restoration ecology and 12 other scientific journals. *Restoration Ecology*, 18, 143-154.

Ballantine K., Schneider R., 2009. Fifty-five years of soil development in restored freshwater depressional wetlands. *Ecological Applications*, 19, 1467-1480.

Barnouin T., Audisio P., Soldati F., Noblecourt T., 2011. *Pityophagus quercus* Reitter, 1877, espèce nouvelle pour la faune de France. *RARE*, T. XX (3), 116-120.

Been V., 2010. Community benefits agreements: a new local government tool or another variation on the exactions theme? *The University of Chicago Law Review*, 77 (5), 5-35.

Bekessy S.A., White M., Gordon A., Moilanen A., McCarthy M.A., Wintle B.A., 2012. Transparent planning for biodiversity and development in the urban fringe. *Landscape and Urban Planning*, 108, 140-149.

Benabou S., 2014. Making up for lost nature? A critical review of the international development of voluntary offsets. *Environment and Society: Advances in Research*, 5, 103-123.

Benayas J.M.R., Newton A.C., Diaz A., Bullock J.M., 2009. Enhancement of biodiversity and ecosystem services by ecological restoration: a meta-analysis. *Science*, 325, 1121-1124.

BenDor T., 2009. A dynamic analysis of the wetland mitigation process and its effects on no net loss policy. *Landscape and Urban Planning*, 89, 17-27.

BenDor T., Brozovic N., 2007. Assessing the socioeconomic impacts of wetland mitigation in the Chicago region. *Journal of the American Planning Association*, 73 (3), 263-282.

BenDor T.K., Riggsbee J.A., 2011. A survey of entrepreneurial risk in US wetland and stream compensatory mitigation markets. *Environmental Science and Policy*, 14, 301-314.

BenDor T., Stewart A., 2011. Land use planning and social equity in North Carolina's compensatory wetland and stream mitigation programs. *Environmental Management*, 47, 239-253.

Benito-Garzón M., Ha-Duong M., Frascaria-Lacoste N., Fernández-Manjarrés J., 2013. Habitat restoration and climate change: dealing with climate variability, incomplete data, and management decisions with tree translocations. *Restoration Ecology*, 21, 530-536.

Billet P., 2011. L'évaluation environnementale, fondement de la prévention et de la réparation des atteintes à la biodiversité en droit français et communautaire – Approche critique. *Revue juridique de l'environnement*, n° spécial, 63-78.

Birch J.C., Newton A.C., Aquino C.A., Cantarello E., Echeverria C., Kitzberger T., Schiappacasse I., Garavito N.T., 2010. Cost-effectiveness of dryland forest restoration evaluated by spatial analysis of ecosystem services. *Proceedings of the National Academy of Sciences of the USA*, 107, 21925-21930.

Blake S., Deem S.L. Strindberg S., Maisels F., Momont L., Isia I.B., Douglas-Hamilton I., Karesh W.B., Kock M., 2008. Roadless wilderness area determines foret elephant movements in the Congo basin. *PLoS ONE*, 3 (10), e3546.

Blignaut J.N., Aronson J., de Groot R.S., 2014. Restoration of natural capital: a key strategy on the path to sustainability. *Ecological Engineering*, 65, 54-61.

Blumm M.C., Zaleha D.B., 1989. Federal wetlands protection under the Clean Water Act: regulatory ambivalence, intergovernmental tension, and a call for reform. *University of Colorado Law Review*, 60 (1), 695-772.

Boerner C., Lambert T., 1995. Environmental injustice: industrial and waste facilities must consider the human factor. *USA Today Magazine*, 123 (2598), 30-35.

Boisvert V., Méral P., Froger G., 2013. Market-based instruments for ecosystem services: institutional innovation or renovation? *Society and Natural Resources*, 26 (10), 1122-1136.

Boix D., Biggs J., Céréghino R., Hull A.P., Kalettka T., Oertli B., 2012. Pond research and management in Europe: "Small is beautiful". *Hydrobiologia*, 689, 1-9.

Borja A., Dauer D.M., Elliott M., Simenstad C.A., 2010. Medium- and long-term recovery of estuarine and coastal ecosystems: patterns, rates and restoration effectiveness. *Estuaries and Coasts*, 33, 1249-1260.

Bosire J.O., Dahdouh-Guebas F., Kairo JG., Koedam N., 2003. Colonization of non-planted mangrove species into restored mangrove stands in Gazi Bay, Kenya. *Aquatic Botany*, 76, 267-279.

Brancalion P.H., Viani R.A., Calmon M., Carrascosa H., Rodrigues R.R., 2013. How to organize a large scale ecological restoration program? the framework developed by the Atlantic Forest Restoration Pact in Brazil. *Journal of Sustainable Forestry*, 32 (7), 728-744.

Briggs S., Hudson M.D., 2013. Determination of significance in ecological impact assessment: past change, current practice and future improvements. *Environmental Impact Assessment Review*, 38, 16-25.

Bristow G., Cowell R., Munday M., 2012. Windfalls for whom? The evolving notion of "community" in community benefit provision from wind farms. *Geoforum*, 43 (6), 1108-1120.

Brouwer R., Martín-Ortega J., 2012. Modeling self-censoring of polluter pays protest votes in stated preference research to support resource damage estimations in environmental liability. *Resource and Energy Economics*, 34 (1), 151-166.

Brownlie S., Botha M., 2009. Biodiversity offsets: adding to the conservation estate, or 'no net loss'? *Impact Assessment and Project Appraisal*, 27, 227-231.

Bruns E., Herberg A., Koeppel J., 2005. Flächen-und Maßnahmenpools in Deutschland -Konzepte, Management und naturschutzfachliche Standards. *Natur und Landschaft*, 80 (3), 89-95.

Bull J.W., Gordon A., Law E.A., Suttle K.B., Milner-Gulland E.J., 2014. Importance of baseline specification in evaluating conservation interventions and achieving no net loss of biodiversity. *Conservation Biology*, 28 (3), 799-809.

Bull J.W., Shuttle K.B., Gordon A., Singh N.J., Milner-Gulland E.J., 2013. Biodiversity offsets in theory and practice. *Oryx*, 47 (03), 369-380.

Bullock J.M., Aronson J., Newton A.C., Pywell R.F., Rey-Benayas J.M., 2011. Restoration of ecosystem services and biodiversity: conflicts and opportunities. *Trends in Ecology and Evolution*, 26, 541-549.

Cadotte M.W., Carscadden K., Mirotchnick N., 2011. Beyond species: functional diversity and the maintenance of ecological processes and services. *Journal of Applied Ecology*, 48, 1079-1087.

Cardoso P.G., Pardal M.A., Lillebø A.I., Ferreira S.M., Raffaelli D., Marques J.C., 2004. Dynamic changes in seagrass assemblages under eutrophication and implications for recovery. *Journal of Experimental Marine Biology and Ecology*, 302, 233-248.

Caro T., Dobson A., Marshall A.J., Peres C.A., 2014. Compromise solutions between conservation and road building in the tropics. *Current Biology*, 24 (16), R722-R725.

Cedfeldt P.T., Watzin M.C., Richardson B.D., 2000. Using GIS to identify functionally significant wetlands in the Northeastern United States. *Environmental Management*, 26 (1), 13-24.

Christie J., Hausmann S., 2003. Various state reactions to the SWANCC decision. *Wetlands*, 23, 653-662.

Clewell A.F., Aronson J., 2006. Motivations for the restoration of ecosystems. *Conservation Biology*, 20, 420-428.

Clewell A.F., Aronson J., 2013b. The SER primer and climate change. *Ecological Management and Restoration*, 14, 182-186.

Coggan A., Buitelaar E., Whitten S., Bennett J., 2013. Factors that influence transaction costs in development offsets: who bears what and why? *Ecological Economics*, 88, 222-231.

Collie J.S., Escanero G.A., Valentine P.C., 1997. Effects of bottom fishing on the benthic megafauna of Georges Bank. *Marine Ecology Progress Series*, 155, 159-172.

Collinge S.K., Ray C., 2009. Transient patterns in the assembly of vernal pool plant communities. *Ecology*, 90, 3313-3323.

Costanza R., d'Arge R., de Groot R., Farber S., Grasso M., Hannon B., Limburg K., Naeem S., O'Neill R.V., Paruelo J., Raskin R.G., Sutton P., van den Belt M., 1997. The value of the world's ecosystem services and natural capital. *Nature*, 387, 253-260.

Cowell R., Bristow G., Munday M., 2011. Acceptance, acceptability and environmental justice: the role of community benefits in wind energy development. *Journal of Environmental Planning and Management*, 54 (4), 539-557.

Craft C., Megonigal P., Broome S., Stevenson J., Freese R., Cornell J., Zheng L., Sacco J., 2003. The pace of ecosystem development of constructed *Spartina Alterniflora* marshes. *Ecological Applications*, 13, 1417-1432.

Cunha A.H., Marbá N.N., van Katwijk M.M., Pickerell C., Henriques M., Bernard G., Ferreira M.A., Garcia S., Garmendia J.M., Manent P., 2012. Changing paradigms in seagrass restoration. *Restoration Ecology*, 20, 427-430.

Curran M., Hellweg S., Beck J., 2014. Is there any empirical support for biodiversity offset policy? *Ecological Applications*, 24 (4), 617-632.

Dachary-Bernard J., 2004. Une évaluation économique du paysage. Une application de la méthode des choix multi-attributs aux monts d'Arrée. *Économie et statistique*, 373, 57-80.

Dalang T., Hersperger A.M., 2012. Trading connectivity improvement for area loss in patch-based biodiversity reserve networks. *Biological Conservation*, 148, 1-116.

Dauvin J.-C., 1998. The fine sand Abra alba community of the bay of Morlaix twenty years after the *Amoco Cadiz* oil spill. *Marine Pollution Bulletin*, 36, 669-676.

de Groot H.L.F., Brander L.,van der Ploeg S., Costanza R., Bernard F. *et al.*, 2013. Global estimates of the value of ecosystems and their services in monetary units. *Ecosystem Services*, 1, 50-61.

de Groot R., Blignaut J., van der Ploeg S., Aronson J., Farley J., Elmqvist T., 2013. Benefits of investing in ecosystem restoration. *Conservation Biology*, 27, 1286-1293.

Denisoff C., Urban D., 2012. Evaluating the success of Wetland Mitigation Bank. *National Wetlands Newsletter*, 34 (4), 8-11.

Devictor V., van Swaay C., Brereton T., Brotons L., Chamberlain D. *et al.*, 2012. Uncertainty in thermal tolerances and climatic debt. *Nature Climate Change*, 2, 638-639.

Devine-Wright P., 2009. Rethinking NIMBYism: the role of place attachment and place identity in explaining place-protective action. *Journal of Community and Applied Social Psychology*, 19 (6), 426-441.

De Wachter P., Malonga R., Moussavou Makanga B., Nishihara T., Nzooh Z., Usongo L., 2009. Dja-Odzala-Minkebe (Tridom) landscape. *In* : The Forests of the Congo Basin - State of the Forest 2008 (C. de Wasseige, D. Devers, P. de Marcken, R. Eba'a Atyi, R. Nasi, P. Mayaux, eds), Luxembourg, Publications Office of the European Union, chapitre 18, 267-282.

Djoulem M., 1997. La contractualisation de la gestion des intérêts en environnement : un exemple de droit négocié. *Pôle Sud*, 6 (1), 120-134.

Doak D.F., Bakker V.J., Goldstein B.E., Hale B., 2013. What is the future of conservation? *Trends in Ecology and Evolution*, 29, 77-81.

Doussan I., 2014. Pour une « vision renouvelée » de la biodiversité. *Droit de l'environnement*, 228, 284-288.

Duarte C.M., Conley D.J., Carstensen J., Sánchez-Camacho M., 2009. Return to Neverland: shifting baselines affect eutrophication restoration targets. *Estuaries Coasts*, 32, 29-36.

Dubgaard A., 2004. Cost-benefit analysis of wetland restoration. *Journal of Water and Land Development*, 8, 87-102.

Dumax N., Rozan A., 2011. Using an adapted HEP to assess environmental cost. *Ecological Economics*, 72, 53-59.

Dunford R.W., Ginn T.C., Desvousges W.H., 2004. The use of habitat equivalency in natural resource damage assessments. *Ecological Economics*, 48, 49-70.

Dutoit T., 2010. In memoriam, le Coussoul de Crau. *Le courrier de l'environnement de l'Inra*, 58, 37-44.

Dutoit T., Oberlinkels M., 2010. Restauration d'un verger industriel vers une terre de parcours à moutons. *Espaces Naturels*, 29, 26-28.

Dutoit T., Oberlinkels M., 2013. Compensation par l'offre : premier bilan de la réserve d'actifs naturels de Cossure (plaine de la Crau, Bouches-du-Rhône). *Le courrier de la nature*, 274, 8-11.

Duveiller G., Defourny P., Desclée B., Mayaux P., 2008. Deforestation in Central Africa: estimates at regional, national and landscape levels by advanced processing of systematically-distributed Landsat extracts. *Remote Sensing of the Environment*, 112, 1969-1981.

Earnhart D.H., Khanna M., Lyon T.P., 2014. Corporate environmental strategies in emerging economies. *Review of Environmental Economics and Policy*, 8 (2), 164-185.

Edwards D.P., Laurance S.G., 2012. Green labelling, sustainability and the expansion of tropical agriculture: critical issues for certification schemes. *Biological Conservation*, 151, 60-64.

Edwards D.P., Sloan S., Weng L., Dirks P., Sayer J., Laurance W.F., 2014. Mining and the African environment. *Conservation Letters*, 7, 302-311.

Edwards P.E.T., Sutton-Grier A.E., Coyle G.E., 2013. Investing in nature: Restoring coastal habitat blue infrastructure and green job creation. *Marine Policy*, 38, 65-71.

Eisenhower D., 1960. Veto of bill to amend the Federal Water Pollution Control Act, <http://www.presidency.ucsb.edu>.

Elliman K., Berry N., 2007. Protecting and restoring natural capital in New York City's Watersheds to safeguard water. *In: Restoring Natural Capital: Science, Business, and Practice* (J. Aronson, S.J. Milton, J.N. Blignaut, eds), Washington, Island Press, 208-215.

Elliott M., Burdon D., Hemingway K.L., Apitz S.E., 2007. Estuarine, coastal and marine ecosystem restoration: confusing management and science. A revision of concepts. *Estuarine, Coastal and Shelf Science*, 74, 349-366.

Elliott S., Kuaraksa C., Tunjai P., Toktang T., Boonsai K., Sangkum S., Suwannartana S., Blakesley D., 2012. Integrating scientific research with community needs to restore a forest landscape in Northern Thailand: a case study of Ban Mae Sa Mai. *In: A Goal-Oriented Approach to Forest Landscape Restoration. World Forests*, 16, 149-161.

English E., Peterson C., Voss C., 2009. *Ecology and Economics of Compensatory Restoration*, Coastal Response Research Center, University of New Hampshire, 189 p.

Evans B., Parks J., Theobald K., 2011. Urban wind power and the private sector: community benefits, social acceptance and public engagement. *Journal of Environmental Planning and Management*, 54 (2), 227-244.

Falk D.A., 2006. Process-centered restoration in a fire-adapted ponderosa pine forest. *Journal for Nature Conservation*, 14, 140-151.

Feintrenie L., 2014. Agro-industrial plantations in Central Africa, risks and opportunities. *Biodiversity and Conservation*, 23 (6), 1577-1589.

Fennessy M.S., Jacobs A.D., Kentula. M.E., 2007. An evaluation of rapid methods for assessing the ecological condition of wetlands. *Wetlands*, 27, 543-560.

Filoso S., Palmer M.A., 2011. Assessing stream restoration effectiveness at reducing nitrogen export to downstream waters. *Ecological Applications*, 21, 1989-2006.

Flores N.E., Thacher J., 2002. Money, who needs it? Natural resource damage assessment. *Contemporary Economic Policy*, 20 (2), 171-178.

Fonseca M.S., Julius B.E., Kenworthy W.J., 2000. Integrating biology and economics in seagrass restoration: how much is enough and why? *Ecological Engineering*, 15, 227-237.

Fosså J.H., Mortensen P.B., Furevik D.M., 2002. The deep-water coral *Lophelia pertusa* in Norwegian waters: distribution and fishery impacts. *Hydrobiologia*, 471, 1-12.

Freitas S.R., Neves C.L., Chernicharo P., 2006. Tijuca National Park: two pioneering restorationist initiatives in Atlantic forest in southeastern Brazil (in Portuguese). *Brazilian Journal of Biology*, 66 (4), 975-982.

Frey B., Oberholzer-Gee F., 1996. The old lady visits your backyard: a tale of morals and markets. *The Journal of Political Economy*, 104 (6), 1297-1313.

Frey B., Oberholzer-Gee F., Eichenberger R., 1996. The old lady visits your backyard: a tale of morals and markets. *Journal of Political Economy*, 104 (6), 1297-1313.

Fry J., Coan M., Homer C., Meyer D., Wickham J., 2009. Completion of the National Land Cover Database (NLCD) 1992-2001. Land Cover Change Retrofit. US Geological Survey Open-File Report 2008-1379, 18 p.

Gaertner-Mazouni N., De Wit R., 2012. Exploring new issues for coastal lagoons monitoring and management. *Estuarine, Coastal and Shelf Science*, 114, 1-6.

Garbutt A., Wolters M., 2008. The natural regeneration of salt marsh on formerly reclaimed land. *Applied Vegetation Science*, 11, 335-344.

Gardner R. C., 2012. Mitigation banking and reputational risk. *National Wetlands Newsletter*, 34 (6), 10-11.

Gardner R., Radwan T., 2005. What happens when a wetland mitigation bank goes bankrupt? *Environmental Law Reporter*, 35 (9), 10590-10604.

Gardner R.C., Zedler J., Redmond A., Turner R.E., Johnston C., Alvarez V.R., Simenstad C.A., Prestegaard K.L., Mitsch W.J., 2009. Compensating for wetland losses under the clean water act (Redux): evaluating the Federal Compensatory Mitigation Regulation. *Stetson Law Review*, 38, 213-249.

Gardner T., Von Hase A., Brownlie S., Ekstrom J.M.M., Pilgrim J., Savy C., Stephens T., Treweek J., Ussher G., Ward G., ten Kate K., 2013. Biodiversity offsets and the challenge of achieving no net loss. *Conservation Biology*, 27 (6), 1254-1264.

Gibbons P., Lindenmayer D.B., 2007. Offsets for land clearing: no net loss or the tail wagging the dog? *Environmental Management and Restoration*, 8, 26-31.

Gilbert G., Tyler G.A., Dunn C.J., Smith K.W., 2005. Nesting habitat selection by bitterns Botaurus stellaris in Britain and the implications for wetland management. *Biological Conservation*, 124, 547-553.

Gobert J., 2010. Éthique environnementale, remédiation écologique et compensations territoriales. *VertigO, La revue en sciences de l'environnement*, [en ligne], 10 (1), <http://vertigo.revues.org/9535> (consulté le 14 janvier 2015).

Goldstein J.H., Pejchar L., Daily G.C., 2008. Using return-on-investment to guide restoration: a case study from Hawaii. *Conservation Letters*, 1, 236-243.

Gondard H., Jauffret S., Aronson J., Lavorel S., 2003. Plant functional types: a promising tool for management and restoration of degraded lands. *Applied Vegetation Science*, 6, 223-234.

González-Correa J.M., Bayle J.T., Sánchez-Lizaso J.L., Valle C., Sánchez-Jerez P., Ruiz J.M., 2005. Recovery of deep *Posidonia oceanica* meadows degraded by trawling. *Journal of Experimental Marine Biology and Ecology*, 320, 65-76.

Gordon A., Simondson D., White M., Moilanen A., Bekessy S.A., 2009. Integrating conservation planning and land use planning in urban landscapes. *Landscape and Urban Planning*, 91 (4), 183-194.

Grant C.D., 2006. State-and-transition successional model for bauxite mining rehabilitation in the Jarrah forest of Western Australia. *Restoration Ecology*, 14, 28-37.

Grant C., Koch J., 2006. Decommissioning Western Australia's first bauxite mine. Co-evolving vegetation restoration techniques and targets. *Ecological Management and Notes*, 8, 92-105.

Grau H.R., Aide M., 2008. Globalization and land-use transitions in Latin America. *Ecology and Society*, 13 (2), 16.

Grman E., Bassett T., Brudvig Lars A., 2013. Confronting contingency in restoration: management and site history determine outcomes of assembling prairies, but site characteristics and landscape context have little effect. *Journal of Applied Ecology*, 50, 1234-1243.

Gross C., 2007. Community perspectives of wind energy in Australia: the application of a justice and community fairness framework to increase social acceptance. *Energy Policy*, 35 (5), 2727-2736.

Gross J., 2008. Community benefits agreements: definitions, values, and legal enforceability. *Journal of Affordable Housing*, 17 (1-2), 35-58.

Gunderson L.H., 2000. Ecological résilience: in theory and application. *Annual Review of Ecology, Evolution, and Systematics*, 31, 425-439.

Gutrich J., Hitzhusen F., 2004. Assessing the substitutability of mitigation wetlands for natural sites: estimating restoration lag costs of wetland mitigation. *Ecological Economics*, 48, 409-424.

Habib T.J., Farr D. R., Schneider R.R., Boutin S., 2013. Economic and ecological outcomes of flexible biodiversity offset systems. *Conservation Biology*, 27, 1313-1323.

Hallwood P., 2007. Contractual difficulties in environmental management: the case of wetland mitigation banking. *Ecological Economics*, 63, 446-451.

Halpern B.S., Walbridge S., Selkoe K.A., Kappel C.V., Micheli F. *et al.*, 2008. A global map of human impact on marine ecosystems. *Science*, 319, 948-952.

Hampton S., Zafonte M., 2005. Calculating compensatory restoration in natural resource damage assessments: recent experience in California. *In: Proceedings of the California and the World Ocean 02 conference: Revisiting and revising California's ocean agenda* (O.T. Magoon, H. Converse, B. Baird, B. Jines, M. Miller-Henson,

eds), American Society of Civil Engineers, Reston, Virginia, 933-944.

Harvey D., 1992. Social justice, post modernism and the city. *International Journal of Urban and Regional Research*, 16 (4), 588-601.

Harvey H.T., Josselyn M.N., 1986. Wetlands restoration and mitigation policies: comment. *Environmental Management*, 10, 567-569.

Haumont F., 2012. La compensation en droit de l'urbanisme et de l'environnement : Introduction. *Aménagement, environnement, urbanisme et droit foncier : revue d'études juridiques*, 3, n° spécial, 2-11.

Hennig S., Vogler R., Möller M., 2013. Was bringt uns die Bundeskompensationsverordnung? Der Verordnungsentwurf des BMU aus Sicht des Planers. *Naturschutz und Landschaftsplanung*, 45 (7), 207-212.

Henry C.P., Amoros C., 1996. Restoration ecology of riverine wetlands. III. Vegetation survey and monitoring optimization. *Ecological Engineering*, 7, 35-58.

Henry C.P., Amoros C., Giuliani Y., 1995. Restoration ecology of riverine wetlands. II. An example in a former channel of the Rhône River. *Environmental Management*, 19, 903-913.

Henry C.P., Amoros C., Roset N., 2002. Restoration ecology of riverine wetlands: a 5-year post-operation survey on the Rhône River, France. *Ecological Engineering*, 18, 543-554.

Herfaut J., Levrel H., Thébaud O., Véron G., 2013. The nationwide assessment of marine recreational fishing: a French example. *Ocean and Coastal Management*, 78, 121-131.

Hermy M., Honnay O., Firbank L., Grashof-Bokdam C., Lawesson J.E., 1999. An ecological comparison between ancient and other forest plant species of Europe, and the implications for forest conservation. *Biological Conservation*, 91 (1), 9-22.

Heuzé V., 2005. Une reconsidération du principe de réparation intégrale. *In : Cycle Risques, assurances, responsabilité – Groupe de travail sur « Incertitude et réparation »*, Cour de cassation, Paris, https://www.courdecassation.fr/venements_23/colloques_activites_formation_4/2005_2033/publique_incertitude_8058.html> (consulté le 25 novembre 2014).

Hewitt J.E., Cummings V.J., 2013. Context-dependent success of restoration of a key species, biodiversity and community composition. *Marine Ecology Progress Series*, 479, 63-73.

Hilson G., 2002. An overview of land use conflicts in mining communities. *Land Use Policy*, 19 (1), 65-73.

Hines N.W., 2012. History of the 1972 Clean Water Act: the story behind how the 1972 act became the capstone on a decade of extraordinary environmental reform. *University of Iowa Legal Studies Research Paper No. 12-12*, [en ligne], <http://ssrn.com/abstract=2045069>.

Hiscock K., Bayley D., Pade N., Lacey C., Cox E., Enever R., 2013. Prioritizing action for recovery and conservation of marine species: a case study based on species of conservation importance around England. *Aquatic Conservation: Marine and Freshwater Ecosystems*, 23, 88-110.

Hoang Y.P., 2011. Assessing environmental damages after oil spill disasters : how courts should construe the rebuttable presumption under the Oil Pollution Act. *Cornell Law Review*, 96 (6), 1469-1502.

Hoegh-Guldberg O., Hughes L., McIntyre S., Lindenmayer D.B., Parmesan C., Possingham H.P., Thomas C.D., 2008. Assisted colonization and rapid climate change. *Science*, 80, 321.

Holl K.D., 2012. Restoration of tropical forests. *In: Restoration Ecology: The New Frontier* (J. van Andel, J. Aronson, eds), Wiley-Blackwell, London, 103-114.

Holl K.D., Howarth R.B., 2000. Paying for restoration. *Restoration Ecology*, 8, 260-267.

Holland C.C., Kentula M.E., 1992. Impacts of Section 404 Permits requiring compensatory mitigation on Wetlands in California. *Wetlands Ecology and Management*, 2 (3), 157-69.

Hossler K., Bouchard V., Fennessy M., 2011. No-net-loss not met for nutrient function in freshwater marshes: recommendations for wetland mitigation policies. *Ecosphere*, 2, 1-36.

Hough P., Robertson M., 2009. Mitigation under Section 404 of the Clean Water Act: where it comes from, what it means. *Wetlands Ecology and Management*, 17, 15-33.

Hoyos D., 2010. The state of the art of environmental valuation with discrete choice experiments. *Ecological Economics*, 69, 595-1603.

Hunter M.L., 2007. Climate change and moving species: furthering the debate on assisted colonization. *Conservation Biology*, 21, 1356-1358.

Jackson J.B.C., Kirby M.X., Berger W.H., Bjorndal K.A., Botsford L.W. *et al.*, 2001. Historical Overfishing and the Recent Collapse of Coastal Ecosystems. *Science*, 293, 629-637.

Jacob C., Quétier F., Pioch S., Aronson J., Malapert A., Levrel H., 2015. Vers une politique française de compensation des impacts sur la biodiversité plus efficace : défis et perspectives. *VertigO, La revue en sciences de l'environnement*, hors-série 20, <http://vertigo.revues.org/15385>, DOI : 10.4000/vertigo.15385 (consulté le 23 janvier 2015).

Jaeck M., Lifran R., 2009. Preferences, norms, and constraints in farmers' agro-ecological choices. Case study using choice experiments survey in the Rhone River Delta, France. *In: 17th Conference of the European Association of Environmental and Resource Economists* (EAERE), June 24-27, Amsterdam, Netherlands.

Jaunatre R., Buisson E., Dutoit T., 2014. Can ecological engineering restore mediterranean rangeland after intensive cultivation? A large-scale experiment in Southern France. *Ecological Engineering*, 64, 202-212.

Jegouzo Y., 2005. L'évaluation des incidences sur l'environnement des plans et programmes. *L'actualité juridique : Droit administratif*, 38, 2100-2106.

Jobert A., 1998. L'aménagement en politique ou ce que le syndrome NYMBY nous dit de l'intérêt général, *Politix*, 11 (42), 67-92.

Jobert A., Laborgne P., Mimler S., 2007. Local acceptance of wind energy: factors of success identified in French and German case studies. *Energy Policy*, 35 (5), 2771-2760.

Jones C.A., Pease K.A., 1997. Restoration-based compensation measures in natural resource liability statutes. *Contemporary Economic Policy*, 15 (5), 111-122.

Jones H.P., Schmitz O.J., 2009. Rapid recovery of damaged ecosystems. *PLoS ONE*, [en ligne], 4, e5653, DOI: 10.1371/journal.pone.0005653.

Jones C.G., Lawton J.H., Shachak M., 1994. Organisms as ecosystem engineers. *OIKOS*, 69, 373-386.

Jørgensen D., Nilsson C., Hof A.R., Hasselquist E.M., Baker S., *et al.*, 2014. Policy language in restoration ecology. *Restoration Ecology*, 22, 1-4.

Kamali B., Hashim R., 2011. Mangrove restoration without planting. *Ecological Engineering*, 37, 387-391.

Kang C.-K., Choy E.J., Son Y., Lee J.-Y., Kim J.K., Kim Y., Lee K.-S., 2008. Food web structure of a restored macroalgal bed in the eastern Korean peninsula determined by C and N stable isotope analyses. *Marine Biology*, 153, 1181-1198.

Karsenty A., Ongolo S., 2012. Can "fragile states" decide to reduce their deforestation? The inappropriate use of the theory of incentives with respect to the REDD mechanism. *Forest Policy and Economics*, 18, 38-45.

Karsenty A., Vogel A., Castell F., 2014. "Carbon rights", REDD+ and payments for environmental services. *Environmental Science and Policy*, 35, 20-29.

Kiehl K., Kirmer A., Donath TW., Rasran L., Holzel N., 2010. Species introduction in restoration projects. Evaluation of different techniques for the establishment of semi-natural grasslands in Central and Northwestern Europe. *Basic and Applied Ecology*, 11, 285-299.

Kiesecker J.M., Copeland H., Pocewicz A., McKenney B., 2010. Development by design: blending landscape level planning with the mitigation hierarchy. *Frontiers in Ecology and Environment*, 8, 261-266.

Kiesecker J.M., Copeland H., Pocewicz A., Nibbelink N., McKenney B., Dahlke J., Holloran M., Stroud D., 2009. A framework for implementing biodiversity offsets: selecting sites and determining scale. *BioScience*, 59, 77-84.

Kihslinger R., 2008. Success of wetland mitigation projects. *National Wetlands Newsletter*, 30 (2), 14-16.

King T., Chamberlan C., Courage A., 2014. Assessing reintroduction success in long-lived primates through population viability analysis: western lowland gorillas *Gorilla gorilla gorilla* in Central Africa. *Oryx*, 48 (2), 294-303.

Klimkowska A., Van Diggelen R., Bakker J.P., Grootjans A.P., 2007. Wet meadow restoration in Western Europe: a quantitative assessment of the effectiveness of several techniques. *Biological Conservation*, 140, 318-328.

Koenig R., 2008. Critical time for African rainforests. *Science*, 320, 1439-1441.

Kohler E., Dodge R.E., 2006. Visual_HEA: Habitat Equivalency Analysis software to calculate compensatory restoration following natural resource injury. *Proceedings of 10th International Coral Reef Symposium*, Okinawa, Japan, 1611-1616.

Kontogianni A., Papageorgiou E., Tourkolias C., 2012. How do you perceive environmental change? Fuzzy cognitive mapping informing stakeholder analysis for environmental policy making and non-market valuation. *Applied Soft Computing*, 12 (12), 3725-3735.

Kormos R., Kormos C.F., Humle T., Lanjouw A., Rainer H., Victurine R., Mittermeier R.A., Diallo M.S., Rylands A.B., Williamson E.A., 2014. Great apes and biodiversity offset projects in Africa: the case for national offset strategies. *PLoS ONE*, 9 (11), e111671.

Kovalenko K.E., Ciborowski J.J.H., Daly C., Dixon D.G., Farwell A.J., Foote A.L., Frederick K.R., Gardner Costa J.M., Kennedy K., Liber K., Roy M.C., Slama C.A., Smits J.E.G., 2013. Food web structure in oil sands reclaimed wetlands. *Ecological Applications*, 23, 1048-1060.

Lafaye C., Thévenot L., 1993. Une justification écologique ? Conflits dans l'aménagement de la nature. *Revue française de sociologie*, 34 (4), 495-524.

Lamarque P., Quétier F., Lavorel S., 2011. The diversity of the ecosystem services concept and its implications for their assessment and management, *Comptes rendus Biologies*, 334, 441-449.

Lambin E.F., Meyfroidt P., Rueda X., Blackman A., Börner J., Cerutti P.O., Dietsch T., Jungmann L., Lamarque P., Lister J., Walker N.F., Wunder S., 2014. Effectiveness and synergies of policy instruments for land use governance in tropical regions. *Global Environmental Change*, 28, 129-140.

Lancaster K., 1966. A new approach to consumer theory. *Journal of Political Economy*, (74), 132-157.

Lange P., Driessen P., 2013. Governing towards sustainability. Conceptualizing modes of governance. *Journal of Environmental Policy and Planning*, 15 (3), 403-425.

Lascoumes P., Valluy J.P., 1996. Les activités publiques conventionnelles (APC) : un nouvel instrument de politique publique ? *Sociologie du travail*, 38 (4), 551-573.

Latour B., 1995. Moderniser ou écologiser ? À la recherche de la « septième » cité. *Écologie politique*, 13, 5-27.

Laurance W.F., Goosem M., Laurance S.G., 2009. Impacts of roads and linear clearings on tropical forests. *Trends in Ecology and Evolution*, 24 (12), 659-669.

Laurance W.F., Sayer J., Cassman K.G., 2014a. Agricultural expansion and its impacts on tropical nature. *Trends in Ecology and Evolution*, 29 (2), 107-116.

Laurance W.F., Gopalasamy R.C., Sloan S., O'Connell C.S., Mueller N.D., Goosem M.,

Venter O., Edwards D.P., Phalan B., Balmford A., Van Der Ree R., Burgues Arrea I., 2014b. A global strategy for road building. *Nature*, 513, 229-232.

Laurans Y., Rankovic A., Billé R., Pirard R., Mermet L., 2013. Use of ecosystem services economic valuation for decision making: questioning a literature blindspot. *Journal of Environmental Management*, 119, 208-219.

Lavorel S., 2013. Plant functional effects on ecosystem services. *Journal of Ecology*, 101, 4-8.

Lebreton J.-P., 2002. Le contenu juridique du rapport sur les incidences environnementales. *In : L'évaluation des incidences de certains plans et programmes sur l'environnement (Directive 2001/42 du 27 juin 2001)*, 24 janvier 2002, Limoges, CRIDEAU-CIDCE, 25-52, <www.cidce.org/pdf/plans%20et%20programmes.pdf>, (consulté le 25 novembre 2014).

Le Floc'h E., Aronson J., 1995. L'écologie de la restauration. Définition de quelques concepts de base. *Natures Sciences Sociétés*, 3, hors-série, 29-35.

Leray M., Béraud M., Anker A., Chancerelle Y., Mills S.C., 2012. *Acanthaster planci* outbreak: decline in coral health, coral size structure modification and consequences for obligate decapod assemblages. *PLoS ONE*, 7, e35456.

Levrel H., 2012b. Les acteurs économiques de la biodiversité. Exemple de l'impact des banques de compensation aux États-Unis. *In : L'exigence de la réconciliation. Biodiversité et société* (C. Fleury, A.C. Prévot-Julliard, eds), Paris, Éditions Fayard, 263-279.

Levrel H., Pioch S., Spieler R., 2012. Compensatory mitigation in marine ecosystems: which indicators for assessing the "no net loss" goal of ecosystem services and ecological functions? *Marine Policy*, 36, 1202-1210.

Lewis R.R., Gilmore R.G., 2007. Important considerations to achieve successful mangrove forest restoration with optimum fish habitat. *Bulletin of Marine Science*, 80, 823-837.

Liegeois N., Carson M., 2003. Accountable development. Maximizing community benefits from publicly supported development. *Clearinghouse Review*, 37, 174-187.

Loarie S.R., Duffy P.B., Hamilton H., Asner G.P., Field C.B., Ackerly D.D., 2009. The velocity of climate change. *Nature*, 462, 1052-1055.

Lotze H.K., Coll M., Magera A.M., Ward-Paige C., Airoldi L., 2011. Recovery of marine animal populations and ecosystems. *Trends in Ecology and Evolution*, 26, 595-605.

Louviere J., Woodworth G., 1983. Design and analysis of simulated consumer choice of allocation experiments. *Journal of Marketing Research*, (20), 350-367.

Lucas M., 2011. Intérêt et limites d'une compensation écologique d'infrastructures linéaires de transport *via* une infrastructure verte. *In : Actes du colloque Mesures compensatoires dans un projet d'infrastructure de transport terrestre*, 29-30 mars, Aix-en-Provence, CETE Méditerranée, 168-174, <http://www.ittecop.fr/

index.php/20-valorisation/zoom/49-intermopes> (consulté le 25 novembre 2014).

Ludwig D.F., Iannuzzi T.J., 2006. Habitat equivalency in urban estuaries: an analytical hierarchy process for planning ecological restoration. *Urban Ecosystems*, 9, 265-290.

Luhmann N., 1985. The autopoiesis of social system. *In: Autopoiesis Colloquium Papers*, Florence, European University Institute (doc. IUE 328/85 – col. 81).

MacMahon J.A., Holl K.D., 2001. Ecological restoration: a key to conservation biology's future. *In: Conservation biology: Research priorities for the next decade* (M.E. Soulé, G.H. Orians, eds), Washington, Island Press, 245-269.

Maes J., Egoh B., Willemen L., Liquete C., Vihervaara P., Schägner J.P., Grizzetti B., Drakou E.G., La Notte A., Zulian G., Bouraoui F., Paracchini M.L., Braat L., Bidoglio G., 2012. Mapping ecosystem services for policy support and decision making in the European Union. *Ecosystem Services*, 1, 31-39.

Maisels F., Strindberg S., Blake S., Wittemyer G., Hart J. *et al.*, 2013. Devastating decline of forest elephants in central Africa. *PLoS ONE*, 8 (3), e59469.

Mansfield C., Van Houtven G., Huber J., 2002. Compensating for public harms: why public goods are preferred to money. *Land Economics*, 78 (3), 368-389.

Marcant O., Lamare K., 2007. Espaces publics et co-construction de l'intérêt général : apprentissages croisés des acteurs. *In : Le débat public : une expérience française de démocratie participative* (M. Revel, C. Blatrix, L. Blondiaux, J.M. Fourniau, B. Heriard-Dubreuil, R. Lefebvre, dir.), Paris, La Découverte, coll. Recherches, 227-238.

Maron M., Rhodes J.R., Gibbons P., 2013. Calculating the benefit of conservation actions. *Conservation Letters*, 6 (5), 359-367.

Maron M., Hobbs R.J., Moilanen A., Matthews J.W., Christie K., Gardner T.A., Keith D.A., Lindenmayer D.B., McAlpine C.A., 2012. Faustian bargains? Restoration realities in the context of biodiversity offset policies. *Biological Conservation*, 155, 141-148.

Martin G.J., 2008. Pour l'introduction en droit français d'une servitude conventionnelle ou d'une obligation *propter rem* de protection de l'environnement. *Revue juridique de l'environnement*, n° spécial 1, 123-131.

Martin G.J., 2013. Le rapport « pour la réparation du préjudice écologique » présenté à la garde des Sceaux le 17 septembre 2013. *Recueil Dalloz*, 35, 2347-2348.

Martin G.J., 2014b. L'entrée de la réparation du préjudice écologique dans le code civil : les projets en droit français. Éditions Larcier, *Revue générale des assurances et des responsabilités*, 4, 15063, 1-5.

Martin S., Brumbaugh R., 2013. Defining service areas for wetland mitigation: an overview. *Wetlands Newsletter*, 35 (2), 9.

Mascia M.B., Pailler S., 2010. Protected area downgrading, downsizing, and degazettement (PADDD) and its conservation implications. *Conservation Letters*, 4 (1), 9-20.

Mascia M.B., Pailler S., Krithivasan R., Roshchanka V., Burns D., Mlotha M.J., Murray D.R., Peng N., 2014. Protected area downgrading, downsizing, and degazettement (PADDD) in Africa, Asia, and Latin America and the Caribbean, 1900-2010. *Biological Conservation*, 169, 355-361.

Matthews J.W., Endress A.G., 2007. Performance criteria, compliance success, and vegetation development in compensatory mitigation wetlands. *Environmental Management*, 41, 130-141.

Matthews J.W., Spyreas G., 2010. Convergence and divergence in plant community trajectories as a framework for monitoring wetland restoration progress. *Journal of Applied Ecology*, 47, 1128-1136.

Mazzotta M., Opaluch J., Grigalunas T., 1994. Natural resource damage assessment. The role of resource restoration. *Natural Resources Journal*, 34, 153-178.

McCarthy M.A., Parris K.M., van der Ree R., McDonnell M.J., Burgman M.A., Williams N.S.G., McLean N., Harper M.J., Meyer R., Hahs A., Coates T., 2004. The habitat hectares approach to vegetation assessment: an evaluation and suggestions for improvement. *Ecological Management and Restoration*, 5, 24-27.

McFadden D., 1974. Conditional logit analysis of qualitative choice behavior. *In: Frontiers in Econometrics* (P. Zarembka, ed.), New York Academic Press, 105-142.

McKenney B.A., Kiesecker J.M., 2010. Policy development for biodiversity offsets: a review of offset frameworks. *Environmental Management*, 45, 165-176.

McLachlan J.S., Hellman J.J., Schwartz M.W., 2007. A framework for debate of assisted migration in an era of climate change. *Conservation Biology*, 21, 297-302.

McLane S.C., Aitken S.N., 2012. Whitebark pine (*Pinus albicaulis*) assisted migration potential: testing establishment north of the species range. *Ecological Applications*, 22, 142-153.

Meade N.F., 2006. Conducting cooperative natural resource damage assessments: a case study of the Chalk Point oil spill. *Oceanis*, 32-33 (4), 393-408.

Meliadou A., Santoro F., Nader M. R., Dagher M.A., Indary S.A., Salloum B.A., 2012. Prioritising coastal zone management issues through fuzzy cognitive mapping approach. *Journal of Environmental Management*, 97, 56-68.

Melo F.P.L., Pinto S.R.R., Brancalion, Castro P.S., Rodrigues R.R., Aronson J., Tabarelli M., 2013. Scaling up tropical forest restoration in a biodiversity hotspot: lessons learned thus far. *Environmental Science and Policy*, 33, 395-404.

Ménard C., 2003. Économie néo-institutionnelle et politique de la concurrence : le cas des formes organisationnelles hybrides. *Économie rurale*, 277 (1), 45-60.

Mermet L., Billé R., Leroy M., Narcy J., Poux X., 2005. L'analyse stratégique de la gestion environnementale : un cadre théorique pour penser l'efficacité en matière d'environnement, *Natures Sciences Sociétés*, 13 (2), 127-137.

Meyfroidt P., Carlson K.M., Fagan M.E., Gutiérrez-Vélez V.H., Macedo M.N., Curran L.M., DeFries R.S., Dyer G.A., Gibbs H.K., Lambin E.F., 2014. Multiple pathways of commodity crop expansion in tropical forest landscapes. *Environmental Research Letters*, 9, 074012.

Milder J.C., Arbuthnot M., Blackman A., Brooks S.E., Giovannucci D., Gross L., Kennedy E.T., Komives K., Lambin E.F., Lee A., Meyer D., Newton P., Phalan B., Schroth G., Semroc B., Rikxoort H.V., Zrust M., 2014. An agenda for assessing and improving conservation impacts of sustainability standards in tropical agriculture. *Conservation Biology*, 29 (2), 309-320.

Mills A.J., Cowling R.M., 2006. Rate of carbon sequestration at two thicket restoration sites in the Eastern Cape, South Africa. *Restoration Ecology*, 14, 38-49.

Mills A.J., Blignaut J.N., Cowling R.M., Knipe A., Marais C., Pierce S.M., Powell M.J., Sigwela A.M., Skowno A., 2010. Investing in sustainability. Restoring degraded thicket, creating jobs, capturing carbon and earning green credit. Climate Action Partnership, Cape Town, and Wilderness Foundation, Port Elizabeth, <http://www.docstoc.com/docs/69789270/Carbon-farming> (consulté le 10 octobre 2014).

Milton S.J., Dean W.R.J., du Plessis M.A., Siegfried W.R., 1994. A conceptual model of arid rangeland degradation: the escalating cost of declining productivity. *BioScience*, 44, 70-76.

Mitsch W.J., 2012. What is ecological engineering? *Ecological Engineering*, 45, 5-12.

Mitsch W.J., Day Jr. J.W., 2004. Thinking big with whole-ecosystem studies and ecosystem restoration-a legacy of H.T. Odum. *Ecological Modelling*, 178, 133-155.

Mitsch W.J., Wilson R.F., 1996. Improving the success of wetland creation and restoration with know-how, time, and self-design. *Ecological Applications*, 6, 77-83.

Mitsch W.J., Zhang L., Anderson C.J., Altor A.E., Hernandez M.E., 2005. Creating riverine wetlands: ecological succession, nutrient retention, and pulsing effects. *Ecological Engineering*, 25, 510-527.

Mitsch W.J. Zhang L., Stefanik K.C., Nahlik A.M., Anderson C.J., Bernal B., Hernandez M., Song K., 2012. Creating wetlands: primary succession, water quality changes, and self-design over 15 years. *BioScience*, 62, 237-250.

Moilanen A., Van Teeffelen A.J.A., Ben-Haim Y., Ferrier S., 2009. How much compensation is enough? A framework for incorporating uncertainty and time discounting when calculating offset ratios for impacted habitat. *Restoration Ecology*, 17 (4), 470-478.

Moreno-Mateos D., Power M.E., Comin F.A., Yockteng R., 2012. Structural and functional loss in restored wetland ecosystems. *PLoS Biology*, 10 (1), e1001247, doi: 10.1371/journal.pbio.1001247.

Morzaria-Luna H.N., Zedler J.B., 2007. Does seed availability limit plant establishment during salt marsh restoration? *Estuaries and Coasts*, 30, 12-25.

Mosnier A., Havlik P., Obersteiner M., Aoki K., Schmid E., Fritz S., McCallum I., Leduc S., 2014. Modeling impact of development trajectories and a global agreement on reducing emissions from deforestation on Congo basin forests by 2030. *Environmental and Resource Economics*, 57, 505-525.

Murcia C., Aronson J., Kattan G.H., Moreno-Mateos D., Dixon K., Simberloff D., 2014. A critique of the "novel ecosystem" concept. *Trends in Ecology and Evolution*, 29 (10), 548-553, DOI: 10.1016/j.tree.2014.07.006.

Murcia C., Guariguata M.R., Andrade A., Andrade G.I., Aronson J., Escobar E.M., Etter A., Moreno F.H., Ramírez W., Montes E., 2015. Challenges and prospects for scaling-up ecological restoration in response to international treaties: Colombia as a case study. *Conservation Letters* (sous presse).

Murphy E., King E.A., 2010. Strategic environmental noise mapping: Methodological issues concerning the implementation of the EU Environmental Noise Directive and their policy implications. *Environment International*, 36, 290-298.

Murphy J., Goldman-Carter J., Sibbing J., 2009. New mitigation rule promises more of the same: why the new Corps and EPA mitigation rule will fail to protect our aquatic resources adequately. *Stetson Law Review*, 38 (2), 311-336.

Murphy S., Johnson N., 2011. Eradicating foxes from Phillip Island, Victoria: techniques used and ecological implications. *In: Island Invasives: Eradication and Management* (C.R. Veitch, M.N. Clout, D.R. Towns, eds), *Proceedings of the International Conference on Island Invasives*, CBB, Gland, Switzerland, IUCN and Auckland, New Zealand, 528 p.

Naeem S., 2006. Biodiversity and ecosystem functioning in restored ecosystems: extracting principles for a synthetic perspective. *In: Foundations of Restoration Ecology* (D. Falk, M. Palmer, J. Zedler, eds), Society for Ecological Restoration International (SER), Washington, Island Press, 210-237.

Neilsen M., 2002. Lowland stream restoration in Denmark: background and examples. *Water and Environment Journal*, 16, 189-193.

Neßhöver C., Aronson J. Blignaut J.N., Lehr D., Vakrou A., Wittmer H., 2011. Investing in ecological infrastructure. *In: The Economics of Ecosystems and Biodiversity in National and International Policy Making* (P. ten Brink, ed.), London and Washington, Earthscan, 401-448.

Nixon R., 1972. Veto of the Federal Water Pollution Control Act Amendments of 1972, <http://www.presidency.ucsb.edu>.

NJFuture, 2010. *Realizing the Promise: Transfer of Development Rights in New Jersey*, <http://www.njfuture.org/>.

O'Brien E.L., Zedler J.B., 2006. Accelerating the restoration of vegetation in a southern California salt marsh. *Wetlands Ecology and Management*, 14, 269-286.

Oertli B., Céréghino R., Biggs J., Declerck S., Hull A., Miracle M.R., 2010. *Pond Conservation in Europe*, Springer, Nature, 394 p.

Olds A.D., Pitt K.A., Maxwell P.S., Connolly R.M., 2012. Synergistic effects of reserves and connectivity on ecological resilience. *Journal of Applied Ecology*, 49, 1195-1203.

Oliveira R.R., 2007. Mata Atlântica, paleoterritórios e história ambiental. *Ambiente & Sociedade*, 10 (2), 11-23.

Olschowy G., 1974. Rekultivierung von Gruben und Halden. *Natur und Landschaft*, 49 (10), 272-274.

Özesmi U., Özesmi S., 2004. Ecological models based on people's knowledge: a multi-step fuzzy cognitive mapping approach. *Ecological Modelling*, 176 (1-2), 43-64.

Parmesan C., 2006. Ecological and evolutionary responses to recent climate change. *Annual Review of Ecology, Evolution, and Systematics*, 37, 637-669.

Pedersen M.L., Andersen J.M., Nielsen K., Linnemann M. 2007a. Restoration of Skjern River and its valley: project description and general ecological changes in the project area. *Ecological Engineering*, 30, 131-144.

Pedersen M.L., Friberg N., Skriver J., Baattrup-Pedersen A., Larsen S.E., 2007b. Restoration of Skjern River and its valley-Short-term effects on river habitats, macrophytes and macroinvertebrates. *Ecological Engineering*, 30, 145-156.

Pedlar J.H., Mckenney D.W., Aubin I., Beardmore T., Iverson L., Neill G.A.O., Winder R.S., Ste-Marie C., Pedlar J., Kenney W.M., 2012. Placing forestry in the assisted migration debate. *Bioscience*, 62, 835-842.

Peterson G.D., Cumming G.S., Carpenter S.R., 2003. Scenario planning: a tool for conservation in an uncertain world. *Conservation Biology*, 17, 358-366.

Pilgrim J.D., Bennun L., 2014. Will biodiversity offsets save or sink protected areas? *Conservation Letters*, 7 (5), 423-424.

Pilgrim J.D., Brownlie S., Ekstrom J.M.M., Gardner T.A., von Hase A., ten Kate K., Savy C.E., Stephens R.T.T., Temple H.J., Treweek J., Ussher G.T., Ward G., 2013. A process for assessing the offsetability of biodiversity impacts. *Conservation Letters*, 6 (5), 376-384.

Poulin B., Lefebvre G., Mathevet R., 2005. Habitat selection by booming bitterns *Botaurus stellaris* in French Mediterranean reed-beds. *Oryx*, 39, 1-10.

Preston E.M., Bedford B.L., 1988. Evaluating cumulative effects on wetland functions: a conceptual overview and generic framework. *Environmental Management*, 12, 565-583.

Pullin A.S., Knight T.M., 2009. Doing more good than harm: building an evidence-base for conservation and environmental management. *Biological Conservation*, 142, 931-934.

Pywell R.F., Bullock J.M., Roy D.B. Warman L., Walker K.J., Rothery P., 2003. Plant traits as predictors of performance in ecological restoration. *Journal of Applied Ecology*, 40, 65-77.

Quétier F., Lavorel S., 2011. Assessing ecological equivalence in biodiversity offset schemes: key issues and solutions. *Biological Conservation*, 144 (12), 2991-2999.

Quétier F., Regnery B., Levrel H., 2014. No net loss of biodiversity or paper offsets? A critical review of the French no net loss policy. *Environmental Science and Policy*, 38, 120-131.

Quétier F., Van Teeffelen A.J.A., Pilgrim J.D., von Hase A., ten Kate K., 2015. Biodiversity offsets are one solution to unmitigated biodiversity loss: a response to Curran *et al. Ecological Applications*, sous presse.

Quétier F., Quenouille B., Schwoertzig E., Gaucherand S., Lavorel S., Thiévent P., 2012. Les enjeux de l'équivalence écologique pour la conception et le dimensionnement de mesures compensatoires d'impacts sur la biodiversité et les milieux naturels. *Sciences, Eaux et Territoires*, hors série, 1-7.

Quigley J.T., Harper D.J., 2006. Effectiveness of fish habitat compensation in Canada in achieving no net loss. *Environmental Management*, 37, 351-366.

Race M.S., 1985. Critique of present wetlands mitigation policies in the United States based on an analysis of past restoration projects in San Francisco Bay. *Environmental Management*, 9, 71-81.

Rainey H.J., Pollard E.H.B., Dutson G., Ekstrom J.M.M., Livingstone S.R., Temple H.J., Pilgrim J.D., 2015. A review of corporate goals of no net loss and net positive impact on biodiversity. *Oryx*, 49 (2), 232-238.

Rambonilaza M., 2004. Évaluation de la demande de paysage : état de l'art et réflexions sur la méthode du transfert des bénéfices. *Cahiers d'économie et sociologie rurales*, 70, 77-101.

Regnery B., Quétier F., Cozannet N., Gaucherand S., Laroche A., Burylo M., Couvet D., Kerbiriou C., 2013. Concevoir des mesures compensatoires : réalité des dossiers environnementaux et perspectives d'améliorations. *Sciences, Eaux et Territoires*, 12, 1-8.

Retière C., Desroy N., 2002. Impact écologique de l'usine marémotrice de la Rance. *In : La baie du Mont-Saint-Michel et l'estuaire de la Rance : environnements sédimentaires, aménagement et évolution récente* (C. Bonnot-Courtois, B. Caline, A. L'Homer, M. Le Vot, eds). *Bulletin du Centre de recherche Elf Exploration Production*, 236-240.

Rey Benayas J.M., Newton A.C., Diaz A., Bullock J.M., 2009. Enhancement of biodiversity and ecosystem services by ecological restoration: a meta-analysis. *Science*, 325, 1121-1124.

Ricciardi A., Simberloff D., 2009. Assisted colonization: good intentions and dubious risk assessment. *Trends in Ecology and Evolution*, 24, 476-477.

Roach B., Wade W.W., 2006. Policy evaluation of natural resource injuries using habitat equivalency analysis. *Ecological economics*, 58, 421-433.

Robertson M.M., 2004. The neoliberalization of ecosystem services: wetland mitigation banking and problems in environmental governance. *Geoforum*, 35 (3), 361-373.

Robertson M., 2008. The work of wetland credit markets: two cases in entrepreneurial wetland banking. *Wetlands Ecology and Management*, 17, 35-51.

Robertson M., Hayden N., 2008. Evaluation of a market in wetland credits: entrepreneurial wetland banking in Chicago. *Conservation Biology*, 22, 636-646.

Rosenbaum E.F., 2000. What is a market? On the methodology of a contested concept. *Review of Social Economy*, 58 (4), 455-482.

Ruhl J.B., Salzman J., 2006. The effects of wetland mitigation banking on people. *National Wetlands Newsletter*, 28 (2), 8-14.

Ruiz-Jaen M.C., Aide M.T., 2005. Restoration success: how is it being measured? *Restoration Ecology*, 13, 569-577.

Rundcrantz K., Skaerbaek E., 2003. Environmental compensation in planning: a review of five different countries with major emphasis on the German system. *European Environment*, 13, 204-226.

Sainte-Marie C., Nelson E.A., Dabros A., Bonneau M., 2011. Assisted migration: introduction to a multifaceted concept. *The Forestry Chronicle*, 8 (6), 724-730.

Salles D., 2011. Environnement : la gouvernance par la responsabilité ? *In : La gouvernance à l'épreuve des enjeux environnementaux et des exigences démocratiques* (E. Duchemin, dir.), Éditions Vertigo, 43-58.

Sandker M., Semboli B.B., Roth P., Péllisier C., Ruiz-Pérez M., Sayer J., Turkalo A.K., Omoze F., Campbell B.M., 2011. Logging or conservation concession: exploring conservation and development outcomes in Dzanga-Sangha, Central African Republic. *Conservation and Society*, 9, 299-310.

Sansilvestri R., Frascaria-Lacoste N., Fernandez-Manjarrés J.F., 2015. Reconstructing a deconstructed concept: policy tools for implementing assisted migration for species and ecosystem management. *Environmental Science and Policy*.

Sax D.F., Smith K.F., Thompson A.R., 2009. Managed relocation: a nuanced evaluation is needed. *Trends in Ecology and Evolution*, 24, 472-473.

Scemama P., Levrel H., 2014. L'émergence du marché de la compensation aux États-Unis : changements institutionnels et impacts sur les modes d'organisation et les caractéristiques des transactions. *Revue d'économie politique*, 123 (6), 893-924.

Scherrer F., 1997. Figures et avatars de la justification territoriale des infrastructures urbaines. *In : Ces réseaux qui nous gouvernent* (M. Gariépy, M. Marié, dir.), Paris, Éditions L'Harmattan, 467 p.

Schütte P., Wittrock E., 2013. Der Entwurf der Bundeskompensionsverordnung. *ZUR*, 5, 259-264.

Schwartz M.W., Jessica J., Jason M.M., Sax D.F., Borevitz J., Brennan J., Fielder D., Gill J., Gonzalez P., Jamieson D.W., Javeline D., Minteer B., Polasky S., David M., Safford D., Schneider S., 2012. Managed relocation: integrating the scientific, regulatory, and ethical challenges. *Bioscience*, 62, 732-743.

Seagle C., 2012. Inverting the impacts: mining, conservation and sustainability claims near the Rio Tinto/QMM ilmenite mine in Southeast Madagascar. *Journal of Peasant Studies*, 39 (2), 447-477.

Seaman W., 2007. Artificial habitats and the restoration of degraded marine ecosystems and fisheries. *Hydrobiologia*, 580, 143-155, DOI: 10.1007/s10750-006-0457-9.

Seddon P.J., 2010. From reintroduction to assisted colonization: moving along the conservation translocation spectrum. *Restoration Ecology*, 18, 796-802.

Shaw W.D., Wlodarz M., 2012. Ecosystems, ecological restoration, and economics: does habitat or resource equivalency analysis mean other economic valuation methods are not needed? *Ambio*, 42 (5), 628-643.

Sheehan E.V., Stevens T.F., Gall S.C., Cousens S.L., Attrill M.J., 2013. Recovery of a temperate reef assemblage in a marine protected area following the exclusion of towed demersal fishing. *PLoS ONE*, 8, e83883.

Sherry T., 2009. Perpetual stewardship considerations for compensatory mitigation and mitigation banks. *Stetson Law Review*, 38 (2), 337-356.

Simard L., 2006. Négocier l'action et l'utilité publiques. Les APC du transport de l'électricité en France et au Québec. *Négociations*, 10 (2), 99-112.

Sonter L.J., Barret D.J, Soares-Filho B.S., 2014. Offseting the impacts of mining to achieve no net loss of native vegetation. *Conservation biology*, 28 (4), 1068-1076.

Soulas M., Blanchard M., Hamon D., Halary C., 2001. Projet d'exploitation de la crépidule en Bretagne-Nord en vue de la restauration des fonds colonisés. *In :* Actes du colloque *Restauration des écosystèmes côtiers*, 8-9 novembre 2000, Brest, 230-242.

Spieles D.J., 2005. Vegetation development in created, restored, and enhanced mitigation wetland banks of the United States. *Wetlands*, 25, 51-63.

Spieles D.J., Coneybeer M., Horn J., 2006. Community structure and quality after 10 years in two central Ohio mitigation bank wetlands. *Environmental Management*, 38, 837-852.

Spurgeon J. 1999. The socio-economic costs and benefits of coastal habitat rehabilitation and creation. *Marine Pollution Bulletin*, 37 (8-12), 373-382.

Storey K., 2010. Fly-in/fly-out: implications for community sustainability. *Sustainability*, 2 (5), 1161-1181.

Strand M.P., 2009. Do the mitigation regulations satisfy the law? Wait and see. *Stetson Law Review*, 38 (2), 273-310.

Strange E.M., Allen P.D., Beltman D., Lipton J., Mills D., 2004. The habitat-based replacement cost method for assessing monetary damages for fish resource injuries. *Fisheries*, 29 (7), 17-24.

Strange E., Galbraith H., Bickel S., Mills D., Beltman D., Lipton J., 2002. Determining ecological equivalence in service-to-service scaling of salt marsh restoration. *Environmental Management*, 29, 290-300.

Suding K.N., 2011. Toward an era of restoration in ecology: successes, failures, and opportunities ahead. *Annual Review of Ecology, Evolution, and Systematics*, 42, 465-487.

Suding K.N., Gross K.L., 2006. The dynamic nature of ecological systems: multiple states and restoration trajectories. *In: Foundations of Restoration Ecology* (D.A. Falk, M.A. Palmer, J.B. Zedler, eds), Washington, Island Press, 190-209.

Suding K.N., Hobbs R.J., 2009. Threshold models in restoration and conservation: a developing Framework. *Trends in Ecology and Evolution*, 24, 271-279.

Sze J., London J., 2008. Environmental justice at the crossroads. *Sociology Compass*, 2 (4), 1331-1354.

Taylor W.E., Geoffroy K.L., 2005. General and nationwide permits. *In : Wetlands Law and Policy: Understanding Section 404* (K.D. Connolly, S.M. Johnson, D.R. Williams), Section of Environment, Energy, and Resources, American Bar Association, Chicago, chapitre 5, 151-190.

Ter Mors E., Terwel B., Daamen D., 2012. The potential of host community compensation in facility siting. *International Journal of Greenhouse Gas Control*, 11, suppl., S130-S138.

Tettelbach S.T., Peterson B.J., Carroll J.M., Hughes S.W.T., Bonal D.M., Weinstock A.J., Europe J.R., Furman B.T., Smith C.F., 2013. Priming the larval pump: resurgence of bay scallop recruitment following initiation of intensive restoration efforts. *Marine Ecology Progress Series*, 478, 153-172.

Thieltges D., Strasser M., Reise K., 2006. How bad are invaders in coastal waters? The case of the American slipper limpet *Crepidula fornicata* in western Europe. *Biological Invasions*, 8, 1673-1680.

Thierfelder H., 2007. Landscape planning for Berlin. Results and new challenges. *In : Landscape and Environmental Planning – Germany and Korea* (W. Wende, J.H. Eum, eds), Berlin MBV, Germany, 5-16.

Thompson D.B., 2002. Valuing the environment: courts' struggles with natural resource damages. *Environmental Law*, 32, 57-89.

Thresher R.E., Kuris A.M., 2004. Options for managing invasive marine species. *Biological Invasions*, 6, 295-300.

Thur S.M., 2007. Refining the use of habitat equivalency analysis. *Environmental Management*, 40 (1), 161-170.

Tischew S., Baasch A., Conrad M.K., Kirmer A., 2010. Evaluating restoration success of frequently implemented compensation measures: results and demands for control procedures. *Restoration Ecology*, 18 (4), 467-480.

Toth L.A., Van der Valk A., 2012. Predictability of flood pulse driven assembly rules for restoration of a floodplain plant community. *Wetlands Ecology and Management*, 20, 59-75.

Turpie J.K., Marais C., Blignaut J.N., 2008. The working for water programme, South Africa. *Ecological Economics*, 65, 788-798.

Unsworth R., Bishop R., 1994. Assessing natural resource damages using environmental annuities. *Ecological Economics*, 11, 35-41.

Vaissière A.-C., Levrel H., 2015. Biodiversity offset markets: what are they really? An empirical approach to wetland mitigation banking. *Ecological Economics*, 110, 81-88.

Vaissière A-C., Levrel H., Pioch S., Carlier C., 2014. Biodiversity offsets for offshore wind farm projects: the current situation in Europe. *Marine Policy*, 48, 172-183.

Vaissière A.-C., Levrel H., Hily C., Le Guyader D., 2013. Selecting ecological indicators to compare maintenance costs related to the compensation of damaged ecosystem services. *Ecological Indicators*, 29, 255-269.

Vallauri D., Aronson J., Barbéro M., 2002. An analysis of forest restoration 120 years after reforestation on badlands in the southwestern Alps. *Restoration Ecology*, 10, 16-26.

Van Dover C.L., Aronson J., Pendleton L., Smith S., Arnaud-Haond S., Moreno-Mateos D., Barbier E., Billett D., Bowers K., Danovaro R., Edwards A., Kellert S., Morato T., Pollard E., Rogers A., Warner R., 2014. Ecological restoration in the deep sea: Desiderata. *Marine Policy*, 44, 98-106.

Van Teeffelen A.J.A., Vos C.C., Opdam P., 2012. Species in a dynamic world: consequences of habitat network dynamics on conservation planning. *Biological Conservation*, 153, 239-253.

Van Teeffelen A.J.A., Opdam P., Wätzold F., Johst K., Drechsler M., Vos C.C., Wissel S., Quétier F., 2014. Ecological and economic conditions and associated institutional challenges for conservation banking in dynamic landscapes. *Landscape and Urban Planning*, 130, 64-72.

Vatn A., 2014. Markets in environmental governance: from theory to practice. *Ecological Economics*, 105, 97-105.

Verdonschot P.F.M., Spears B.M., Feld C.K., Brucet S., Keizer-Vlek H., Borja A., Elliott M., Kernan M., Johnson R.K., 2013. A comparative review of recovery processes in rivers, lakes, estuarine and coastal waters. *Hydrobiologia*, 704, 453-474.

Verheyen K., Honnay O., Motzkin G., Hermy M., Foster D.R., 2003. Response of forest plant species to land-use change: a life-history trait-based approach. *Journal of Ecology*, 91 (4), 563-577.

Vicente N., n.d. La Grande Nacre de Méditerranée *Pinna nobilis*. Présentation générale. *In : 1er Séminaire international sur la grande nacre de Méditerranée: Pinna nobilis*, 10-12 octobre 2002, Institut océanographique Paul-Ricard, île des Embiez, France, 7-16.

Villarroya A., Barros A.C., Kiesecker J., 2014. Policy development for environmental licensing and biodiversity offsets in Latin America. *PLoS ONE*, 9 (9), e107144.

Von Oppenfeld R.R., 2005. State roles in the implementation of the Section 404 Program. *In : Wetlands Law and Policy: Understanding*

Section 404 (K.D. Connolly, S.M. Johnson, D.R. Williams, dir.), Section of Environment, Energy, and Resources, American Bar Association, Chicago, 315-325.

Wagner K.I., Gallagher S.K., Hayes M., Lawrence B.A., Zedler J.B., 2008. Wetland restoration in the new millennium: do research efforts match opportunities? *Restoration Ecology*, 16, 367-372.

Walker B.H., 1995. Conserving biological diversity through ecosystem resilience. *Conservation Biology*, 9, 747-752.

Walker S., Brower A.L., Stephens R.T.T., Lee W.G., 2009. Why bartering biodiversity fails. *Conservation Letters*, 2, 149-157.

Weems W.A., Canter L.W., 1995. Planning and operational guidelines for mitigation banking for wetland impacts. *Environmental Impact Assessment Review*, 15, 197-218.

Wende W., Herberg A., Herzberg A., 2005. Impact mitigation regulation. Mitigation banking and compensation pools: improving the effectiveness of impact mitigation regulation in project planning procedures. *Journal for Impact Assessment and Project Appraisal*, 23 (2), 101-111.

Wende W., Scholles F., Hartlik J., 2012. Twenty-five years of EIA in Germany: our child has grown up. *Journal of Environmental Assessment Policy and Management*, 14 (4), 1250023-1-1250023-15.

White P.S., Walker J.L., 1997. Approximating nature's variation: selecting and using reference information in restoration ecology. *Restoration Ecology*, 5, 338-349.

Whitham T.G., DiFazio S.P., Schweitzer J.A., Shuster S.M., Allan J.G., Bailey J.K., Woolbright S.A., 2008. Extending genomics to natural communities and ecosystems. *Science*, 320, 492-495.

Wilkie D., Shaw E., Rotberg F., Morelli G., Auzel P., 2000. Roads, development, and conservation in the Congo Basin. *Conservation Biology*, 14 (6), 1614-1622.

Williams A., Schlacher T.A., Rowden A.A., Althaus F., Clark M.R., Bowden D.A., Stewart R., Bax N.J., Consalvey M., Kloser R.J., 2010. Seamount megabenthic assemblages fail to recover from trawling impacts. *Marine Ecology*, 31, 183-199.

Williamson O.E., 2005. The economics of governance. *American Economic Review*, 95 (2), 1-18.

Wissel S., Wätzold F., 2010. A conceptual analysis of the application of tradable permits to biodiversity conservation. *Conservation Biology*, 24 (2), 404-411.

Wittemyer G., Northrup J.M., Blanc J., Douglas-Hamilton I., Omondi P., Burnham K.P., 2014. Illegal killing for ivory drives global decline in African elephants. *Proceedings of the National Academy of Sciences*, 111 (36), 13117-13121.

Wolsink M., 2010. Social acceptance of contested environmental policy infrastructure: comparing renewable energy, water management, and waste facilities. *Environmental Impact Assessment Review*, 30 (5), 302-311.

Wolters M., Garbutt A., Bekker R.M., Bakker J.P., Carey P.D., 2008. Restoration of salt-marsh vegetation in relation to site suitability, species pool and dispersal traits. *Journal of Applied Ecology*, 45, 904-912.

Wonham M.J., OConnor M., Harley C.D.G., 2005. Positive effects of a dominant invader on introduced and native mudflat species. *Marine Ecology Progress Series*, 289, 109-116.

Worm B., Barbier E.B., Beaumont N., Duffy J.E., Folke C., Halpern B.S., Jackson J.B.C., Lotze H.K., Micheli F., Palumbi S.R., Sala E., Selkoe K.A., Stachowicz J.J., Watson R., 2006. Impacts of biodiversity loss on ocean ecosystem services. *Science*, 314, 787-790.

Wortley L., Hero J.-M., Howes M., 2013. Evaluating ecological restoration success: a review of the literature. *Restoration Ecology*, 5, 537-543.

Wüstenhagen R., Wolsink M., Bürer M.J., 2007. Social acceptance of renewable energy innovation: an introduction to the concept. *Energy Policy*, 35 (5), 2683-2691.

Yamaguchi M., 1986. *Acanthaster planci* infestations of reefs and coral assemblages in Japan: a retrospective analysis of control efforts. *Coral Reefs*, 5, 23-30.

Young T.P., 2000. Restoration ecology and conservation biology. *Biological Conservation*, 92, 73-83.

Zafonte M., Hampton S., 2005. Calculating compensatory restoration in natural resource damage assessments: recent experience in California. *California and the World Ocean '02*, 833-844.

Zafonte M., Hampton S., 2007. Exploring welfare implications of resource equivalency analysis in natural resource damage assessments. *Ecological Economics*, 61, 134-145.

Zedler J.B., 2000. Progress in wetland restoration ecology. *Trends in Ecology and Evolution*, 15, 402-407.

Zedler J.B., 2005. Ecological restoration: guidance from theory. San Francisco Estuary and Watershed. *Science*, 3, 1-31.

Zedler J.B., 2011. Restoring a dynamic ecosystem to sustain biodiversity. *Ecological Restoration*, 29, 152-160.

Zedler J.B., Callaway J.C., 2000. Evaluating the progress of engineered tidal wetlands. *Ecological Engineering*, 15, 211-225.

Zedler J.B., West J.M., 2008. Declining diversity in natural and restored salt marshes: a 30-year study of Tijuana Estuary. *Restoration Ecology*, 16, 249-262.

Zedler J.B., Doherty J.M., Miller N.A., 2012. Shifting restoration policy to address landscape change, novel ecosystems, and monitoring. *Ecology and Society*, 17 (36).

Zoller E., 2004. Les agences fédérales américaines, la régulation et la démocratie. *Revue française de droit administratif*, 4, 757-771.

Références bibliographiques des rapports et ouvrages

Adamus P.R., 2006. *Hydrogeomorphic (HGM) Assessment Guidebook for Tidal Wetlands of the Oregon Coast: Part 1*. Rapid asssessment method, produced for the Oregon Department of State Lands, Charleston, Oregon.

Adamus P.R., Morlan J., Verble K., 2009. *Manual for the Oregon Rapid Wetland Assessment Protocol (ORWAP)*. Version 2.0. Oregon Dept. of State Lands, Salem, <http://oregonstatelands.us/DS L/WETLAND/or_wet_prot.shtml>.

Adamus P.R., Clairain E.J., Smith R.D., Young R.E., 1987. *Wetland Evaluation Technique (WET). II. Methodology*. Operational Draft Technical Report Y-87-, US Army Engineer Waterways Experiment Station, Vicksburg, Miss., 171 p.

André P., Delisle C.E., Revéret J.P., 2009. *L'évaluation des impacts sur l'environnement : Processus, acteurs et pratique pour un développement durable*, Montréal, Éditions Presses internationales Polytechnique, 3e édition, 398 p.

Armour A., 1991, *The Siting of Locally Unwanted Land Uses: Towards a Cooperative Approach*, New York, Pergamon Press, 74 p.

Aronson J, Milton S.J., Blignaut J. (eds), 2007. *Restoring Natural Capital: Science, Business and Practice*, Island Press, Washington, 384 p.

Augris C., Hamon D., 1996. *Atlas thématique de l'environnement marin en baie de Saint-Brieuc* (Côtes-d'Armor), Ifremer.

Axelrod R., 1976. *Structure of Decision: The Cognitive Maps of Political Elites*, Princeton University Press.

Bain A.R., 2014. *Environmental Resource Permitting Division*, <www.saj.usace.army.mil/>.

Barnaud G., 2014. Des fonctions écologiques au marché des services écosystémiques, une avancée conceptuelle ou une gageure ? *In : Marché et environnement* (J. Sohnle, M.-P. Camproux, eds), Bruxelles, Éditions Bruylant, 57-107.

Barnaud G., Coïc B., 2011. *Mesures compensatoires et correctives liées à la destruction des zones humides : revue bibliographique et analyse critique des méthodes*, Convention Onema-MNHN, 104 p.

Barnaud G., Fustec E., 2007. *Conserver les zones humides : pourquoi ? Comment ?* Versailles, Éditions Quae/Educagri, coll. Sciences en partage, 296 p.

Bartoldus C.C., Garbisch E.W., Kraus M.L., 1994. *Evaluation for Planned Wetlands: A Procedure for Assessing Wetland Functions and a Guide to Functional Design*. St. Michaels, MD, Environmental Concern Inc.

Bas A., Gaubert H., 2010. *La directive « Responsabilité environnementale » et ses méthodes d'équivalence*, Commissariat général au développement durable, Études et documents, 19, 176 p.

Bayon R., Fox J., Carroll N. (eds), 2008. *Conservation and Biodiversity Banking: A Guide to Setting up and Running Biodiversity Credit Trading Systems*, Earthscan, 298 p.

BBOP (Business and Biodiversity Offsets Programme), 2012. *Biodiversity Offset Design Handbook-Updated*, BBOP, Washington, <http://bbop.forest-trends.org> (consulté le 12 novembre 2014).

Beever J.W., Gray W., Cobb D., Walker T., 2013. A watershed analysis of permitted coastal wetland impacts and mitigation assessment methods within the Charlotte Harbor National Estuary Program. Florida Academy of Sciences, *Florida Scientist*, 76, (2).

Berger F., 2012. Modélisation de la compensation écologique *via* l'approche service-service. Centre d'écologie fonctionnelle et évolutive, Université Montpellier 3 et ministère de l'Écologie, du Développement durable et de l'Énergie (CGDD), mémoire de master 2 Sciences de l'univers, environnement, écologie, UPMC (Paris-VI), direction Sylvain Pioch et Hélène Gaubert, 52 p.

Berglund J., 1999. *MDT Montana Wetland Assessment Method*, Montana Department of Transportation, Helena, Montana.

Bigard C., 2014. Intégration des enjeux de biodiversité à la stratégie d'aménagement équilibré du territoire de la Communauté d'agglomération de Montpellier. Mémoire de 3e année, AgroParisTech, 138 p.

Boltanski L., Thévenot L., 1991. *De la justification*, Paris, Gallimard, 483 p.

Bouvron M., Teillac-Deschamps P., Coreau A., Hernandez S., Meignien P., Morandeau D., Nuzzo V., 2010. *Projet de caractérisation des fonctions écologiques des milieux en France*, Paris, SEEIDD-CGDD, coll. Études et Documents, 70 p.

Brinson M.M., 1993. A hydrogeomorphic classification for wetlands. Technical Report WRP-DE-4, US Army Corps of Engineers Engineer Waterways Experiment Station, Vicksburg, MS, <http://el.erdc.usace.army.mil/wetlands/pdfs/wrpde4.pdf>.

Bruns E., 2007. Bewertungs- und Bilanzierungsmethoden in der Eingriffsregelung. Analyse und Systematisierung von Vorgehensweisen des Bundes und der Länder. PhD, Institut für Landschaftsarchitektur und Umweltplanung, TU Berlin, Germany, 637 p.

Carr M.H., Neigel J.E., Estes J.A., Andelman S., Warner R.R., Largier J.L., 2003. *Comparing*

Marine and Terrestrial Ecosystems: Implications for the Design of Coastal Marine Reserves, United States Geological Survey.

Castro Maya R.O., 1967. *A Floresta da Tijuca*, Rio de Janeiro, Edições Bloch, Brazil, 102 p.

CBD (Convention on Biological Diversity), 2010. <http://www.cbd.int/sp/targets/> (consulté le 27 février 2014).

CBD (Convention on Biological Diversity), 2012. CBD COP11 Decision XI/16, <http://www.cbd.int/doc/decisions/cop-11/cop-11-dec-16-en.pdf> (consulté le 27 février 2014).

CDC Biodiversité, 2013. Compte-rendu du comité local Cossure, relevé de décisions de la 14e séance de travail, 14 janvier 2013, 6 p.

Cézar P.B., Oliveira R.R., 1992. *A Floresta da Tijuca e a cidade do Rio de Janeiro*, Rio de Janeiro, Nova Fronteira, 172 p.

CGDD, 2013. *Lignes directrices nationales sur la séquence éviter, réduire et compenser les impacts*, collection « Références » [en ligne], SEEIDD, 229 p., <http://www.developpement-durable.gouv.fr/Lignes-directrices-nationales-sur.html> (consulté le 25 novembre 2014).

Chabran F., 2011. État de l'art de la compensation écologique. Le cas de la première Réserve d'actifs naturels : le projet Cossure. Mémoire de fin d'études, ISARA Lyon, sous la direction de Claude Napoleone, Unité Écodéveloppement, Inra Avignon, 67 p.

Chambéry métropole, 2012. Signature du plan d'actions en faveur des zones humides (PAFZH) de Chambéry métropole. Communiqué de presse publié le 18 octobre 2012, 5 p., <http://www.chambery-metropole.fr/uploads/Externe/ed/PSE_FICHIER_403_1350921194.pdf> (consulté le 29 novembre 2014).

Chapman D.J., LeJeune K., 2007. Review report on resource equivalence methods and applications. Rapport D6A réalisé dans le cadre du projet européen REMEDE, Stratus Consulting, 34 p., <http://www.envliability.eu/pages/publications.htm>.

Chateauraynaud F., 2011. *Argumenter dans un champ de forces. Essai de balistique sociologique*, Paris, Éditions Petra, coll. Pragmatismes, 477 p.

Clewell A.F., Aronson J., 2010. *La restauration écologique : principes, valeurs, et structure d'une profession émergente*, Arles, Actes Sud.

Clewell A.F., Aronson J., 2013a. *Ecological Restoration: Principles, Values, and Structure of an Emerging Profession*, Washington, Island Press, second edition.

Clewell A.F., Rieger J., Munro J., 2000. *Guidelines for Developing and Managing Ecological Restoration Projects*, Publications Working Group, Society for Ecological Restoration, 11 p.

CNPN, 2010. Bordereau de transmission pour avis du CNPN sur une demande de dérogation portant sur une espèce soumise au titre 1er du livre IV du Code de l'environnement. Direction de l'Eau et de la Biodiversité, MEDDE, 8 p.

Collins J.S., Stein E., Sutula M., 2004. *Draft California Rapid Assessment Method for Wetlands v. 3.0: User's Manual and Scoring Forms*, San Francisco Bay Area Wetlands Regional Monitoring Program, <http://www.wrmp.org/index.html>.

Comité de pilotage, 2013. *Application de l'arrêté préfectoral du 3 mars 2008. Bilan des mesures compensatoires 2006-2013*, CEA/Agence ITER France, version provisoire, 49 p.

Comité scientifique de CDC Biodiversité, 2009. Motion du comité scientifique de CDC Biodiversité relative à l'équivalence écologique et territoriale de la réserve d'actifs naturels de Cossure, CDC Biodiversité, 3 p.

Commissariat général du plan, 2005. Prix du temps et la décision publique, révision du taux d'actualisation public. Rapport du groupe d'experts présidé par D. Lebègue, coordinateur P. Hirtzman, rapporteur général L. Baumstark, 112 p.

Compendium of Ecological Assessment Methods, 2004, <www.websiteforg.com/OldWebsites/NPS/index.html>.

Corley K.O., Al-Bahish A., 2013. Understanding natural resource damages. *In: 59th Annual Rocky Mountain Law Institute*, 18-20 juillet 2013, Spokane (Washington), chapitre 2, 1-30, Mineral Law Institute, Westminster (Colorado).

Courtoisier P., Gaubert H., 2014. Analyse d'une méthode d'évaluation d'un dommage environnemental : la méthode ressource-ressource européenne, Paris, SEEIDD-CGDD, coll. Études et Documents, 34 p.

Crozier M., Friedberg E., 1977. *L'acteur et le système. Les contraintes de l'action collective*, Paris, Éditions du Seuil, 511 p.

Dahl T.E., 2011. *Status and Trends of Wetlands in the Conterminous United States 2004 to 2009*, Washington.

Dao J.-C., Buestel D., André G., Halary C., Cochard J.-C., 1985. Le programme de repeuplement de coquille Saint-Jacques : finalité, résultats et perspectives. *In: IVe Colloque franco-japonais Les aménagements côtiers et la gestion du littoral*.

Darbi M., Ohlenburg H., Herberg A., Wende W., 2010. *Impact Mitigation and Biodiversity Offsets. Compensation Approaches from Around the World*, Landwirtschaftsverlag Münster, Germany, 249 p.

Deal-Réunion, 2013. *Comment compenser les impacts résiduels sur la biodiversité ? Guide méthodologique pour l'île de la Réunion*, Direction de l'Environnement, de l'Aménagement et du Logement de la Réunion, Saint-Denis, Réunion, 116 p.

Deiwick B., 2002. *Entwicklungstendenzen der Eingriffsregelung*, Landschaftsentwicklung und Umweltforschung, Technische Universität Berlin Verlag, Berlin, Allemagne, 145 p.

Department of Commerce-NOAA, 1996. Natural Resource Damage Assessments. *Federal Register*, 61 (4), 440-510.

DeWeese J., US Fish and Wildlife Service, 1994. An Evaluation of Selected Wetland Creation Projects Authorized Through the Corps of Engineers Section 404 Program.

Diren-Paca, 2008. Les mesures compensatoires pour la biodiversité : la stratégie de la Diren-Paca.

Direction régionale de l'environnement Paca, service Patrimoine et Territoires, 23 p.

Dobson A., 1998. *Justice and the Environment: Conceptions of Environmental Sustainability and Theories of Distributive Justice*, Oxford University Press, 292 p.

Doswald N., Barcellos-Harris M., Jones M., Pilla E., Mulder I., 2012. *Biodiversity Offsets: Voluntary and Compliance Regimes. A Review of Existing Schemes*, Initiatives and Guidance for Financial Institutions, UNEP FI, Geneva, Switzerland, 24 p.

Dreal, 2010. Compte rendu de la réunion du groupe de travail espèces protégées du CSRPN-Paca du 4 novembre 2010 à Aix-en-Provence. Dreal-Paca, service Biodiversité, Eau et Paysages, Aix-en-Provence, 6 p.

Dumax N., 2009. Les mesures compensatoires : un indicateur du coût environnemental. Thèse de doctorat en sciences économiques, Université de Strasbourg, 297 p.

ECO-MED, 2008. *Dossier scientifique concernant l'analyse globale des enjeux écologiques et la destruction d'espèces protégées dans le cadre du défrichement nécessaire à la construction des aménagements ITER*, 64 p.

Edwards A.J., 2010. *Reef Rehabilitation Manual*, Coral Reef Targeted Research and Capacity Building for Management Program, 166 p.

Eftec, IEEP, ten Kate K., Treweek J., Jon Ekstrom J., 2010. The use of market-based instruments for biodiversity protection: the case of habitat banking. Technical Report, Londres, Eftec, 264 p.

EMRIS–USACE, <http://www.watershedconnect. com/documents/ecosystem_management__ restoration_information_system>.

EPA (US Environmental Protection Agency), 2008. *EPA's 2008 Report on the Environment*, National Center for Environmental Assessment, Washington, 366 p.

Epstein A.S., 2014. L'information environnementale divulguée par l'entreprise. Contribution à l'analyse juridique d'une régulation. Thèse de doctorat, Université de Nice.

European Commission, 2007a. Guidance document on the strict protection of animal species of Community interest under the Habitats Directive 92/43/EEC. European Commission, Brussels, Belgium.

European Commission, 2007b. Guidance document on Article 6(4) of the "Habitats Directive" 92/43/ EEC. European Commission, Brussels, Belgium.

European Commission, 2011. *Our Life Insurance, Our Natural Capital: An EU Biodiversity Strategy to 2020*, COM (2011) 244, European Commission, Brussels, Belgium.

F-DEP, 1985. *Compensatories Ratios and Rules*, Florida legislature x 3.2.1.1.

F-DEP, 2013. *The State of Florida Wetland Program Plan 2013-2016*, 3rd Edition February, 2013, <http://water.epa.gov/type/wetlands/upload/ fl-wpp-2013.pdf> (consulté en mars 2014).

Fennessy M.S., Jacobs A.D., Kentula M.E., 2004. *Review of Rapid Methods for Assessing Wetland Condition*, EPA/620/R-04/009, US Environmental Protection Agency, Washington.

Florida Department of Environmental Protection (UDEP), 2004. *Uniform Mitigation Assessment Method*, Florida Department of Environmental Protection (F.A.C. 62-345) Tallahassee, Florida.

Fraser N., 2005. *Qu'est-ce que la justice sociale ? Reconnaissance et redistribution*, Paris, Éditions La Découverte, 178 p.

Galbraith L., 2005. Understanding the Need for Supraregulatory Agreements in the Environmental Assessment: An Evaluation from the Northwest Territories, Canada. Thèse de doctorat [en ligne], Simon Fraser University, 121 p., <http://summit. sfu.ca/system/files/iritems1/8462/etd1685.pdf> (consulté le 25 novembre 2014).

GAO (Government Accountability Office), 2005. *Wetlands Protection. Corps of Engineers Does Not Have an Effective Oversight Approach to Ensure That Compensatory Mitigation Is Occurring*, US Report GAO-05-898, Washington, 47 p.

Gardner R., 2011. *Lawyers, Swamps, and Money, US Wetland Law, Policy, and Politics*, Washington, Island Press, 280 p.

Gaubert H., Hubert S., 2012. *La loi « Responsabilité environnementale » et ses méthodes d'équivalence. Guide méthodologique*, Commissariat général au développement durable, coll. Références, 132 p.

GCP (Groupe chiroptères de Provence), 2006. *Étude chiroptères complémentaires post-défrichement phase 1 sur le périmètre ITER et premières évaluations sur la phase 2 du défrichement. Saint-Paul-lez-Durance (13)*, Volet naturel de l'étude d'impact, 65 p.

Gobert J., 2010. Les compensations socio-environnementales : un outil sociopolitique d'acceptabilité de l'implantation ou de l'extension d'infrastructures ? Thèse de doctorat, Université Paris-Est, Créteil, 499 p.

Godard O., 2000. Sur l'éthique, l'environnement et l'économie. La justification en question. *Cahiers du Laboratoire d'économétrie de l'École polytechnique*, (513), avril, 1-46.

Gouvernement français, 2009. Décret n° 2009-468 du 23 avril 2009 relatif à la prévention et à la réparation de certains dommages causés à l'environnement. *Journal officiel de la République française*, 98, 7182 *sq.*

Hardelin J., Marical F., 2011. *Taux d'actualisation et politiques environnementales : un point sur le débat*, Commissariat général au développement durable, Études et documents, 42, 18 p.

Helton D., Penn T., 1999. Putting response and natural resource damage costs in perspective. *In: 1999 International Oil Spill Conference*, 7-12 mars 1999, Seattle, Washington, American Petroleum Institute, 577-583.

Hernandez S., 2006a. Note de la Direction des études économiques et de l'évaluation environnementale (D4E) à l'attention du directeur de la D4E : Compte rendu du séminaire sur « Les mécanismes de compensation : une opportunité pour les secteurs économiques et financiers et les gestionnaires de la diversité biologique ». Direction des études économiques et de l'évaluation environnementale (D4E), sous-direction de l'évaluation des politiques et régulations environnementales, MEDDE, 15 p.

Hernandez S., 2006b. Note sur les mécanismes de compensation pour la conservation de la diversité biologique : État des lieux et analyses pour sa viabilité en France (Dom-Tom inclus). Direction des études économiques et de l'évaluation environnementale (D4E), sous-direction de l'évaluation des politiques et régulations environnementales, MEDDE, 5 p.

Holling C.S., 1978. *Adaptive Environmental Assessment and Management*, International Series on Applied Systems Analysis, New York, Wiley.

ICAHP (Association pour l'inventaire des Coléoptères des Alpes-de-Haute-Provence), 2007. *Diagnostic écologique [Coleoptera] sur les arbres maintenus du périmètre de défrichement ITER et des zones non défrichées (bois et souches)*, 105 p.

ICMM-IUCN, 2012. *Independent Report on Biodiversity Offsets,* International Council on Mining and Metals, London, 60 p.

IPCC, 2013. *Climate Change 2013: The Physical Science Basis. Contribution of Working Group I to the Fifth Assessment Report of the Intergovernmental Panel on Climate Change* (T.F. Stocker, D. Qin, G.-K. Plattner, M. Tignor, S.K. Allen, J. Boschung, A. Nauels, Y. Xia, V. Bex, P.M. Midgley, eds), Cambridge University Press, Cambridge/New York, 1535 p.

IUCN, 2014. *Biodiversity Offsets Technical Study Paper*, IUCN, Gland, Switzerland, 65 p.

Jegouzo Y., 2013. *Pour la réparation du préjudice écologique*, Paris, La Documentation française, 81 p.

Josselyn, Michael *et al.*, 1993. California State Coastal Conservancy, Evaluation of Coastal Conservancy Enhancement Projects 1978-1992.

Kellerhals J., Perrenoud D., 1998. *Le sentiment de justice dans les relations sociales*, Paris, PUF, 128 p.

Kelly P., 1989. Memorandum: Permit elevation, Plantation Landing Resort, Inc., Signed 21 April 1989, US Army Corps of Engineers, Washington, 15 p., <http://www.epa.gov/owow/wetlands/pdf/PlantationLandingRGL.pdf>.

Kermagoret C., 2014. La compensation des impacts sociaux et écologiques pour les projets d'aménagement : acceptation, perceptions et préférences des acteurs du territoire. Application au projet de parc éolien en mer de la baie de Saint-Brieuc. Thèse de doctorat soutenue le 17 décembre 2014 à Brest, École doctorale des sciences de la mer, Université de Bretagne occidentale, Brest.

Kiemstedt H., Ott S., Mönnecke M., 1996. *Methodik der Eingriffsregelung. Vorschläge zur bundeseinheitlichen Anwendung der Eingriffsregelung nach § 8 Bundesnaturschutzgesetz. Teil III*, Institut für Landschaftspflege und Naturschutz der Universität Hannover, Schriftenreihe LANA 6, Umweltministerium Baden-Württemberg, Stuttgart, Allemagne, 178 p.

Kosko B., 1992. *Neural Networks and Fuzzy Systems: A Dynamical Systems Approach to Machine Intelligence*, Prentice-Hall, Englewood Cliffs, NJ.

Kuhfeld W.F., 2005. *Experimental Design and Choice Modelling Macros, SAS Technical Support Documents* - TS-7221, SAS Institute Inc., 188 p.

Kusler J., 2004. *The SWANCC Decision: State Regulation of Wetlands to Fill the Gap*, Association of State Wetland Managers, Windham, NY, 23 p.

Laborel-Deguen F., Laborel J., 1991. Statut de Patella ferruginea Gmelin en Méditerranée. *In: Les espèces marines à protéger en Méditerranée* (C.F. Boudouresque, M. Avon, V. Gravez, eds), Marseille, GIS Posidonie Publications, 91-103.

Lafontaine A., Quesne G., 2013. *Comparative Advantages of CTFs and Project Approach to Support Protected Area Systems. Examples from the Field*, Conservation Finance Alliance, FUNBIO-Brazilian Biodiversity Fund, Rio de Janeiro, Brazil, 81 p.

Lavoux T., Fémenias A., 2011. *Compétences et professionnalisation des bureaux d'études au regard de la qualité des études d'impact (évaluations environnementales)*, CGEDD, Paris, 70 p.

Lemieux V., 1998. *Les coalitions. Liens, transactions et contrôles*, Paris, PUF, coll. Le Sociologue, 235 p.

Levrel H., 2007. *Quels indicateurs pour la gestion de la biodiversité,* Institut français de la biodiversité, Paris, 93 p., <www.gis-ifb.org>.

Levrel H., 2012a. La conservation de la biodiversité à partir du principe de compensation. Promesses et limites d'un nouvel avatar du développement durable. Rapport d'habilitation à diriger les recherches, Université de Bretagne occidentale, 114 p.

Lipton L., le Jeune K., Calewaert J.B., Ozdemiroglu E., 2008. *Toolkit for Performing Resource Equivalency Analysis to Assess and Scale Environmental Damage in the European Union.*

Lolive J., 1999. *Les contestations du TGV Méditerranée*, Éditions L'Harmattan, 314 p.

Louviere J.J., Hensher D.A., Swait J., 2000. *Stated Choice Methods: Analysis and Application*, Cambridge University Press, Cambridge.

Lucas M., 2012. Étude juridique de la compensation écologique. Thèse de doctorat, Université de Strasbourg, 1344 p.

MAAF, 2013. *Circulaire DGPAAT/SDFB/C2013-3060 du 28 mai 2013*, ministère de l'Agriculture, de l'Agroalimentaire et de la Forêt, Paris, France.

Mack J.J., 2001. *Ohio Rapid Assessment Method for Wetlands, Manual for Using Version 5.0*, Ohio EPA Technical Bulletin Wetland/2001, Ohio Environmental Protection Agency, Division of Surface Water, 401 Wetland Ecology Unit, Columbus, Ohio.

Madsen B., Carrol N., Moore Brands K., 2010. *State of Biodiversity Markets Report: Offset and Compensation Programs Worldwide*, Ecosystem Marketplace, Washington, 73 p.

Madsen B., Carrol N., Kandy D., Bennett G., 2011. *2011 Update. State of Biodiversity Markets Report: Offset and Compensation Programs Worldwide*, Ecosystem Marketplace, Washington, 73 p.

Maes J., Paracchini M.L., Zulian G., 2011a. *A European Assessment of The Provision of Ecosystem Services: Towards an Atlas of Ecosystem*

Services, EUR – Scientific and Technical Research series, 81 p.

Maes J., Braat L., Jax K., Hutchins M., Furman E. et al., 2011b. *A Spatial Assessment of Ecosystem Services in Europe: Methods, Case Studies and Policy Analysis-Phase 1*, PEER Report no. 3, Ispra, Partnership for European Environmental Research, 143 p.

Maltby E. (ed.), 2009. *Functional Assessment of Wetlands. Towards Evaluation of Ecosystem Services*, Woodhead Publishing Limited/Oxford and CRC Press, Boca Raton, 672 p.

Marre J.B., Pascal N., 2012. *Valeur économique des récifs coralliens et écosystèmes associés de la Nouvelle-Calédonie. Partie II : Consentements à payer pour la préservation des écosystèmes et valeurs de non-usage*, Ifrecor, 143 p.

Martin D., Andreu L., 2010. Art. 1289 à 1293. Fascicule unique : contrats et obligations. Compensation – Conditions de la compensation, *Juris-Classeur civil*, Paris, Éditions LexisNexis.

Martin G.J., 2009. La réparation des atteintes à l'environnement. *In : Les limites de la réparation du préjudice* (Cour de Cassation, Ordre des avocats au Conseil d'État et à la Cour de cassation, Institut des hautes études pour la justice, École nationale supérieure de sécurité sociale, Centre des hautes études de l'assurance, eds), Dalloz, Paris, 359-394.

Martin G.J., 2014a. Quelle(s) régulation(s) dans l'hypothèse d'un recours aux mécanismes de marché pour protéger l'environnement ? *In : Marché et environnement* (M.P. Camproux-Duffrène, J. Sohlne, eds), Éditions Bruylant, coll. Droit et Développement durable, 463-477.

Maus W., Hearing D., 1995. *Wetland Assessment Technique for Environmental Review (WATER)*, Everglades Mitigation Bank, FPL, 39 p.

MEA, 2005a. *Ecosystems and Human Well-Being: Wetlands and Water. Synthesis*, Millennium Ecosystem Assessment, World Resources Institute, Washington, 68 p.

MEA, 2005b. *Synthesis Report. Strengthening Capacity to Manage Ecosystems Sustainably for Human Well-Being*, Millennium Ecosystem Assessment, 219 p.

MEDDE, 2007. *Rapport de synthèse du Groupe 2 du Grenelle de l'environnement : « Préserver la biodiversité et les ressources naturelles »*, Groupe 2 du Grenelle de l'environnement, MEDDE, 124 p.

MEDDE, 2012a. *Doctrine relative à la séquence éviter, réduire et compenser les impacts sur le milieu naturel*, ministère de l'Écologie, du Développement durable et de l'Énergie, Paris, France, 9 p., <http://www.developpement-durable.gouv.fr> (consulté le 12 novembre 2014).

MEDDE, 2012b. *Guide « Espèces protégées, aménagements et infrastructures »*, ministère de l'Écologie, du Développement durable et de l'Énergie, Paris, France, 65 p.

MEDDE, 2012c. *La compensation des atteintes à la biodiversité à l'étranger. Étude de parangonnage*, Études et Documents, 68, 136 p, <http://www.developpementdurable.gouv.fr> (consulté le 12 novembre 2014).

MEDDE, 2013. *Lignes directrices nationales sur la séquence éviter, réduire et compenser les impacts sur les milieux naturels*, ministère de l'Écologie, du Développement durable et de l'Énergie, Paris, France, 232 p.

MEDDE-CDC Biodiversité, 2010a. Convention cadre MEEDM-CDC Biodiversité relative à l'expérimentation d'offre de compensation 2010-2018. CDC Biodiversité et MEDDE, 10 p.

MEDDE-CDC Biodiversité, 2010b. Convention relative à l'opération expérimentale Cossure 2010-2016. CDC Biodiversité et MEDDE, 12 p.

Megevand C., 2013. *Deforestation Trends in the Congo Basin: Reconciling Economic Growth and Forest Protection*, World Bank, Washington, 179 p.

Michigan DNRE (Department of Natural Resources and Environment), 2010. *Michigan Rapid Assessment Method for Wetlands (MiRAM)*, Version 2.1. DNRE, Lansing, Michigan.

Miller D., Walser M., 1995. *Pluralism, Justice and Equality*, Oxford, Oxford University Press, 308 p.

Miller E.R., Gunsalus E.B., 1997. *Wetland Rapid Assessment Procedure*, Technical Publication REG-001, Natural Resource Management Division, Regulation Department, South Florida Water Management District, September 1997.

Mills A.J., Turpie J.K., Cowling R.M., Marais C., Kerley G.I.H., Lechmere-Oertel R.G., Sigwela A.M., Powell M., 2007. Assessing costs, benefits and feasibility of restoring natural capital in subtropical thicket in South Africa. *In: Restoring Natural Capital: Science, Business and Practice* (J. Aronson, S.J. Milton, J.N. Blignaut, eds), Washington, Island Press, 179-187.

Mission de suivi scientifique du polder d'Erstein, 2004. *Synthèse des connaissances à l'état initial*, 103 p.

Mission de suivi scientifique du polder d'Erstein, 2009. *Synthèse générale : le polder a-t-il retrouvé la fonctionnalité d'une zone alluviale inondable ?* 79 p.

Mitsch W.J., Gosselink J.G., 1993. *Wetlands*, New York, Van Nostrand Reinhold, 2nd edition, 722 p.

Mitsch W.J., Gosselink J.G., Anderson C.J., Zhang L., 2009. *Wetland Ecosystems*, John Wiley and Sons, Hoboken, NJ.

Monnery J., Hubert S., Gaubert H., 2011. *Application des méthodes d'équivalence à la pollution accidentelle du Gave d'Aspe*, Commissariat général au développement durable, Études et Documents, 47, 122 p.

Morandeau D., Vilaysack D., 2012. *La compensation des atteintes à la biodiversité à l'étranger. Étude de parangonnage*, Études et Documents, 68, Conseil général de l'Environnement et du Développement durable, MEDDE, Paris, France, 132 p.

Mudgal S., Chenot B., Salès K., Fogleman V., 2013a. Implementation challenges and obstacles of the Environmental Liability Directive. Annexes. Part A. Legal analysis of the national tranposing legislations. Prepared for European Commission, DG Environment, BIO Intelligence Service, in collaboration with Stevens and Bolton LLP, 386 p.

Mudgal, S., Chenot B., Salès K., Fogleman V., 2013b. Implementation challenges and obstacles of the

Environmental Liability Directive (ELD). Final Report. Prepared for European Commission, DG Environment, BIO Intelligence Service, in collaboration with Stevens and Bolton LLP, 153 p.

Murcia C., Guariguata M.R., 2014. La restauración ecológica en Colombia: Tendencias, necesidades y oportunidades. *Documentos Ocasionales*, 107, CIFOR, Bogor, Indonesia.

NCDENR (North Carolina Department of Environmental and Natural Resources), 1995. *Guidance for Rating the Values of Wetlands in North Carolina*, North Carolina Department of Environmental and Natural Resources, Raleigh.

NCWFAT (North Carolina Wetland Functional Assessment Team), 2010. *NC Wetland Assessment Method (NCWAM) User Manual*. Version 4.1, <http://portal.ncdenr.org/web/wq/swp/ws/401/certsandpermits/mitigation>.

NOAA (National Oceanic and Atmospheric Administration), 1997. *Scaling Compensatory Restoration Actions. Guidance Document for Natural Resource Damage Assessment Under the Oil Pollution Act of 1990*, Damage Assessment and Restoration Program, 143 p., <http://www.darrp.noaa.gov/library/pdf/scaling.pdf>.

NOAA (National Oceanic and Atmospheric Administration), 1999. *Discounting and the Treatment of Uncertainty in Natural Resource Assessment*, Damage Assessment and Restoration Program, 43 p., <http://www.darrp.noaa.gov/library/pdf/discpdf2.pdf>.

NOAA (National Oceanic and Atmospheric Administration), 2006. *Habitat Equivalency Analysis: An Overview*, Washington, Damage Assessment and Restoration Program, 24 p., <http://www.darrp.noaa.gov/library/pdf/heaoverv.pdf>.

NOAA-DARP, 1996a. Injury Assessment Guidance Document for Natural Resource Damage Assessment under the Oil Pollution Act of 1990. Damage Assessment and Restoration Program, Silver Spring, Maryland, 222 p.

NOAA-DARP, 1996b. Preassessment Phase Guidance Document for Natural Resource Damage Assessment Under the Oil Pollution Act of 1990. Damage Assessment and Restoration Program, Silver Spring, Maryland, 190 p.

NOAA-DARP, 1996c. Primary Restoration Guidance Document for Natural Resource Damage Assessment under the Oil Pollution Act of 1990. Damage Assessment and Restoration Program, Silver Spring, Maryland, 762 p.

NOAA-DARP, 1996d. Restoration Planning Guidance Document for Natural Resource Damage Assessment under the Oil Pollution Act of 1990. Damage Assessment and Restoration Program, Silver Spring, Maryland, 173 p.

NOAA-DARP, 1996e. Specifications for Use of NRDAM/CME Version 2.4 to Generate Compensation Formulas Guidance Document for Natural Resource Damage Assessment Under the Oil Pollution Act of 1990. Damage Assessment and Restoration Program, Silver Spring, Maryland, 64 p.

NOAA-DARP, 2002. Natural Resource Damage Settlements and Judgments. Restoration Potential Generated by DARP or NOAA's Office of National Marine Sanctuaries with DARP assistance (February 8, 2002). Damage Assessment and Restoration Program, 53 p.

NRC (National Research Council), 1992. *The Restoration of Aquatic Ecosystems: Science, Technology, and Public Policy*, Washington, National Academies Press, <www.nap.edu/openbook.php?record_id=1807> (consulté le 10 octobre 2014).

NRC (National Research Council), 2001. *Compensating for Wetland Losses Under the Clean Water Act*, Washington, National Academies Press, 322 p.

Neyret L., Martin G.J. (eds), 2012. *Nomenclature des préjudices liés au dommage environnemental*, LGDJ Lextenso, Paris.

Nova Scotia Environment, 2011. *Nova Scotia Wetland Evaluation Technique (Version 3.0)*. Province of Nova Scotia, Canada, <http://www.novascotia.ca/nse/wetland/assessing.wetland.function.asp>.

Ofiara D.D., Seneca J., 2001. *Economic Losses from Marine Pollution: A Handbook For Assessment*, Island Press, Washington, 388 p.

ONF (Office national des forêts)/GCP/ICAHP, 2007. *Analyse de la valeur écologique et qualification des enjeux de conservation des peuplements forestiers matures*, rapports phase 1 (avant la première phase de défrichement, 52 p.) et phase 2 (avant la deuxième phase de défrichement, 202 p.).

ONF, 2009. *Recensement des arbres réservoirs de biodiversité sur 1 200 hectares autour du site ITER (13 et 83)*, 13 p.

ONF, 2010. *Synthèse des inventaires 2009 réalisés dans le cadre de l'arrêté du 3 mars 2008*, 270 p.

ONF, 2012. *Plan de gestion de 1 200 hectares d'espaces naturels à Cadarache*, mesure compensatoire prescrite à l'Agence ITER France par l'arrêté préfectoral du 3 mars 2008, 242 p.

ONF, 2013. *Plan de gestion du domaine ITER sur la commune de Ribiers (Hautes-Alpes)*, 130 p.

Parlement européen, 2004. Directive 2004/35/CE du Parlement européen et du Conseil du 21 avril 2004 sur la responsabilité environnementale en ce qui concerne la prévention et la réparation des dommages environnementaux. *Journal officiel de l'Union européenne*, 143, 56 sq.

Parlement français, 2008. Loi du 1er août 2008 relative à la responsabilité environnementale. *Journal officiel de la République française*, 179, 12361 sq.

Pilgrim J.D., Ekstrom J.M.M., 2014. *Technical Conditions for Positive Outcomes from Biodiversity Offsets, an Input Paper for the IUCN Technical Study Group on Biodiversity Offsets*, IUCN, Gland, Switzerland, 46 p.

Pioch S., Berger F., 2012. *Manuel d'utilisation du logiciel Visual_HEA V2.6 version française*, Université Montpellier 3, UMR5175 CNRS-UPV-Nova University-NCRI, 21 p.

Pirard R., Wemaëre M., Lapeyre R., Ferté-Devin A., 2014. *Les dispositifs institutionnels régissant la* compensation biodiversité en France. *Gouvernance de marché ou accords bilatéraux ?*, Working Papers 13/14, IDDRI, Paris, France, 22 p.

Pittman C., Waite M., 2009. *Paving Paradise: Florida's Vanishing Wetlands and the Failure of No Net Loss*, University Press of Florida, Gainesville, 351 p.

Poignonec D., 2006. Apport de la combinaison cartographie cognitive/ontologie dans la compréhension de la perception du fonctionnement d'un écosystème récifo-lagonaire de Nouvelle-Calédonie par les acteurs locaux. Thèse de doctorat sous la direction de Guy Fontenelle, École nationale supérieure agronomique de Rennes, 292 p.

Préfecture des Bouches-du-Rhône, 2008 (3 mars). Arrêté portant dérogation à l'interdiction de destruction de spécimens d'espèces végétales et animales protégées dans le cadre de défrichements liés à l'aménagement du site ITER sur la commune de Saint-Paul-lez-Durance (Bouches-du-Rhône).

Préfecture des Bouches-du-Rhône, 2010 (27 septembre). Arrêté modifiant l'arrêté préfectoral du 3 mars 2008 portant dérogation à l'interdiction de destruction de spécimens d'espèces végétales et animales protégées dans le cadre de défrichements liés à l'aménagement du site ITER sur la commune de Saint-Paul-lez-Durance (Bouches-du-Rhône).

Quétier F., Gersberg M., 2014. La compensation écologique au Congo. Étude prospective sur l'applicabilité des mécanismes de compensation écologique (*biodiversity offsets*) en République du Congo. UICN, programme PACO, Yaoundé, Cameroun, 35 p.

Rawls J., 1987. *Théorie de la justice*, Éditions du Seuil, Paris.

Ray G.L., 2008. *Habitat Equivalency Analysis, A Potential Tool for Estimation of Environmental Benefits*, EMRRP Technical Notes Collection, ERDC TN-EMRRP-EI-02.

Regnery B., 2013. Les mesures compensatoires pour la biodiversité. Conception et perspectives d'application. Thèse de doctorat, spécialité écologie, Université Pierre et Marie Curie, 244 p.

RNCC (Réserve naturelle des Coussouls de Crau), 2009. *Rapport d'activité 2008-2009*, CEEP et Chambre d'agriculture des Bouches-du-Rhône, 94 p.

Roth E.M., Olsen R.D., Snow P.L., Sumner R.R., 1996. *Oregon Freshwater Wetland Assessment Methodology*, S.G. McCannell, DSL, Salem, Oregon.

Runge K., 1998. *Entwicklungstendenzen der Landschaftsplanung. Vom frühen Naturschutz bis zur ökologisch nachhaltigen Flächennutzung*, Springer Verlag, Berlin, 249 p.

Saussier S., Yvrande-billon A., 2007. *Économie des coûts de transaction*, Paris, La Découverte, coll. Repères, 119 p.

Scemama P., 2014. Analyse néo-institutionnelle de l'investissement dans la biodiversité : choix organisationnels et leurs conséquences sur la restauration des écosystèmes aquatiques. Thèse de doctorat en économie, soutenue le 17 juin 2014 à l'Université de Bretagne occidentale, 300 p.

Secrétariat technique du bassin Loire-Bretagne, 2010. *Fiche d'aide à la lecture du Sdage Loire-Bretagne. Application de la disposition 8B-2 du Sdage Loire-Bretagne sur les zones humides (fiche n° 2)*, Dreal-Centre, Orléans, France, 14 p.

SenStadtUm Berlin, 2004. *Verfahren zur Bewertung und Bilanzierung von Eingriffen im Land Berlin*, Senatsverwaltung für Stadtentwicklung Berlin, Berlin, Germany, 123 p.

SenatStadtUm Berlin, 2006. *Umweltprüfungen. Berliner Leitfaden für die Stadt- und Landschaftsplanung. Senatsverwaltung für Stadtentwicklung Berlin,* Kulturbuchverlag, Berlin, Germany, 100 p.

SER (Society for Ecological Restoration), 2004. Science and Policy Working Group. The SER International Primer on Ecological Restoration. Tuscon, Arizona and Washington, <http://www.ser.org/resources/resources-detail-view/ser-international-primer-on-ecological-restoration>.

SER (Society for Ecological Restoration), 2013. Restoration project showcase (2). <http://ser.org/restorations/restorations-list-view>. Restoration project showcase (3). <http://www.ser.org/resources/resources-detail-view/ser-international primer-on-ecological-restoration> (consulté le 27 février 2014).

SFWMD, 1995. *Wetland Assessment Procedure (Wap) Instruction Manual for Isolated Wetlands, 2005 Revision,* <www.swfwmd.state.fl.us/9/wap_manual2005.pdf>.

Spergel S., Taïeb P., 2008. *Rapid Review of Conservation Trust Funds*, Conservation Finance Alliance, FUNBIO, Rio de Janeiro, Brazil, 174 p.

Stallman C., McIlwain K., Lemoine D., 2005. *The Baldwin County Wetland Conservation Plan Final Summary Document*, Baldwin County Planning and Zoning Department, Bay Minette, Alabama.

Tallis H.T., Ricketts T., Nelson E., Ennaanay D., Wolny S., Olwero N., Vigerstol K., Pennington D., Mendoza G., Aukema J., Foster J., Forrest J., Cameron D., Arkema K., Lonsdorf E., Kennedy C., 2010. *InVEST 1.004 Beta User's Guide*, The Natural Capital Project, Stanford.

TEEB, 2010. *TEEB Foundations: The Economics of Ecosystems and Biodiversity: Ecological and Economic Foundations*, Earthscan, London, Washington.

Temple H.J., Anstee S., Ekstrom J., Pilgrim J.D., Rabenantoandro J., Ramanamanjato J.B., Randriatafika F., Vincelette M., 2012. *Forecasting the Path towards a Net Positive Impact on Biodiversity for Rio Tinto QMM*, IUCN, Gland, Switzerland, 90 p.

ten Kate K., Crowe M.L.A., 2014. *Biodiversity Offsets: Policy Options for Governments. An Input Paper for the IUCN Technical Study Group on Biodiversity Offsets*, IUCN, Gland, Switzerland, 91 p.

ten Kate K., Treweek J., Ekstrom J., 2010. *The Use of Market-Based Instruments for Biodiversity*

Protection. The Case of Habitat Banking, Technical Report, Eftec, Londres, 264 p.

Teubner G. (ed.), 1987. *Autopoietic Law: A New Approach to Law and Society*, Collection European University Institute, Serie A – Law, Éditions de Gruyter, Berlin, New York, 380 p.

Teubner G., 1994. *Droit et réflexivité : l'auto-référence en droit et dans l'organisation*, LGDJ, Paris, 393 p.

Thatcher M., Le Galès P., 1995. *Les réseaux de politique publique. Débat autour des* Policy Networks, Éditions L'Harmattan, 272 p.

UMAM, 2014. *Rule Chapter: 62-345*, Florida Administrative Register and Florida Administrative Code, <https://www.flrules.org/gateway/ChapterHome.asp?Chapter=62-345> (consulté en mars 2014).

United States of America v. Melvin A. Fisher, 1997. 92-10027-CIV-DAVIS.

USACE (US Army Corps of Engineers), 2005. *Guidance on the Use of Financial Assurances, and Suggested Language for Special Conditions for Department of the Army Permits Requiring Performance Bonds*, Regulatory Guidance Letter n° 05-1.

USACE (US Army Corps of Engineers), USEPA (US Environmental Protection Agency), 2008. *Compensatory Mitigation for Losses of Aquatic Resources. Final Rule*, Federal Register, 73 Fed. Reg. 70, 19593-19705, 242 p.

USACE (US Army Corps of Engineers), USEPA (US Environmental Protection Agency), US Fish and Wildlife Service, National Marine Fisheries Service, Natural Resources Conservation Service, 1995. *Federal Guidance for the Establishment, Use and Operation of Mitigation Banks*.

USEPA, 1972. *Federal Water Pollution Control Act* (as amended through P.L. 107-303, November 27, 2002), US Environmental Protection Agency, 234 p.

USFWS, 1980a. *Habitat Evaluation Procedure*, US Fish and Wildlife Service, 130 p., <http://www.fpl.com/environment/emb/pdf/manual.pdf>.

USFWS, 1980b. *Standard for the Development of Habitat Suitability Index models*, US Fish and Wildlife Service, 171 p.

US Government Printing Office, 1996. Title 15, Commerce and Foreign Trade, Subchapter E, Oil Pollution Act Regulations, Part 990. Natural Resource Damage Assessments, *Code of Federal Regulation*, 349-366.

Vallauri D., Grel A., Granier E., Dupouey J.L., 2012. Les forêts de Cassini. Analyse quantitative et comparaison avec les forêts actuelles. Rapport WWF/Inra, Marseille, 64 pages + CD.

Van Andel J., Aronson J. (eds.), 2012. *Restoration Ecology: The New Frontier*, Oxford, Wiley-Blackwell, second edition.

Vaissière A.-C., 2014. Le recours au principe de compensation écologique dans les politiques publiques en faveur de la biodiversité : enjeux organisationnels et institutionnels. Cas des écosystèmes aquatiques marins et continentaux. Thèse de doctorat en sciences économiques, École doctorale des sciences de la mer, Université de Bretagne occidentale, 230 p.

Vicksburg M.S.: US Army Engineer Research and Development Center, 10 p., <http://el.erdc.usace.army.mil/elpubs/pdf/ei02.pdf>.

Wetland Assessment Procedure (WAP), 2004. Instruction manual (2004 version), SouthWest Florida Water Management District, 48 p., <http://www.swfwmd.state.fl.us/files/database/site_file_sets/9/wapdraft040604.pdf>.

Walser M., 1983. *Spheres of Justice. A Defense of Pluralism and Equality,* Basic Books, 345 p.

Wilkinson J., Thompson J., 2006. *2005 Status Report on Compensatory Mitigation in the United States*, Environmental Law Institute, Washington.

Wilson E.O., 1992. *The Diversity of Life*, Harvard University Press, 424 p.

Young I.M., 1990. *Justice and the Politics of Difference*, Princeton University Press, 286 p.

Zedler J.B. 2001. *Handbook for Restoring Tidal Wetlands*, CRC Press, 439 p.

Sites Internet consultés

Préface

Compensation écologique de l'autoroute A65 Langon-Pau : <http://www.caissedesdepots.fr/fileadmin/Communiqu%C3%A9s%20de%20presse/cp/dp_biodiv_a65.pdf>.

Chapitre 4

Affaire Pozsgai : <http://washingtonexaminer.com/case-studies-in-regulation-john-pozsgai/article/144015>.

Chapitre 5

Bundeskompensationsverordnung : <http://www.bmub.bund.de/service/publikationen/downloads/details/artikel/entwurf-verordnung-ueber-die-kompensation-von-eingriffen-in-natur-und-landschaft-bundeskompensationsverordnung-bkompv-1/>.

Chapitre 6

NOAA (National Oceanic and Atmospheric Administration) : <http://www.darrp.noaa.gov>.

Guides méthodologiques NOAA-DARP : <http://www.darrp.noaa.gov/library/1_d.html>.

Pour plus d'informations sur la marée noire de l'*Athos*, cas d'étude particulièrement bien documenté, le lecteur intéressé pourra se référer à la page <http://www.darrp.noaa.gov/northeast/athos/>.

Chapitre 7

Normes de performance de la Société financière internationale : <http://www.ifc.org/wps/wcm/connect/topics_ext_content/ifc_external_corporate_site/ifc+sustainability/our+approach/risk+management/performance+standards/environmental+and+social+performance+standards+and+guidance+notes>.

Principes de l'Équateur : <http://www.equator-principles.com/>.

Listes rouges, UICN : <http://www.iucnredlist.org/>.

IBAT (Integrated Biodiversity Assessment Tool) : <https://www.ibatforbusiness.org>.

Standard BBOP (en français) : <http://www.forest-trends.org/documents/files/doc_3201.pdf>.

Cas d'étude du BBOP : <http://bbop.forest-trends.org/pages/pilot_projects>.

Chapitre 8

Entreprise GreenVest : <http://greenvestus.com/portfolio/rancocas-mitigation-bank/>.

Site de l'EPA (Superfund) : <http://www.epa.gov/superfund/sites/> (consulté le 22 octobre 2014).

Department of Environmental Protection du New Jersey : <http://www.nj.gov/dep/>.

Chapitre 9

Multi-Resolution Land Characteristics Consorsium, <http://www.mrlc.gov>.

ORM Permit Decisions : <geo.usace.army.mil/egis/f?p=340:1:0>.

Natural Resources Conservation Service : <http://www.nrcs.usda.gov>.

Chapitre 10

Classification de l'US Geological Survey : <http://water.usgs.gov/GIS/huc.html>.

Chapitre 11

National Mitigation Banking Association : <http://www.mitigationbanking.org/nmba/nmbaadvocacy.html>.

Arrêt de la Cour suprême américaine dit « SWANCC » : <http://www.usace.army.mil/cecw/documents/cecwo/reg/cwa_guide/swancc_opinion.pdf>.

Chapitre 12

Caisse des dépôts et consignations Biodiversité : <http://www.cdc-biodiversite.fr/>.

Faisant suite à un appel à projet lancé en 2011 par le ministère de l'Écologie, les opérations RAN devraient être mises en place en 2015 : <http://www.developpement-durable.gouv.fr/Appel-a-projet-pour-tester-un.html>.

CDC, principale banque d'investissement de l'État français : <http://www.caissedesdepots.fr/activite.html>.

Wildlands Ecosystem and Mitigation Bank : <http://www.wildlandsinc.com>.

Voir l'article dans *Le Monde* du 13 mai 2009 intitulé « Le modèle Crau » et le rapport de l'Assemblée nationale n° 2064 sur le projet de loi relatif à la biodiversité, dans lequel Joël Giraud souligne « qu'il souhaite que la loi érige l'expérience [de RAN de la Crau] en bonne pratique nationale » : <http://www.assemblee-nationale.fr/14/rapports/r2064.asp#P2950_723025>.

Loi sur la biodiversité : <http://www.developpement-durable.gouv.fr/IMG/pdf/Bibliog_servitudes.pdf>.

Chapitre 14

Déclaration d'intention de la compagnie Alcoa World Alumina : <http://www.alcoa.com/australia/en/info_page/mining_bio_pub.asp>.

Programme sud-africain Working for Water : <http://www.dwa.gov.za/wfw/>.

Chapitre 15

Agence ITER France : <http://www.itercad.org>.

Chapitre 17

MAES (Mapping and Assessment of Ecosystems and their Services) : <http://biodiversity.europa.eu/maes>.

EFESE-MEDDE (Évaluation nationale des écosystèmes et des services écosystémiques) : <http://www.developpement-durable.gouv.fr/Evaluation-francaise-des.html>.

Chapitre 22

Feuille de calcul de la méthode UMAM, <http://www.dep.state.fl.us/water/wetlands/erp/forms.htm#62-345>, fiche « FLUCCS 62-345.600 ».

Liste des auteurs

James Aronson
Centre d'Écologie fonctionnelle et évolutive
UMR 5175, Campus du CNRS
34293 Montpellier, France
Missouri Botanical Garden
St. Louis, Mo. 63166-0299, États-Unis

Geneviève Barnaud
Muséum national d'Histoire naturelle
Service du patrimoine naturel
36, rue Geoffroy-Saint-Hilaire
75005 Paris, France

Adeline Bas
Université de Brest, UMR Amure
Université de Montpellier III, UMR Cefe
EDF Énergies Nouvelles France,
Ifremer Centre-Bretagne,
Unité d'économie maritime
ZI de la Pointe du Diable, CS 10070
29280 Plouzané, France

Elke Bruns
Institut für nachhaltige Energie-
und Ressourcennutzung
Hochwildpfad 47
D-14169 Berlin, Allemagne

Ramiro Buitron
Ifremer, UMR Amure
Benito Roggio Ambiental,
Jerónimo Salguero 3800
C1425DFV, Buenos Aires, Argentine

Pedro Cabral
Ifremer, UMR Amure
NOVA IMS, Universidade Nova de Lisboa
1070-312, Lisbonne, Portugal

Coralie Calvet
Université d'Avignon et des Pays du Vaucluse
Inra, UR Ecodev et UMR Lameta
2, place Viala
34060 Montpellier Cedex 1, France

Antoine Carlier
Ifremer Centre Bretagne
Laboratoire d'écologie benthique (Dynéco),
ZI de la Pointe du Diable, CS 10070
29280 Plouzané, France

Bastien Coïc
Muséum national d'Histoire naturelle
Service du patrimoine naturel
36, rue Geoffroy-Saint-Hilaire
75005 Paris, France

Bruno Colas
Université Paris-Diderot
UMR 8079 ESE
Université Paris-Sud, Bâtiment 360
91405 Orsay Cedex, France

Hélène Dessard
Cirad, Unité de recherche « Biens et services
des écosystèmes forestiers tropicaux »
(B&SEF), Département Environnements
et Sociétés
TA C-105/D, Campus international
de Baillarguet
34398 Montpellier Cedex 5, France

Pauwel De Wachter
WWF Central Africa Regional Program
Office (CARPO)
Yaoundé, Cameroun et Libreville, Gabon

Thierry Dutoit
CNRS, UMR-IMBE, IUT Avignon
Site Agroparc BP 61207
84 911 Avignon Cedex 09, France

Juan Fernandez-Manjarrés
CNRS, UMR 8079 ESE
Université Paris-Sud, Bâtiment 360
91405 Orsay Cedex, France

Nathalie Frascaria-Lacoste
AgroParisTech, UMR 8079 ESE
Université Paris-Sud, Bâtiment 360
91405 Orsay Cedex, France

Pascal GASTINEAU

UNAM Université, IFSTTAR, AME-EASE
Route de Bouaye CS4
44344 Bouguenais Cedex, France

Melina GERSBERG

Biotope
22, boulevard Maréchal-Foch, BP 58
34140 Mèze, France

Julie GOBERT

CREIDD, Université de Technologie
de Troyes
12, rue Marie-Curie, BP 2060
10010 Troyes, France

Fabien HASSAN

ENS et 2° Investing Initiative
47, rue de la Victoire
75009 Paris

Julien HAY

Université de Brest, UMR Amure (UBO),
IUT de Quimper
2, rue de l'Université
29334 Quimper Cedex, France

Céline JACOB

Centre d'Écologie fonctionnelle et évolutive,
UMR5175
Université Paul-Valéry
34, route de Mende
34199 Montpellier Cedex 5
Créocéan, Les Belvédères, Bâtiment B
128, avenue de Fès
34080 Montpellier, France

Charlène KERMAGORET

Université de Brest, UMR Amure, IUEM
12, rue du Kergoat, CS 93837
29238 Brest Cedex 3, France

Harold LEVREL

AgroParisTech, UMR Cired,
Campus du Jardin tropical
45 bis, avenue de la Belle Gabrielle
94736 Nogent-sur-Marne Cedex, France

Gilles J. MARTIN

Université Nice-Sophia-Antipolis, Gredeg,
UMR 7321
250, rue Albert-Einstein
06560, Valbonne, France

David MORENO-**M**ATEOS

Basque Centre for Climate Change,
48008 Bilbao, Espagne
Ikerbasque, Basque Foundation for Science
48013, Bilbao, Espagne

Claude NAPOLÉONE

Inra, unité Écodéveloppement
84914 Avignon, France

Eugène NDONG **N**DOUTOUME

WWF Central Africa Regional Program
Office (CARPO), Gabon Country Office
Montée de Louis
BP 9144 Libreville, Gabon

Durrel NZENE **H**ALLESON

WWF Central Africa Regional Program
Office (CARPO), Cameroon Country Office,
Immeuble Panda
Route La Citronelle, Bâtiment Compound
Yaoundé, Cameroun

Sylvain PIOCH

Université Paul-Valéry, UMR 5175 Cefe
Route de Mende
F-34199 Montpellier, Cedex 5, France

Fabien QUÉTIER

Biotope
22, boulevard Maréchal-Foch
BP 58, 34140 Mèze, France

Baptiste REGNERY

Muséum national d'Histoire naturelle
Centre d'écologie et des sciences
de la conservation
Service du patrimoine naturel
4, avenue du Petit Château
91800 Brunoy, France

Samuel ROTURIER

AgroParisTech, UMR 8079 ESE,
Université Paris-Sud, Bâtiment 360
91405 Orsay Cedex, France

Anne ROZAN

ENGEES, UMR GESTE
1, quai Koch
F-67070 Strasbourg, France

Roxane SANSILVESTRI

AgroParisTech, UMR 8079 ESE,
Université Paris-Sud, Bâtiment 360
91405 Orsay Cedex, France

Pierre SCEMAMA
Ifremer, UMR Amure
Goodwill Management
46, boulevard Sébastopol
75003 Paris, France

Nathalie TAVERNIER-DUMAX
BETA, CNRS, Université de Haute-Alsace,
IUT Mulhouse, Département GEA
61, rue Albert Camus
68093 Mulhouse Cedex, France

Anne-Charlotte VAISSIÈRE
Ifremer Centre Bretagne, UMR Amure,
Unité d'économie maritime
ZI de la Pointe du Diable, CS 10070
29280 Plouzané, France

Wolfgang WENDE
Leibniz-Institut für ökologische Raument-
wicklung, Forschungsbereich Wandel und
Management von Landschaften, Weberplatz 1
D-01217 Dresde, Allemagne

Coordination éditoriale

Nelly Courtay

Édition

Juliette Blanchet

Mise en pages

Clarisse Robert | PAGISSIME

Impression

SEPEC, Peronnas, France

Dépôt légal : juin 2015